16G101 图集实例教程系列丛书

16G101 平法钢筋计算实例教程

主编 栾怀军 孙国皖

中国建材工业出版社

图书在版编目(CIP)数据

16G101平法钢筋计算实例教程/栾怀军，孙国皖主编. —北京：中国建材工业出版社，2017.3（2019.7重印）
(16G101图集实例教程系列丛书)
ISBN 978-7-5160-1765-4

Ⅰ.①1… Ⅱ.①栾…②孙… Ⅲ.①钢筋混凝土结构—结构计算—教材 Ⅳ.①TU375.01

中国版本图书馆CIP数据核字(2017)第018639号

内容简介

本书主要依据16G101-1《混凝土结构施工图平面整体表示方法制图规则和构造详图（现浇混凝土框架、剪力墙、梁、板）》、16G101-2《混凝土结构施工图平面整体表示方法制图规则和构造详图（现浇混凝土板式楼梯）》、16G101-3《混凝土结构施工图平面整体表示方法制图规则和构造详图（独立基础、条形基础、筏形基础及桩基础）》三本最新图集编写，内容主要包括平法钢筋计算基础知识、框架柱钢筋计算、剪力墙钢筋计算、梁构件钢筋计算、板构件钢筋计算、板式楼梯钢筋计算、独立基础钢筋计算、条形基础钢筋计算及筏形基础钢筋计算。

本书内容丰富、通俗易懂、实用性强，注重对"平法"制图规则的阐述，并且通过实例解读"平法"，以帮助读者正确理解并应用"平法"。

本书可作为介绍平法识图的基础性、普及性图书，可供设计人员、施工技术人员、工程监理人员、工程造价人员、钢筋工以及其他对平法技术感兴趣的人员学习参考，也可作为上述专业人员的培训教材，供相关专业施工及学习参考使用。

16G101平法钢筋计算实例教程
主　编　栾怀军　孙国皖

出版发行：中国建材工业出版社
地　　址：北京市海淀区三里河路1号
邮　　编：100044
经　　销：全国各地新华书店
印　　刷：北京雁林吉兆印刷有限公司
开　　本：787mm×1092mm　1/16
印　　张：19.75
字　　数：480千字
版　　次：2017年3月第1版
印　　次：2019年7月第3次
定　　价：59.80元

本社网址：www.jccbs.com　微信公众号：zgjcgycbs
本书如出现印装质量问题，由我社市场营销部负责调换。联系电话：(010) 88386906

《16G101平法钢筋计算实例教程》编委会

主　编　栾怀军　孙国皖

编　委　（按姓氏笔画排序）

　　　　于　涛　王红微　白雅君　刘艳君

　　　　孙石春　孙丽娜　齐丽娜　何　影

　　　　张黎黎　李　东　李　瑞　董　慧

前　言

"平法"是一种结构施工图表示方法，它采用标准化的设计制图规则、采用标准化的构造设计、大幅度降低了设计成本、大幅度提高了设计效率。自1996年11月第一本平法标准图集96G101发布实施以来，平法相关标准图集得到了广泛发展与应用。图集内容丰富，表述翔实，涵盖了现浇混凝土结构的柱、剪力墙、梁、板、楼梯、独立基础、条形基础、桩基承台、筏形基础、箱形基础和地下室结构的平法制图规则和标准构造详图。毋庸置疑，平法技术深入、广泛地应用促进了建筑科技的进一步发展。

为了帮助广大读者更好地理解图集的内容，本书从实际应用出发，主要依据16G101-1《混凝土结构施工图平面整体表示方法制图规则和构造详图（现浇混凝土框架、剪力墙、梁、板）》、16G101-2《混凝土结构施工图平面整体表示方法制图规则和构造详图（现浇混凝土板式楼梯）》、16G101-3《混凝土结构施工图平面整体表示方法制图规则和构造详图（独立基础、条形基础、筏形基础及桩基础）》三本最新图集，通过对框架柱钢筋计算、剪力墙钢筋计算、梁构件钢筋计算、板构件钢筋计算、板式楼梯钢筋计算、独立基础钢筋计算、条形基础钢筋计算及筏形基础钢筋计算章节的讲解介绍，详细地表述了平法钢筋计算的全部内容，尤其注重对"平法"制图规则的阐述，并且通过实例精解解读"平法"，以帮助读者正确理解并应用"平法"。

本书在编写过程中参阅和借鉴了许多优秀书籍、图集和有关国家标准，并得到了有关领导和专家的帮助，在此一并致谢。由于作者的学识和经验有限，虽经编者尽心尽力，但书中仍难免存在疏漏或未尽之处，敬请有关专家和读者予以批评指正。

编　者
2017年3月

中国建材工业出版社
China Building Materials Press

我们提供

图书出版、图书广告宣传、企业/个人定向出版、设计业务、企业内刊等外包、代选代购图书、团体用书、会议、培训，其他深度合作等优质高效服务。

编辑部
010-88386119

出版咨询
010-68343948

市场销售
010-68001605

门市销售
010-88386906

邮箱：jccbs-zbs@163.com　　网址：www.jccbs.com

发展出版传媒　服务经济建设
传播科技进步　满足社会需求

（版权专有，盗版必究。未经出版者预先书面许可，不得以任何方式复制或抄袭本书的任何部分。举报电话：010-68343948）

目 录

第一章 平法钢筋计算基础知识 ... 1
第一节 钢筋的分类 ... 1
一、按钢筋在构件中的作用分类 ... 1
二、按钢筋的外形分类 ... 1
三、按钢筋的化学成分分类 ... 2
四、按钢筋的生产工艺分类 ... 2
第二节 钢筋算量基础知识 ... 3
一、钢筋单位理论质量 ... 3
二、钢筋弯钩 ... 5
三、钢筋保护层 ... 6
四、钢筋锚固长度 ... 7
五、纵向受拉钢筋绑扎搭接长度 ... 9
六、钢筋连接 ... 11
第三节 平法钢筋计算依据 ... 15
一、理论依据 ... 15
二、根数取整规则 ... 15
三、定尺长度 ... 16
四、弯曲调整值 ... 16
五、箍筋尺寸的选取 ... 17

第二章 框架柱钢筋计算 ... 19
第一节 框架柱施工图识读 ... 19
一、框架柱的基本概念 ... 19
二、柱的平法识读 ... 19
第二节 框架柱钢筋构造 ... 24
一、KZ 纵向钢筋连接构造 ... 24
二、地下室 KZ 的纵向钢筋连接构造及箍筋加密区范围 ... 25
三、KZ 中柱柱顶纵向钢筋构造 ... 25
四、KZ 边柱和角柱柱顶纵向钢筋构造 ... 25
五、KZ、QZ、LZ 箍筋加密区范围 ... 27
六、柱纵向钢筋在基础中的构造 ... 27
第三节 框架柱钢筋计算方法与实例 ... 30
【实例一】某筏形基础 KZ1 的基础插筋计算一 ... 32

【实例二】某筏形基础 KZ1 的基础插筋计算二 ……………………………… 33
　　【实例三】地下室柱纵筋的计算 ………………………………………………… 34
　　【实例四】顶层柱纵筋的计算 …………………………………………………… 34
　　【实例五】"变截面"楼层柱纵筋的计算 ……………………………………… 35
　　【实例六】梁上柱纵筋的计算 …………………………………………………… 37
　　【实例七】抗震框架柱箍筋根数的计算一 …………………………………… 37
　　【实例八】抗震框架柱箍筋根数的计算二 …………………………………… 38
　　【实例九】框架柱复合箍筋的计算二 ………………………………………… 38
　　【实例十】某地下室框架结构各层箍筋的根数计算 ………………………… 39
　　【实例十一】KZ1 的钢筋预算量计算 ………………………………………… 41
　　【实例十二】框架柱受力钢筋和箍筋预算量的计算 ………………………… 44
　　【实例十三】某平法柱钢筋预算量的计算 …………………………………… 49

第三章　剪力墙钢筋计算 ……………………………………………………………… 57
第一节　剪力墙平法施工图识读 …………………………………………………… 57
　　一、剪力墙构件类型与钢筋类型 ………………………………………………… 57
　　二、剪力墙编号规定 ……………………………………………………………… 58
　　三、列表注写方式 ………………………………………………………………… 60
　　四、截面注写方式 ………………………………………………………………… 62
　　五、剪力墙洞口的表示方法 ……………………………………………………… 63
　　六、地下室外墙的表示方法 ……………………………………………………… 65
　　七、其他 …………………………………………………………………………… 68
第二节　剪力墙钢筋构造 …………………………………………………………… 68
　　一、剪力墙身钢筋构造 …………………………………………………………… 68
　　二、剪力墙柱钢筋构造 …………………………………………………………… 73
　　三、剪力墙梁配筋构造 …………………………………………………………… 79
　　四、墙身竖向分布钢筋在基础中构造 …………………………………………… 83
　　五、剪力墙洞口补强构造 ………………………………………………………… 87
　　六、地下室外墙 DWQ 钢筋构造 ………………………………………………… 88
　　七、剪力墙连梁 LLk 纵向钢筋、箍筋加密区构造 …………………………… 89
第三节　剪力墙钢筋计算方法与实例 ……………………………………………… 89
　　【实例一】某剪力墙钢筋预算量的计算 ………………………………………… 91
　　【实例二】某剪力墙结构配筋的计算 …………………………………………… 95
　　【实例三】补强纵筋的计算一 …………………………………………………… 101
　　【实例四】补强纵筋的计算二 …………………………………………………… 101
　　【实例五】补强纵筋的计算三 …………………………………………………… 101

第四章　梁构件钢筋计算 ……………………………………………………………… 103
第一节　梁平法施工图识读 ………………………………………………………… 103
　　一、平面注写方式 ………………………………………………………………… 103

  二、截面注写方式 ··· 112
  三、梁支座上部纵筋的长度规定 ··· 112
  四、不伸入支座的梁下部纵筋长度规定 ·· 112
  五、其他 ·· 112
 第二节 梁构件钢筋构造 ·· 114
  一、楼层框架梁KL纵向钢筋构造 ··· 114
  二、屋面框架梁WKL纵向钢筋构造 ··· 115
  三、框架梁、屋面框架梁中间支座纵向钢筋构造 ·································· 116
  四、框架梁上部、下部纵筋的构造 ··· 117
  五、框架梁侧面纵筋的构造 ·· 118
  六、框架梁侧面抗扭钢筋构造 ··· 118
  七、框架梁水平、竖向加腋构造 ··· 119
  八、框架梁和屋面框架梁箍筋加密区范围 ·· 119
  九、不伸入支座的梁下部纵向钢筋断点位置 ······································· 120
  十、附加箍筋、吊筋构造 ··· 121
  十一、悬挑梁端部钢筋构造 ·· 121
  十二、梁中箍筋和拉结筋弯钩构造 ··· 122
  十三、框架扁梁中柱节点竖向拉筋、附加纵向钢筋构造 ························· 122
 第三节 梁构件钢筋计算方法与实例 ·· 123
  【实例一】抗震框架梁三跨梁KL1架立筋的计算 ································· 126
  【实例二】抗震框架梁两跨梁KL2架立筋的计算 ································· 126
  【实例三】抗震框架梁单跨梁KL3架立筋的计算 ································· 126
  【实例四】非框架梁单跨梁L4架立筋的计算 ····································· 127
  【实例五】框架梁支座负筋的计算一 ·· 127
  【实例六】框架梁支座负筋的计算二 ·· 128
  【实例七】框架梁支座负筋的计算三 ·· 129
  【实例八】框架梁支座负筋的计算四 ·· 129
  【实例九】框架梁下部纵筋的计算一 ·· 129
  【实例十】框架梁下部纵筋的计算二 ·· 130
  【实例十一】框架梁下部纵筋的计算三 ·· 130
  【实例十二】梁端支座直锚水平段钢筋的计算 ···································· 132
  【实例十三】梁端支座的支座负筋计算 ·· 133
  【实例十四】框架梁上部纵筋的计算 ·· 134
  【实例十五】侧面纵向构造钢筋的计算 ·· 135
  【实例十六】拉筋的计算一 ·· 136
  【实例十七】拉筋的计算二 ·· 136
  【实例十八】框架梁侧面抗扭钢筋的计算 ··· 136
  【实例十九】抗震框架梁箍筋的计算 ·· 137

【实例二十】某住宅楼梁平法钢筋预算量的计算……………………………… 138
　　【实例二十一】多跨楼层框架梁 KL1 钢筋量的计算 ……………………………… 141

第五章　板构件钢筋计算……………………………………………………………… 144
第一节　板平法施工图识读……………………………………………………… 144
　　一、有梁楼盖平法施工图识读………………………………………………… 144
　　二、无梁楼盖平法施工图识读………………………………………………… 150
　　三、楼板相关构造识读………………………………………………………… 153
第二节　板构件钢筋构造………………………………………………………… 160
　　一、有梁楼盖楼面板 LB 和屋面板 WB 钢筋构造……………………………… 160
　　二、板在端部支座的锚固构造………………………………………………… 162
　　三、有梁楼盖不等跨板上部贯通纵筋连接构造……………………………… 163
　　四、单（双）向板配筋构造…………………………………………………… 164
　　五、悬挑板 XB 钢筋构造……………………………………………………… 165
　　六、无支承板端部封边构造及折板配筋构造………………………………… 165
　　七、板洞边加强筋的构造……………………………………………………… 165
　　八、悬挑板阳角放射筋构造…………………………………………………… 165
　　九、悬挑板阴角构造…………………………………………………………… 165
　　十、板翻边构造………………………………………………………………… 168
第三节　板构件钢筋计算方法与实例…………………………………………… 168
　　【实例一】端支座为梁时，板上贯通纵筋计算一……………………………… 171
　　【实例二】端支座为梁时，板上部贯通纵筋计算二…………………………… 172
　　【实例三】端支座为梁时，板下部贯通纵筋计算一…………………………… 173
　　【实例四】端支座为梁时，板下部贯通纵筋计算二…………………………… 174
　　【实例五】端支座为剪力墙时，板上部贯通纵筋计算一……………………… 175
　　【实例六】端支座为剪力墙时，板上部贯通纵筋计算二……………………… 176
　　【实例七】端支座为剪力墙时，板上部贯通纵筋计算三……………………… 178
　　【实例八】端支座为剪力墙时，板下部贯通纵筋的计算……………………… 179
　　【实例九】扣筋的计算方法…………………………………………………… 181
　　【实例十】某楼层板钢筋预算量的计算………………………………………… 183
　　【实例十一】某一端延伸悬挑板钢筋预算量的计算…………………………… 185
　　【实例十二】某平法板钢筋预算量的计算……………………………………… 186
　　【实例十三】某工程楼板钢筋预算量的计算…………………………………… 194

第六章　板式楼梯钢筋计算……………………………………………………………… 199
第一节　板式楼梯的类型………………………………………………………… 199
第二节　板式楼梯平法施工图识读……………………………………………… 204
　　一、平面注写方式……………………………………………………………… 205
　　二、剖面注写方式……………………………………………………………… 205
　　三、列表注写方式……………………………………………………………… 205

四、其他 …………………………………………………………………………… 206
第三节　板式楼梯构造 …………………………………………………………… 206
一、AT 型楼梯板配筋构造 ………………………………………………………… 206
二、BT 型楼梯板配筋构造 ………………………………………………………… 207
三、CT 型楼梯板配筋构造 ………………………………………………………… 207
四、ATa 型楼梯板配筋构造 ……………………………………………………… 208
五、ATb 型楼梯板配筋构造 ……………………………………………………… 208
六、ATc 型楼梯板配筋构造 ……………………………………………………… 208
第四节　板式楼梯钢筋计算方法与实例 ……………………………………… 210
【实例一】AT 型楼梯钢筋的计算 ……………………………………………… 211
【实例二】ATc 型楼梯钢筋的计算 ……………………………………………… 213
【实例三】某楼梯一个梯段板的钢筋量计算 …………………………………… 214

第七章　独立基础钢筋计算 ………………………………………………………… 217

第一节　独立基础平法施工图识读 ……………………………………………… 217
一、独立基础编号 …………………………………………………………………… 217
二、独立基础的平面注写方式 …………………………………………………… 217
三、独立基础的截面注写方式 …………………………………………………… 224
第二节　独立基础的钢筋构造 …………………………………………………… 225
一、独立基础 DJ_J、DJ_P、BJ_J、BJ_P 底板配筋构造 ……………………… 225
二、双柱普通独立基础底部与顶部配筋构造 …………………………………… 225
三、设置基础梁的双柱普通独立基础配筋构造 ………………………………… 226
四、独立基础底板配筋长度缩减 10%构造 ……………………………………… 226
第三节　独立基础的钢筋计算方法与实例 ……………………………………… 229
【实例一】某普通矩形独立基础钢筋量的计算 ………………………………… 229
【实例二】独立基础长度缩减 10%的对称配筋钢筋量的计算 ………………… 230
【实例三】独立基础长度缩减 10%的非对称配筋钢筋量的计算 ……………… 231
【实例四】多柱独立基础底板顶部钢筋的计算 ………………………………… 231
【实例五】某独立基础钢筋预算量的计算 ……………………………………… 232

第八章　条形基础钢筋计算 ………………………………………………………… 235

第一节　条形基础平法施工图识读 ……………………………………………… 235
一、条形基础编号 …………………………………………………………………… 235
二、基础梁的平面注写方式 ……………………………………………………… 236
三、基础梁底部非贯通纵筋的长度规定 ………………………………………… 237
四、条形基础底板的平面注写方式 ……………………………………………… 237
五、条形基础的截面注写方式 …………………………………………………… 239
第二节　条形基础的钢筋构造 …………………………………………………… 241
一、基础梁 JL 端部与外伸部位钢筋构造 ……………………………………… 241
二、基础梁 JL 梁底不平和变截面部位钢筋构造 ……………………………… 242

三、基础梁侧面构造纵筋和拉筋构造 ································ 243
四、基础梁JL竖向加腋钢筋构造 ································ 245
五、基础梁JL与柱结合部侧腋构造 ································ 245
六、条形基础底板配筋构造 ································ 247

第三节 条形基础的钢筋计算方法与实例 ································ 249
【实例一】基础梁JL钢筋——JL01（普通基础梁）计算 ································ 249
【实例二】基础梁JL钢筋——JL02（底部非贯通筋、架立筋、侧部构造筋）计算 ································ 251
【实例三】基础梁JL钢筋——JL03（双排钢筋、有外伸）计算 ································ 252
【实例四】基础梁JL钢筋——JL04（有高差）计算 ································ 254
【实例五】基础梁JL钢筋——JL05（侧腋筋）计算 ································ 255
【实例六】条形基础底板钢筋——底部钢筋（直转角）的计算 ································ 257
【实例七】条形基础底板钢筋——底部钢筋（丁字交接）的计算 ································ 258
【实例八】条形基础底板钢筋——底部钢筋（十字交接）的计算 ································ 259
【实例九】条形基础底板钢筋——底部钢筋（直转角外伸）的计算 ································ 260
【实例十】条形基础底板钢筋——端部无交接底板的计算 ································ 261
【实例十一】某条形基础钢筋预算量的计算 ································ 262

第九章 筏形基础钢筋计算 ································ 266

第一节 筏形基础平法施工图识读 ································ 266
一、梁板式筏形基础平法施工图识读 ································ 266
二、平板式筏形基础平法施工图识读 ································ 270

第二节 筏形基础的钢筋构造 ································ 273
一、基础主梁与基础次梁的纵向钢筋构造 ································ 273
二、基础主梁与基础次梁的箍筋构造 ································ 274
三、基础次梁的竖向加腋钢筋构造 ································ 276
四、基础主梁加侧腋的构造 ································ 276
五、基础次梁JCL梁底不平和变截面部位钢筋构造 ································ 276
六、基础次梁JCL外伸部位钢筋构造 ································ 278
七、梁板式筏形基础梁JL端部与外伸部位钢筋构造 ································ 279
八、梁板式筏形基础平板LPB钢筋构造 ································ 279
九、梁板式筏形基础平板LPB端部与外伸部位钢筋构造 ································ 281
十、平板式筏形基础平板BPB钢筋构造 ································ 282
十一、平板式筏形基础平板（ZXB、KZB、BPB）变截面部位钢筋构造 ································ 285
十二、平板式筏形基础平板（ZXB、KZB、BPB）端部和外伸部位钢筋构造 ································ 287

第三节 筏形基础的钢筋计算方法与实例 ································ 289
【实例一】基础梁箍筋的计算 ································ 289
【实例二】基础主梁JL01（一般情况）钢筋的计算 ································ 290
【实例三】基础主梁JL02（底部与顶部贯通纵筋根数不同）钢筋的计算 ································ 291

【实例四】基础主梁JL03（有外伸）钢筋的计算 ·· 292
【实例五】基础主梁JL04（变截面高差）钢筋的计算 ·································· 293
【实例六】基础主梁JL05（变截面，梁宽度不同）钢筋的计算 ······················ 295
【实例七】基础次梁JCL01（一般情况）钢筋的计算 ···································· 296
【实例八】基础次梁JCL02（变截面有高差）钢筋的计算 ······························ 297
【实例九】底部贯通纵筋长度的计算 ··· 298
【实例十】底部贯通纵筋根数的计算一 ··· 299
【实例十一】底部贯通纵筋根数的计算二 ·· 299
【实例十二】顶部贯通纵筋长度的计算 ·· 300

参考文献 ··· 301

第一章 平法钢筋计算基础知识

> **重点提示：**
> 1. 熟悉钢筋的分类
> 2. 了解钢筋算量的基础知识，包括钢筋单位理论质量、钢筋弯钩、钢筋保护层、钢筋锚固长度、纵向受拉钢筋绑扎搭接长度等
> 3. 了解平法钢筋计算的依据，如理论依据、根数取整规则、定尺长度、弯曲调整值及箍筋尺寸的选取

第一节 钢筋的分类

一、按钢筋在构件中的作用分类

钢筋按其在构件中的作用可分为受力钢筋和构造钢筋。

（1）受力钢筋

受力钢筋是指在外荷载作用下，通过计算得出的构件所需配置的钢筋，包括受拉钢筋、受压钢筋、弯起钢筋等。

（2）构造钢筋

构造钢筋是指因构件的构造要求和施工安装需要而配置的钢筋，包括架立钢筋、分布钢筋、箍筋、腰筋及拉筋等。

二、按钢筋的外形分类

（1）光圆钢筋

光圆钢筋是指表面光滑而截面为圆形的钢筋，如图1-1所示。

（2）带肋钢筋

带肋钢筋是指在钢筋表面轧制有一定纹路的钢筋，它又可分为月牙肋钢筋和等高肋钢筋等。图1-2所示为月牙肋钢筋。

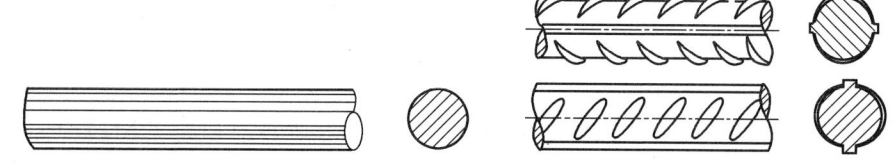

图1-1 光圆钢筋　　　　　　图1-2 月牙肋钢筋

（3）钢丝

钢丝是指直径在5mm以下的钢筋。图1-3所示为预应力钢丝外形。

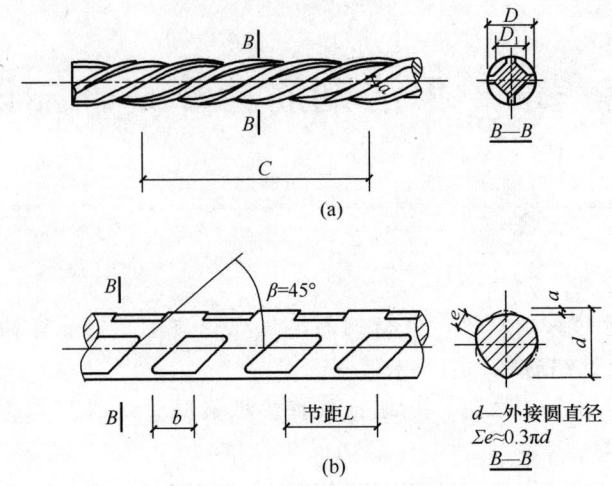

图 1-3 预应力钢丝外形
(a) 螺旋肋钢丝；(b) 刻痕钢丝

(4) 钢绞线

钢绞线是由多根钢丝缠绕而成的钢丝束。

三、按钢筋的化学成分分类

(1) 低碳素钢钢筋

它是工程中常用的钢筋，由碳素钢轧制而成，含碳量小于 0.25%。如建筑工程中常用的光圆钢筋、螺纹钢筋都是由碳素钢轧制而成。

(2) 普通低合金钢钢筋

普通低合金钢钢筋是采用低合金钢轧制而成的，也是建筑工程中常用的钢筋。常用的普通低合金钢品种有 20 锰硅（20MnSi）、45 硅 2 锰（45Si2Mn）、45 硅锰钒（45SiMnV）等。

四、按钢筋的生产工艺分类

(1) 普通热轧钢筋

普通热轧钢筋是经热轧成型并经自然冷却后得到的，这类钢筋主要用作钢筋混凝土结构中的钢筋和预应力混凝土结构中的非预应力钢筋。

热轧钢筋的出厂产品有圆盘钢筋和直条钢筋之分。圆盘钢筋（又称盘条）以圆盘形式供给，直径通常在 12mm 以下，每盘即一条。直条钢筋通常直径大于或等于 12mm，长度一般在 6～12m 之间。

(2) 冷拉钢筋

为了提高钢筋的强度和节约钢材，工地上常按施工规程控制一定的冷拉应力或冷拉率，对热轧钢筋进行冷拉。冷拉钢筋应符合相应的规定，冷拉后不得有裂纹、起皮等现象。

(3) 冷轧带肋钢筋

冷轧带肋钢筋是指热轧圆盘条经冷轧减径后在其表面轧成两面或三面有肋的钢筋，其外形如图 1-4 所示。

国家标准《冷轧带肋钢筋》(GB 13788—2008)规定，冷轧带肋钢筋的牌号由符号 CRB（C 表示冷轧，R 表示带肋，B 表示钢筋）和钢筋抗拉强度最小值组成。

图 1-4　冷轧带肋钢筋外形

冷轧带肋钢筋将逐步取代冷拔低碳钢丝和冷拉钢筋。其中 CRB550 级钢筋宜做钢筋混凝土构件的受力钢筋、架立钢筋和构造钢筋，其公称直径范围为 4～12mm，通常以盘条形式供货，也可以直条供货。CRB650 及以上牌号为预应力混凝土用钢筋，其公称直径为 4mm、5mm 和 6mm，均以盘条形式供货。

第二节　钢筋算量基础知识

一、钢筋单位理论质量

钢筋单位理论质量是指钢筋每米长度的质量，单位是 kg/m。钢筋密度按 7850kg/m³ 计算。

钢筋单位理论质量计算公式如下：

$$\text{钢筋单位理论质量} = \frac{\pi d^2}{4} \times 7850 \times \frac{1}{1000000} = 0.006165 d^2 \tag{1-1}$$

式中　d——钢筋的公称直径（mm）。

各种钢筋的单位理论质量如表 1-1～表 1-4 所示。

1. 热轧钢筋单位理论质量

热轧钢筋单位理论质量见表 1-1。

表 1-1　热轧钢筋单位理论质量表

公称直径/mm	内径/mm	纵横肋高 h、h_1/mm	公称截面积/mm²	理论质量/(kg/m)
6	5.8	0.6	28.27	0.222
(6.5)	—	—	33.18	0.260
8	7.7	0.8	50.27	0.395
10	9.6	1.0	78.54	0.617
12	11.5	1.2	113.10	0.888
14	13.4	1.4	153.94	1.208
16	15.4	1.5	201.06	1.578
18	17.3	1.6	254.47	1.998
20	19.3	1.7	314.16	2.466
22	21.3	1.9	380.13	2.984
25	24.2	2.1	490.87	3.853
28	27.2	2.2	615.75	4.834
32	31.0	2.4	804.25	6.313
36	35.0	2.6	1017.88	7.990
40	38.7	2.9	1256.64	9.865
50	48.5	3.2	1963.50	15.413

注：1. 质量允许偏差：直径 6～12mm 为±7%，直径 14～20mm 为±5%，直径 22～50mm 为±4%。

2. 热轧光圆钢筋无内径和肋高。无论是热轧光圆钢筋还是热轧带肋钢筋的公称横截面积和理论质量均按本表计算。

2. 冷轧带肋钢筋单位理论质量

冷轧带肋钢筋单位理论质量如表1-2所示。

表1-2 冷轧带肋钢筋单位理论质量表

公称直径/mm	公称横截面积/mm²	理论质量/（kg/m）
(4)	12.57	0.099
5	19.63	0.154
6	28.27	0.222
7	38.48	0.302
8	50.27	0.395
9	63.62	0.499
10	78.54	0.617
12	113.10	0.888

注：质量允许偏差为±4%。

3. 冷轧扭钢筋单位理论质量

冷轧扭钢筋单位理论质量如表1-3所示。

表1-3 冷轧扭钢筋单位理论质量表

强度级别	型号	标志直径 d/mm	公称横截面积/mm²	理论质量/（kg/m）
CTB550	I	6.5	29.50	0.232
		8	45.30	0.356
		10	68.30	0.536
		12	96.14	0.755
	II	6.5	29.20	0.229
		8	42.30	0.332
		10	66.10	0.519
		12	92.74	0.728
	III	6.5	29.86	0.234
		8	45.24	0.355
		10	70.69	0.555
CTB650	III	6.5	28.20	0.221
		8	42.73	0.335
		10	66.76	0.524

注：质量允许偏差不大于5%。

4. 冷拔螺旋钢筋单位理论质量

冷拔螺旋钢筋单位理论质量如表1-4所示。

表 1-4 冷拔螺旋钢筋单位理论质量表

公称直径/mm	公称横截面积/mm²	理论质量/（kg/m）
4	12.57	0.099
5	19.63	0.154
6	28.27	0.222
7	38.48	0.302
8	50.27	0.395
9	63.62	0.499
10	78.54	0.617

注：质量允许偏差为±4%。

二、钢筋弯钩

钢筋弯钩按弯起角度分有180°、135°和90°三种，如图1-5所示。

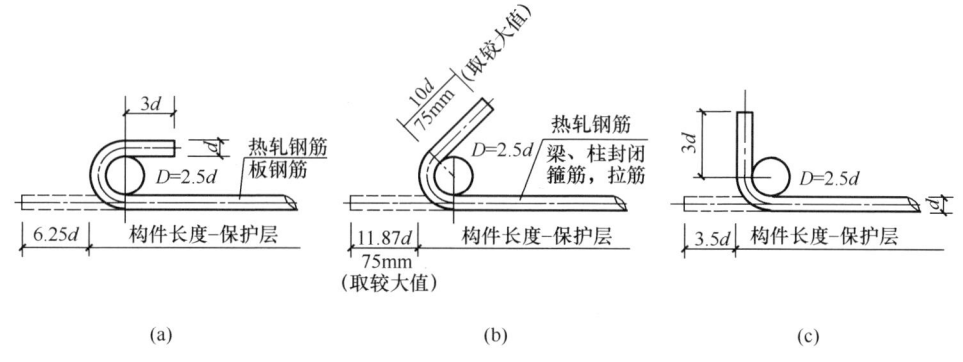

图 1-5 钢筋弯钩计算示意图

(a) 180°半圆弯钩；(b) 135°斜弯钩；(c) 90°弯钩

1. 180°弯钩

当钢筋混凝土构件钢筋设置180°弯钩时，平直长度$3d$，弯心圆直径$2.5d$，则其弯钩长度为$6.25d$，如图1-5（a）所示。

$$弯钩长度 = 3.5d \times \pi \times \frac{180}{360} - 2.25d + 3d = 3.25d + 3d = 6.25d$$

上式中 $3.5d \times \pi \times \frac{180}{360} - 2.25d = 3.25d$，称为量度差值。

单个弯钩长$6.25d$，两个弯钩长$12.5d$。

2. 135°弯钩

现浇钢筋混凝土梁、柱、剪力墙的箍筋和拉筋，其端部应设135°弯钩，平直长度max（$10d$，75mm），弯心圆直径$2.5d$，则其弯钩为$11.87d$，如图1-5（b）所示。

$$弯钩长度 = 3.5d \times \pi \times \frac{135}{360} - 2.25d + 10d = 1.87d + 10d = 11.87d$$

上式中 $3.5d \times \pi \times \frac{135}{360} - 2.25d = 1.87d$，称为量度差值。

若平直长度按$10d$计算的结果小于75mm，其弯钩的长度应按（$1.87d + 75$mm）计算。

若平直长度及弯心圆直径与图1-5所示不同时，弯钩长度应按上述公式进行调整。若弯心圆直径为$4d$，其余条件不变，则：

$135°$弯钩长度 $=5d\times\pi\times\dfrac{135}{360}-3d+10d=2.89d+10d=12.89d$，量度差值为 $2.89d$。其余类推。

3. $90°$弯钩

当施工图纸或相关标准图集中对 $90°$弯钩长度有规定时，按其规定计算。无规定时可按 $3.5d$ 计算，如图 1-5（c）所示。

弯钩长度 $=3.5d\times\pi\times\dfrac{90}{360}-2.25d+3d=0.5d+3d=3.5d$

上式中 $3.5d\times\pi\times\dfrac{90}{360}-2.25d=0.5d$，称为量度差值。

若平直长度及弯心圆直径不同时，弯钩长度应按上述公式进行调整。若弯心圆直径为 $4d$，其余条件不变，则：

$90°$弯钩长度 $=5d\times\pi\times\dfrac{90}{360}-3d=0.93d+3d=3.93d$，量度差值为 $0.93d$。其余类推。

三、钢筋保护层

钢筋保护层是指钢筋外表面到构件外表面的距离，如图 1-6 所示。

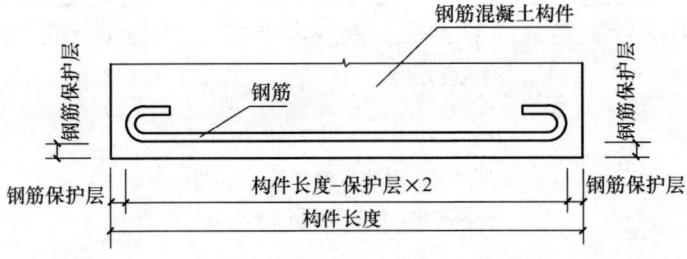

图 1-6　钢筋保护层示意图

钢筋保护层的规定，根据混凝土强度等级和环境类别的不同有所不同，详见 16G101 图集。表 1-5 所示是各种现浇混凝土构件的钢筋保护层最小厚度。

当设计施工图纸中有钢筋保护层的规定时，应按设计施工图纸中的规定计算。

表 1-5　混凝土构件钢筋保护层的最小厚度

环境类别	板、墙/mm	梁、柱/mm
一	15	20
二 a	20	25
二 b	25	35
三 a	30	40
三 b	40	50

注：1. 表中混凝土构件钢筋保护层厚度是指最外层钢筋外边缘至混凝土表面的距离，适用于设计使用年限为 50 年的混凝土结构。
2. 构件中受力钢筋的保护层厚度不应小于钢筋的公称直径。
3. 设计使用年限为 100 年的混凝土结构，一类环境中，最外层钢筋的保护层厚度不应小于表中数值的 1.4 倍；二、三类环境中，应采取专门的有效措施。
4. 环境类别如表 1-6 所示。
5. 混凝土强度等级不大于 C25 时，表中保护层厚度数值应增加 5mm。
6. 基础底面钢筋的保护层厚度，混凝土垫层时应从垫层顶面算起，且不应小于 40mm。

表 1-6 混凝土结构的环境类别

环境类别	条　件
一	室内干燥环境 无侵蚀性静水浸没环境
二 a	室内潮湿环境 非严寒和非寒冷地区的露天环境 非严寒和非寒冷地区与无侵蚀性的水或土壤直接接触的环境 严寒和寒冷地区的冰冻线以下与无侵蚀性的水或土壤直接接触的环境
二 b	干湿交替环境 水位频繁变动环境 严寒和寒冷地区的露天环境 严寒和寒冷地区冰冻线以上与无侵蚀性的水或土壤直接接触的环境
三 a	严寒和寒冷地区冬季水位变动区环境 受除冰盐影响环境 海风环境
三 b	盐渍土环境 受除冰盐作用环境 海岸环境
四	海水环境
五	受人为或自然的侵蚀性物质影响的环境

注：1. 室内潮湿环境是指构件表面经常处于结露或湿润状态的环境；
　　2. 严寒和寒冷地区的划分应符合国家标准《民用建筑热工设计规范》(GB 50176)的有关规定；
　　3. 海岸环境和海风环境宜根据当地情况，考虑主导风向及结构所处迎风、背风部位等因素的影响，由调查研究和工程经验确定；
　　4. 受除冰盐影响环境是指受到除冰盐盐雾影响的环境；受除冰盐作用环境是指被除冰盐溶液溅射的环境以及使用除冰盐地区的洗车房、停车楼等建筑；
　　5. 暴露的环境是指混凝土结构表面所处的环境。

四、钢筋锚固长度

钢筋锚固长度（l_{aE}、l_a）是指钢筋伸入支座内的长度，如图 1-7 所示。

钢筋锚固长度值，如表 1-7～表 1-10 所示。

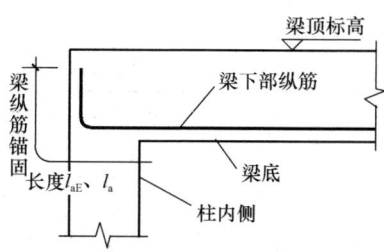

图 1-7 钢筋锚固长度示意图

表1-7 受拉钢筋基本锚固长度 l_{ab}

钢筋种类	混凝土强度等级								
	C20	C25	C30	C35	C40	C45	C50	C55	≥C60
HPB300	39d	34d	30d	28d	25d	24d	23d	22d	21d
HRB335	38d	33d	29d	27d	25d	23d	22d	21d	21d
HRB400、HRBF400、RRB400	—	40d	35d	32d	29d	28d	27d	26d	25d
HRB500、HRBF500	—	48d	43d	39d	36d	34d	32d	31d	30d

表1-8 抗震设计时受拉钢筋基本锚固长度 l_{abE}

钢筋种类		混凝土强度等级								
		C20	C25	C30	C35	C40	C45	C50	C55	≥C60
HPB300	一、二级	45d	39d	35d	32d	29d	28d	26d	25d	24d
	三级	41d	36d	32d	29d	26d	25d	24d	23d	22d
HRB335	一、二级	44d	38d	33d	31d	29d	26d	25d	24d	24d
	三级	40d	35d	31d	28d	26d	24d	23d	22d	22d
HRB400 HRBF400	一、二级	—	46d	40d	37d	33d	32d	31d	30d	29d
	三级	—	42d	37d	34d	30d	29d	28d	27d	26d
HRB500 HRBF500	一、二级	—	55d	49d	45d	41d	39d	37d	36d	35d
	三级	—	50d	45d	41d	38d	36d	34d	33d	32d

注：1. 四级抗震时，$l_{abE}=l_{ab}$。
2. 当锚固钢筋的保护层厚度不大于 5d 时，锚固钢筋长度范围内应设置横向构造钢筋，其直径不应小于 $d/4$（d 为锚固钢筋的最大直径）；对梁、柱等构件间距不应大于 5d，对板、墙等构件间距不应大于 10d，且均不应大于 100mm（d 为锚固钢筋的最小直径）。

表1-9 受拉钢筋锚固长度 l_a

钢筋种类	混凝土强度等级																	
	C20		C25		C30		C35		C40		C45		C50		C55		≥C60	
	$d≤25$	$d>25$	$d≤25$	$d>25$	$d≤25$	$d>25$	$d≤25$	$d>25$	$d≤25$	$d>25$	$d≤25$	$d>25$	$d≤25$	$d>25$	$d≤25$	$d>25$	$d≤25$	$d>25$
HPB300	39d	—	34d	—	30d	—	28d	—	25d	—	24d	—	23d	—	22d	—	21d	—
HRB335	38d	—	33d	—	29d	—	27d	—	25d	—	23d	—	22d	—	21d	—	21d	—
HRB400、HRBF400 RRB400	—	—	40d	44d	35d	39d	32d	35d	29d	32d	28d	31d	27d	30d	26d	29d	25d	28d
HRB500、HRBF500	—	—	48d	53d	43d	47d	39d	43d	36d	40d	34d	37d	32d	35d	31d	34d	30d	33d

表1-10 受拉钢筋抗震锚固长度 l_{aE}

钢筋种类及抗震等级		混凝土强度等级																	
		C20		C25		C30		C35		C40		C45		C50		C55		≥C60	
		$d≤25$	$d>25$	$d≤25$	$d>25$	$d≤25$	$d>25$	$d≤25$	$d>25$	$d≤25$	$d>25$	$d≤25$	$d>25$	$d≤25$	$d>25$	$d≤25$	$d>25$	$d≤25$	$d>25$
HPB300	一、二级	45d	—	39d	—	35d	—	32d	—	29d	—	28d	—	26d	—	25d	—	24d	—
	三级	41d	—	36d	—	32d	—	29d	—	26d	—	25d	—	24d	—	23d	—	22d	—

续表

钢筋种类及抗震等级		混凝土强度等级																
		C20	C25		C30		C35		C40		C45		C50		C55		≥C60	
		$d≤25$	$d≤25$	$d>25$	$d≤25$	$d>25$	$d≤25$	$d>25$	$d≤25$	$d>25$	$d≤25$	$d>25$	$d≤25$	$d>25$	$d≤25$	$d>25$	$d≤25$	$d>25$
HRB335	一、二级	44d	38d	—	33d	—	31d	—	29d	—	26d	—	25d	—	24d	—	24d	—
	三级	40d	35d	—	30d	—	28d	—	26d	—	24d	—	23d	—	22d	—	22d	—
HRB400 HRBF400	一、二级	—	46d	51d	40d	45d	37d	40d	33d	37d	32d	36d	31d	35d	30d	33d	29d	32d
	三级	—	42d	46d	37d	41d	34d	37d	30d	34d	29d	33d	28d	32d	27d	30d	26d	29d
HRB500 HRBF500	一、二级	—	55d	61d	49d	54d	45d	49d	41d	46d	9d	43d	37d	40d	36d	39d	35d	38d
	三级	—	50d	56d	45d	49d	41d	45d	38d	42d	36d	39d	34d	37d	33d	36d	32d	35d

注：1. 当为环氧树脂涂层带肋钢筋时，表中数据尚应乘以 1.25。
2. 当纵向受拉钢筋在施工过程中易受扰动时，表中数据尚应乘以 1.1。
3. 当锚固长度范围内纵向受力钢筋周边保护层厚度为 $3d$、$5d$（d 为锚固钢筋的直径）时，表中数据可分别乘以系数 0.8、0.7；中间时按内插值。
4. 当纵向受拉普通钢筋锚固长度修正系数（注1~注3）多于一项时，可按连乘计算。
5. 受拉钢筋的锚固长度 l_a、l_{aE} 计算值不应小于 200。
6. 四级抗震时，$l_{aE}=l_a$。
7. 当锚固钢筋的保护层厚度不大于 $5d$ 时，锚固钢筋长度范围内应设置横向构造钢筋，其直径不应小于 $d/4$（d 为锚固钢筋的最大直径）；对梁、柱等构件间距不应大于 $5d$，对板、墙等构件间距不应大于 $10d$，且均不应大于 100（d 为锚固钢筋的最小直径）。
8. HPB300 级钢筋末端应做 180° 弯钩，做法详见 16G101-1 图集第 57 页。

五、纵向受拉钢筋绑扎搭接长度

纵向受拉钢筋的接头方式主要包括焊接和机械连接。当纵向受拉钢筋采用绑扎搭接的接头方式时，其绑扎搭接长度（l_{lE}、l_l）如表 1-11、表 1-12 所示。若施工图纸中有绑扎搭接长度的规定时，应按施工图纸中的规定计算。

表 1-11　纵向受拉钢筋搭接长度 l_l

钢筋种类及同一区段内搭接钢筋面积百分率		混凝土强度等级																
		C20	C25		C30		C35		C40		C45		C50		C55		C60	
		$d≤25$	$d≤25$	$d>25$	$d≤25$	$d>25$	$d≤25$	$d>25$	$d≤25$	$d>25$	$d≤25$	$d>25$	$d≤25$	$d>25$	$d≤25$	$d>25$	$d≤25$	$d>25$
HPB300	≤25%	47d	41d	—	36d	—	34d	—	30d	—	29d	—	28d	—	26d	—	25d	—
	50%	55d	48d	—	42d	—	39d	—	35d	—	34d	—	32d	—	31d	—	29d	—
	100%	62d	54d	—	48d	—	45d	—	40d	—	38d	—	37d	—	35d	—	34d	—
HRB335	≤25%	46d	40d	—	35d	—	32d	—	30d	—	28d	—	26d	—	25d	—	25d	—
	50%	53d	46d	—	41d	—	38d	—	35d	—	32d	—	31d	—	29d	—	29d	—
	100%	61d	53d	—	46d	—	43d	—	40d	—	37d	—	35d	—	34d	—	34d	—

续表

钢筋种类及同一区段内搭接钢筋面积百分率		混凝土强度等级															
		C20		C25		C30		C35		C40		C45		C50		C55		C60	
		$d\leqslant 25$	$d>25$	$d\leqslant 25$	$d>25$	$d\leqslant 25$	$d>25$	$d\leqslant 25$	$d>25$	$d\leqslant 25$	$d>25$	$d\leqslant 25$	$d>25$	$d\leqslant 25$	$d>25$	$d\leqslant 25$	$d>25$	$d\leqslant 25$	$d>25$
HRB400 HRBF400 RRB400	≤25%	—	—	48d	53d	42d	47d	38d	42d	35d	38d	34d	37d	32d	36d	31d	35d	30d	34d
	50%	—	—	56d	62d	49d	55d	45d	49d	41d	45d	39d	43d	38d	42d	36d	41d	35d	39d
	100%	—	—	64d	70d	56d	62d	51d	56d	46d	51d	45d	50d	43d	48d	42d	46d	40d	45d
HRB500 HRBF500	≤25%	—	—	58d	64d	52d	56d	47d	52d	43d	48d	41d	44d	38d	42d	37d	41d	36d	40d
	50%	—	—	67d	74d	60d	66d	55d	66d	50d	56d	48d	52d	45d	49d	43d	48d	42d	46d
	100%	—	—	77d	85d	69d	75d	62d	69d	58d	64d	54d	59d	51d	56d	50d	54d	48d	53d

注：1. 表中数值为纵向受拉钢筋绑扎搭接接头的搭接长度。
2. 两根不同直径钢筋搭接时，表中 d 取较细钢筋直径。
3. 当为环氧树脂涂层带肋钢筋时，表中数据尚应乘以 1.25。
4. 当纵向受拉钢筋在施工过程中易受扰动时，表中数据尚应乘以 1.1。
5. 当搭接长度范围内纵向受力钢筋周边保护层厚度为 $3d$、$5d$（d 为搭接钢筋的直径）时，表中数据尚可分别乘以系数 0.8、0.7；中间时按内插值。
6. 当上述修正系数（注3～注5）多于一项时，可按连乘计算。
7. 任何情况下，搭接长度不应小于 300。
8. 位于同一连接区段内的钢筋搭接接头面积百分率为表中数据中间值时，搭接长度可按内插取值。
9. HPB300 级钢筋末端应做 180°弯钩，做法详见 16G101-1 图集第 57 页。

表 1-12 纵向受拉钢筋抗震搭接长度 l_{lE}

钢筋种类及同一区段内搭接钢筋面积百分率			混凝土强度等级															
			C20		C25		C30		C35		C40		C45		C50		C55		C60	
			$d\leqslant 25$	$d>25$	$d\leqslant 25$	$d>25$	$d\leqslant 25$	$d>25$	$d\leqslant 25$	$d>25$	$d\leqslant 25$	$d>25$	$d\leqslant 25$	$d>25$	$d\leqslant 25$	$d>25$	$d\leqslant 25$	$d>25$	$d\leqslant 25$	$d>25$
一、二级抗震等级	HPB300	≤25%	54d	—	47d	—	42d	—	38d	—	35d	—	34d	—	31d	—	30d	—	29d	—
		50%	63d	—	55d	—	49d	—	45d	—	41d	—	39d	—	36d	—	35d	—	34d	—
	HRB335	≤25%	53d	—	46d	—	40d	—	37d	—	35d	—	31d	—	30d	—	29d	—	29d	—
		50%	62d	—	53d	—	46d	—	43d	—	41d	—	36d	—	35d	—	34d	—	34d	—
	HRB400 HRBF400	≤25%	—	—	55d	61d	48d	54d	44d	48d	40d	44d	38d	43d	37d	42d	36d	40d	35d	38d
		50%	—	—	64d	71d	56d	63d	52d	56d	46d	52d	45d	50d	43d	49d	42d	46d	41d	45d
	HRB500 HRBF500	≤25%	—	—	66d	73d	59d	65d	54d	59d	49d	55d	47d	52d	44d	48d	43d	47d	42d	46d
		50%	—	—	77d	85d	69d	76d	63d	69d	57d	64d	55d	60d	52d	56d	50d	55d	49d	53d
三级抗震等级	HPB300	≤25%	49d	—	43d	—	38d	—	35d	—	31d	—	30d	—	29d	—	28d	—	26d	—
		50%	57d	—	50d	—	45d	—	41d	—	36d	—	35d	—	34d	—	32d	—	31d	—
	HRB335	≤25%	48d	—	42d	—	36d	—	34d	—	31d	—	29d	—	28d	—	26d	—	26d	—
		50%	56d	—	49d	—	42d	—	39d	—	36d	—	34d	—	32d	—	31d	—	31d	—
	HRB400 HRBF400	≤25%	—	—	50d	55d	44d	49d	41d	44d	36d	41d	35d	40d	34d	38d	32d	36d	31d	35d
		50%	—	—	59d	64d	52d	57d	48d	52d	42d	48d	41d	46d	39d	45d	38d	42d	36d	41d

续表

钢筋种类及同一区段内搭接钢筋面积百分率		混凝土强度等级																
		C20		C25		C30		C35		C40		C45		C50		C55		C60
		$d \leqslant 25$	$d > 25$	$d \leqslant 25$	$d > 25$	$d \leqslant 25$	$d > 25$	$d \leqslant 25$	$d > 25$	$d \leqslant 25$	$d > 25$	$d \leqslant 25$	$d > 25$	$d \leqslant 25$	$d > 25$	$d \leqslant 25$	$d > 25$	$d \leqslant 25$	$d > 25$
三级抗震等级	HRB500 ≤25%	—	—	60d	67d	54d	59d	49d	54d	46d	50d	43d	47d	41d	44d	40d	43d	38d	42d
	HRBF500 50%	—	—	70d	78d	63d	69d	57d	63d	53d	59d	50d	55d	48d	52d	46d	50d	45d	49d

注：1. 表中数值为纵向受拉钢筋绑扎搭接接头的搭接长度。
2. 两根不同直径钢筋搭接时，表中 d 取较细钢筋直径。
3. 当为环氧树脂涂层带肋钢筋时，表中数据尚应乘以 1.25。
4. 当纵向受拉钢筋在施工过程中易受扰动时，表中数据尚应乘以 1.1。
5. 当搭接长度范围内纵向受力钢筋周边保护层厚度为 $3d$、$5d$（d 为搭接钢筋的直径）时，表中数据尚可分别乘以系数 0.8、0.7；中间时按内插值。
6. 当上述修正系数（注3～注5）多于一项时，可按连乘计算。
7. 任何情况下，搭接长度不应小于 300。
8. 四级抗震等级时，$l_{lE} = l_l$。
9. 当位于同一连接区段内的钢筋搭接接头面积百分率为 100% 时，$l_{lE} = 1.6 l_{aE}$。
10. 当位于同一连接区段内的钢筋搭接接头面积百分率为表中数据中间值时，搭接长度可按内插取值。
11. HPB300 级钢筋末端应做 180°弯钩，做法详见 16G101-1 图集第 57 页。

六、钢筋连接

为了便于钢筋的运输、保管以及施工操作，钢筋是按一定长度（定尺长度）生产出厂的，例如 6m、8m、12m 等，所以在实际施工时必须进行连接。

钢筋连接包括焊接、机械连接和绑扎搭接等方式。

1. 钢筋焊接

钢筋焊接有多种方法，具体焊接形式如表 1-13 所示。

表 1-13 钢筋焊接形式

焊接方法	接头形式	标注方法
单面焊接的钢筋接头		
双面焊接的钢筋接头		
用帮条单面焊接的钢筋接头		
用帮条双面焊接的钢筋接头		
接触对焊的钢筋接头（闪光焊、压力焊）		

续表

焊接方法	接头形式	标注方法
坡口平焊的钢筋接头	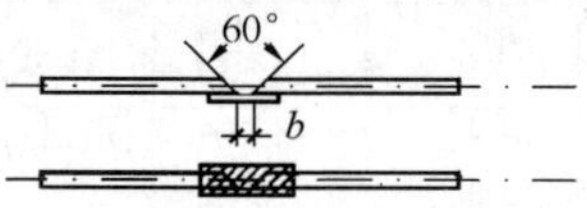	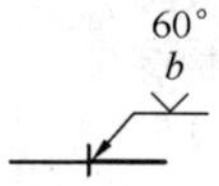
坡口立焊的钢筋接头	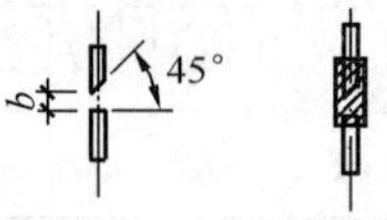	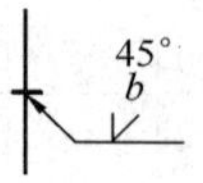
用角钢或扁钢做连接板焊接的钢筋接头	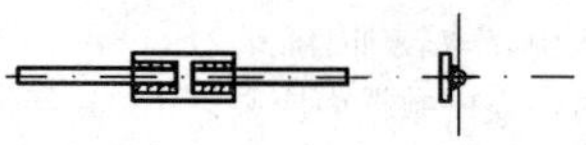	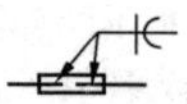
钢筋或螺（锚）栓与钢板穿孔塞焊的接头		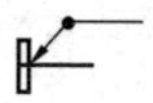

（1）闪光对焊

闪光对焊又称镦粗头。它是将两根相同直径钢筋安放成对接形式，两根钢筋分别接通电流，通电后两根钢筋接触点产生高弧高热，使接触点金属融化，产生强烈的火花飞溅形成闪光，同时迅速施加顶锻力使融化的金属融合为一体，达到对接目的。

闪光对焊主要适用于直径为 14～40mm 的钢筋焊接，常见于预应力构件中的预应力粗钢筋焊接。

（2）电阻电焊

电阻电焊又称点焊。它是将两根钢筋安放成交叉叠接形式，压紧于两电极之间，利用电阻热融化两钢筋接触点，再施加压力使两钢筋融化的金属连接为一体，达到焊接的目的。

电阻电焊主要用于直径为 4～14mm 的小钢筋焊接，常见于钢筋网片的焊接。

（3）电弧焊

钢筋电弧焊是利用通电后产生电弧热融化的电焊条，连接两根钢筋的焊接方式。钢筋电弧焊用于各种钢筋的焊接。

钢筋电弧焊包括帮条焊、搭接焊、溶槽帮条焊以及剖口焊等形式。

1）帮条焊

帮条焊是在两根被连接钢筋的端部，另加两根短钢筋，将其焊接在被连接的钢筋上，使之达到连接的目的。短钢筋的直径与被连接钢筋直径相同，长度分别为：单面焊为 $5d$，双面焊为 $10d$。

2）搭接焊

搭接焊又称错焊，是先将两根待连接的钢筋预弯，并使两根钢筋的中心线在同一直线上，再用电焊条焊接，使之达到连接的目的。预弯长度分别为：单面焊为 $10d$，双面焊为 $5d$。

3）溶槽帮条焊

溶槽帮条焊在焊接时应加角钢作垫板模。角钢的边长宜为 40～60mm，长度为

80～100mm。

4）剖口焊

剖口焊是先将两根待连接的钢筋端部切口，再在剖口处垫一钢板，焊接剖口使两根钢筋连接。

剖口焊包括平焊和立焊，平焊用于梁主筋的焊接，立焊用于柱主筋的焊接。

（4）电渣压力焊

电渣压力焊又称药包焊。它是将两根钢筋安放成竖向对接形式，利用焊接电流通过两根钢筋端面间隙，在焊剂的作用下形成电弧过程和电渣过程，产生电弧热和电阻热，熔化钢筋，加压使之达到钢筋连接的一种压焊方法。钢筋电渣压力焊设备示意图如图1-8所示。

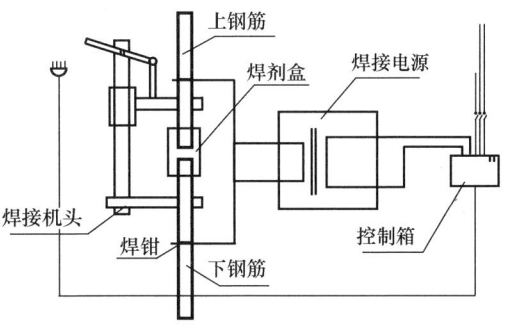

图1-8 钢筋电渣压力焊设备示意图

电渣压力焊主要用于直径为14～40mm的柱主筋的焊接，是目前较为常用的方法。

2．机械连接

机械连接又称套筒连接，包括钢筋套筒挤压连接、钢筋锥螺纹套筒连接、钢筋镦粗直螺纹套筒连接以及钢筋滚压直螺纹套筒连接等方式。

（1）钢筋套筒挤压连接

钢筋套筒挤压连接的方法，是将两根待连接的钢筋插入套筒，用挤压连接设备沿径向挤压钢套筒，使之产生塑性变形，依靠变形后钢套筒与被连接钢筋纵、横肋产生的机械咬合成为整体，达到钢筋连接的目的，如图1-9所示。套筒挤压连接规格如表1-14所示。

（2）钢筋锥螺纹套筒连接

钢筋锥螺纹套筒连接的方法，是将两根待接钢筋端头用套丝机做出锥形外丝，然后用带锥形内丝的套筒将钢筋两端拧紧，达到钢筋连接的目的，如图1-10所示。套筒规格如表1-15所示。

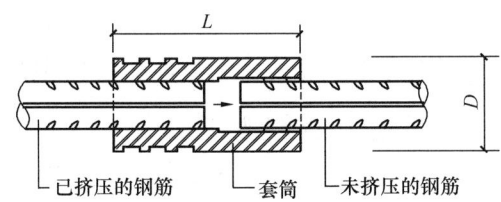

图1-9 钢筋套筒挤压连接示意图

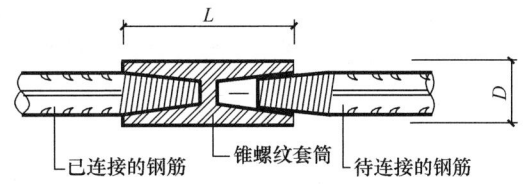

图1-10 钢筋锥螺纹套筒连接示意图

表1-14 套筒挤压连接规格表

钢套筒型号	钢套筒尺寸/mm		
	外径 D	长度 L	壁厚
G40	70	240	12
G36	63	216	11
G32	56	192	10

续表

钢套筒型号	钢套筒尺寸/mm		
	外径 D	长度 L	壁厚
G28	50	168	8
G25	45	150	7.5
G22	40	132	6.5
G20	36	120	6

注：钢套筒型号即钢筋直径，例如 G25 表示适用于直径为 25mm 的钢筋连接套筒的型号。

表 1-15　锥螺纹连接套筒规格参考表

锥螺纹钢套筒型号	钢套筒尺寸/mm		适用钢筋直径/mm
	外径 D	长度 L	
ZM19×2.5	28	60	18
ZM21×2.5	30	65	20
ZM23×2.5	32	70	22
ZM26×2.5	35	80	25
ZM29×2.5	38	90	28
ZM33×2.5	44	100	32
ZM33×2.5	48	110	36

（3）钢筋镦粗直螺纹套筒连接

钢筋镦粗直螺纹套筒连接的方法，是先将两根待接钢筋端头镦粗，再将其切削成直螺纹，然后用带直螺纹的套筒将钢筋两端拧紧，达到钢筋连接的目的，如图 1-11 所示。

（4）钢筋滚压直螺纹套筒连接

钢筋滚压直螺纹套筒连接的方法，是先将待连接的钢筋滚压成螺纹，然后用带直螺纹的套筒将钢筋两端拧紧，达到钢筋连接的目的。

与镦粗直螺纹套筒连接的主要区别是，镦粗直螺纹套筒连接的螺纹是在镦粗头处用切削的方式形成直螺纹，而滚压直螺纹套筒连接是直接在钢筋端头用滚压的方式形成直螺纹。

3. 绑扎搭接

钢筋绑扎搭接是利用钢丝（轧丝）将两根钢筋绑扎在一起的接头方式，如图 1-12 所示。

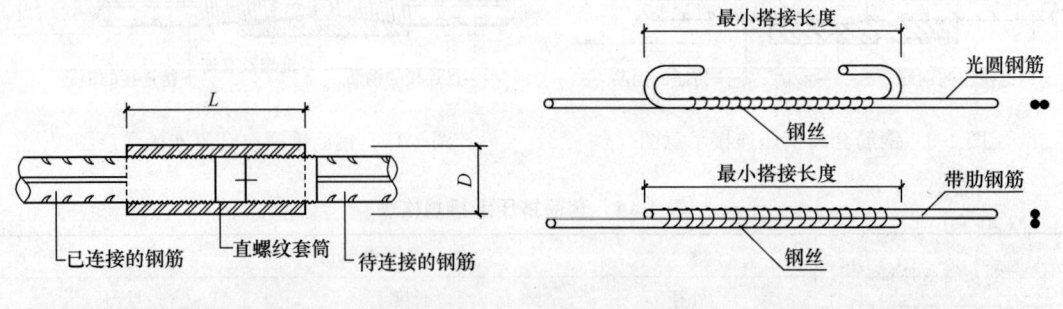

图 1-11　钢筋镦粗直螺纹套筒连接示意图　　图 1-12　钢筋绑扎接头示意图

钢筋绑扎搭接用于纵向受拉钢筋的接头，其最小搭接长度如表 1-10 所示。常见的纵向受拉钢筋最小搭接长度如表 1-16 所示。

表 1-16　纵向受拉钢筋最小搭接长度表

钢筋类型		混凝土强度等级			
		C15	C20~C25	C30~C35	≥C40
光圆钢筋	HPB235 级	45d	35d	30d	25d
带肋钢筋	HRB335 级	55d	45d	35d	30d
	HRB400 级、RRB400 级	—	55d	40d	35d

注：两根直径不同钢筋的搭接长度，以较细钢筋的直径计算。

第三节　平法钢筋计算依据

一、理论依据

平法钢筋的计算主要依据结构施工图及与结构施工图相关的各种标准图集等内容。
（1）结构施工图。
（2）国家建筑设计标准图集 G101，混凝土结构施工图平面整体表示方法制图规则和构造详图。具体内容如下：
《16G101-1 现浇混凝土框架、剪力墙、梁、板》；
《16G101-2 现浇混凝土板式楼梯》；
《16G101-3 独立基础、条形基础、筏形基础、桩基础》。
（3）相关结构标准图集（包括国家标准图集及地方标准图集）。

二、根数取整规则

甲乙双方对钢筋量取值时经常遇到这样的问题，梁、柱的箍筋和板的受力筋是向上取整还是四舍五入取整，若遇见钢筋量很大的工程，这部分的钢筋差值还是比较惊人的。

在钢筋根数计算中，按照钢筋间距计算出来的根数不是整数时，可以根据需要确定是向下取整、向上取整或四舍五入取整等。关于这个问题目前并没有明确、权威的规定。

现以某框架梁箍筋布筋净距为 7500mm，布筋间距为 200mm 为例，来说明常见的几种根数取整方式。我们知道 7500/200＝37.5 根，则见表 1-17。

表 1-17　根数计算表

序号	根数计算方式	计算结果	公式用途
1	布筋净距/间距，结果向上取整加一	39 根	（1）向上取整方式应用较广。理由：因设计的间距可理解为"最大的间距"，即大于这个间距结构上不允许，小于则可以。所以出现小数时，为保证这个限定的最大间距，必须向上取整。 （2）当布筋构件两端设有钢筋，再加 1
2	布筋间距/间距，结果向下取整加一	38 根	—
3	布筋净距/间距，结果向上取整	38 根	适用于以下情况： （1）当布筋构件两端不设钢筋时； （2）环形交圈构件

续表

序号	根数计算方式	计算结果	公式用途
4	布筋净距/间距，结果向下取整	37根	—
5	布筋净距/间距，结果四舍五入	38根	当甲乙双方对取整方式有争议时，此方式为双方都能接受的妥协方式

三、定尺长度

1. "定尺"的概念

"定尺"是由产品标准规定的钢坯和成品钢材的特定长度。按定尺生产产品，钢材的生产和使用部门能有效地节约金属，便于组织生产，充分利用设备能力，简化包装，方便运输。不同的国家对钢材定尺长度都有专门的规定。定尺就是按国标的规格供货。非尺是按客户的要求供货，例如钢筋长度统一为9m，而买方只要6m的，供货商只能供给其6m的钢材，这就是非尺。

2. 施工下料与预结算抽筋关于定尺理解的差异

预算长度按设计图示尺寸计算，它包括设计已规定的搭接长度，对设计未规定的搭接长度不计算（设计未规定的搭接长度考虑在定额损耗量里，清单计价则考虑在价格组成里）。不过实际操作时都按定尺长度计算搭接长度。而下料长度，则是根据施工进料的定尺情况、实际采用的钢筋连接方式并且按照施工规范对钢筋接头数量、位置等具体规定要求考虑全部搭接在内的计算长度（相对定额消耗量不包括制作损耗）。

关于定尺长度的确定，施工下料与预（结）算的钢筋工程量计算是不同的。施工下料时要结合所购材料的实际定尺，但是预（结）算钢筋工程量的计算，仅需遵守双方合同中约定的计价依据。

3. 预（结）算抽筋如何确定定尺长度

计算钢筋搭接量时定尺长度的确定由以下两方面确定：

（1）要分清是施工下料还是钢筋工程量计算，施工下料时搭接点的确定比较复杂，钢筋搭接位置与构件的最小受力点（弯矩）的位置有关。但钢筋工程量的计算可不考虑受力，直接按每定尺长度确定一个搭接即可。

（2）要注意定尺长度的确定要有依据。这个依据就是施工合同中约定的计量规则。如果合同约定按某定额计算，定尺长度的确定就按定额中规定的定尺长度计算。若合同中对此不明确，需要按行业规定或报业主签证确认。

四、弯曲调整值

由于钢筋弯曲时，外侧伸长，内侧缩短，只有轴线长度不变。因弯曲处形成圆弧，而设计图中注明的量度尺寸一般是沿直线量外包尺寸。外包尺寸和钢筋轴线长度（下料尺寸）之间存在一个差值，即弯曲钢筋的量度尺寸大于下料尺寸。两者之间的差值称为弯曲调整值。钢筋弯曲时的度量方法如图1-13所示，弯曲调整值如表1-18和表1-19所示。

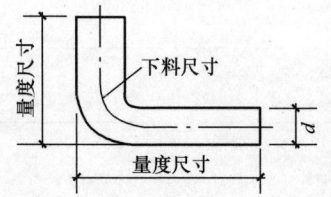

图1-13 钢筋弯曲时的度量方法

$$量度尺寸-下料尺寸=弯曲调整值 \qquad (1-2)$$

$$\text{下料尺寸} = \text{量度尺寸} - \text{弯曲调整值} \tag{1-3}$$

表 1-18 钢筋弯曲时的弯曲调整值

弯折角度 α	弯曲调整值公式	弯曲直径 D 取值	弯曲调整值
30°	$0.006D + 0.274d$	$D = 4d$	$0.298d$
		$D = 5d$	$0.304d$
45°	$0.022D + 0.436d$	$D = 4d$	$0.52d$
		$D = 5d$	$0.55d$
60°	$0.053D + 0.631d$	$D = 4d$	$0.85d$
		$D = 5d$	$0.9d$
90°	$0.215D + 1.215d$	$D = 4d$	$2.08d$
		$D = 5d$	$2.29d$
135°	$0.236D + 1.65d$	$D = 4d$	$2.59d$
		$D = 5d$	$2.83d$

表 1-19 弯起钢筋的弯曲调整值

弯折角度 α	弯曲调整值公式	弯曲直径 D 取值	弯曲调整值
30°	$0.012D + 0.28d$	$D = 4d$	$0.33d$
		$D = 5d$	$0.34d$
40°	$0.043D + 0.457d$	$D = 4d$	$0.63d$
		$D = 5d$	$0.67d$
50°	$0.108D + 0.685d$	$D = 4d$	$1.12d$
		$D = 5d$	$1.23d$

注：1. 由于在实际施工操作时并不能完全准确地按有关规定的最小弯曲调整值取用，有时稍有偏大取值，有时也可能略有偏小取值，也有成型工具性能不一定满足规定要求等。所以，除按有关计算方法计算弯曲调整值之外，还可以根据各地实际情况或操作经验确定。
2. 出于简化的考虑，从造价角度进行钢筋工程量计算时是不考虑弯曲调整的。

五、箍筋尺寸的选取

一般结构施工图中所标注的钢筋尺寸是钢筋的外皮尺寸，它和钢筋的下料尺寸不是一回事。钢筋结构图中标注的钢筋尺寸是设计尺寸（外皮尺寸），不是下料尺寸。传统图纸中详图的钢筋长度是不能直接拿来下料的。计算钢筋下料长度，就是计算钢筋中心线的长度。

按外皮计算钢筋长度是指按照钢筋外包尺寸计算长度，按中轴线计算钢筋长度是指按照钢筋中心线尺寸计算长度。前者计算出的工程量要比后者大，因为钢筋拉伸及弯折后，中心线长度不变，内包尺寸压缩（变小），外包尺寸伸展（变大）。例如在钢筋下料之中，以外包尺寸计算下料长度，会导致钢筋外缘保护层厚度不够甚至外露。正确的做法是以中心线计算钢筋长度。按外皮计算钢筋长度与按中轴线计算钢筋长度存在的差值在施工中称为"量度差值"，在钢筋下料时，应予扣除。

按外皮计算钢筋长度是计算到外皮再锚固，按中轴线计算钢筋是计算至中轴线再锚固，前者计算出的工程量要比后者大。

按外皮计算钢筋长度和按中轴线计算钢筋的区别，就是箍筋有区别，例如按外皮计算需要加8个箍筋的直径，按中轴线计算就不用。

思考题：

1. 钢筋按外形分类，可分为哪几种？
2. 什么是钢筋单位理论质量？如何计算？
3. 钢筋弯钩有哪几种？如何计算弯钩长度及量度差值？
4. 为焊接的哪种接头形式？
5. 为焊接的哪种接头形式？
6. 机械连接有哪些连接方式？
7. 关于根数取整规则，试举例说明取整方式。

第二章 框架柱钢筋计算

> **重点提示：**
> 1. 熟悉框架柱的基本概念，框架柱平法识读的基础知识
> 2. 了解 KZ 纵向钢筋连接构造，地下室 KZ 的纵向钢筋连接构造及箍筋加密区范围，KZ 中柱柱顶纵向钢筋构造，KZ 边柱和角柱柱顶纵向钢筋构造，KZ、QZ、LZ 箍筋加密区范围，柱纵向钢筋在基础中的构造
> 3. 掌握框架柱钢筋计算方法，在实际工作中能够熟练运用

第一节 框架柱施工图识读

一、框架柱的基本概念

框架柱钢筋主要分为纵筋和箍筋。

框架柱中的钢筋按楼层位置不同可以分为顶层钢筋、中层钢筋和底层钢筋。

框架柱按所处的位置不同分为中柱、边柱和角柱三种，如图 2-1 所示。

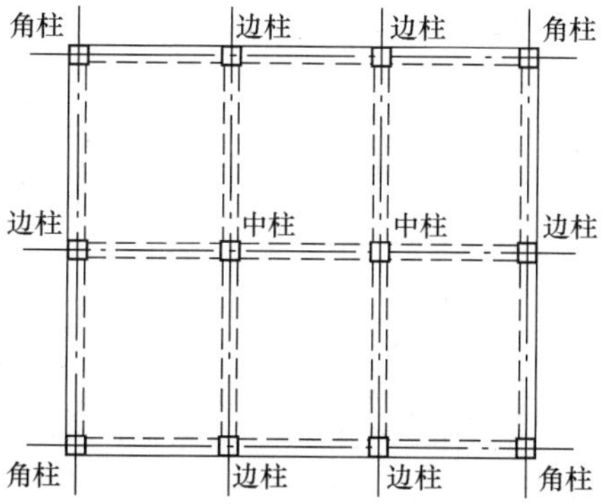

柱纵筋连接方式包括绑扎搭接、机械连接和焊接连接。柱箍筋要注写钢筋级别、直径、间距，用斜线"/"区分加密区与非加密区箍筋不同间距。若柱全高为一种间距时则不用斜线"/"；圆柱采用螺旋箍筋时需在箍筋前加"L"。

二、柱的平法识读

图 2-1 框架柱示意图

（1）柱平法施工图是在柱平面布置图上采用列表注写方式或截面注写方式表达。

（2）柱平面布置图，可采用适当比例单独绘制，也可与剪力墙平面布置图合并绘制。

（3）在柱平法施工图中，应按以下规定注明各结构层的楼面标高、结构层高及相应的结构层号，尚应注明上部结构嵌固位置：

按平法设计绘制结构施工图时，应当用表格或其他方式注明包括地下和地上各层的结构层楼（地）面标高、结构层高及相应的结构层号。其结构层楼面标高和结构层高在单项工程中必须统一，以保证基础、柱与墙、梁、板、楼梯等用同一标准竖向定位。为施工方便，应将统一的结构层楼面标高和结构层高分别放在柱、墙、梁等各类构件的平法施工图中。

注意，结构层楼面标高是指将建筑图中的各层地面和楼面标高值扣除建筑面层及垫层做

法厚度后的标高，结构层号应与建筑楼层号对应一致。

(4) 上部结构嵌固部位的注写

1) 框架柱嵌固部位在基础顶面时，无需注明。

2) 框架柱嵌固部位不在基础顶面时，在层高表嵌固部位标高下使用双细线注明，并在层高表下注明上部结构嵌固部位标高。

3) 框架柱嵌固部位不在地下室顶板，但仍需考虑地下室顶板对上部结构实际存在嵌固作用时，可在层高表地下室顶板标高下使用双虚线注明，此时首层柱端箍筋加密区长度范围及纵筋连接位置均按嵌固部位要求设置。

1. 列表注写方式

列表注写方式是在柱平面布置图上（一般只需采用适当比例绘制一张柱平面布置图，包括框架柱、转换柱、梁上柱和剪力墙上柱），分别在同一编号的柱中选择一个（有时需要选择几个）截面标注几何参数代号；在柱表中注写柱编号、柱段起止标高、几何尺寸（含柱截面对轴线的偏心情况）与配筋的具体数值，并配以各种柱截面形状及其箍筋类型图的方式，来表达柱平法施工图，如图2-2所示。

柱平法施工图列表注写方式的几个主要组成部分为：平面图、柱截面图类型、箍筋类型图、柱表、结构层楼面标高及结构层高等内容，如图2-2所示。平面图明确定位轴线、柱的代号、形状及与轴线的关系；柱的截面形状为矩形时，与轴线的关系分为偏轴线、柱的中心线与轴线重合两种形式；箍筋类型图重点表示箍筋的形状特征。

柱表注写内容包括柱编号、柱标高、截面尺寸与轴线的关系、纵筋规格（包括角筋、中

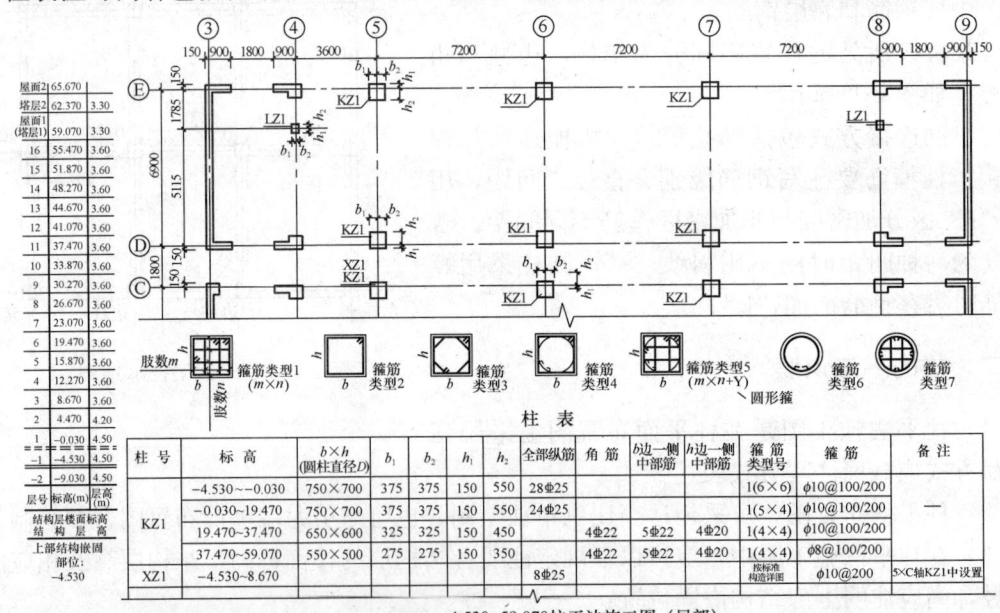

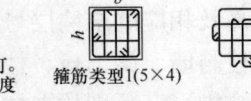

图2-2 柱平法施工图列表注写方式示例

部筋)、箍筋类型、箍筋间距等。

(1) 柱的编号表示

柱编号由类型代号和序号组成,应符合表 2-1 的规定。

表 2-1 柱编号

柱类型	代号	序号
框架柱	KZ	××
转换柱	ZHZ	××
芯柱	XZ	××
梁上柱	LZ	××
剪力墙上柱	QZ	××

注:当柱的总高、分段截面尺寸和配筋均对应相同,仅截面与轴线的关系不同时,仍可将其编为同一柱号,但应在图中注明截面与轴线的关系。

(2) 柱的标高表示方法

注写各段柱的起止标高,自柱根部往上以变截面位置或截面未变但配筋改变处为界分段注写。框架柱和转换柱的根部标高是指基础顶面标高;芯柱的根部标高是指根结构实际需要而定的起始位置标高;梁上柱的根部标高是指梁顶面标高;剪力墙上柱的根部标高为墙顶面标高。

注:剪力墙上柱 QZ 包括"柱纵筋锚固在墙顶部"、"柱与墙重叠一层"两种构造做法,设计人员应注明选用哪种做法。当选用"柱纵筋锚固在墙顶部"做法时,剪力墙平面外方向应设梁。

(3) 柱的截面尺寸表示方法

对于矩形柱,注写柱截面尺寸 $b×h$ 及与轴线关系的几何参数代号 b_1、b_2 和 h_1、h_2 的具体数值,需对应于各段柱分别注写。其中 $b=b_1+b_2$,$h=h_1+h_2$。当截面的某一边收缩变化至与轴线重合或偏到轴线的另一侧时,b_1、b_2、h_1、h_2 中的某项为零或为负值。

对于圆柱,表中 $b×h$ 一栏改用在圆柱直径数字前加 d 表示。为表达简单,圆柱截面与轴线的关系也用 b_1、b_2 和 h_1、h_2 表示,并使 $d=b_1+b_2=h_1+h_2$。

对于芯柱,根据结构需要,可以在某些框架柱的一定高度范围内,在其内部的中心位置设置(分别引注其柱编号)。芯柱中心应与柱中心重合,并标注其截面尺寸,按 16G101-1 图集标准构造详图施工;当设计者采用不同的做法时,应另行注明。芯柱定位随框架柱,不需要注写其与轴线的几何关系。

(4) 柱的纵筋表示方法

当柱纵筋直径相同,各边根数也相同时(包括矩形柱、圆柱和芯柱),将纵筋注写在"全部纵筋"一栏中;除此之外,柱纵筋分角筋、截面 b 边中部筋和 h 边中部筋三项分别注写(对于采用对称配筋的矩形截面柱,可仅注写一侧中部筋,对称边省略不注;对于采用非对称配筋的矩形截面柱,必须每侧均注写中部筋)。

(5) 柱箍筋的表示方法

1) 注写箍筋类型号及箍筋肢数,在箍筋类型栏内注写。

2) 注写柱箍筋,包括钢筋级别、直径与间距。

用斜线"/"区分柱端加密区与柱身非加密区长度范围内箍筋的不同间距。施工人员需根据标准构造详图的规定,在规定的几种长度值中取其最大者作为加密区长度。当框架节点核心区内箍筋与柱端箍筋设置不同时,应在括号中注明核心区箍筋直径及间距。

【例 2-1】 Φ10@100/200,表示箍筋为 HPB300 级钢筋,直径为 10,加密区间距为 100,非加密区间距为 200。

Φ10@100/200（Φ12@100），表示柱中箍筋为 HPB300 级钢筋，直径为 10，加密区间距为 100，非加密区间距为 200。框架节点核心区箍筋为 HPB300 级钢筋，直径为 12，间距为 100。

当箍筋沿柱全高为一种间距时，则不使用"/"线。

【例 2-2】 Φ10@100，表示沿柱全高范围内箍筋均为 HPB300 级钢筋，直径为 10，间距为 100。

当圆柱采用螺旋箍筋时，需在箍筋前加"L"。

【例 2-3】 LΦ10@100/200，表示采用螺旋箍筋，HPB300 级钢筋，直径为 10，加密区间距为 100，非加密区间距为 200。

具体工程所设计的各种箍筋类型图以及箍筋复合的具体方式，需画在表的上部或图中的适当位置，并在其上标注与表中相对应的 b、h 和类型号。

注：确定箍筋肢数时要满足对柱纵筋"隔一拉一"以及箍筋肢距的要求。

箍筋有各种的复合方式，矩形箍筋的复合方式如图 2-3 所示。

2. 截面注写方式

截面注写方式是在柱平面布置图的柱截面上，分别在同一编号的柱中选择一个截面，以直接注写截面尺寸和配筋具体数值的方式来表达柱平法施工图，如图 2-4 所示。

（1）对除芯柱之外的所有柱截面按表 2-1 的规定进行编号，从相同编号的柱中选择一个截面，按另一种比例原位放大绘制柱截面配筋图，并在各配筋图上继其编号后再注写截面尺

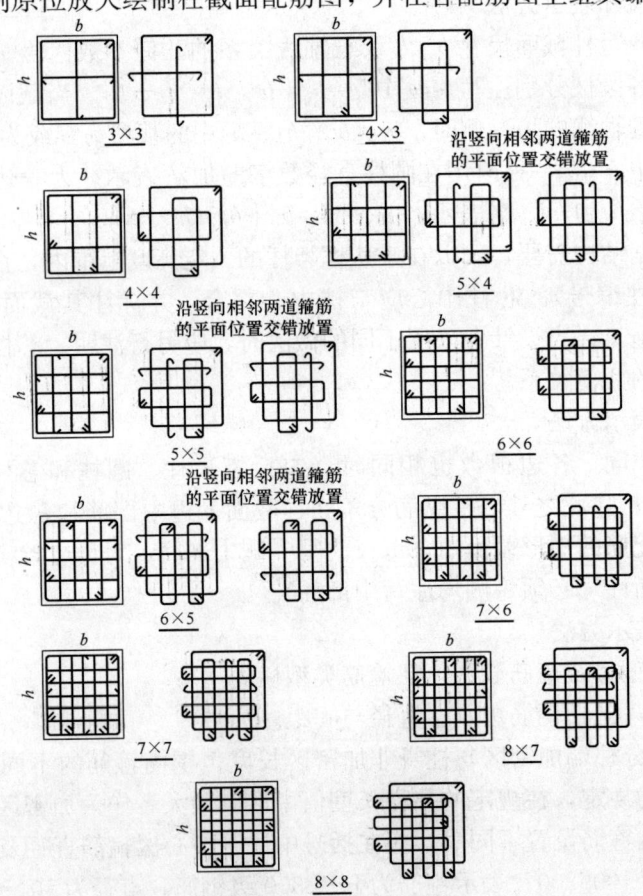

图 2-3 非焊接矩形复合箍筋复合方式

第二章 框架柱钢筋计算

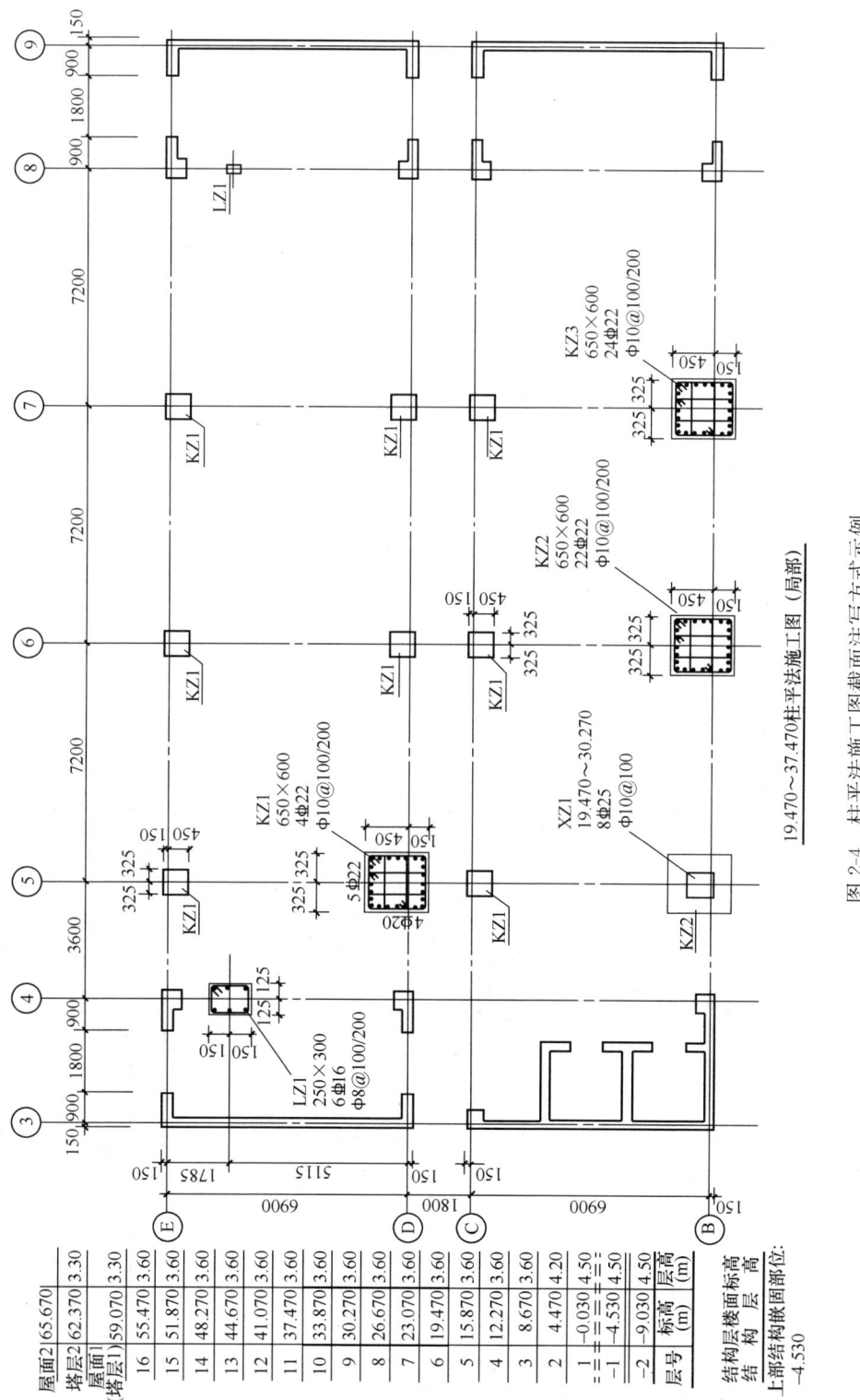

图 2-4 柱平法施工图截面注写方式示例

寸 $b×h$、角筋或全部纵筋（当纵筋采用一种直径且能够图示清楚时）、箍筋的具体数值，以及在柱截面配筋图上标注柱截面与轴线关系 b_1、b_2、h_1、h_2 的具体数值。

当纵筋采用两种直径时，需再注写截面各边中部筋的具体数值（对于采用对称配筋的矩形截面柱，可仅在一侧注写中部筋，对称边省略不注）。

当在某些框架柱的一定高度范围内，在其内部的中心位置设置芯柱时，首先按照表2-1的规定进行编号，继其编号之后注写芯柱的起止标高、全部纵筋及箍筋的具体数值，芯柱截面尺寸按构造确定，并按标准构造详图施工，设计不注；当设计者采用不同的做法时，应另行标注。芯柱定位随框架柱，不需要注写其与轴线的几何关系。

（2）在截面注写方式中，如柱的分段截面尺寸和配筋均相同，仅截面与轴线的关系不同时，可将其编为同一柱号。但此时应在未画配筋的柱截面上注写该柱截面与轴线关系的具体尺寸。

第二节 框架柱钢筋构造

一、KZ 纵向钢筋连接构造

16G101-1 图集第 63 页左面的三个图，就是 KZ 纵向钢筋的一般连接构造（图 2-5）。

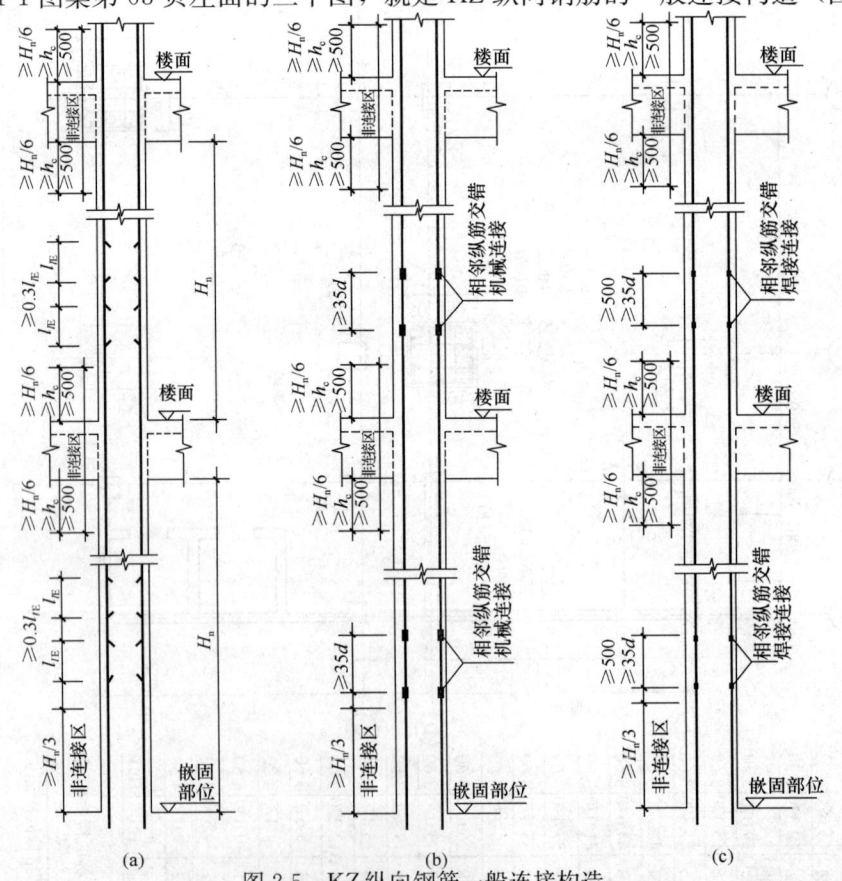

图 2-5 KZ 纵向钢筋一般连接构造
(a) 绑扎搭接；(b) 机械连接；(c) 焊接连接
h_c—柱截面长边尺寸；H_n—所在楼层的柱净高；d—框架柱纵向钢筋直径；
l_{lE}—纵向受拉钢筋抗震绑扎搭接长度

注：（1）柱相邻纵向钢筋连接接头要相互错开。在同一连接区段内钢筋接头面积百分率不宜大于50%。

（2）柱纵筋绑扎搭接长度及绑扎搭接，机械连接，焊接连接要求见16G101-1图集第59～61页。

（3）轴心受拉及小偏心受拉柱内的纵向受力钢筋不应采用绑扎搭接接头，设计者应在柱平法结构施工图中注明其平面位置及层数。

（4）上柱钢筋比下柱钢筋多时参见图2-6（a），上柱钢筋直径比下柱钢筋直径大时参见图2-6（b），下柱钢筋比上柱钢筋多时参见图2-6（c），下柱钢筋直径比上柱钢筋直径大时参见图2-6（d）。图中为绑扎搭接，也可采用机械连接和焊接连接。

（5）绑扎搭接时，当某层连接区的高度小于纵筋分两批搭接所需的高度时，应改用机械连接或焊接连接。

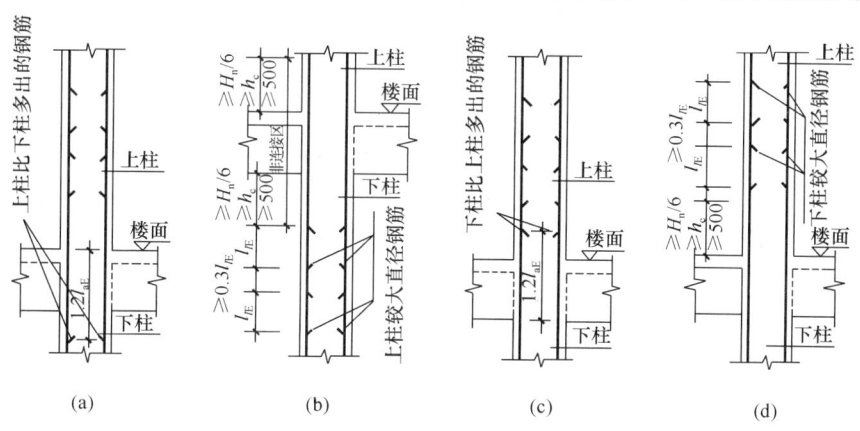

图 2-6　KZ 纵向钢筋特殊连接构造

（a）上柱钢筋比下柱多时；（b）上柱钢筋直径比下柱钢筋直径大时；
（c）下柱钢筋比上柱多时；（d）下柱钢筋直径比上柱钢筋直径大时

l_{aE}—纵向受拉钢筋抗震锚固长度

其中，图中字母所代表的含义为：

h_c—柱截面长边尺寸（圆柱与截面直径）；H_n—所在楼层的柱净高；d—框架柱纵向钢筋直径；

l_{lE}—纵向受拉钢筋抗震绑扎搭接长度；

注：1. 图中钢筋连接构造及柱箍筋加密区范围用于嵌固部位不在基础底面情况下地下室部分（基础底面至嵌固部位）的柱。

2. 绑扎搭接时，当某层连接区的高度小于纵筋分两批搭接所需的高度时，应改用机械连接或焊接连接。

3. 地下一层增加钢筋在嵌固部位的锚固构造如图2-8所示。仅用于按《建筑抗震设计规范》（GB 50011—2010）第6.1.14条在地下一层增加的钢筋，由设计指定。未指定时表示地下一层比上层柱多出的钢筋。

l_{aE}—纵向受拉钢筋抗震锚固长度；l_{abE}—纵向受拉钢筋的抗震基本锚固长度。

二、地下室 KZ 的纵向钢筋连接构造及箍筋加密区范围

16G101-1图集第64页给出了"地下室KZ的纵向钢筋连接构造，地下室KZ的箍筋加密区范围"。如图2-7。

三、KZ 中柱柱顶纵向钢筋构造

16G101-1图集第68页给出了KZ中柱柱顶纵向钢筋构造，如图2-9所示：

节点①：当柱纵筋直锚长度<l_{aE}时，柱纵筋伸至柱顶后向内弯折12d，但必须保证柱纵筋伸入梁内的长度≥0.5l_{abE}。

节点②：当柱纵筋直锚长度$<l_{aE}$，且顶层为现浇混凝土板、其强度等级≥C20、板厚≥100mm时，柱纵筋伸至柱顶后向外弯折$12d$，但必须保证柱纵筋伸入梁内的长度$\geq 0.5l_{abE}$。

节点③：柱纵筋端头加锚头（锚板），技术要求同前，也是伸至柱顶，且$\geq 0.5l_{abE}$。

节点④：当柱纵筋直锚长度$\geq l_{aE}$时，可以直锚伸至柱顶。

四、KZ 边柱和角柱柱顶纵向钢筋构造

16G101-1 图集第 67 页给出了 KZ 边柱和角柱柱顶纵向钢筋构造，如图 2-10 所示。

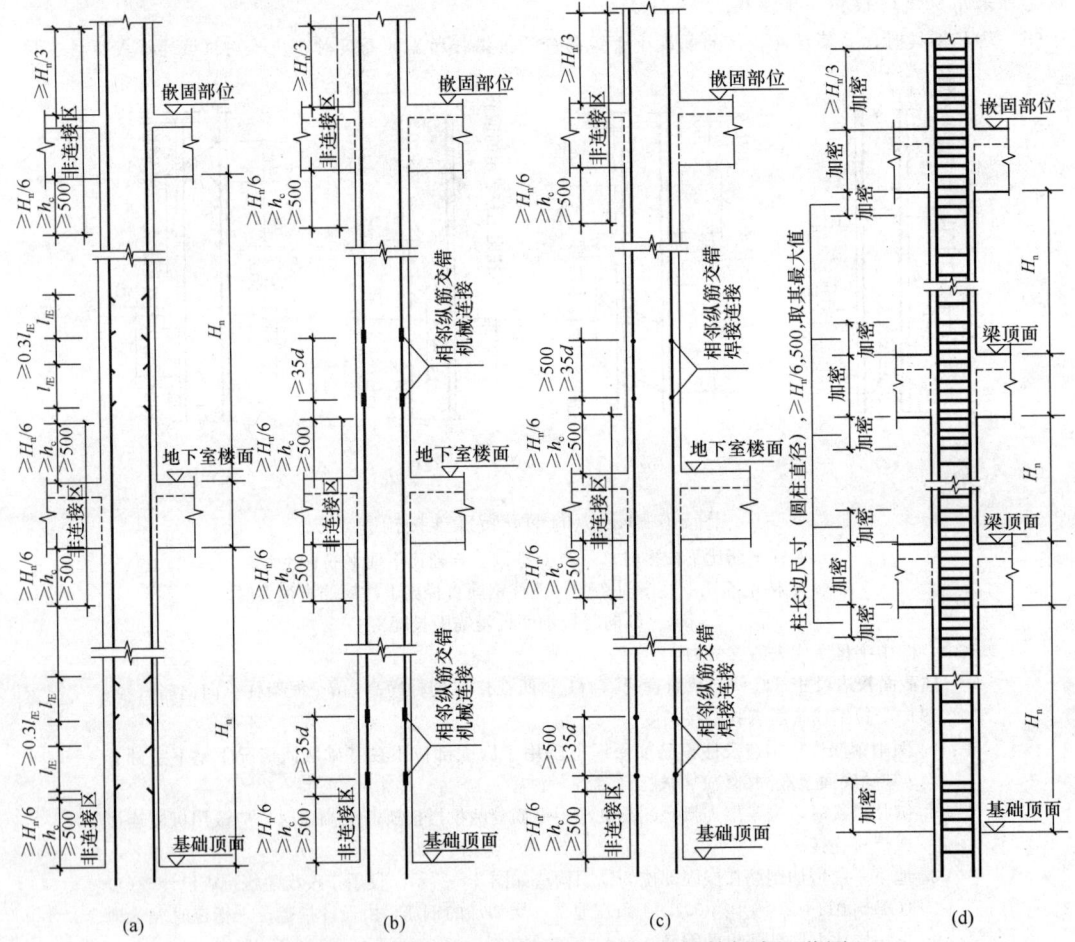

图 2-7 地下室 KZ 的纵向钢筋连接构造及箍筋加密区范围

(a) 绑扎搭接；(b) 机械连接；(c) 焊接连接；(d) 箍筋加密区范围

h_c—柱截面长边尺寸（圆柱与截面直径）；H_n—所在楼层的柱净高；d—框架柱纵向钢筋直径；
l_{lE}—纵向受拉钢筋抗震绑扎搭接长度

注：1. 图中钢筋连接构造及柱箍筋加密区范围用于嵌固部位不在基础底面情况下地下室部分（基础底面至嵌固部位）的柱。

2. 绑扎搭接时，当某层连接区的高度小于纵筋分两批搭接所需的高度时，应改用机械连接或焊接连接。

3. 地下一层增加钢筋在嵌固部位的锚固构造如图 2-8 所示。仅用于按《建筑抗震设计规范》（GB 50011—2010）第 6.1.14 条在地下一层增加的钢筋，由设计指定。未指定时表示地下一层比上层柱多出的钢筋。

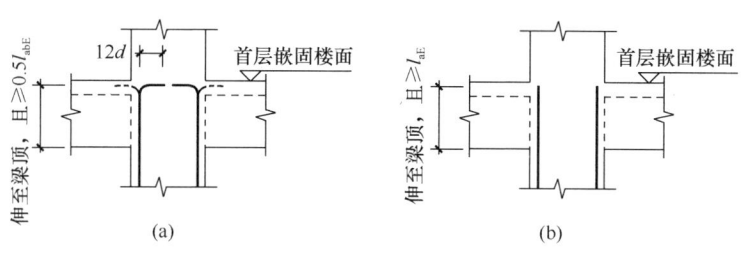

图 2-8 地下一层增加钢筋在嵌固部位的锚固构造
（a）弯锚；（b）直锚

l_{aE}—纵向受拉钢筋抗震锚固长度；l_{abE}—纵向受拉钢筋的抗震基本锚固长度

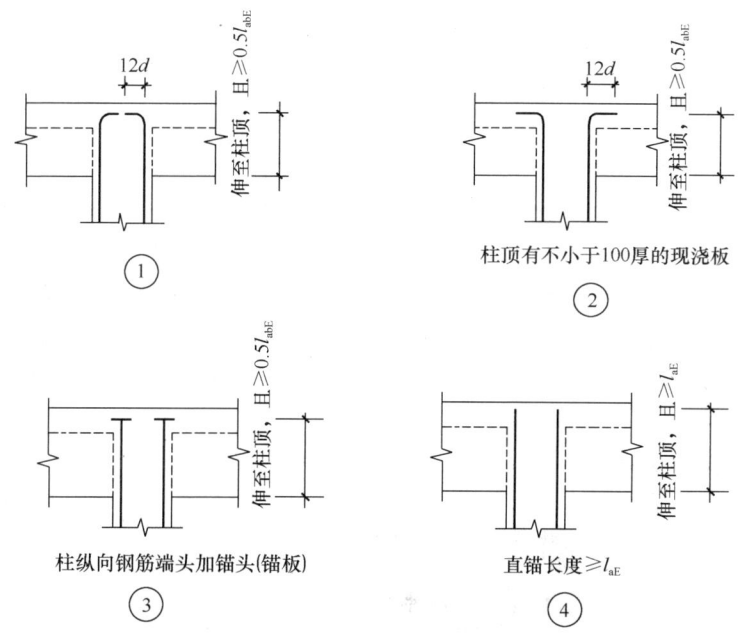

图 2-9 KZ 中柱柱顶纵向钢筋构造

d—框架柱纵向钢筋直径；r—纵向钢筋弯折半径；
l_{aE}—纵向受拉钢筋的抗震锚固长度；l_{abE}—纵向受拉钢筋的抗震基本锚固长度

五、KZ、QZ、LZ 箍筋加密区范围

16G101-1 图集第 65 页给出了 KZ、QZ、LZ 箍筋加密区范围的图示（图 2-11）。

六、柱纵向钢筋在基础中的构造

柱纵向钢筋在基础中的构造如图 2-12 所示。

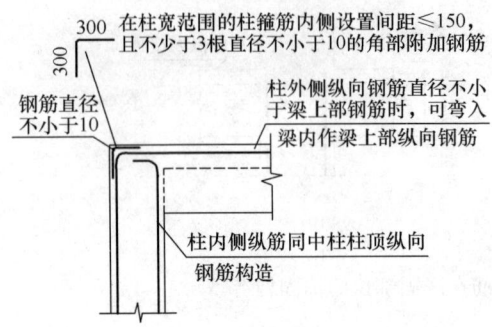

① (柱筋作为梁上部钢筋使用)

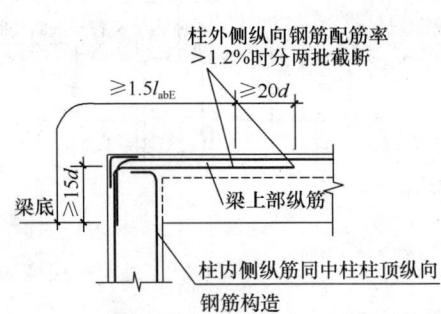

② (从梁底算起$1.5l_{abE}$超过柱内侧边缘)

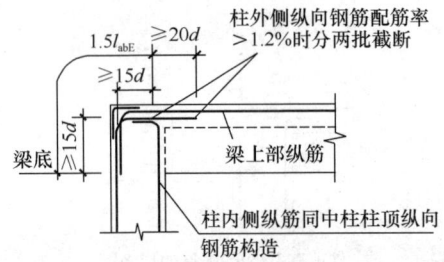

③ (从梁底算起$1.5l_{abE}$未超过柱内侧边缘)

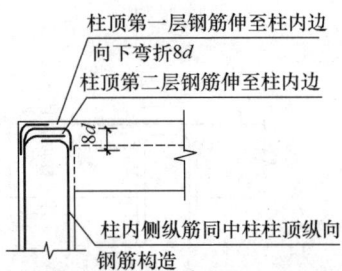

④ (用于①、②或③节点未伸入梁内的柱外侧钢筋锚固。当现浇板厚度不小于100mm时,也可按②节点方式伸入板内锚固,且伸入板内长度不宜小于15d)

⑤ (梁、柱纵向钢筋搭接接头沿节点外侧直线布置)

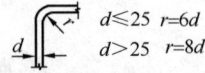

节点纵向钢筋弯折要求

图 2-10 KZ边柱和角柱柱顶纵向钢筋构造示意图

d—框架柱纵向钢筋直径;r—纵向钢筋弯折半径;l_{abE}—纵向受拉钢筋的抗震基本锚固长度

注:1. 节点①、②、③、④应配合使用,节点④不应单独使用(仅用于未伸入梁内的柱外侧纵筋锚固),伸入梁内的柱外侧纵筋不宜少于柱外侧全部纵筋面积的65%。可选择②+④或③+④或①+②+④或④+③+④的做法。

2. 节点⑤用于梁、柱纵向钢筋接头沿节点柱顶外侧直线布置的情况,可与节点①组合使用。

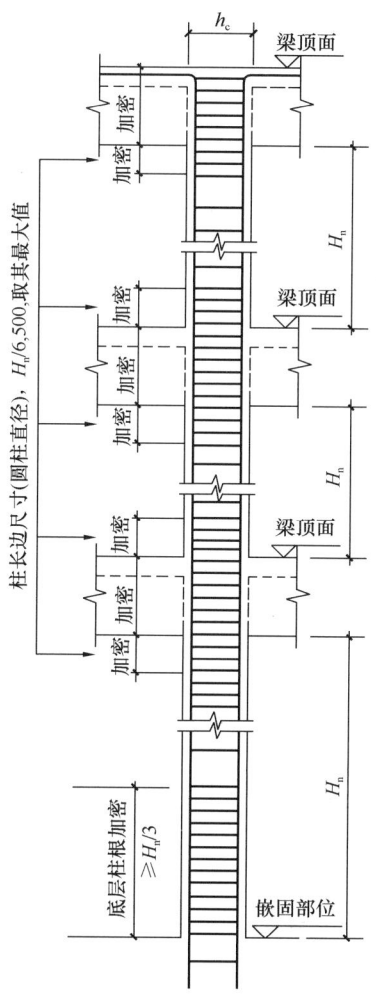

图 2-11　KZ、QZ、LZ 箍筋加密区范围

h_c—柱截面长边尺寸（圆柱为直径）；H_n—所在楼层的柱净高

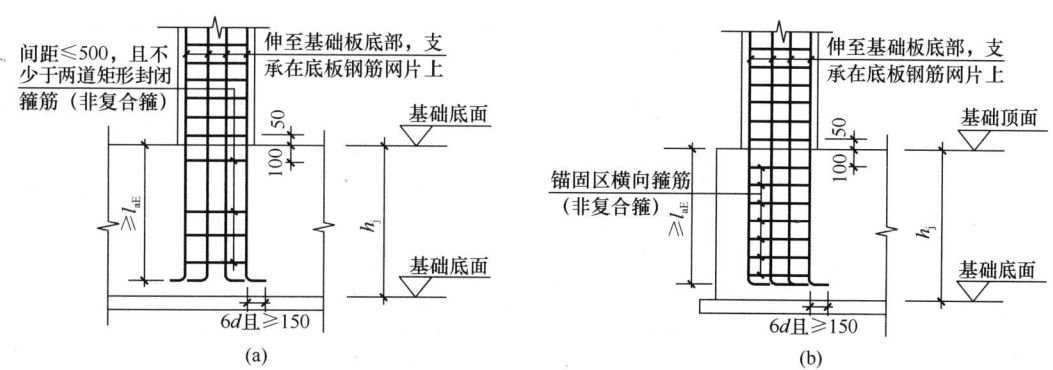

图 2-12　柱纵向钢筋在基础中的构造（一）

（a）保护层厚度＞$5d$；基础高度满足直锚；（b）保护层厚度≤$5d$；基础高度满足直锚；

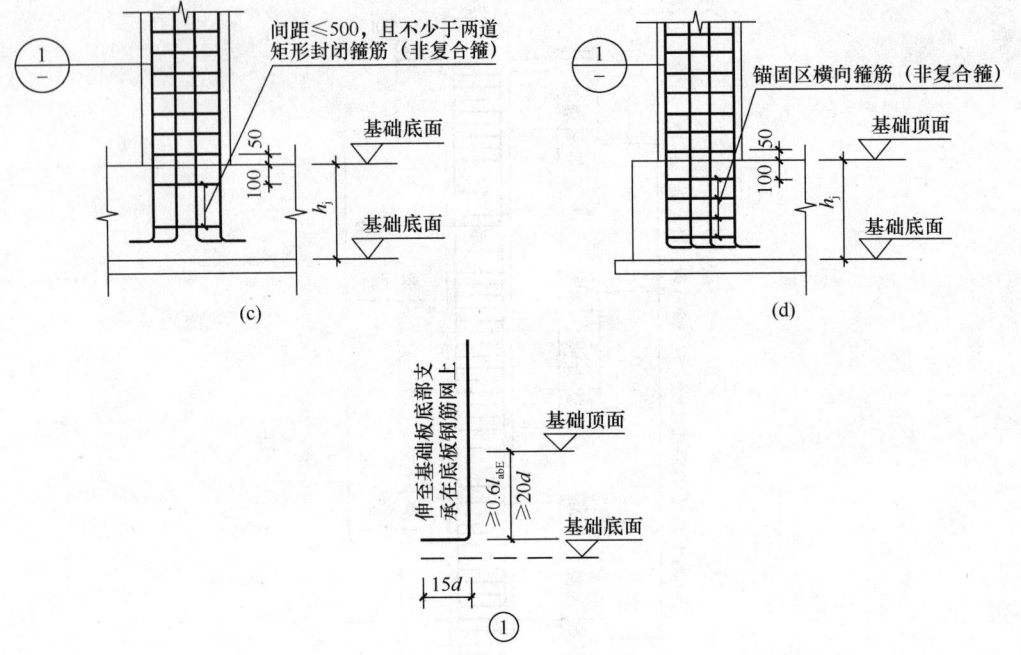

图 2-12 柱纵向钢筋在基础中的构造（二）
（c）保护层厚度>5d；基础高度不满足直锚；（d）保护层厚度≤5d；基础高度不满足直锚
h_j—基础底面至基础顶面的高度，柱下为基础梁时，
h_j为梁底面至顶面的高度。当柱两侧基础梁标高不同时取较低标高；
d—柱纵筋直径；l_{abE}—受拉钢筋抗震基本锚固长度；l_{aE}—受拉钢筋抗震锚固长度

第三节　框架柱钢筋计算方法与实例

柱中的钢筋有纵筋、箍筋、拉结筋，而柱中钢筋量要分层计算，因此柱中钢筋就分为基础层钢筋、一层钢筋、中间层钢筋、顶层钢筋，对于设地下室的还有地下室钢筋分别计算。

1. 柱基础插筋量的计算

如图 2-12 所示，柱插入到基础中的预留接头的钢筋称为插筋。在浇筑基础混凝土前，将柱插筋留好，等浇筑完基础混凝土后，从插筋上端往上进行连接，余类推，逐层连接往上。

柱基础插筋单根长度＝基础内长度（包括基础内竖直长度 h_1 ＋ 弯折长度）
　　　　　　　　　　＋伸出基础非连接区高度

基础内竖直长度，一般情况可以取

h_1＝基础高度－基础钢筋保护层厚度－基础纵筋直径

弯折长度取值见表 2-2。

表 2-2　弯折长度取值

竖直长度（mm）	弯折长度（mm）	竖直长度（mm）	弯折长度（mm）
>l_{aE}	6d 且≥150	≥0.6l_{abE}，但≤l_{aE}	15d

注：d 为基础插筋的直径。

非连接区是指柱纵筋不能在此区域进行连接，每一层的非连接区不尽相同，当是嵌固部位的非连接时,其值 $H_n/3$,其他层均为 max($H_n/6$,500,h_c),其中:H_n 是指与基础相邻层的净高;h_c 为柱截面长边尺寸。

2. 中间层柱纵筋的计算

中间层柱纵筋的单根长度＝本层层高－本层下部非连接区长度＋伸入上一层非连接区长度

3. 顶层柱的纵筋计算

顶层柱因其所处位置的不同,柱纵筋的顶层锚固长度各不相同,因此有不同的计算规则。

(1) 中柱顶层纵筋计算

中柱顶部四面均有梁,其纵向钢筋直接锚入顶层梁内或板内。

顶层中柱纵筋单根长度＝顶层层高－本层下部非连接区长度－顶部保护层厚度＋12d

(2) 顶层边柱、角柱纵筋计算

顶层边柱、角柱的外侧和内侧纵筋构造不同,外侧和内侧纵筋区别如图 2-13 所示。

顶层边柱、角柱纵筋的单根长度计算公式同顶层中柱单根长度计算公式,只是伸入梁(板)内长度不同,见表 2-3。

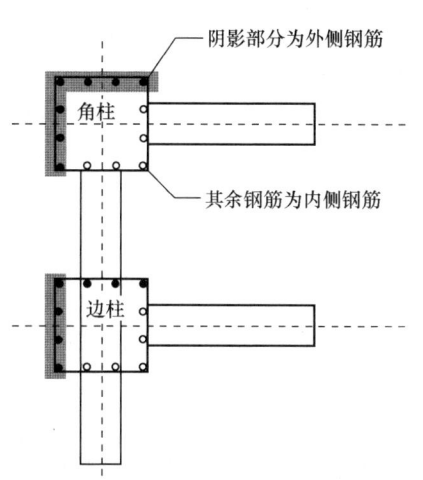

图 2-13 顶层边柱内侧、外侧钢筋示意图

表 2-3 柱顶层钢筋伸入梁内长度

中柱			直锚:伸至柱顶－保护层
			弯锚:伸至柱顶－保护层＋12d
边柱、角柱	②、③、④节点构造 (图集 16G101-1,P67)	外侧钢筋	不少于 65%,自梁底起 1.5l_{abE}＋(12d)
			剩下的位于第一层钢筋,伸至柱顶、柱内侧下弯 8d
			剩下的位于第二层钢筋,伸至柱顶、柱内侧边
		内侧钢筋	直锚:伸至柱顶－保护层
			弯锚:伸至柱顶－保护层＋12d
	⑤节点构造 (图集 16G101-1,P67)	外侧钢筋	伸至柱顶－保护层
		内侧钢筋	直锚:伸至柱顶－保护层
			弯锚:伸至柱顶－保护层＋12d
	①节点构造 (图集 16G101-1,P67)	外侧钢筋	梁顶部钢筋与柱外侧钢筋是贯通的,所以要一起算
		内侧钢筋	直锚,伸至柱顶－保护层
			弯锚:伸至柱顶－保护层＋12d

4. 柱中箍筋的计算

单根长度计算同梁中箍筋计算规则,但每层柱中箍筋根数不尽相同,要分别计算。

(1) 基础中箍筋根数

基础中箍筋皆为非复合箍筋,计算规则见表 2-4。

表 2-4 基础中箍筋计算规则

柱外侧插筋的保护层厚度大于 $5d$ 时	间距不大于 500mm，且不少于两道封闭箍筋
柱外侧插筋的保护层厚度不大于 $5d$ 时	间距不大于 $10d$，且不大于 100mm，封闭箍筋

注：d 为基础插筋最小直径。

$$基础内箍筋的根数 = \frac{(基础高度 - 基础钢筋保护层厚度 - 基础纵筋直径 - 100)}{间距} + 1$$

(2) 基础以上箍筋根数

基础以上每层箍筋根数计算规则：

$$每层箍筋根数 = 箍筋加密根数 + 非加密根数$$

$$加密区根数 = \frac{(柱下部加密区长度 - 50)}{加密间距} + 1 + \frac{柱上部加密区长度}{加密间距} + 1$$

$$非加密区根数 = \frac{(层高 - 上下加密区总长度)}{非加密间距} - 1$$

每层柱上部和下部加密区长度（范围），即为纵筋的非连接区。

【实例一】某筏形基础 KZ1 的基础插筋计算一

试求 KZ1 的基础插筋。KZ1 的截面尺寸为 750mm×700mm，柱纵筋为 22 Φ 25，混凝土强度等级 C30，二级抗震等级。

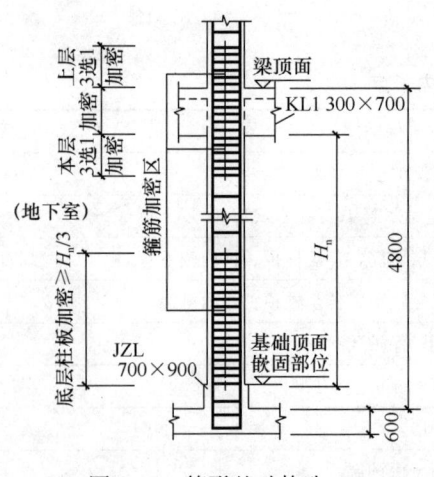

图 2-14 筏形基础构造一

假设某建筑物有层高为 4.8m 的地下室。地下室下面是"正筏板"基础（即"低板位"的有梁筏形基础，基础梁底和基础板底一平）。地下室顶板的框架梁采用 KL1（300mm×700mm）。基础主梁的截面尺寸为 700mm×900mm，下部纵筋为 9 Φ 25。筏板的厚度为 600mm，筏板的纵向钢筋都是 Φ 18@200，如图 2-14 所示。

【解】

(1) 计算框架柱基础插筋伸出基础梁顶面以上的长度

已知：地下室层高＝4800mm，地下室顶框架梁高＝700mm，基础主梁高＝900mm，筏板厚度＝600mm，筏板厚度＝60mm，错开间距 $35d = 35 \times 25$ >500mm，取值 $35d$。

所以，地下室框架柱净高 $H_n = 4800 - 700 - (900 - 600) = 3800$mm

框架柱基础插筋（短筋）伸出长度 $= H_n/3 = 3800/3 = 1267$mm

则框架柱基础插筋（长筋）伸出长度 $= 1267 + 35 \times 25 = 2142$mm。

(2) 计算框架柱基础插筋的直锚长度

已知：基础主梁高度＝900mm，基础主梁下部纵筋直径＝25mm，筏板下层纵筋直径＝18mm，基础保护层＝40mm，所以，框架柱基础插筋直锚长度 $= 900 - 25 - 18 - 40 = 817$mm。

(3) 框架柱基础插筋的总长度

框架柱基础插筋的垂直段长度（短筋）＝1267＋817＝2084mm

框架柱基础插筋的垂直段长度（长筋）＝2142＋817＝2959mm

因为，$l_{aE}=40d=40\times25=1000$mm，

而现在的直锚长度＝817＜l_{aE}，

所以，框架柱基础插筋的弯钩长度＝15d＝15×25＝375mm，

框架柱基础插筋（短筋）的总长度＝2084＋375＝2459mm

框架柱基础插筋（长筋）的总长度＝2959＋375＝3334mm。

【实例二】某筏形基础 KZ1 的基础插筋计算二

试求 KZ1 的基础插筋。KZ1 的柱纵筋为 22 Φ 25，混凝土强度等级 C30，二级抗震等级。

假设某建筑物有一层的层高为 4.5m（从±0.000 算起）。一层的框架梁采用 KL1（300mm×700mm）。一层框架柱的下面是独立柱基，独立柱基的总高度为 1200mm（即柱基平台到基础底板的高度为 1200mm）。独立柱基的底面标高为－1.800，独立柱基下部的基础板厚 500mm，独立柱基底部的纵向钢筋均为Φ18@200，如图 2-15 所示。

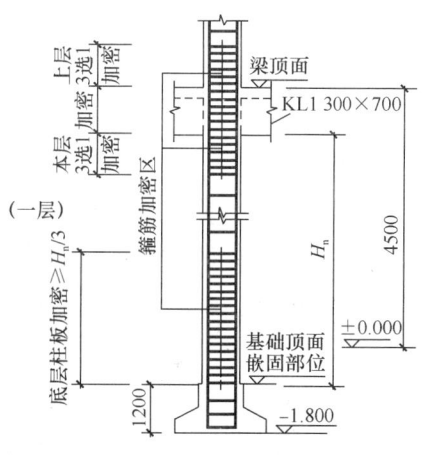

图 2-15 筏形基础构造二

【解】

(1) 计算框架柱基础插筋伸出基础梁顶面以上的长度

已知：从±0.000 到一层板顶的高度＝4500mm，独立柱基的底面标高为－1.800，柱基平台到基础板底的高度为 1200mm，则柱基平台到一层板顶的高度＝4500＋1800－1200＝5100mm，一层的框架梁高＝700mm，

所以，一层的框架柱净高＝5100－700＝4400mm

框架柱基础插筋（短筋）伸出长度＝4400/3＝1467mm

框架柱基础插筋（长筋）伸出长度＝1467＋35×25＝2342mm。

(2) 计算框架柱基础插筋的直锚长度

已知："柱基平台"到基础板底的高度为 1200mm，独立柱基底部的纵向钢筋直径＝18mm，基础保护层厚度＝40mm，

所以，框架柱基础插筋直锚长度＝1200－18－40＝1142mm。

(3) 框架柱基础插筋的总长度

框架柱基础插筋（短筋）的垂直段长度＝1467＋1142＝2609mm

框架柱基础插筋（长筋）的垂直段长度＝2342＋1142＝3484mm

因为，$l_{aE}=40d=40\times25=1000$mm，

而现在的直锚长度＝1142mm＞l_{aE}，

所以，框架柱基础插筋的弯钩长度＝max（6d，150）＝6×25＝150mm，

框架柱基础插筋（短筋）的总长度＝2609＋150＝2759mm，
框架柱基础插筋（长筋）的总长度＝3484＋150＝3634mm。

【实例三】地下室柱纵筋的计算

地下室层高5.5m，下面是"正筏板"基础，基础主梁的截面尺寸为700mm×900mm，下部纵筋为9Φ25。筏板的厚度为600mm，筏板的纵向钢筋都是Φ18@200。

地下室的抗震框架柱KZ1的截面尺寸为750mm×700mm，柱纵筋为22Φ25，混凝土强度等级C30，二级抗震等级。地下室顶板的框架梁截面尺寸为300mm×700mm。地下室上一层的层高为4.0m，地下室上一层的框架梁截面尺寸为300mm×700mm。计算该地下室的框架柱纵筋尺寸。

【解】

（1）地下室顶板以下部分的长度 H_1

地下室的柱净高 H_n＝5500－700－（900－600）＝4500mm

所以 $H_1 = H_n + 700 - H_n/3 = 4500 + 700 - 1500/3 = 3700$mm

（2）地下室板顶以上部分的长度 H_2

上一层楼的柱净高 H_n＝4000－700＝3300mm

所以 $H_2 = \max(H_n/6, h_c, 500) = \max(3300/6, 750, 500) = 750$mm

（3）地下室柱纵筋的长度

地下室柱纵筋的长度＝$H_1 + H_2$＝3700＋750＝4450mm

【实例四】顶层柱纵筋的计算

某建筑物顶层的层高为3.8m，抗震框架柱KZ1的截面尺寸为550mm×500mm，柱纵筋为22Φ20，混凝土强度等级C30，二级抗震等级。顶层顶板的框架梁截面尺寸为300mm×700mm。计算顶层的框架柱纵筋尺寸。

【解】

（1）顶层框架柱纵筋伸到框架梁顶部弯12d的直钩。

顶层的柱纵筋净长度 H_n＝3800－700＝3100mm

根据地下室的计算，H_2＝750mm

因此，与"短筋"相接的柱纵筋垂直段长度 H_a 为：

$$H_a = 3800 - 30 - 750 = 3020\text{mm}$$

加上12d弯钩的每根钢筋长度＝$H_a + 12d$＝3020＋12×20＝3260mm

与"长筋"相接的柱纵筋垂直段长度 H_b 为：

$$H_b = 3800 - 30 - 750 - 35 \times 25 = 2145\text{mm}$$

加上12d弯钩的每根钢筋长度＝$H_b + 12d$＝2145＋12×20＝2385mm

（2）"柱插梁"的做法：框架柱外侧纵筋从顶层框架梁的底面算起，锚入顶层框架梁 $1.5l_{abE}$。

首先，计算框架柱外侧纵筋伸入框架梁之后弯钩的水平段长度 A：

柱纵筋伸入框架梁的垂直长度＝700－30＝670mm

所以 $A=1.5l_{abE}-670=1.5\times40\times20-670=530$mm
利用前面的计算结果，则
与"短筋"相接的柱纵筋垂直段长度 H_a 为 3020mm
加上弯钩水平段 A 的每根钢筋长度 $=H_a+A=3020+530=3550$mm
与"长筋"相接的柱纵筋垂直段长度 H_b 为 2145mm
加上弯钩水平段 A 的每根钢筋长度 $=H_b+A=2145+530=2675$mm

【实例五】"变截面"楼层柱纵筋的计算

某建筑物第五层的层高为 3.5m，是一个"变截面"的关节楼层，抗震框架柱 KZ1 在第五层的截面尺寸为 750mm×700mm，在第六层的截面尺寸为 650mm×600mm，柱纵筋为 22 Φ25，第五层顶板的框架梁截面尺寸为 300mm×700mm。混凝土强度等级 C30，二级抗震等级。计算第五层的框架柱纵筋尺寸。

【解】
（1）计算"中柱"
单侧柱纵筋收缩的幅度 $C=(750-650)/2=50$mm
框架梁截面高度 $H_b=700$mm
弯折段斜率 $=C/H_b=50/700=1/14<1/6$
所以，柱纵筋采用"一根筋弯曲上通"做法。
1）"短筋"的计算
① 框架梁以下部分的直段长度 H_1：
$H_1=$ 层高－框架梁截面高－短筋伸出长度 $=3500-700-750=2050$mm
② 框架梁中部分（"斜坡段"）的长度 H_2：
$$H_2 = \text{sqrt}(C\times C + H_b\times H_b) = \text{sqrt}(50\times50+700\times700)=702\text{mm}$$
（注：sqrt 即"求平方根"）
③ 框架梁以上伸出部分的直段长度 H_3：
$$H_3=750\text{mm}$$
④ 本楼层"短筋"的每根长度：
钢筋每根长度 $=H_1+H_2+H_3=2050+702+750=3502$mm
2）"长筋"的计算
① 框架梁以下部分的直段长度 H_1：
$H_1=$ 层高－框架梁截面高－长筋伸出长度 $=3500-700-1625=1175$mm
② 框架梁中部分（"斜坡段"）的长度 H_2：
$$H_2 = \text{sqrt}(C\times C + H_b\times H_b) = \text{sqrt}(50\times50+700\times700)=702\text{mm}$$
③ 框架梁以上伸出部分的直段长度 H_3：
$$H_3=1625\text{mm}$$
④ 本楼层"长筋"的每根长度：
钢筋每根长度 $=H_1+H_2+H_3=1175+702+1625=3502$mm
（2）计算"b 边上的边柱"

1) b 边上的外侧柱纵筋

$$钢筋长度=3500mm$$

2) h 边上的柱纵筋

单侧柱纵筋收缩的幅度 $C=（750-650）/2=50mm$

框架梁截面高度 $H_b=700mm$

弯折段斜率$=C/H_b=50/700=1/14<1/6$

所以,柱纵筋采用"一根筋弯曲上通"做法。

长、短筋每根长度计算结果同"中柱"长、短筋计算。

3) b 边上的内侧柱纵筋

b 边上的内侧柱纵筋"单侧"向柱截面轴心进行收缩。

单侧柱纵筋收缩的幅度 $C=750-650=100mm$

框架梁截面高度 $H_b=700mm$

弯折段斜率$=C/H_b=100/700=1/7<1/6$

所以,柱纵筋仍采用"一根筋弯曲上通"做法。

① "短筋"的计算

a. 框架梁以下部分的直段长度 H_1:

$H_1=$层高$-$框架梁截面高$-$短筋伸出长度$=3500-700-750=2050mm$

b. 框架梁中部分("斜坡段")的长度 H_2:

$$H_2 = \text{sqrt}(C\times C+H_b\times H_b) = \text{sqrt}(100\times 100+700\times 700) = 707mm$$

c. 框架梁以上伸出部分的直段长度 H_3:

$$H_3=750mm$$

d. 本楼层"短筋"的每根长度:

钢筋每根长度$=H_1+H_2+H_3=2050+707+750=3507mm$

② "长筋"的计算

a. 框架梁以下部分的直段长度 H_1:

$H_1=$层高$-$框架梁截面高$-$长筋伸出长度$=3500-700-1625=1175mm$

b. 框架梁中部分("斜坡段")的长度 H_2:

$$H_2 = \text{sqrt}(C\times C+H_b\times H_b) = \text{sqrt}(100\times 100+700\times 700) = 707mm$$

c. 框架梁以上伸出部分的直段长度 H_3:

$$H_3=1625mm$$

d. 本楼层"长筋"的每根长度:

钢筋每根长度$=H_1+H_2+H_3=1175+707+1625=3507mm$

(3) 计算"角柱"

1) "角柱"外侧的柱纵筋

"角柱"外侧的柱纵筋包括 b 边上的外侧柱纵筋、h 边上的外侧柱纵筋及3根处于外侧的角筋。

$$钢筋长度=3500mm$$

2) "角柱"内侧的柱纵筋

其情形类似于"b 边上的边柱"的 b 边上的内侧柱纵筋,即

单侧柱纵筋收缩的幅度 $C=750-650=100$mm

框架梁截面高度 $H_b=700$mm

弯折段斜率$=C/H_b=100/700=1/7<1/6$

所以,柱纵筋采用"一根筋弯曲上通"做法。

长、短筋计算结果同"b 边上的边柱"的 b 边上的内侧柱纵筋计算。

【实例六】梁上柱纵筋的计算

某建筑楼层层高 4.5m,梁上柱 LZ1 的梁顶相对标高高差为 -1.800m。某梁上柱 LZ1 平面布置图如图 2-16 所示,其截面尺寸及配筋信息为:

LZ1　250×300　6$\oplus$16　Φ8@200　$b_1=b_2=150$　$h_1=h_2=200$

计算梁上柱的纵筋长度。

【解】

LZ1 的梁顶距下一层楼板顶的距离为 $4500-1800=2700$mm

柱根下部的 KL3 截面高度$=650$mm

LZ1 的总长度$=2700+650=3350$mm

柱纵筋的垂直段长度$=3350-(20+8)-(22+20+10)=3270$mm

(注:$20+8$ 为柱的保护层厚度,$20+10$ 为梁的保护层厚度,22 为梁纵筋直径)

柱纵筋的弯钩长度$=12\times16=192$mm

柱纵筋的每根长度$=192+3270+192=3654$mm

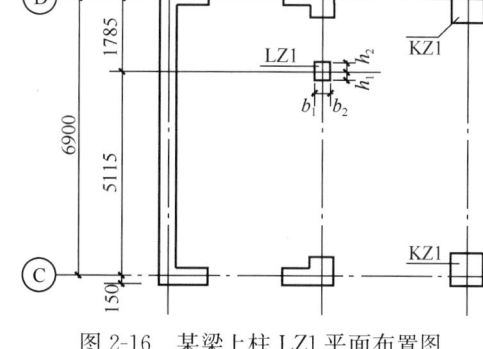

图 2-16　某梁上柱 LZ1 平面布置图

【实例七】抗震框架柱箍筋根数的计算一

某住宅楼层高为 5.0m,抗震框架柱 KZ1 的截面尺寸为 750mm×700mm,箍筋标注为 Φ10@150/200,该层顶板的框架梁截面尺寸为 300mm×700mm。计算该楼层的框架柱箍筋根数。

【解】

(1) 基本数据计算

本楼层的柱净高 $H_n=5000-700=4300$mm

框架柱截面长边尺寸 $h_c=750$mm

$H_n/h_c=4300/750=5.73>4$,所以该框架柱不是"短柱"。

$\max(H_n/6,h_c,500)=\max(4300/6,750,500)=750$mm

(2) 上部加密区箍筋根数

加密区的长度$=\max(H_n/6,h_c,500)+$框架梁高度$=750+700=1450$mm

上部加密区的箍筋根数$=$加密区的长度/间距$=1450/150\approx10$ 根

上部加密区的实际长度$=150\times10=1500$mm

(3) 下部加密区箍筋根数

加密区的长度 $= \max(H_n/6, h_c, 500) = 750$ mm

下部加密区的箍筋根数 = 加密区的长度/间距 = 750/150 = 5 根

下部加密区的实际长度 = 150×5 = 750mm

(4) 中间非加密区箍筋根数

非加密区的长度 = 5000-1500-750 = 2750mm

中间非加密区的箍筋根数 = 非加密区的长度/间距 = 2750/200 ≈ 14 根

(5) 本楼层 KZ1 箍筋根数

$$根数 = 10+5+14 = 29 \text{ 根}$$

【实例八】抗震框架柱箍筋根数的计算二

某筏形基础的基础梁高 900mm，基础板厚 600mm。筏形基础以上的地下室层高 5.0m，抗震框架柱 KZ1 的截面尺寸为 750mm×700mm，箍筋标注为 Φ10@150/200，地下室顶板的框架梁截面尺寸为 300mm×700mm。计算该地下室的框架柱箍筋根数。

【解】

(1) 基本数据计算

框架柱的柱根就是基础主梁的顶面。

因此，计算柱净高还要减去基础梁顶面与筏板顶面的高差。

本楼层的柱净高 $H_n = 5000-700-(900-600) = 4000$ mm

框架柱截面长边尺寸 $h_c = 750$ mm

$H_n/h_c = 4000/750 = 5.33 > 4$，所以该框架柱不是"短柱"。

$\max(H_n/6, h_c, 500) = \max(4000/6, 750, 500) = 750$ mm

(2) 上部加密区箍筋根数

加密区的长度 $= \max(H_n/6, h_c, 500) +$ 框架梁高度 $= 750+700 = 1450$ mm

上部加密区的箍筋根数 = 1450/150 ≈ 10 根

上部加密区的实际长度 = 150×10 = 1500mm

(3) 下部加密区箍筋根数

加密区的长度 $= H_n/3 = 4000/3 = 1333$ mm

下部加密区的箍筋根数 = 1333/150 ≈ 9 根

下部加密区的实际长度 = 150×9 = 1350mm

(4) 中间非加密区箍筋根数

非加密区的长度 = 5000-1500-1350-(900-600) = 1850mm

中间非加密区的箍筋根数 = 1850/200 ≈ 10 根

(5) 本楼层 KZ1 箍筋根数

$$本楼层 KZ1 箍筋根数 = 10+9+10 = 29 \text{ 根}$$

【实例九】框架柱复合箍筋的计算

一根复合箍筋的示意图如图 2-17 所示。柱断面为 500mm×500mm，混凝土等级为 C25，环境类别为二 a 类环境，纵筋为 24Φ25，箍筋为 φ12@200。保护层厚度为 25mm。计算复合箍筋的长度。

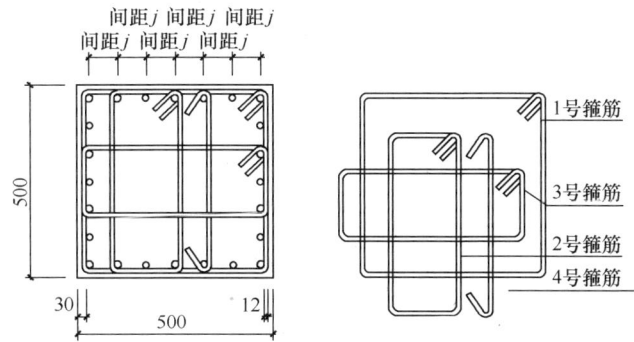

图 2-17 复合箍筋示意图

【解】

1号箍筋长度 $= (b+h) \times 2 - 8 \times$ 保护层 $+ 2 \times \{\text{Max}[10d, 75\text{mm}] + 1.9d\} + 4d$

$= (500+500) \times 2 - 8 \times 30 + 2 \times 11.9 \times 12 + 4 \times 12$

$\approx 2094(\text{mm})$

2号箍筋长度 $= [(b-$ 保护层 $\times 2 - D)/6 \times 2 + D] \times 2 + (h-$ 保护层 $\times 2) \times 2 + 2 \times \{\text{Max}[10d, 75\text{mm}] + 1.9d\} + 4d$

$= [(500-30 \times 2-25)/6 \times 2+25] \times 2 + (500-30 \times 2) \times 2 + 2 \times 11.9 \times 12 + 4 \times 12$

$\approx 1333(\text{mm})$

同理：因为 $b=h$，所有3号箍筋计算方法和长度同2号箍筋。

3号箍筋长度 = 2号箍筋长度 = 1333（mm）

4号箍筋长度 $= h - 2 \times$ 保护层 $+ 2 \times \{\text{Max}[10d, 75\text{mm}] + 1.9d\} + d$

$= 500 - 2 \times 30 + 2 \times 11.9 \times 12 + 12$

$\approx 738(\text{mm})$

一根 5×4 的复合箍筋总长度合计：$2094 + 1333 \times 2 + 738 = 5498$（mm）

【实例十】某地下室框架结构各层箍筋的根数计算

某地下室及一至三层柱示意图如图 2-18、图 2-19 所示。二级抗震等级，梁板柱采用 C25 混凝土，钢筋为普通 HRB335 级钢。层高 5.0m，柱尺寸为 800mm×800mm，梁高度为 700mm，计算各层箍筋的根数。

【解】

将箍筋根数计算表列表如下：

负一层箍筋计算判断见表 2-5。

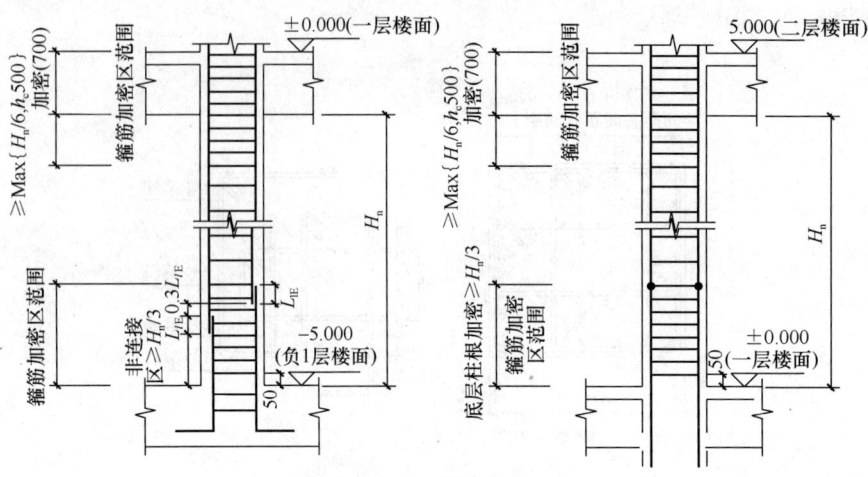

图 2-18 地下室和一层柱示意图

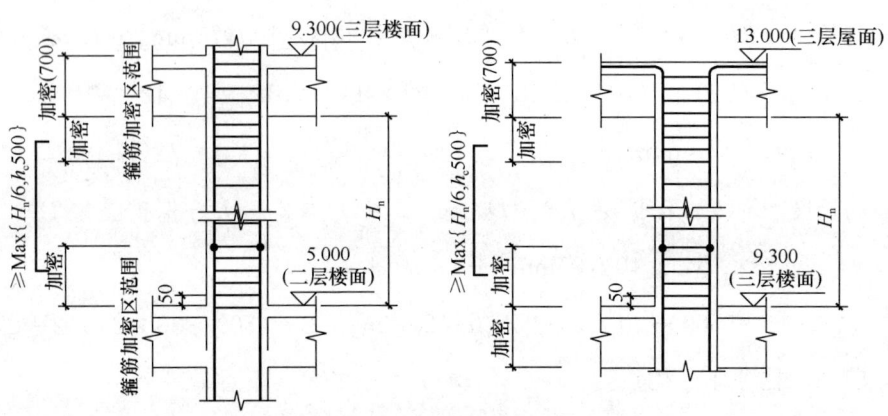

图 2-19 二层和三层柱示意图

表 2-5 负一层箍筋根数计算表

按绑扎判断				
加密部位	加密范围	加密长度	加密长度合计	加密判断
基础根部	$H_n/3$	$(5000-700)/3=1434$	1434+2185+800 +700=5119	因 5119>5000，所以采取全高加密。
搭接范围	$38d+0.3×38d+38d$	$2.3×38×25=2185$		
梁下部位＋ 梁高范围	$\max\{H_n/6,h_c,500\}$	$\max\{H_n/6,h_c,$ $500\}+700$ $800+700$		
负一层钢筋根数计算				
计算方法	根数＝负一层层高/加密区间距＋1			
计算过程	负一层层高		加密间距	结果
	5000		100	51
计算公式	$5000÷100+1=51$			

首层箍筋根数计算判断见表 2-6。

表 2-6 首层箍筋根数计算表

按焊接计算				
部位	是否加密	箍筋布置范围	计算公式	根数合计
首层根部	加密区	$H_n/3$ 4300/3 1434	根数=加密区长度/加密区间距+1 $1434/100+1 \approx 16$ 根	16+16+10 =42 根
梁下部位+ 梁高范围	加密区	$\max\{h_c, H_n/6, 500\}+700$ $\max\{800, 4300/6, 500\}+700$ $\max\{800, 716, 500\}+700$ 800+750	根数=加密区长度/加密区间距+1 $(800+700)/100+1=16$ 根	
中间部位	非加密区	层高-加密区长度合计 5000-1434-1500=2066	根数=非加密区长度/非加密区间距-1 $2066/200-1 \approx 10$ 根	

二层箍筋根数计算判断见表 2-7。

表 2-7 二层箍筋根数计算表

按焊接计算				
部位	是否加密	箍筋布置范围	计算公式	根数合计
二层根部	加密区	$\max\{h_c, H_n/6, 500\}$ $\max\{800, 4000/6, 500\}$ $\max\{800, 667, 500\}$ 800	根数=加密区长度/加密区间距+1 $=800/100+1=9$ 根	9+16+9 =34 根
梁下部位+ 梁高范围	加密区	$\max\{h_c, H_n/6, 500\}+700$ $\max\{800, 4000/6, 500\}+700$ $\max\{800, 667, 500\}+700$ 800+700	根数=加密区长度/加密区间距+1 $=(800+700)/100+1=16$ 根	
中间部位	非加密区	层高-加密区长度合计 4300-800-1500=2000	根数=非加密区长度/非加密区间距-1 $2000/200-1=9$ 根	

三层箍筋根数计算判断见表 2-8。

表 2-8 三层箍筋根数计算表

按焊接计算				
部位	是否加密	箍筋布置范围	计算公式	根数合计
三层根部	加密区	$\max\{h_c, H_n/6, 500\}$ $\max\{800, 3400/6, 500\}$ $\max\{800, 567, 500\}$ 800	根数=加密区长度/加密区间距+1 $=800/100+1=9$ 根	9+16+6 =31 根
梁下部位+ 梁高范围	加密区	$\max\{h_c, H_n/6, 500\}+700$ $\max\{800, 3400/6, 500\}+700$ $\max\{800, 483, 500\}+700$ 800+700	根数=加密区长度/加密区间距+1 $=(800+700)/100+1=16$ 根	
中间部位	非加密区	层高-加密区长度合计 3700-800-1500=1400	根数=非加密区长度/非加密区间距-1 $1400/200-1=6$ 根	

【实例十一】KZ1 的钢筋预算量计算

计算图 2-20 中 KZ1 钢筋预算量，计算条件如表 2-9 所示。嵌固部位在基础的顶部，假定基础底部纵筋的直径为 20mm，钢筋长度保留三位小数，质量保留三位小数。KZ1 各层标高见表 2-10。

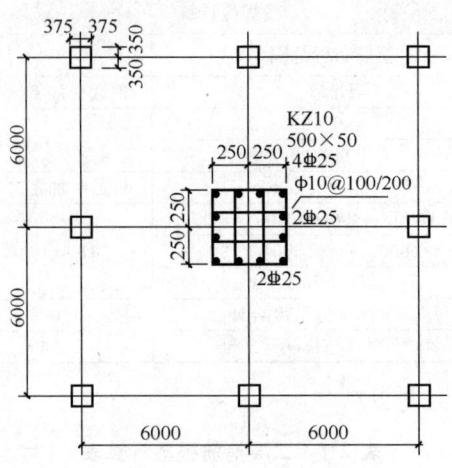

图 2-20　KZ1 柱平面图

表 2-9　KZ1 计算条件

混凝土强度等级	抗震等级	基础保护层（独立基础）	柱保护层厚	纵筋连接方式	l_{aE}
C30	一级抗震	40	30	电渣压力焊	40d

表 2-10　KZ1 各层标高

层号	顶标高	层高	梁高
4	15.9	3.6	700
3	12.3	3.6	700
2	8.7	4.2	700
1	4.5	4.5	700
基础	−0.8		基础厚度：800

【解】

基础高度 $0.6l_{abE} < 800 < l_{aE} = 40d = 40 \times 25 = 1000$（mm），所以基础插筋全部伸到基础底部，并且弯折 15d。KZ1 的钢筋预算量计算见表 2-11。

表 2-11　KZ1 的钢筋预算量计算

层号	钢筋名称	单根长度	根数(根)	质量(kg)
基础层	基础插筋	(4500+800−700)/3+800−40−20 +15×25=2648mm=2.648m （其中 20 为基础插筋直径）	12	122.338
	大箍筋	(500−30×2)×4+11.9×10×2 =1998mm=1.998m	3	3.698
	小箍筋	基础内只有外围大箍筋，没有小箍筋		

续表

层号	钢筋名称	单根长度	根数(根)	质量(kg)
一层	纵筋	$5300-4600/3+\max(2900/6,500,500)=4267mm=4.267m$	12	197.135
	大箍筋	1.998m	下部加密区根数=[(4500+800-700)/3-50]/100+1=16 上部加密区及梁高范围内根数=[max(4600/6,500,500)+700]/100+1=16 非加密区根数=(4500+800-1533-766-700)/200-1=11 总根数=16+16+11=43	53.009
	箍筋	$[(500-30\times2-2\times10-25)/3+25+20]\times2+(500-2\times30)\times2+11.9\times10\times2=1471mm=1.471m$	43×2=86	78.054
二层	纵筋	$4200-3500/6+\max(2900/6,500,500)=4117mm=4.117m$	12	190.159
	大箍筋	1.998m	下部加密区根数=[max(3600/6,500,500)-50]/100+1=7 上部加密区及梁高范围内根数=[max(3600/6,500,500)+700]/100+1=14 非加密区根数=(4200-600-600-700)/200-1=11 总根数=7+14+11=32	39.449
	小箍筋	1.471m	64	58.087
三层	纵筋	$3600-500+\max(2900/6,500,500)=3600mm=3.600m$	12	166.320
	箍筋	1.998m	下部加密区根数=[max(2900/6,500,500)-50]/100+1=6 上部加密区及梁高范围内根数=[max(2900/6,500,500)+700]/100+1=13 非加密区根数=(3600-500-500-700)/200-1=9 总根数=6+13+9=28	34.517
	小箍筋	1.471m	56	50.826
四层	纵筋	$3600-500-30+12\times25=3370mm=3.370m$	12	155.694
	大箍筋	1.998m	28	34.517
	小箍筋	1.471m	56	50.826
合计				1234.629

【实例十二】框架柱受力钢筋和箍筋预算量的计算

某住宅楼的框架柱独立基础和基础层编号如图 2-21、图 2-22 所示，工程的角柱、边柱及中柱各一个，要求计算框架柱受力钢筋和箍筋的预算量。

计算柱钢筋预算量前，先查阅基础编号及尺寸、配筋等信息。对于框架柱，查阅施工图中框架柱对应的独立基础及框架柱配筋表，结构层标高及层高表。如表 2-12～表 2-14 所示。

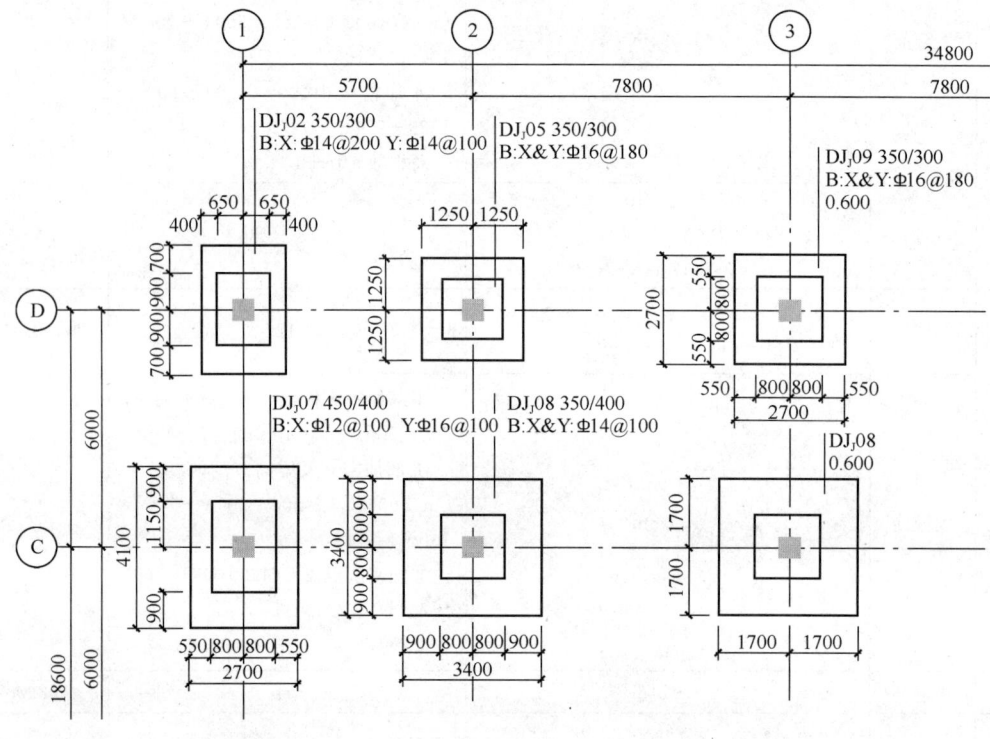

图 2-21 框架柱独立基础示意图

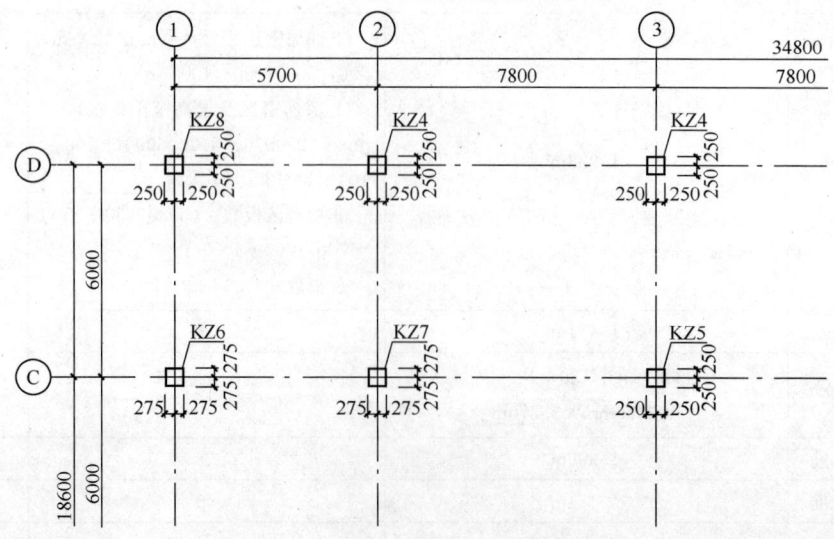

图 2-22 框架柱基础层编号示意图

表 2-12 桩基础配筋表

基础编号	基础尺寸							配筋		
	A	B	H	A_1	B_1	h_1	h_2	①	②	③
J-2	3200	2100	650	1800	1300	350	300	Φ14@100	Φ14@200	3肢同柱箍筋
J-5	2500	2500	650	1500	1500	350	300	Φ16@180	Φ16@180	3肢同柱箍筋
J-8	3400	3400	750	2000	2000	350	400	Φ14@100	Φ14@100	3肢同柱箍筋

表 2-13 框架柱配筋表

柱号	标高/m	$b×h$	全部纵筋	角筋	b边一侧中部筋	h边一侧中部筋	箍筋类型号	箍筋
KZ4	基础顶面～-0.200	500×500	12Φ18				1(4×4)	Φ10@100/200
	-0.200～14.450	500×500	12Φ18				1(4×4)	Φ8@100/200
KZ5	基础顶面～3.650	500×500		4Φ20	2Φ18	2Φ18	1(4×4)	Φ10@100/200
	3.650～14.450	500×500	12Φ18				1(4×4)	Φ8@100/200
KZ8	基础顶面～3.650	500×500		4Φ22	2Φ20	2Φ20	1(4×4)	Φ8@100/200
	3.650～14.450	500×500		4Φ22	2Φ18	2Φ18	1(4×4)	Φ8@100/200

表 2-14 结构层标高及层高

楼梯间屋面层	17.450	
屋面层	14.450	3.000
四层	10.850	3.600
三层	7.250	3.600
二层	3.650	3.600
一层	-0.200	3.850
层号	标高/m	层高/m

【解】

(1) 计算 J-2 插筋及 KZ8 纵筋的长度及质量

J-2 基础插筋长度：

$H_n = 5.00 - 0.20 - 0.65$(基础高)$- 0.50$(梁高)$= 3.65$(m)

由于 $650 - 40 \geqslant 0.8 l_{aE}$，所以 $a = \text{Max}[6d, 150\text{mm}] = 150$(mm)。

长度计算公式 = [水平弯折长度 a + (基础高度 - 保护层) + $H_n/3$] × 根数

4Φ22：$[0.15 + (0.65 - 0.04) + 3.65/3] × 4 = 7.908$(m)

8Φ20：$[0.15 + (0.65 - 0.04) + 3.65/3] × 8 = 15.816$(m)

KZ8 的柱纵筋：

基础顶面——第二层

二层：$H_n/6 = (3.6 - 0.6)/6 = 0.5$(m)

中部纵筋长度 = (基础层 + 一层高 - 基础层非连接区 $H_n/3$ + 二层非连接区 $H_n/6$) × 根数

8Φ20：$(3.65 + 3.85 - 3.65/3 + 0.50) × 8 = 54.267$(m)

第二层——屋面

中部纵筋长度 1＝（二层～顶层层高－二层非连接区 $H_n/6$－顶层梁高＋$1.5L_{aE}$）×根数

中部纵筋长度 2＝（二层～顶层层高－二层非连接区 $H_n/6$－保护层＋$12d$）×根数

二层：$H_n/6＝0.5m$，顶层梁高 $H＝600mm$

4 Φ 18：(14.45－3.65－0.50－0.60＋1.5×31×0.018)×4＝42.148(m)

4 Φ 18：(14.45－3.65－0.50－0.03＋12×0.018)×4＝41.944(m)

基础顶面——屋面

3 Φ 22：(14.45＋5.00－0.65－3.65/3－0.60＋1.5×31×0.022)×3＝54.018(m)

1 Φ 22：(14.45＋5.00－0.65－3.65/3－0.03＋12×0.022)×1＝17.817(m)

KZ8 柱中 Φ 22 的总质量：

(7.908＋54.018＋17.817)×2.984＝237.953(kg)

KZ8 柱中 Φ 20 的质量：

(15.816＋54.267)×2.466＝172.825(kg)

KZ8 柱中 Φ 18 的质量：

(42.148＋41.944)×1.998＝168.016(kg)

(2) KZ8 箍筋 $\phi 8$ 的长度及质量

基础顶面～3.650m，箍筋长度

外箍筋：0.50×4－0.03×8＋4×0.008＋11.9×0.008×2＝1.982(m)

内箍筋：[(0.50－0.03×2－0.022)/3＋0.02]×2＋(0.5－0.06)×2＋4×0.008
　　　＋11.9×0.008×2＝1.421(m)

合计：外箍筋＋内箍筋×2＝1.982＋1.421×2＝4.824(m)

3.650～14.450m，$\phi 8$ 箍筋长度

外箍筋：0.50×4－0.03×8＋4×0.008＋11.9×0.008×2＝1.982(m)

内箍筋：[(0.50－0.03×2－0.022)/3＋0.018]×2＋(0.5－0.06)×2＋27.8×0.008
　　　＝1.417(m)

合计：外箍筋＋内箍筋×2＝1.982＋1.417×2＝4.816(m)

箍筋根数：

基础插筋 2 根非复合箍

$\phi 8$ 箍筋数量

基础层：$H_n＝5.00－0.20－0.65－0.50＝3.65(m)$

下部加密区：3.65/3÷0.10＋1＝14(根)

上部加密区：(max{3.65/6，500，500}＋0.50)/0.10＋1＝13(根)

中部非加密区：(3.65－3.65/3－max{3.65/6，500，500})÷0.20－1＝9(根)

第一层：$H_n＝3.85－0.60＝3.25(m)$

下部加密区：3.25/6÷0.10＋1＝7(根)

上部加密区：(3.25/6＋0.6)÷0.10＋1＝13(根)

中部非加密区：(3.25－3.15/6×2)÷0.20－1＝10(根)

第二层和第三层：$H_n＝3.60－0.60＝3(m)$

下部加密区：3.00/6÷0.10＋1＝6(根)

上部加密区：$(3.00/6+0.6)÷0.10+1=12$（根）
中部非加密区：$(3.00-3.00/6×2)÷0.20-1=9$（根）
第四层：$H_n=3.00-0.60=2.400$(m)
下部加密区：$\max\{H_n/6, 500, H_c\}÷0.10+1=6$（根）
上部加密区：$[\max\{H_n/6, 500, H_c\}+0.60]÷0.10+1=12$（根）
中部非加密区：$(2.40-0.50×2)÷0.20-1=6$（根）
箍筋总长度：
$2×1.982+(13+12+8+6+10)×4.824+[(6+12+9)×2+6+12+6]×4.816$
$=697.996$(mm)
箍筋质量：$697.996×0.395=275.71$(kg)

（3）计算 J-5 插筋及 KZ4 纵筋的长度及质量
J-5
基础插筋长度：
$12 \Phi 18$：$[0.15+(0.65-0.04)+3.65/3]×12=23.720$(m)
KZ4 柱纵筋长度：
$4 \Phi 18$：$(14.45+5-0.65-3.65/3-0.6+1.5×31×0.018)×4=70.280$(m)
$8 \Phi 18$：$(14.45+5-0.65-3.65/3-0.03+12×0.018)×8=142.152$(m)
柱中 $\Phi 18$ 的质量为：
$(23.720+71.28+142.152)×1.998=473.830$(kg)

（4）KZ4 箍筋的长度及质量
基础顶面～-0.200m，$\phi 10$ 箍筋长度：
外箍筋：$0.50×4-0.03×8+4×0.010+11.9×0.010×2=2.038$(m)
内箍筋：$[(0.50-0.03×2-0.018)/3+0.018]×2+[0.5-0.06]×2+4×0.010$
$\qquad +11.9×0.010×2=1.475$(m)
合计：外箍筋+内箍筋$×2=2.038+1.475×2=4.988$(m)
$-0.200～14.450$m，$\varphi 8$ 箍筋长度：
外箍筋：$0.50×4-0.03×8+4×0.008+11.9×0.008×2=1.982$(m)
内箍筋：$[(0.50-0.03×2-0.018)/3+0.018]×2+[0.5-0.06]×2+4×0.008$
$\qquad +11.9×0.008×2=1.420$(m)
合计：外箍筋+内箍筋$×2=1.982+1.420×2=4.822$(m)
由于 J-5 基础深度同 J-2 相同，KZ4 和 KZ8 截面尺寸及梁高相同，所以箍筋根数与 KZ8 相同。
$\phi 8$ 箍筋总长度：
$2×2.038+(14+13+9)×4.988=183.644$(m)
$\Phi 10$ 箍筋总长度：
$[6+12+10+(6+12+9)×2+6+12+6]×4.822=511.132$(m)
KZ4 箍筋总质量：$183.644×0.617+511.132×0.395=315.21$(kg)

（5）计算 J-8 插筋及 KZ5 纵筋的长度及质量
J-8

基础插筋 $H_n = 4.4 - 0.2 - 0.75(基础高) - 0.5(梁高) = 2.95(m)$

$4\Phi 20$：$(0.15 + 0.75 - 0.04 + 2.95/3) \times 4 = 7.373(m)$

$8\Phi 18$：$(0.15 + 0.75 - 0.04 + 2.95/3) \times 8 = 14.747(m)$

KZ5 柱主筋：

基础顶面——第二层

$4\Phi 20$：$(3.65 + 4.4 - 0.75 - 2.95/3 + 0.5) \times 4 = 27.268(m)$

$8\Phi 18$：$(3.65 + 4.4 - 0.75 - 2.95/3 + 0.5) \times 8 = 54.536(m)$

第二层——顶层

$12\Phi 18$：$(14.45 - 3.65 - 0.5 - 0.03 + 12 \times 0.018) \times 12 = 125.832(m)$

柱中 $\Phi 20$ 质量：

$(7.373 + 27.268) \times 2.466 = 85.425(kg)$

柱中 $\Phi 18$ 的质量：

$(14.747 + 54.536 + 125.832) \times 1.998 = 389.840(kg)$

（6）KZ5 箍筋的长度及质量

基础顶面～3.650m，$\phi 10$ 箍筋长度：

外箍筋：$0.50 \times 4 - 0.03 \times 8 + 4 \times 0.010 + 11.9 \times 0.010 \times 2 = 2.038(m)$

内箍筋：$[(0.50 - 0.03 \times 2 - 0.018)/3 + 0.018] \times 2 + (0.5 - 0.06) \times 2 + 4 \times 0.010$
　　　　$+ 11.9 \times 0.010 \times 2 = 1.475(m)$

合计：外箍筋 + 内箍筋 $\times 2 = 2.038 + 1.475 \times 2 = 4.988(m)$

3.650m～14.450m，$\Phi 8$ 箍筋长度：

外箍筋：$0.50 \times 4 - 0.03 \times 8 + 4 \times 0.008 + 11.9 \times 0.008 \times 2 = 1.982(m)$

内箍筋：$[(0.50 - 0.03 \times 2 - 0.018)/3 + 0.018] \times 2 + (0.5 - 0.06) \times 2 + 4 \times 0.008$
　　　　$+ 11.9 \times 0.008 \times 2 = 1.420(m)$

合计：外箍筋 + 内箍筋 $\times 2 = 1.982 + 1.420 \times 2 = 4.822(m)$

KZ5 中箍筋数量：

基础层：

下部加密区：$2.95/3 \div 0.10 + 1 = 11(根)$

上部加密区：$(2.95/6 + 0.5)/0.10 + 1 = 11(根)$

中部非加密区：$(2.95 - 2.95/3 - 2.95/6)/0.20 - 1 = 7(根)$

第一层：$H_n = 3.85 - 0.6 = 3.25(m)$

下部加密区：$3.25/6 \div 0.10 + 1 = 7(根)$

上部加密区：$(3.25/6 + 0.60) \div 0.10 + 1 = 13(根)$

中部非加密区：$(3.25 - 3.25/6 \times 2)/0.20 - 1 = 10(根)$

第二层和第三层：$H_n = 3.60 - 0.60 = 3.00(m)$

下部加密区：$3.00/6 \div 0.10 + 1 = 6(根)$

上部加密区：$(3.00/6 + 0.60) \div 0.10 + 1 = 12(根)$

中部非加密区：$(3.00 - 3.00/6 \times 2)/0.2 - 1 = 9(根)$

第四层：$H_n = 3.00 - 0.60 = 2.4(m)$

下部加密区：$\max\{H_n/6, 500, H_c\} \div 0.10 + 1 = 6$

上部加密区：$[\max\{H_n/6，500，H_c\}+0.6]\div 0.10+1=12$
中部非加密区：$(2.40-0.5\times 2)/0.2-1=6(根)$
箍筋总质量：
$2\times 2.038\times 0.617+(11+11+7+7+13+10)\times 4.988\times 0.617+[(6+12+9)\times 2+6+12+6]\times 4.822\times 0.395=332.66(kg)$

【实例十三】 某平法柱钢筋预算量的计算

某平法柱如图 2-23 所示，建筑及建筑构造基本情况如表 2-15 及表 2-16 所示。计算其钢筋预算量。

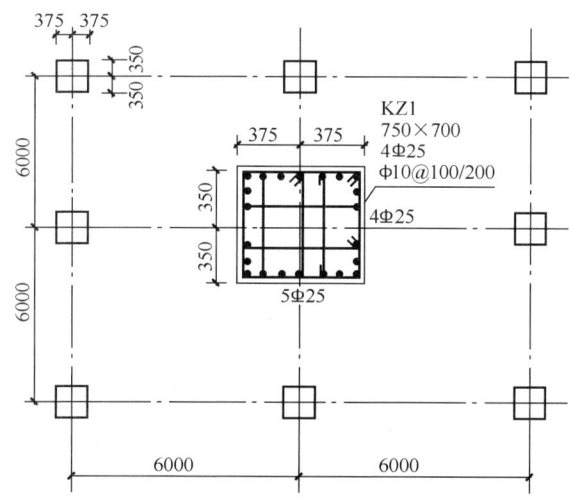

图 2-23 平法柱

表 2-15 建筑基本情况表

层号	标高/m	层高/m	梁高/mm
0	-4.63	4.5	基础板厚：1200
1	-0.13	4.5	700
2	4.37	4.2	700
3	8.57	3.6	700
4	12.17	3.6	700
屋面	15.77	—	700

表 2-16 建筑构造基本情况表

混凝土强度等级	抗震等级	基础保护层	柱保护层	梁保护层	钢筋连接方式
C30	一级抗震	40mm	30mm	25mm	绑扎搭接

【解】

柱钢筋预算量计算如表 2-17 所示。

表 2-17 柱钢筋预算量计算

序号	构件信息	个数	总质量/kg	单根质量/kg	根数	级别直径	单长计算/mm	备注
	框架柱		32249.682					
1	0层（基础层）	1	3638.331	3638.331				
1-1	KZ1		3638.331					
1-1-1	C/1	9	3638.331	404.259				
1-1-1-1	1		209.349	23.261	9	Φ25	(0+3000+2×1.4×850+0.3×1.4×850)+(300)+(0×47.6×25)+(0)−(0)=6037 300⌐5737	插筋基础层
1-1-1-2	2		155.700	17.300	9	Φ25	(0+3000+1.4×850)+(300)+(0×47.6×25)+(0)−(0)=4490 300⌐4190	插筋基础层
1-1-1-3	3		19.432	9.716	2	Φ20	(0+3000+2×0+700)+(240)+(0×0×20)+(0)−(0)=3940 240⌐3700	插筋基础层
1-1-1-4	4		15.980	7.990	2	Φ20	(0+3000+0)+(240)+(0×0×20)+(0)−(0)=3240 240⌐3000	插筋基础层
1-1-1-5	5		3.798	1.899	2	Φ10	(710)×2+(710)×2+(0×37.8×10)+(23.8×10)−(0)=3078 710⌐710	箍筋
2	1层（首层）	1	9471.843	9471.843				
2-1	KZ1		9471.843					
2-1-1	C/1	9	9471.843	1052.427				
2-1-1-1	1		275.337	30.593	9	Φ25	(4500+4500−3000+750+1.4×850)+(0×47.6×25)+(0)−(0)=7940 7940	纵向主筋底层

第二章 框架柱钢筋计算

续表

序号	构件信息	个数	总质量/kg	单根质量/kg	根数	级别直径	单长计算/mm	备注
2-1-1-2	2		275.337	30.593	9	Φ25	$(4500+4500-3000-1.4×850-0.3×1.4×850+750+0.3×1.4×850+1.4×850×2)+(0×47.6×25)+(0)-(0)$ $=7940$ 7940	纵向主筋底层
2-1-1-3	3		33.292	16.646	2	Φ20	$(4500+4500-3000+750+0)+(0×0×20)+(0)-(0)$ $=6750$ 6750	纵向主筋底层
2-1-1-4	4		33.292	16.646	2	Φ20	$(4500+4500-3000-0-700+750+700+0×2)+(0×0×20)+(0)-(0)=6750$ 6750	纵向主筋底层
2-1-1-5	5		157.617	1.899	83	Φ10	$(710)×2+(710)×2+(0×37.8×10)+(23.8×10)-(0)=3078$ 710 ⌐ 710	箍筋
2-1-1-6	6		112.216	1.352	83	Φ10	$(267)×2+(710)×2+(0×37.8×10)+(23.8×10)-(0)=2192$ 267 ⌐ 710	箍筋
2-1-1-7	7		116.781	1.407	83	Φ10	$(710)×2+(311)×2+(0×37.8×10)+(23.8×10)-(0)=2280$ 710 ⌐ 310	箍筋
2-1-1-8	8		48.555	0.585	83	Φ10	$(710)+(0×37.8×10)+(2×11.9×10)-(0)=948$ 710	箍筋

续表

序号	构件信息	个数	总质量/kg	单根质量/kg	根数	级别直径	单长计算/mm	备注
3	2层（普通层）	1	5719.122	5719.122				
3-1	KZ1		5719.122					
3-1-1	C/1	9	5719.122	635.458				
3-1-1-1	1		186.912	20.768	9	Φ25	$(4200-750+750+1.4\times850)+(0\times47.6\times25)+(0)-(0)=5390$ 5390	纵向主筋中间层
3-1-1-2	2		186.912	20.768	9	Φ25	$(4200-750-1.4\times850-0.3\times1.4\times850+750+0.3\times1.4\times850+1.4\times850\times2)+(0\times47.6\times25)+(0)-(0)=5390$ 5390	纵向主筋中间层
3-1-1-3	3		20.714	10.357	2	Φ20	$(4200-750+750+0)+(0\times0\times20)+(0)-(0)=4200$ 4200	纵向主筋中间层
3-1-1-4	4		20.714	10.357	2	Φ20	$(4200-750-0-700+750+700+0\times2)+(0\times0\times20)+(0)-(0)=4200$ 4200	纵向主筋中间层
3-1-1-5	5		79.758	1.899	42	Φ10	$(710)\times2+(710)\times2+(0\times37.8\times10)+(23.8\times10)-(0)=3078$ 710⌐710	箍筋
3-1-1-6	6		56.784	1.352	42	Φ10	$(267)\times2+(710)\times2+(0\times37.8\times10)+(23.8\times10)-(0)=2192$ 267⌐710	箍筋
3-1-1-7	7		59.094	1.407	42	Φ10	$(710)\times2+(311)\times2+(0\times37.8\times10)+(23.8\times10)-(0)=2280$ 710⌐310	箍筋

续表

序号	构件信息	个数	总质量/kg	单根质量/kg	根数	级别直径	单长计算/mm	备注
3-1-1-8	8		24.570	0.585	42	$\Phi 10$	$(710)+(0\times37.8\times10)+(2\times11.9\times10)-(0)=948$ 710	箍筋
4	3层（普通层）	1	5008.212	5008.212				
4-1	KZ1		5008.212					
4-1-1	C/1	9	5008.212	556.468				
4-1-1-1	1		166.104	18.456	9	$\Phi 25$	$(3600-750+750+1.4\times850)+(0\times47.6\times25)+(0)-(0)=4790$ 4790	纵向主筋中间层
4-1-1-2	2		166.104	18.456	9	$\Phi 25$	$(3600-750-1.4\times850-0.3\times1.4\times850+750+0.3\times1.4\times850+1.4\times850\times2)+(0\times47.6\times25)+(0)-(0)=4790$ 4790	纵向主筋中间层
4-1-1-3	3		17.756	8.878	2	$\Phi 20$	$(3600-750+750+0)+(0\times0\times20)+(0)-(0)=3600$ 3600	纵向主筋中间层
4-1-1-4	4		17.756	8.878	2	$\Phi 20$	$(3600-750-0-700+750+700+0\times2)+(0\times0\times20)+(0)-(0)=3600$ 3600	纵向主筋中间层
4-1-1-5	5		68.364	1.899	36	$\Phi 10$	$(710)\times2+(710)\times2+(0\times37.8\times10)+(23.8\times10)-(0)=3078$ 710 710	箍筋
4-1-1-6	6		48.672	1.352	36	$\Phi 10$	$(267)\times2+(710)\times2+(0\times37.8\times10)+(23.8\times10)-(0)=2192$ 267 710	箍筋
4-1-1-7	7		50.652	1.407	36	$\Phi 10$	$(710)\times2+(311)\times2+(0\times37.8\times10)+(23.8\times10)-(0)=2280$ 710 311	箍筋

续表

序号	构件信息	个数	总质量/kg	单根质量/kg	根数	级别直径	单长计算/mm	备注
4-1-1-8	8		21.060	0.585	36	Φ10	$(710)+(0\times37.8\times10)+(2\times11.9\times10)-(0)=948$ 710	箍筋
5	4层（普通层）	1	5008.212	5008.212				
5-1	KZ1		5008.212					
5-1-1	C/1	9	5008.212	556.468				
5-1-1-1	1		166.104	18.456	9	Φ25	$(3600-750+750+1.4\times850)+(0\times47.6\times25)+(0)-(0)=4790$ 4790	纵向主筋中间层
5-1-1-2	2		166.104	18.456	9	Φ25	$(3600-750-1.4\times850-0.3\times1.4\times850+750+0.3\times1.4\times850+1.4\times850\times2)+(0\times47.6\times25)+(0)-(0)=4790$ 4790	纵向主筋中间层
5-1-1-3	3		17.756	8.878	2	Φ20	$(3600-750+750+0)+(0\times0\times20)+(0)-(0)=3600$ 3600	纵向主筋中间层
5-1-1-4	4		17.756	8.878	2	Φ20	$(3600-750-0-700+750+700+0\times2)+(0\times0\times20)+(0)-(0)=3600$ 3600	纵向主筋中间层
5-1-1-5	5		68.364	1.899	36	Φ10	$(710)\times2+(710)\times2+(0\times37.8\times10)+(23.8\times10)-(0)=3078$ 710 710	箍筋
5-1-1-6	6		48.672	1.352	36	Φ10	$(267)\times2+(710)\times2+(0\times37.8\times10)+(23.8\times10)-(0)=2192$ 267 710	箍筋
5-1-1-7	7		50.652	1.407	36	Φ10	$(710)\times2+(311)\times2+(0\times37.8\times10)+(23.8\times10)-(0)=2280$ 710 311	箍筋

第二章 框架柱钢筋计算

续表

序号	构件信息	个数	总质量/kg	单根质量/kg	根数	级别直径	单长计算/mm	备注
5-1-1-8	8		21.060	0.585	36	Φ10	$(710)+(0\times37.8\times10)+$ $(2\times11.9\times10)-(0)=948$ 710	箍筋
6	5层（普通层）	1	3403.962	3403.962				
6-1	KZ1		3403.962					
6-1-1	C/1	9	3403.962	378.218				
6-1-1-1	1		108.189	12.021	9	Φ25	$(3600-750-30)+(12\times25)$ $+(0\times47.6\times25)+(0)$ $-(0)=3120$ 300 ⌐ 2820	纵向主筋顶层
6-1-1-2	2		54.549	6.061	9	Φ25	$(3600-750-1.4\times850-0.3\times$ $1.4\times850-30)+(12\times25)+$ $(0\times47.6\times25)+(0)-(0)$ $=1573$ 300 ⌐ 1273	纵向主筋顶层
6-1-1-3	3		15.092	7.546	2	Φ20	$(3600-750-30)+(12\times20)$ $+(0\times0\times20)+(0)-(0)=3060$ 300 ⌐ 2820	纵向主筋顶层
6-1-1-4	4		11.640	5.820	2	Φ20	$(3600-750-0-700-30)+$ $(12\times20)+(0\times0\times20)+$ $(0)-(0)=2360$ 240 ⌐ 2120	纵向主筋顶层
6-1-1-5	5		68.364	1.899	36	Φ10	$(710)\times2+(710)\times2+$ $(0\times37.8\times10)+(23.8\times10)$ $-(0)=3078$ 710 ⌐ 710	箍筋
6-1-1-6	6		48.672	1.352	36	Φ10	$(267)\times2+(710)\times2+$ $(0\times37.8\times10)+(23.8\times$ $10)-(0)=2192$ 267 ⌐ 710	箍筋

续表

序号	构件信息	个数	总质量/kg	单根质量/kg	根数	级别直径	单长计算/mm	备注
6-1-1-7		7	50.652	1.407	36	Φ10	(710)×2+(311)×2+ (0×37.8×10)+(23.8× 10)−(0)=2280 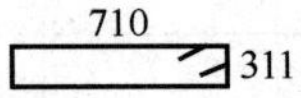	箍筋
6-1-1-8		8	21.060	0.585	36	Φ10	(710)+(0×37.8×10)+ (2×11.9×10)−(0)=948 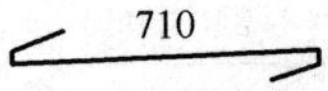	箍筋

思考题：

1. 梁平法施工图表示方法有哪些？
2. 柱的截面注写方式有何要求？
3. KZ 纵向钢筋连接构造有哪些要求？
4. KZ 中柱柱顶纵向钢筋构造有哪些要求？
5. KZ 边柱和角柱柱顶纵向钢筋构造有哪些要求？
6. 柱纵向钢筋在基础中构造有哪些要求？
7. 柱基础插筋量如何计算？
8. 柱中箍筋如何计算？

第三章 剪力墙钢筋计算

> **重点提示:**
> 1. 熟悉剪力墙平法施工图识读的内容,包括剪力墙构件类型与钢筋类型、剪力墙编号规定、列表注写方式、截面注写方式等
> 2. 了解剪力墙身钢筋构造、剪力墙柱钢筋构造、剪力墙梁配筋构造、墙身竖向分布钢筋在基础中构造、剪力墙洞口补强构造及地下室外墙DWQ钢筋构造、剪力墙连梁LLk纵向钢筋箍筋加密区构造。
> 3. 掌握剪力墙钢筋计算方法,在实际工作中能够熟练运用

第一节 剪力墙平法施工图识读

一、剪力墙构件类型与钢筋类型

1. 构件类型

剪力墙是指建筑结构设置的既能抵抗竖向荷载(引起的内力),又能抵抗水平荷载(引起的内力,主要是剪力)的墙体。由于水平剪力主要是地震引起的,所以剪力墙又称为"抗震墙",剪力墙一般是钢筋混凝土墙。

剪力墙的构件组成有一墙、二柱、三梁,其说明如图3-1所示。

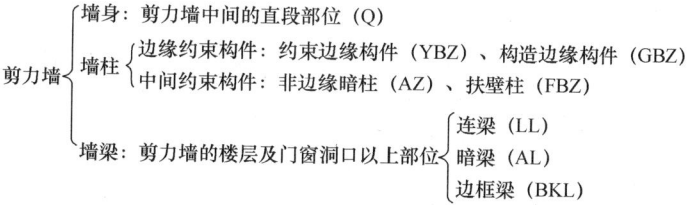

图3-1 剪力墙的构件组成说明

约束边缘构件包括约束边缘柱和约束边缘墙,构造边缘构件包括构造边缘柱和构造边缘墙。约束边缘构件一般比构造边缘构件要"强",所以约束边缘构件常用在抗震等级较高,或者是同一建筑的一、二层部位。

连梁一般是连接上下门(窗)洞口部位水平窗间墙(相邻两洞口之间的垂直窗间墙一般是暗柱),连梁的高度一般为2000mm左右,其高度从本层洞口之上到上一层洞口下面。

暗梁与砌体结构的圈梁类似,其位置在楼板层附近,其宽度和墙厚相同,是隐藏在墙体内部的,所以称为"暗梁",其纵筋为"水平筋"。

边框梁一般设在屋顶处,其厚度比墙厚大,所以凸显出来,形成"边框"。

边框梁和暗梁只是墙体的"加强带",不能把它们看成是"梁",而连梁有着梁的性质,即受弯构件的性质,其支座是洞口两边的墙或暗柱。

2. 钢筋的类型

钢筋的分类如图 3-2 所示。

墙梁中的钢筋如图 3-3 所示。

一片剪力墙可以看成是固定在基础之上的悬臂梁,剪力墙的水平分布筋是墙体的主要钢筋,主要作用是抗剪的,所以墙身水平分布筋应放在

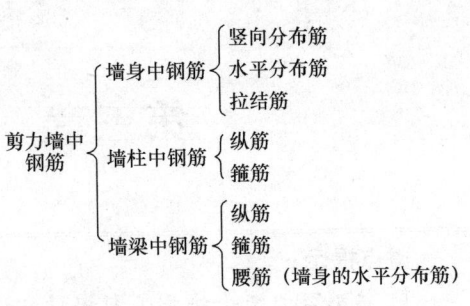

图 3-2 剪力墙中钢筋的类型

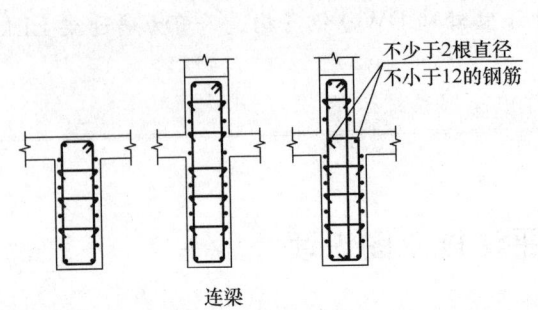

连梁

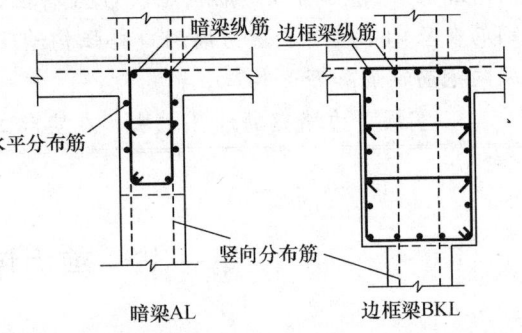

暗梁AL　　边框梁BKL

图 3-3 墙梁的钢筋

竖向分布筋的外侧(地下室外墙除外)。

暗柱、暗梁、边框梁都不能看成是墙身的支座,只是剪力墙的"加强带",所以剪力墙身的水平分布筋遇到暗柱时,要么连续通过,要么收边,而不是锚固,墙身竖向分布筋遇到暗梁和边框梁时也是连续通过或收边。另外,墙体分布筋在布置时遵循"能直通则通"原则。

二、剪力墙编号规定

剪力墙平法施工图是在剪力墙平面布置图上采用列表注写方式或截面注写方式表达。

剪力墙按墙柱、墙身、墙梁三类构件分别编号。

(1) 墙柱编号,由墙柱类型代号和序号组成,表达形式应符合表 3-1 的规定。

表 3-1 墙柱编号

墙柱类型	代号	序号
约束边缘构件	YBZ	××
构造边缘构件	GBZ	××
非边缘暗柱	AZ	××
扶壁柱	FBZ	××

注:约束边缘构件包括约束边缘暗柱、约束边缘端柱、约束边缘翼墙、约束边缘转角墙四种,如图3-4所示。构造边缘构件包括构造边缘暗柱、构造边缘端柱、构造边缘翼墙、构造边缘转角墙四种,如图3-5所示。

(2) 墙身编号,由墙身代号、序号以及墙身所配置的水平与竖向分布钢筋的排数组成,其中,排数注写在括号内。表达形式为:

$$Q\times\times(\times排)$$

注:1. 在编号中:如若干墙柱的截面尺寸与配筋均相同,仅截面与轴线的关系不同时,可将其编为同

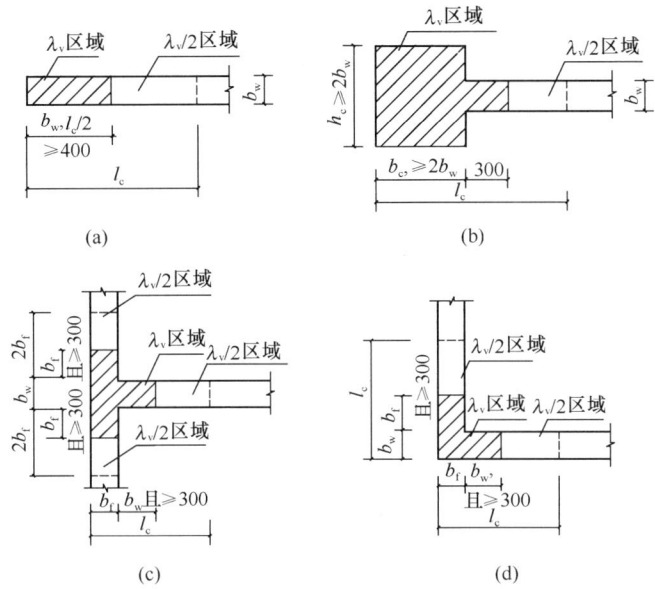

图 3-4 约束边缘构件

(a) 约束边缘暗柱；(b) 约束边缘端柱；(c) 约束边缘翼墙；(d) 约束边缘转角墙

λ_v—剪力墙约束边缘构件配箍特征值；l_c—剪力墙约束边缘构件沿墙肢的长度；b_f—剪力墙水平方向的厚度；b_c—剪力墙约束边缘端柱垂直方向的长度；b_w—剪力墙垂直方向的厚度

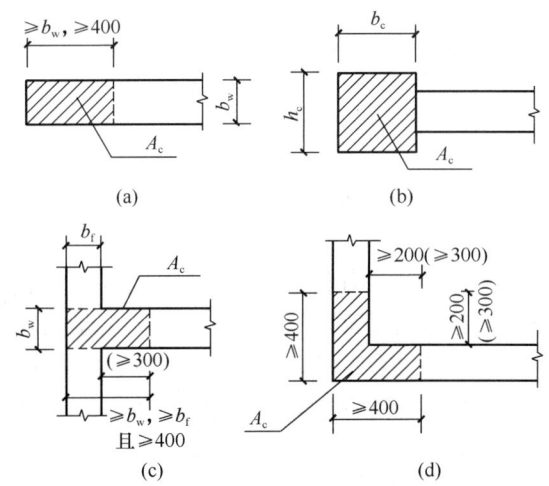

图 3-5 构造边缘构件

(a) 构造边缘暗柱；(b) 构造边缘端柱；(c) 构造边缘翼墙；(d) 构造边缘转角墙

b_f—剪力墙水平方向的厚度；b_c—剪力墙约束边缘端柱垂直方向的长度；b_w—剪力墙垂直方向的厚度；A_c—剪力墙的构造边缘构件区

一墙柱号；又如若干墙身的厚度尺寸和配筋均相同，仅墙厚与轴线的关系不同或墙身长度不同时，也可将其编为同一墙身号，但应在图中注明与轴线的几何关系。

2. 当墙身所设置的水平与竖向分布钢筋的排数为 2 时可不注。

3. 对于分布钢筋网的排数规定：当剪力墙厚度不大于 400 时，应配置双排；当剪力墙厚度大于 400，但不大于 700 时，宜配置三排；当剪力墙厚度大于 700 时，宜配置四排。各排水平分布钢筋和竖向分布钢筋的直径与间距宜保持一致。当剪力墙配置的分布钢筋多于两排时，剪力墙拉筋两端应同时勾住外排水平纵筋和竖向纵筋，还应与剪力墙内排水平纵筋和竖向纵筋绑扎在一起。

（3）墙梁编号，由墙梁类型代号和序号组成，表达形式应符合表3-2的规定。

表3-2 墙梁编号

墙梁类型	代号	序号
连梁	LL	××
连梁（对角暗撑配筋）	LL（JC）	××
连梁（交叉斜筋配筋）	LL（JX）	××
连梁（集中对角斜筋配筋）	LL（DX）	××
连梁（跨高比不小于5）	LLk	××
暗梁	AL	××
边框梁	BKL	××

注：1. 在具体工程中，当某些墙身需设置暗梁或边框梁时，宜在剪力墙平法施工图中绘制暗梁或边框梁的平面布置图并编号，以明确其具体位置。
2. 跨高比不小于5的连梁按框架梁设计时，代号为LLk。

三、列表注写方式

列表注写方式是分别在剪力墙柱表、剪力墙身表和剪力墙梁表中，对应剪力墙平面布置图上的编号，用绘制截面配筋图并注写几何尺寸与配筋具体数值的方式，来表达剪力墙平法施工图。

1. 剪力墙柱表

剪力墙柱表主要包括以下内容：

（1）注写墙柱编号（表3-1），绘制该墙柱的截面配筋图，标注墙柱几何尺寸。

1）约束边缘构件（图3-4）需注明阴影部分尺寸。

注：剪力墙平面布置图中应注明约束边缘构件沿墙肢长度 l_c（约束边缘翼墙中沿墙肢长度尺寸为 $2b_f$ 时可不注）。

2）构造边缘构件（图3-5）需注明阴影部分尺寸。

3）扶壁柱及非边缘暗柱需标注几何尺寸。

（2）注写各段墙柱的起止标高，自墙柱根部往上以变截面位置或截面未变但是配筋改变处为界分段注写。墙柱根部标高一般指基础顶面标高（部分框支剪力墙结构则为框支梁顶面标高）。

（3）注写各段墙柱的纵向钢筋和箍筋，注写值应与在表中绘制的截面配筋图对应一致。纵向钢筋注写总配筋值；墙柱箍筋的注写方式与柱箍筋相同。

设计施工时应注意：

（1）在剪力墙平面布置图中需注写约束边缘构件非阴影区内布置的拉筋或箍筋直径，与阴影区箍筋直径相同时，可不注。

（2）当约束边缘构件体积配箍率计算中计入墙身水平分布钢筋时，设计者应注明。施工时，墙身水平分布钢筋应注意采用相应的构造做法。

（3）16G101-1图集约束边缘构件非阴影区拉筋是沿剪力墙竖向分布钢筋逐根设置。施工时应注意，非阴影区外圈设置箍筋时，箍筋应包住阴影区内第二列竖向纵筋。当设计采用与构造详图不同的做法时，应另行注明。

（4）当非底部加强部位构造边缘构件不设置外圈封闭箍筋时，设计者应注明。施工时，墙身水平分布钢筋应注意采用相应的构造做法。

2. 剪力墙身表

剪力墙身表主要包括以下内容:
(1) 注写墙身编号(含水平与竖向分布钢筋的排数)。
(2) 注写各段墙身起止标高,自墙身根部往上以变截面位置或截面未变但配筋改变处为界分段注写。墙身根部标高一般指基础顶面标高(部分框支剪力墙结构则为框支梁的顶面标高)。
(3) 注写水平分布钢筋、竖向分布钢筋和拉筋的具体数值。注写数值为一排水平分布钢筋和竖向分布钢筋的规格与间距,具体设置几排已经在墙身编号后面表达。
拉结筋应注明布置方式"矩形"或"梅花布置,用于剪力墙分布钢筋的拉结",如图3-6所示。

3. 剪力墙梁表

剪力墙梁表的主要内容如下:
(1) 注写墙梁编号,如表3-2所示。
(2) 注写墙梁所在楼层号。
(3) 注写墙梁顶面标高高差是指相对于墙梁所在结构层楼面标高的高差值。高于者为正值,低于者为负值,当无高差时不注。
(4) 注写墙梁截面尺寸 $b \times h$,上部纵筋,下部纵筋和箍筋的具体数值。

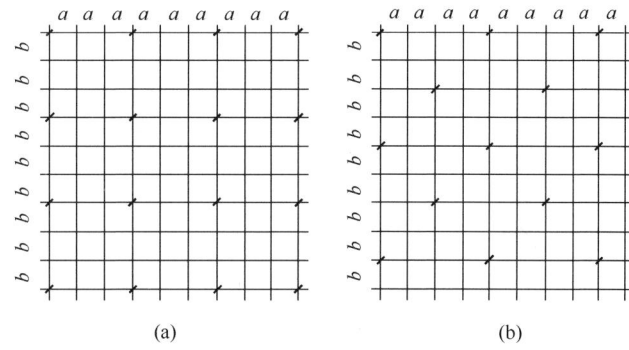

图3-6 拉结筋设置示意
(a) 拉结筋@3a3b 矩形 ($a \leq 200$、$b \leq 200$);
(b) 拉结筋@4a4b 梅花 ($a \leq 150$、$b \leq 150$)
a—竖向分布钢筋间距;b—水平分布钢筋间距

(5) 当连梁设有对角暗撑时,注写暗撑的截面尺寸(箍筋外皮尺寸);注写一根暗撑的全部纵筋,并标注×2表明有两根暗撑相互交叉;注写暗撑箍筋的具体数值。
(6) 当连梁设有交叉斜筋时,注写连梁一侧对角斜筋的配筋值,并标注×2表明对称设置;注写对角斜筋在连梁端部设置的拉筋根数、强度级别及直径,并标注×4表示四个角都设置;注写连梁一侧折线筋配筋值,并标注×2表明对称设置。
(7) 当连梁设有集中对角斜筋时,注写一条对角线上的对角斜筋,并标注×2表明对称设置。
(8) 跨高比不小于5的连梁,按框架梁设计时,采用平面注写方式,注写规则同框架梁,可采用适当比例单独绘制,也可与剪力墙平法施工图合并绘制。
墙梁侧面纵筋的配置,当墙身水平分布钢筋满足连梁、暗梁及边框梁的梁侧面纵向构造钢筋的要求时,该筋配置同墙身水平分布钢筋,表中不注,施工按标准构造详图的要求即可。当墙身水平分布钢筋不满足连梁、暗梁及边框梁的梁侧面纵向构造钢筋的要求时,应在表中补充注明梁侧面纵筋的具体数值;当为LLk时,平面注写方式以大写字母"N"打头。梁侧面纵向钢筋在支座内锚固要求同连梁中受力钢筋。

4. 施工图示例

采用列表注写方式分别表达剪力墙墙梁、墙身和墙柱的平法施工图示例,如图3-7所示。

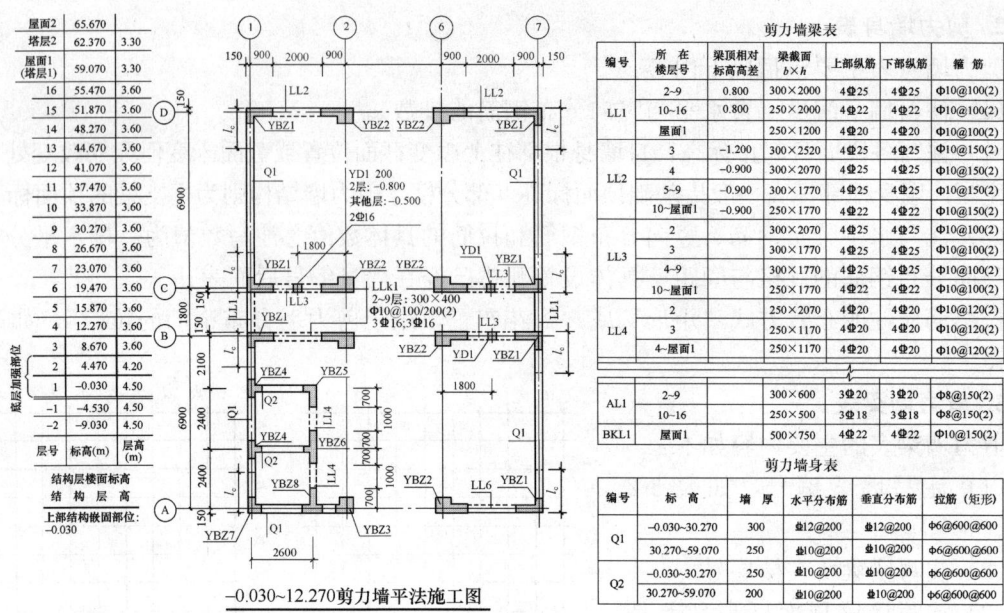

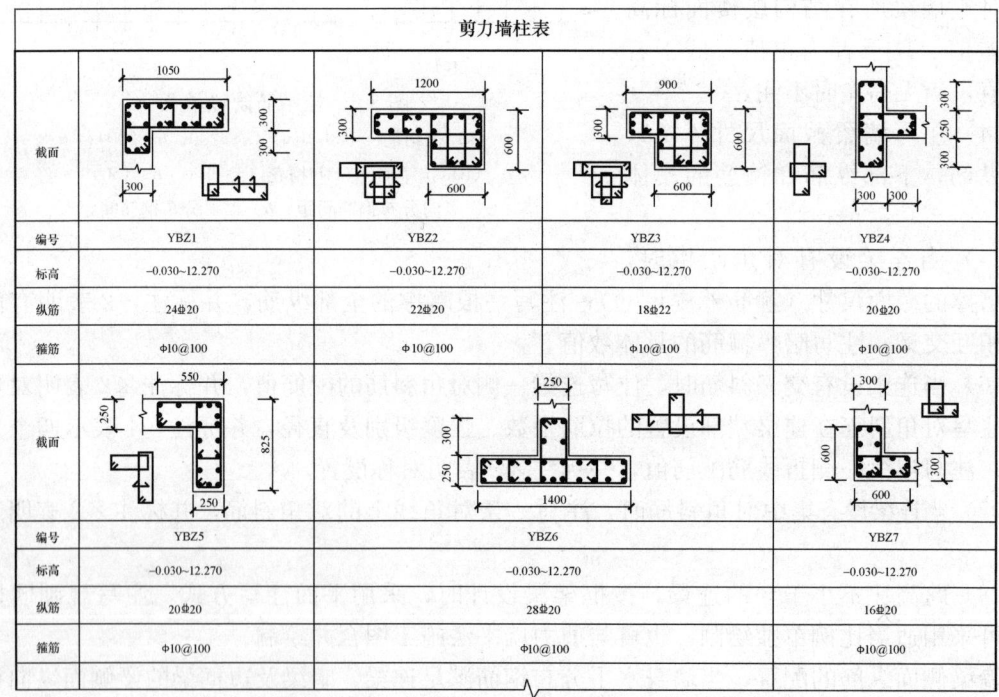

图 3-7 剪力墙平法施工图列表注写方式示例

注：1. 可在结构层楼面标高、结构层高表中加设混凝土强度等级等栏目。
2. 图中 l_c 为约束边缘构件沿墙肢的伸出长度（实际工程中应注明具体值）。

四、截面注写方式

（1）截面注写方式，是在分标准层绘制的剪力墙平面布置图上，以直接在墙柱、墙身、墙梁上注写截面尺寸和配筋具体数值的方式来表达剪力墙平法施工图。

(2) 选用适当比例原位放大绘制剪力墙平面布置图，其中对墙柱绘制配筋截面图；对所有墙柱、墙身、墙梁分别按本节"二、剪力墙编号规定"进行编号，并分别在相同编号的墙柱、墙身、墙梁中选择一根墙柱、一道墙身、一根墙梁进行注写，其注写方式按以下规定进行。

1) 从相同编号的墙柱中选择一个截面，注明几何尺寸，标注全部纵筋及箍筋的具体数值。

注：约束边缘构件（图3-4）除需注明阴影部分具体尺寸外，尚需注明约束边缘构件沿墙肢长度l_c，约束边缘翼墙中沿墙肢长度尺寸为$2b_f$时可不注。

2) 从相同编号的墙身中选择一道墙身，按顺序引注的内容为：墙身编号（应包括注写在括号内墙身所配置的水平与竖向分布钢筋的排数）、墙厚尺寸，水平分布钢筋、竖向分布钢筋和拉筋的具体数值。

3) 从相同编号的墙梁中选择一根墙梁，按顺序引注的内容为：

① 注写墙梁编号、墙梁截面尺寸$b×h$、墙梁箍筋、上部纵筋、下部纵筋和墙梁顶面标高高差的具体数值。其中，墙梁顶面标高高差的注写规定同本节"三、列表注写方式"第3条中第(3)条。

② 当连梁设有对角暗撑时，注写规定同本节"三、列表注写方式"第3条中第(5)条。

③ 当连梁设有交叉斜筋时，注写规定同本节"三、列表注写方式"第3条中第(6)条。

④ 当连梁设有集中对角斜筋时，注写规定同本节"三、列表注写方式"第3条中第(7)条。

⑤ 跨高比不小于5的连梁，按框架梁设计时，注写规定同本节"三、列表注写方式"第3条中第(8)条。

当墙身水平分布钢筋不能满足连梁、暗梁及边框梁的梁侧面纵向构造钢筋的要求时，应补充注明梁侧面纵筋的具体数值；注写时，以大写字母N打头，接续注写直径与间距。其在支座内的锚固要求同连梁中受力钢筋。

【例3-1】N⊕10@150，表示墙梁两个侧面纵筋对称配置为：HRB400级钢筋，直径为10，间距为150。

(3) 采用截面注写方式表达的剪力墙平法施工图示例如图3-8所示。

五、剪力墙洞口的表示方法

(1) 无论采用列表注写方式还是截面注写方式，剪力墙上的洞口均可在剪力墙平面布置图上原位表达。

(2) 洞口的具体表示方法：

1) 在剪力墙平面布置图上绘制洞口示意，并标注洞口中心的平面定位尺寸。

2) 在洞口中心位置引注以下内容：

①洞口编号：矩形洞口为JD××（××为序号），
　　　　　　圆形洞口为YD××（××为序号）；

②洞口几何尺寸：矩形洞口为洞宽×洞高（$b×h$），
　　　　　　　　圆形洞口为洞口直径D；

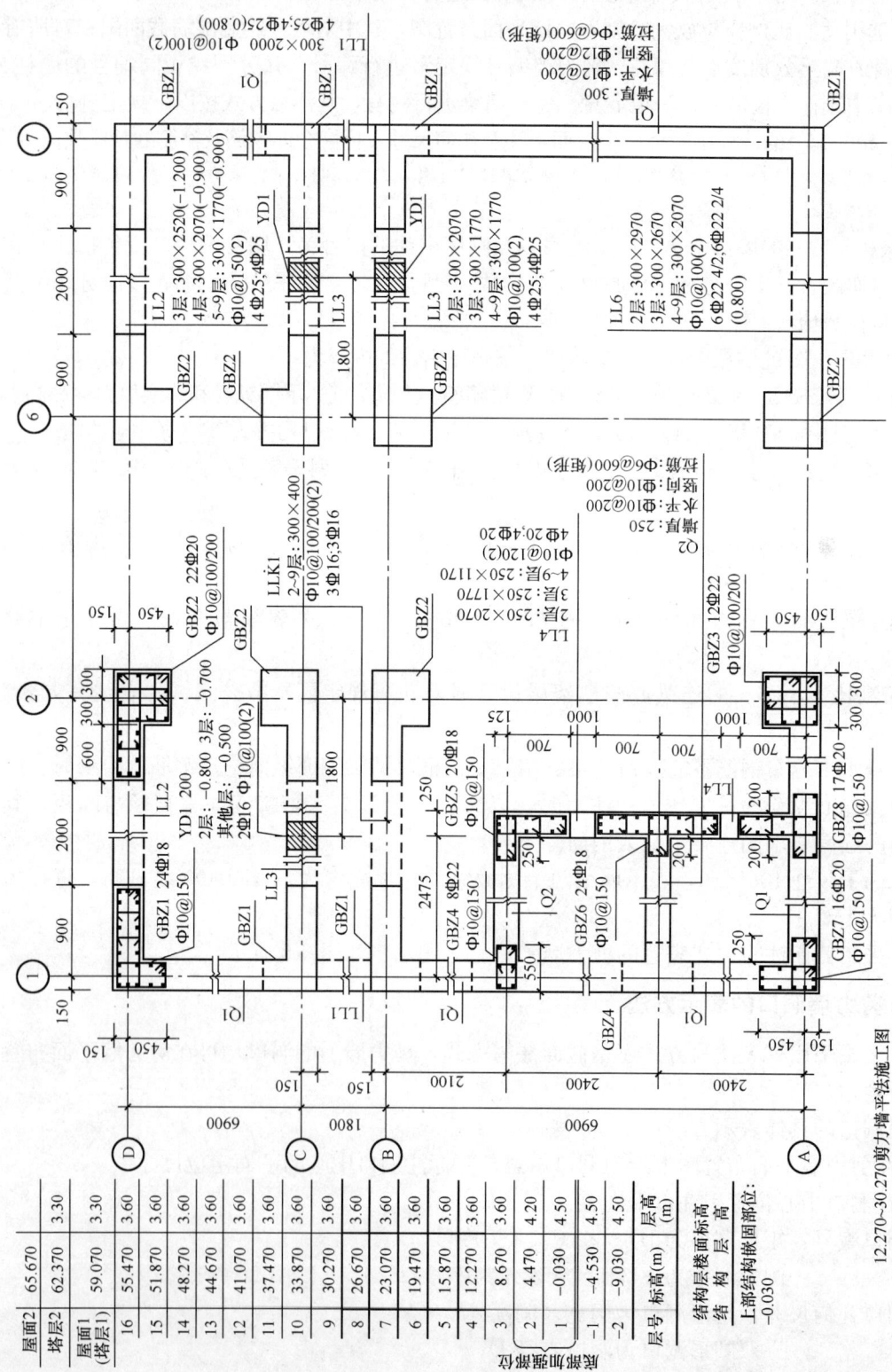

图 3-8 剪力墙平法施工图截面注写方式示例

③ 洞口中心相对标高是相对于结构层楼（地）面标高的洞口中心高度。当其高于结构层楼面时为正值，低于结构层楼面时为负值。

④洞口每边补强钢筋，分以下几种不同情况：

a. 当矩形洞口的洞宽、洞高均不大于 800 时，此项注写为洞口每边补强钢筋的具体数值。当洞宽、洞高方向补强钢筋不一致时，分别注写洞宽方向、洞高方向补强钢筋，以斜线"/"分隔。

【例 3-2】JD2 400×300＋3.100 3⏀14，表示 2 号矩形洞口，洞宽 400，洞高 300，洞口中心距本结构层楼面 3100，洞口每边补强钢筋为 3⏀14。

【例 3-3】JD3 400×300＋3.100，表示 3 号矩形洞口，洞宽 400，洞高 300，洞口中心距本结构层楼面 3100，洞口每边补强钢筋按构造配置。

【例 3-4】JD4 800×300＋3.100 3⏀18/3⏀14，表示 4 号矩形洞口，洞宽 800，洞高 300，洞口中心距本结构层楼面 3100，洞宽方向补强钢筋为 3⏀18，洞高方向补强钢筋为 3⏀14。

b. 当矩形或圆形洞口的洞宽或直径大于 800 时，在洞口的上下需设置补强暗梁，此项注写为洞口上、下每边暗梁的纵筋与箍筋的具体数值（在标准构造详图中，补强暗梁梁高一律定为 400，施工时按标准构造详图取值，设计不注。当设计者采用与该构造详图不同的做法时，应另行注明），圆形洞口时尚需注明环向加强钢筋的具体数值；当洞口上、下边为剪力墙连梁时，此项免注；洞口竖向两侧设置边缘构件时，也不在此项表达（当洞口两侧不设置边缘构件时，设计者应给出具体做法）。

【例 3-5】JD5 1000×900＋1.400 6⏀20 ⏀8@150，表示 5 号矩形洞口，洞宽 1000，洞高 900，洞口中心距本结构层楼面 1400，洞口上下设补强暗梁，每边暗梁纵筋为 6⏀20，箍筋为⏀8@150。

【例 3-6】YD5 1000＋1.800 6⏀20 ⏀8@150 2⏀16，表示 5 号圆形洞口，直径 1000，洞口中心距本结构层楼面 1800，洞口上下设补强暗梁，每边暗梁纵筋为 6⏀20，箍筋为⏀8@150，环向加强钢筋 2⏀16。

c. 当圆形洞口设置在连梁中部 1/3 范围（且圆洞直径不应大于 1/3 梁高）时，需注写在圆洞上下水平设置的每边补强纵筋与箍筋。

d. 当圆形洞口设置在墙身或暗梁、边框梁位置，而且洞口直径不大于 300 时，此项注写为洞口上下左右每边布置的补强纵筋的具体数值。

e. 当圆形洞口直径大于 300，但是不大于 800 时，此项注写为洞口上下左右每边布置的补强纵筋的具体数值，以及环向加强钢筋的具体数值。

六、地下室外墙的表示方法

（1）地下室外墙仅适用于起挡土作用的地下室外围护墙。地下室外墙中墙柱、连梁及洞口等的表示方法同地上剪力墙。

（2）地下室外墙编号，由墙身代号、序号组成。表达如下：

$$DWQ\times\times$$

（3）地下室外墙注写方式，包括集中标注墙体编号、厚度、贯通筋、拉筋等和原位标注附加非贯通筋等两部分内容。当仅设置贯通筋，未设置附加非贯通筋时，则仅做集中标注。

（4）地下室外墙的集中标注，规定如下：

1) 注写地下室外墙编号，包括代号、序号、墙身长度（注为××～××轴）。
2) 注写地下室外墙厚度 $b_w=×××$。
3) 注写地下室外墙的外侧、内侧贯通筋和拉筋。
①以 OS 代表外墙外侧贯通筋。其中，外侧水平贯通筋以 H 打头注写，外侧竖向贯通筋以 V 打头注写。
②以 IS 代表外墙内侧贯通筋。其中，内侧水平贯通筋以 H 打头注写，内侧竖向贯通筋以 V 打头注写。
③以 tb 打头注写拉结筋直径、强度等级及间距，并注明"矩形"或"梅花"。

【例 3-7】DWQ2（①～⑥），$b_w=300$
OS：H Φ 18@200，V Φ 20@200
IS：H Φ 16@200，V Φ 18@200
tb　Φ 6@400@400 矩形

表示 2 号外墙，长度范围为①～⑥之间，墙厚为 300；外侧水平贯通筋为 Φ18@200，竖向贯通筋为 Φ20@200；内侧水平贯通筋为 Φ16@200，竖向贯通筋为 Φ18@200；拉结筋为 φ6，矩形布置，水平间距为 400，竖向间距为 400。

(5) 地下室外墙的原位标注，主要表示在外墙外侧配置的水平非贯通筋或竖向非贯通筋。

当配置水平非贯通筋时，在地下室墙体平面图上原位标注。在地下室外墙外侧绘制粗实线段代表水平非贯通筋，在其上注写钢筋编号并以 H 打头注写钢筋强度等级、直径、分布间距，以及自支座中线向两边跨内的伸出长度值。当自支座中线向两侧对称伸出时，可仅在单侧标注跨内伸出长度，另一侧不注，此种情况下非贯通筋总长度为标注长度的 2 倍。边支座处非贯通钢筋的伸出长度值从支座外边缘算起。

地下室外墙外侧非贯通筋通常采用"隔一布一"方式与集中标注的贯通筋间隔布置，其标注间距应与贯通筋相同，两者组合后的实际分布间距为各自标注间距的 1/2。

当在地下室外墙外侧底部、顶部、中层楼板位置配置竖向非贯通筋时，应补充绘制地下室外墙竖向剖面图并在其上原位标注。表示方法为在地下室外墙竖向剖面图外侧绘制粗实线段代表竖向非贯通筋，在其上注写钢筋编号并以 V 打头注写钢筋强度等级、直径、分布间距，以及向上（下）层的伸出长度值，并在外墙竖向截面图名下注明分布范围（××～××轴）。

注：竖向非贯通筋向层内的伸出长度值注写方式：
1. 地下室外墙底部非贯通钢筋向层内的伸出长度值从基础底板顶面算起。
2. 地下室外墙顶部非贯通钢筋向层内的伸出长度值从顶板底面算起。
3. 中层楼板处非贯通钢筋向层内的伸出长度值从板中间算起，当上下两侧伸出长度值相同时可仅注写一侧。

地下室外墙外侧水平、竖向非贯通筋配置相同者，可仅选择一处注写，其他可仅注写编号。
当在地下室外墙顶部设置水平通长加强钢筋时应注明。

设计时应注意：
1) 设计者应按具体情况判定扶壁柱或内墙是否作为墙身水平方向支座，以选择合理的配筋方式。
2) 在"顶板作为外墙的简支支承"、"顶板作为外墙的弹性嵌固支承（墙外侧竖向钢筋与板上部纵向受力钢筋搭接连接）"两种做法中，设计者应指定选用何种做法。

(6) 采用平面注写方式表达的地下室外墙平法施工图示例如图 3-9 所示。

第三章 剪力墙钢筋计算

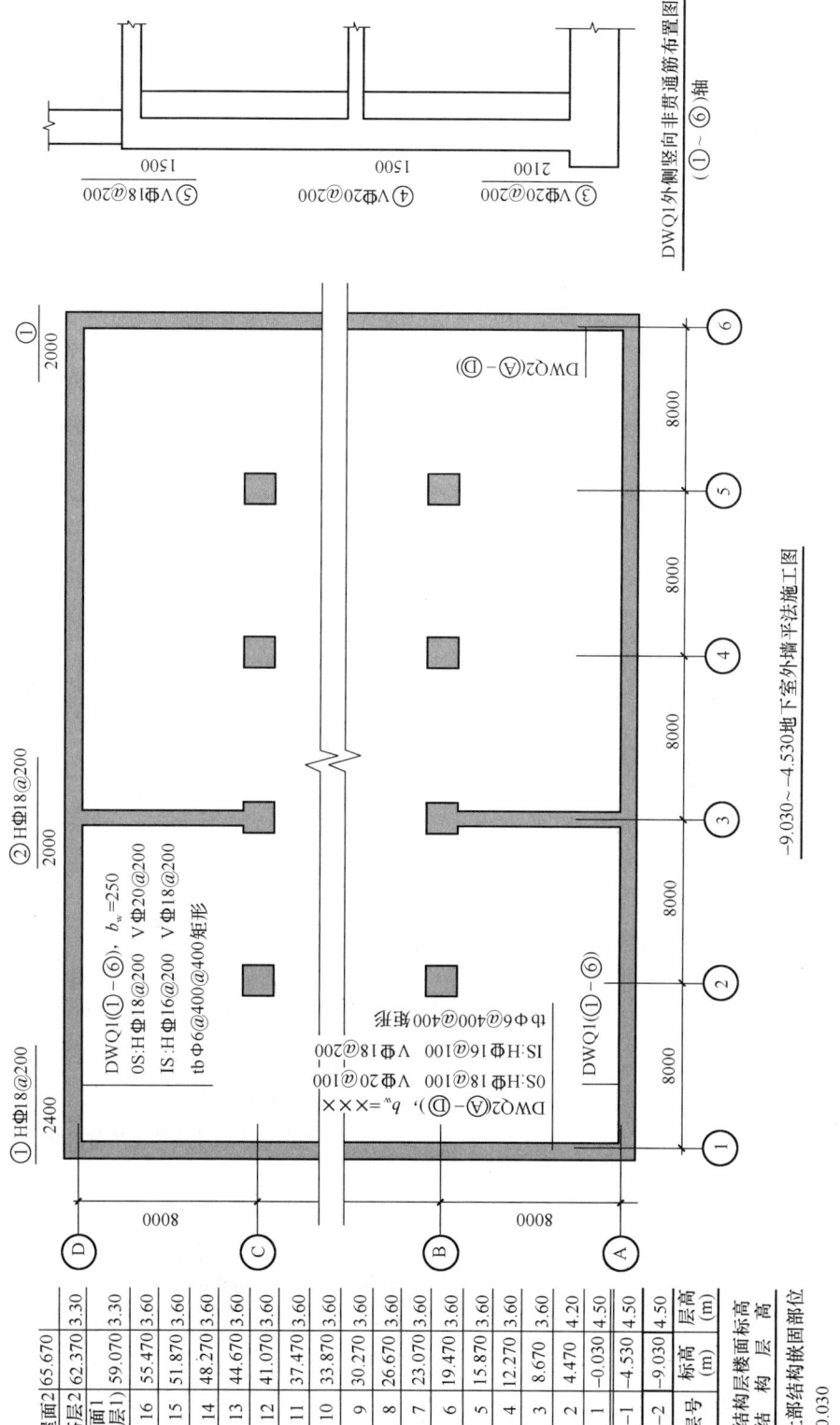

图 3-9 地下室外墙平法施工图平面注写示例

七、其他

（1）在剪力墙平法施工图中应注明底部加强部位高度范围，以便使施工人员明确在该范围内应按照加强部位的构造要求进行施工。

（2）当剪力墙中有偏心受拉墙肢时，无论采用何种直径的竖向钢筋，均应采用机械连接或焊接接长，设计者应在剪力墙平法施工图中加以注明。

（3）抗震等级为一级的剪力墙，水平施工缝处需设置附加竖向插筋时，设计应注明构件位置，并注写附加竖向插筋规格、数量及间距。竖向插筋沿墙身均匀布置。

第二节　剪力墙钢筋构造

一、剪力墙身钢筋构造

1. 剪力墙身水平分布钢筋构造

剪力墙设有端柱、翼墙、转角墙、边缘暗柱、无暗柱封边构造、斜交墙等竖向约束边缘构件时，剪力墙水平分布钢筋构造要求的主要内容如表3-3所示。

表3-3　剪力墙身水平分布钢筋构造

名称	构造图示意
端部无暗柱时剪力墙水平分布钢筋端部做法	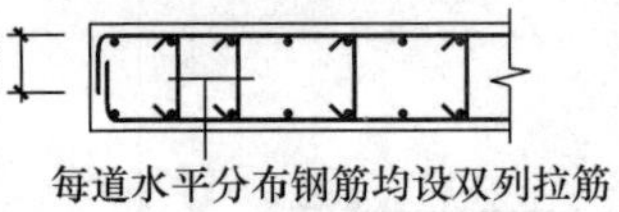 每道水平分布钢筋均设双列拉筋
端部有暗柱时剪力墙水平分布钢筋端部做法	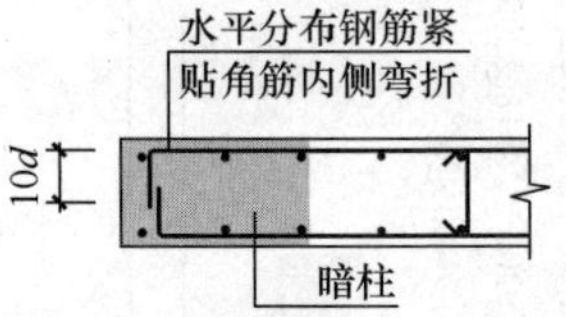 水平分布钢筋紧贴角筋内侧弯折；暗柱
端部有L形暗柱时剪力墙水平分布钢筋端部做法	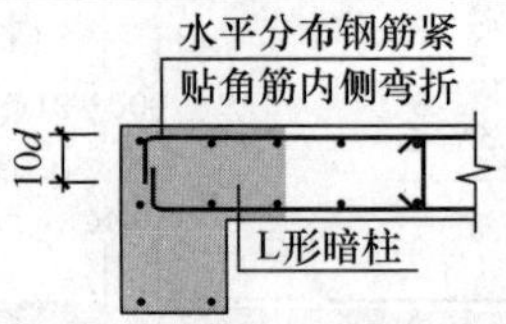 水平分布钢筋紧贴角筋内侧弯折；L形暗柱
转角墙（一）	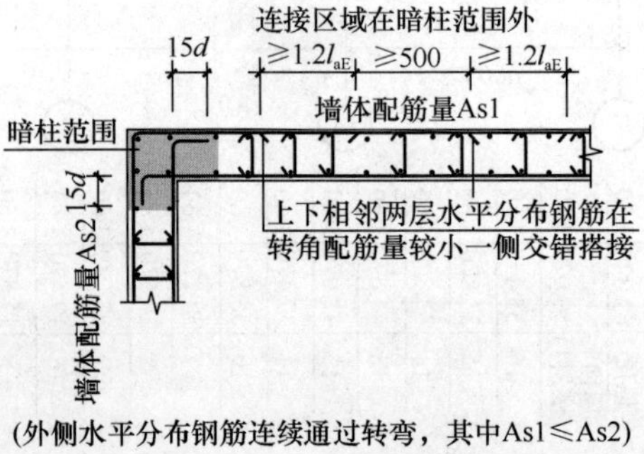 连接区域在暗柱范围外　15d　≥1.2l_{aE}　≥500　≥1.2l_{aE}；墙体配筋量As1；暗柱范围；上下相邻两层水平分布钢筋在转角配筋量较小一侧交错搭接；墙体配筋量As2；（外侧水平分布钢筋连续通过转弯，其中As1≤As2）

第三章 剪力墙钢筋计算

续表

名称		构造图示意
转角墙	（二）	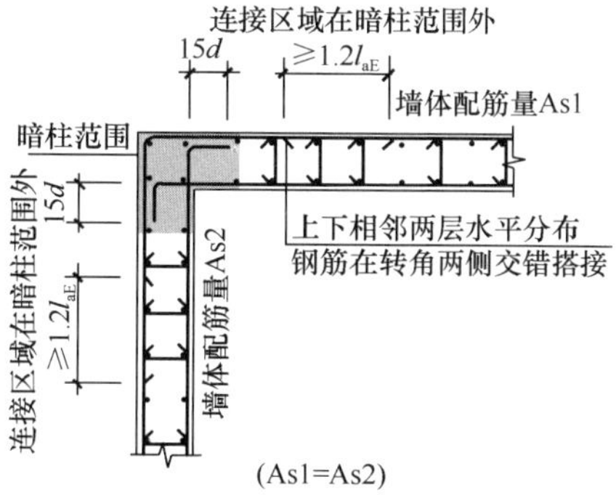 （图示：连接区域在暗柱范围外，$15d$，$\geq 1.2l_{aE}$，墙体配筋量As1，暗柱范围，上下相邻两层水平分布钢筋在转角两侧交错搭接，连接区域在暗柱范围外，$15d$，$\geq 1.2l_{aE}$，墙体配筋量As2）(As1=As2)
	（三）	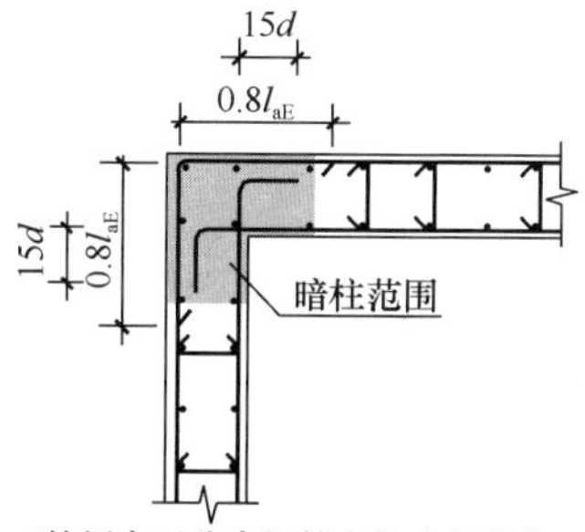 （图示：$15d$，$0.8l_{aE}$，暗柱范围）(外侧水平分布钢筋在转角处搭接)
斜交转角墙		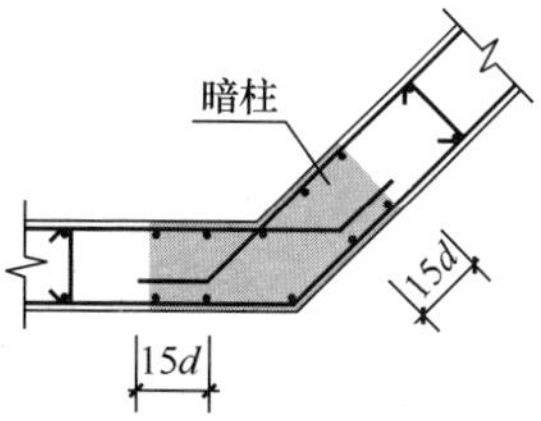 （图示：暗柱，$15d$，$15d$）
剪力墙水平分布钢筋交错搭接		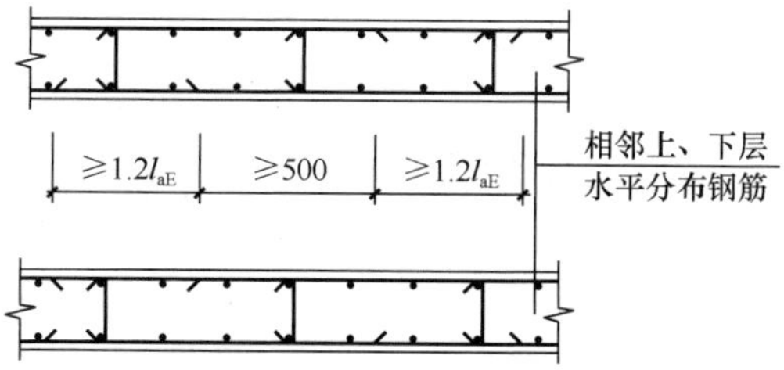 （图示：$\geq 1.2l_{aE}$，≥ 500，$\geq 1.2l_{aE}$，相邻上、下层水平分布钢筋）

69

续表

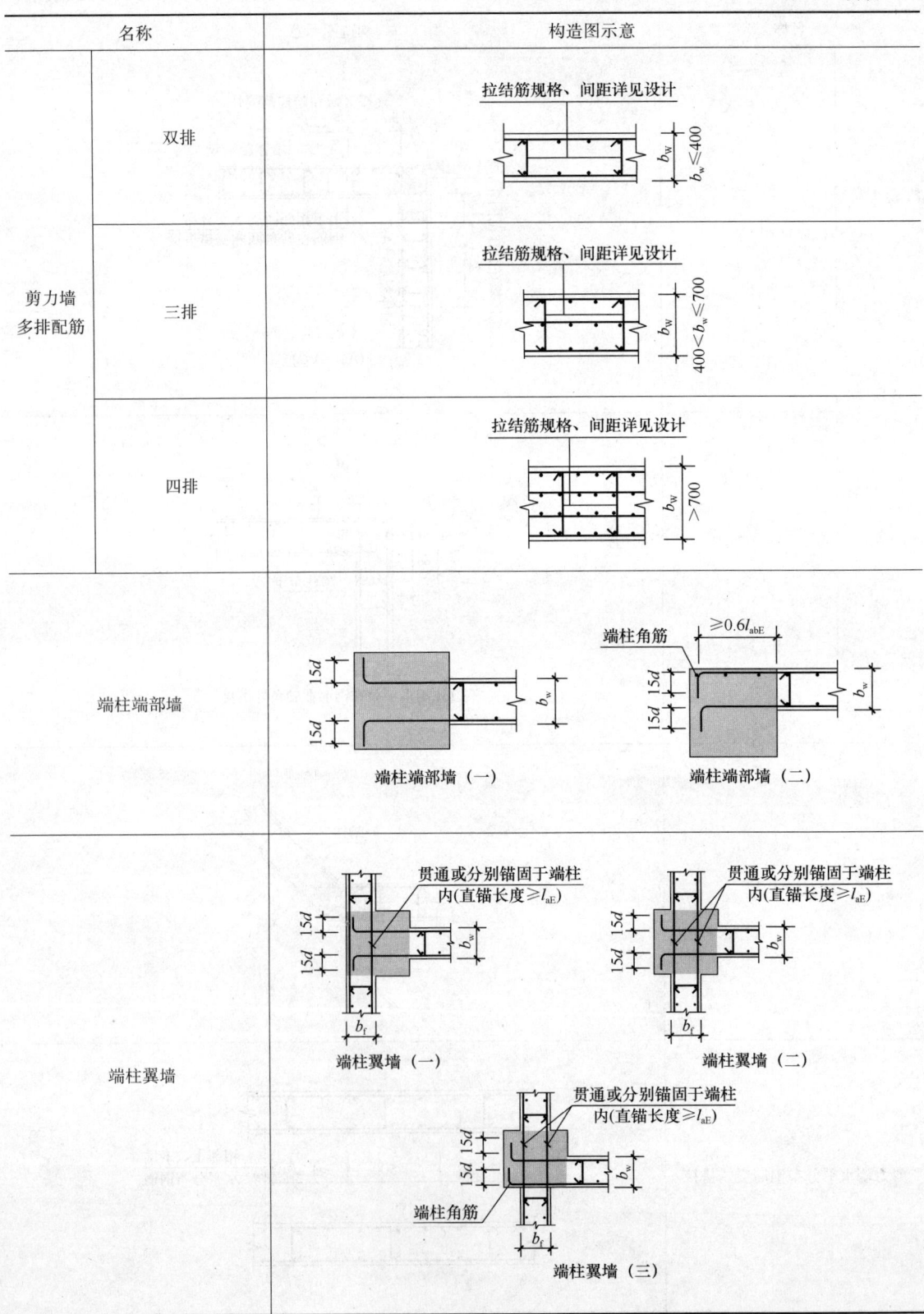

续表

名称	构造图示意
端柱转角墙	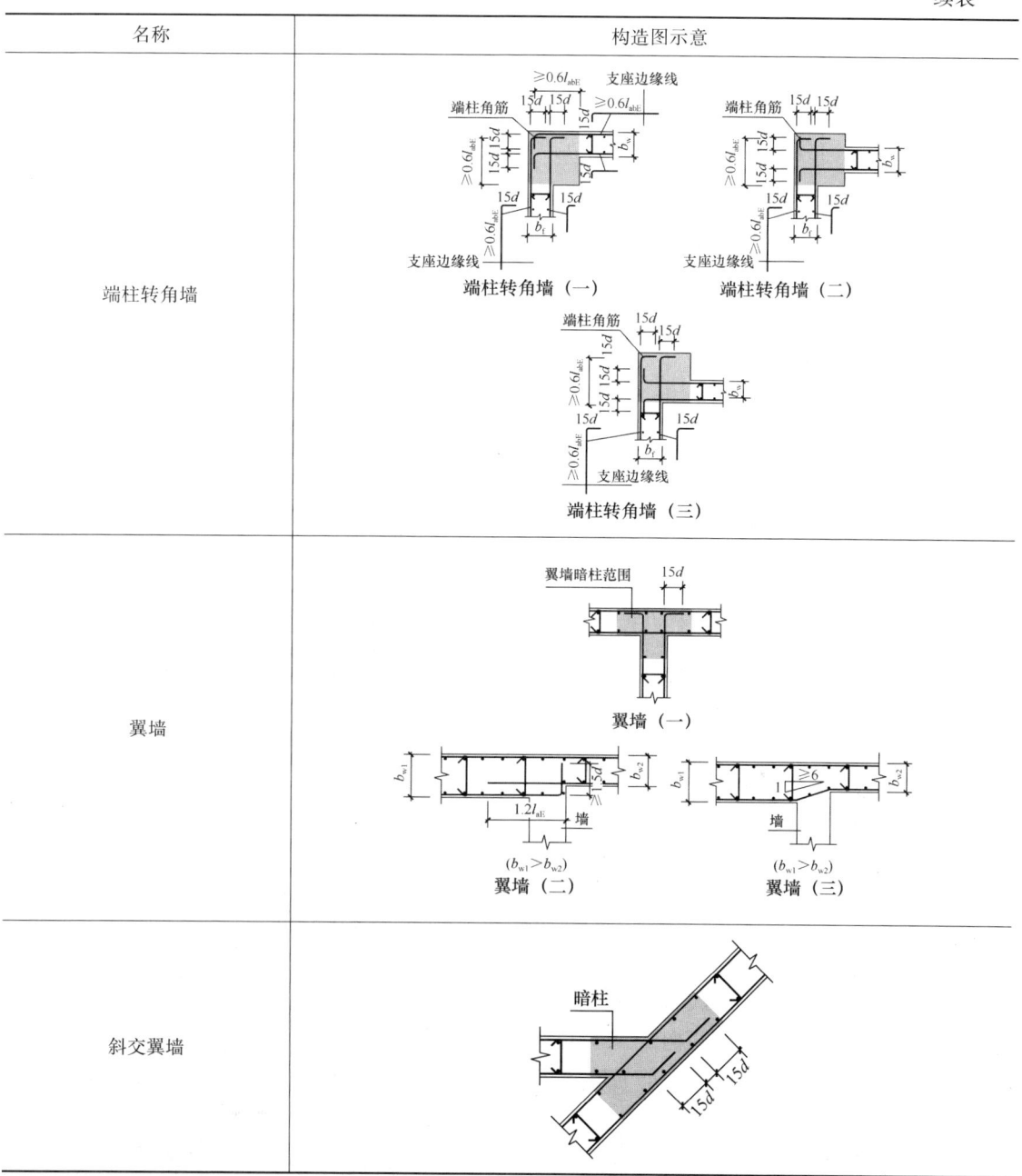
翼墙	
斜交翼墙	

注：1. 拉结筋应与剪力墙每排的竖向分布筋和水平分布筋绑扎。
2. 剪力墙分布钢筋配置若多于两排，中间排水平分布钢筋端部构造同内侧钢筋。水平分布筋宜均匀放置，竖向分布钢筋在保持相同配筋率条件下外排筋直径宜大于内排筋直径。
3. 剪力墙水平分布钢筋计入约束边缘构件体积配箍率的构造做法见表3-5。
4. 位于端柱纵向钢筋内侧的墙水平分布钢筋（端柱节点中图示黑色墙体水平分布筋）伸入端柱的长度≥l_{aE}时，可直锚。其他情况，剪力墙水平分布钢筋应伸至端柱对边紧贴角筋弯折。
5. d—水平钢筋直径；l_{abE}—受拉钢筋抗震基本锚固长度；b_f—剪力墙水平方向的厚度；b_w—剪力墙垂直方向的厚度；l_{aE}—受拉钢筋抗震锚固长度；b_{w1}—水平变截面墙一端垂直方向的厚度；b_{w2}—水平变截面墙另一端垂直方向的厚度。

2. 剪力墙身竖向分布钢筋构造

剪力墙身竖向分布筋连接构造、变截面竖向分布筋构造、墙身顶部竖向分布筋构造的主要内容如下：

(1) 竖向分布筋连接构造

剪力墙身竖向分布钢筋通常采用搭接、机械连接、焊接连接三种连接方式，如图 3-10 所示。

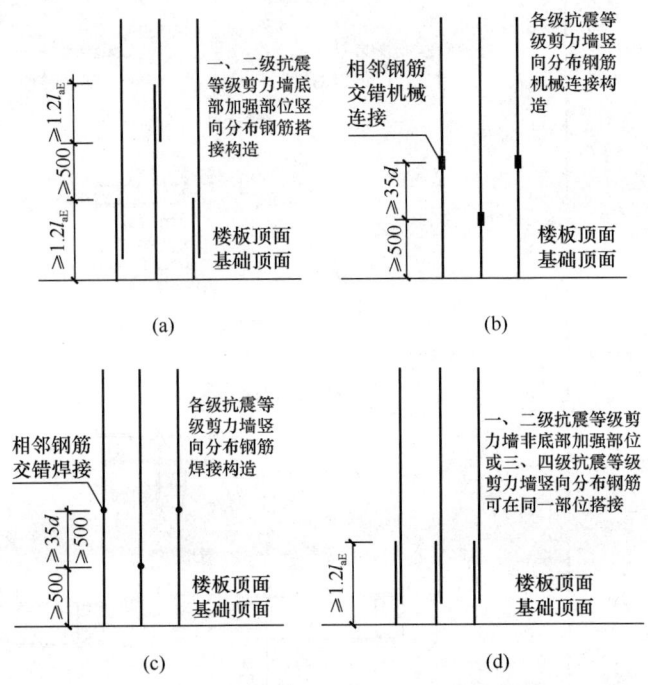

图 3-10 剪力墙身竖向分布钢筋连接构造
(a) 绑扎连接 1；(b) 机械连接；(c) 焊接连接；(d) 绑扎连接 2
l_{aE}—受拉钢筋抗震锚固长度；d—受拉钢筋直径

(2) 变截面竖向分布筋构造

变截面墙身纵筋构造形式与墙柱相同，如图 3-11 所示。

(3) 墙身顶部竖向分布筋构造

墙身顶部竖向分布筋构造与剪力墙柱相同，如图 3-12 所示。

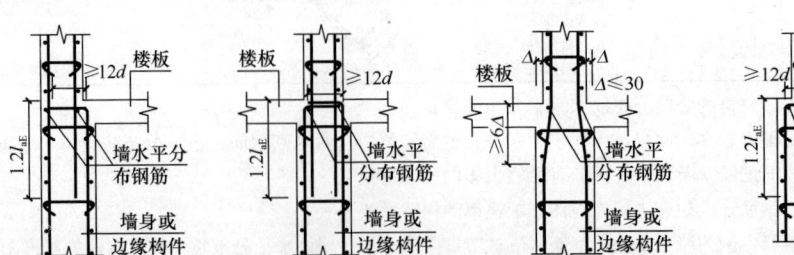

图 3-11 剪力墙身变截面处竖向分布钢筋构造
l_{aE}—受拉钢筋抗震锚固长度；
d—受拉钢筋直径；Δ—上下柱同向侧面错开的宽度

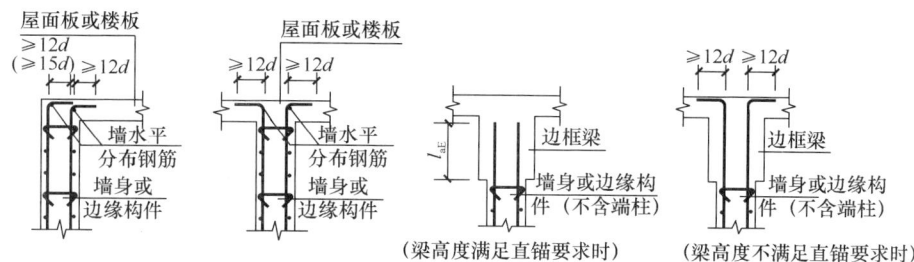

(括号内数值是考虑屋面板上部钢筋与剪力墙外侧竖向钢筋搭接传力时的做法)

图 3-12 剪力墙身顶部竖向分布钢筋构造

l_{aE}—受拉钢筋抗震锚固长度；d—受拉钢筋直径

二、剪力墙柱钢筋构造

1. 约束边缘构件 YBZ 构造

约束边缘构件 YBZ 构造如表 3-4 所示。

表 3-4 约束边缘构件 YBZ 构造

	名称	构造图示
约束边缘暗柱	非阴影区设置拉筋	
	非阴影区外圈设置封闭箍筋	
约束边缘端柱	非阴影区设置拉筋	

续表

名称		构造图示意
约束边缘端柱	非阴影区外圈设置封闭箍筋	
约束边缘翼墙	非阴影区设置拉筋	
	非阴影区外圈设置封闭箍筋	
约束边缘转角墙	非阴影区设置拉筋	

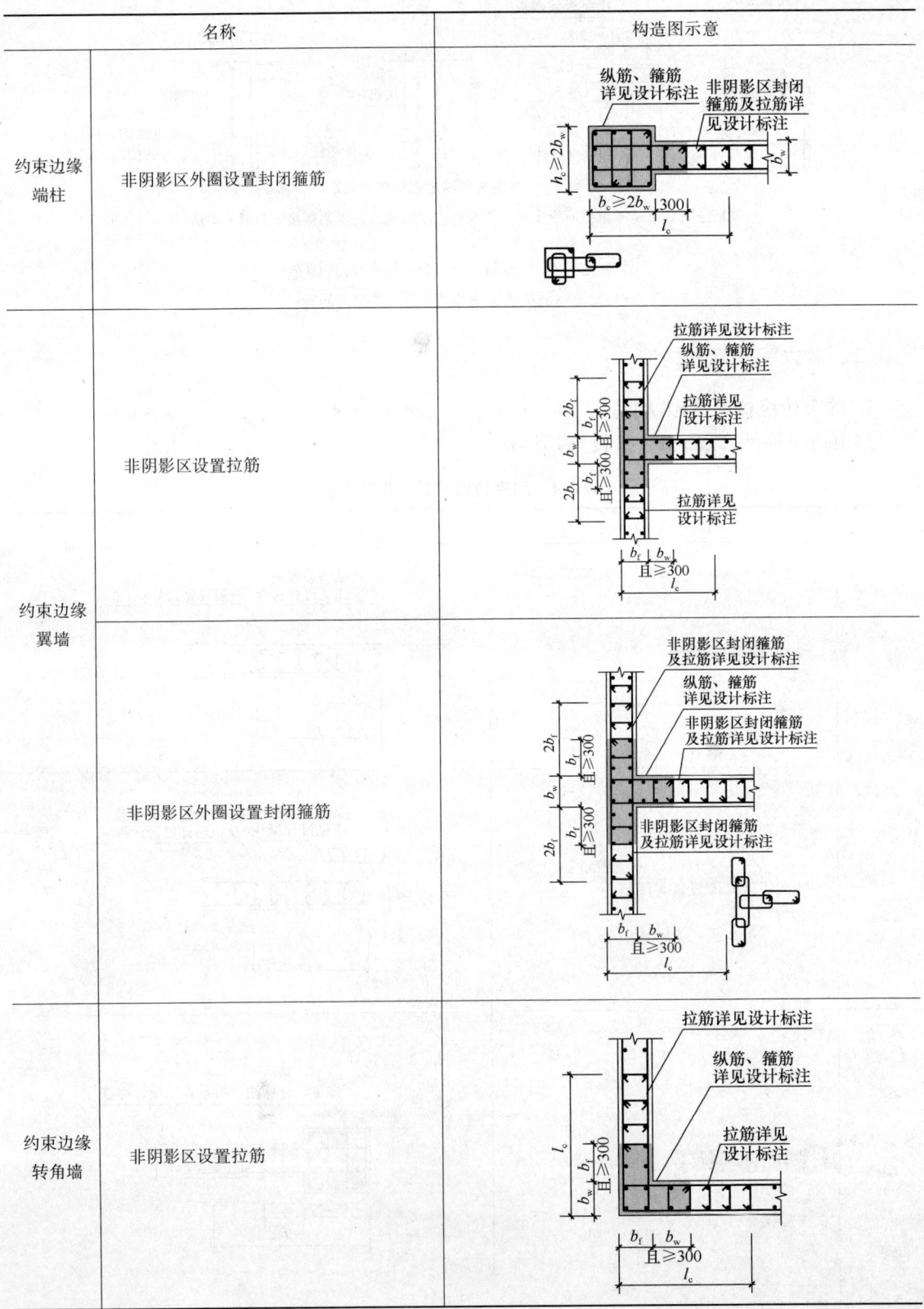

续表

名称		构造图示意
约束边缘转角墙	非阴影区外圈设置封闭箍筋	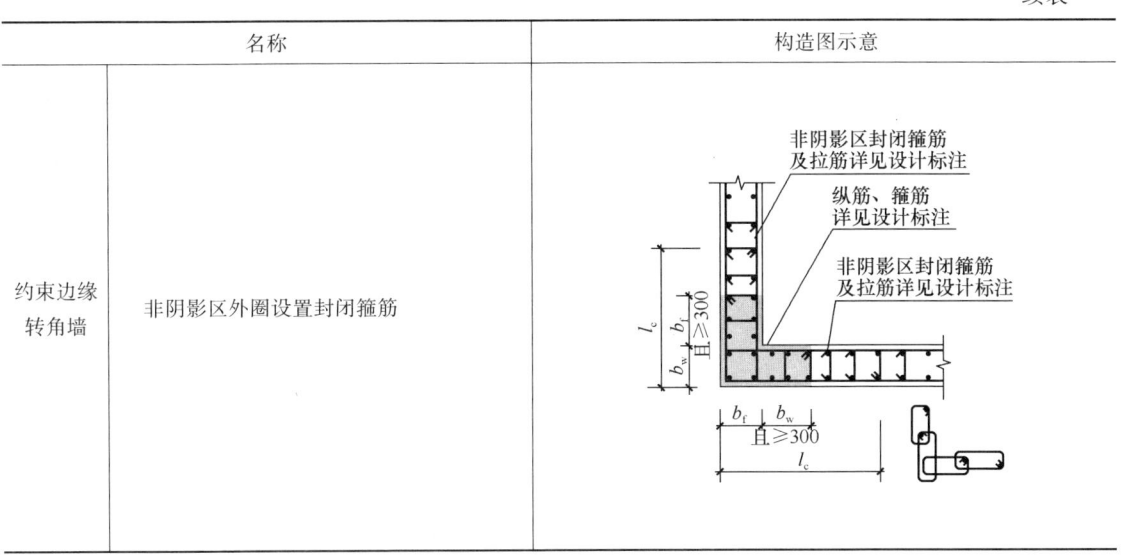

注：b_w—剪力墙垂直方向的厚度；l_c—剪力墙约束边缘构件沿墙肢的长度；h_c—柱截面长边尺寸（圆柱为直径）；b_c—剪力墙约束边缘端柱垂直方向的长度；b_f—剪力墙水平方向的厚度。

2. 剪力墙水平钢筋计入约束边缘构件体积配筋率的构造做法

剪力墙水平钢筋计入约束边缘构件体积配筋率的构造做法如表3-5所示。

表3-5 剪力墙水平钢筋计入约束边缘构件体积配筋率的构造做法

名称	构造图示意
约束边缘暗柱	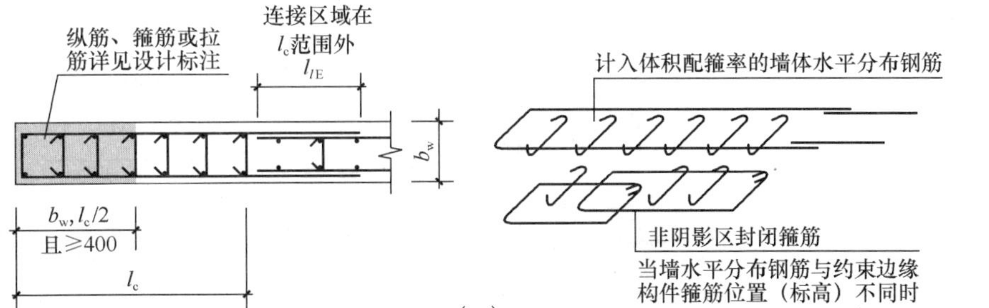 （一）（二） 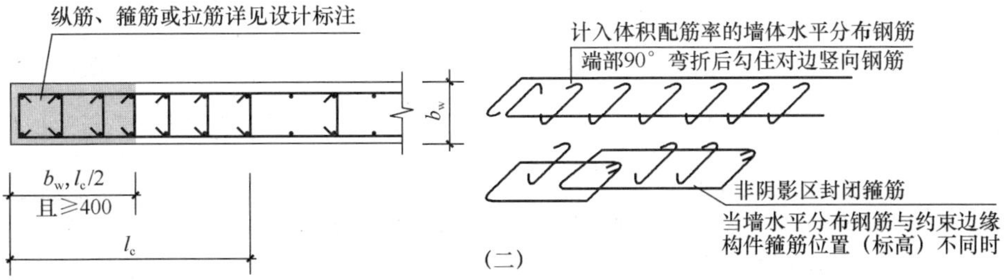

续表

名称	构造图示意
约束边缘转角墙	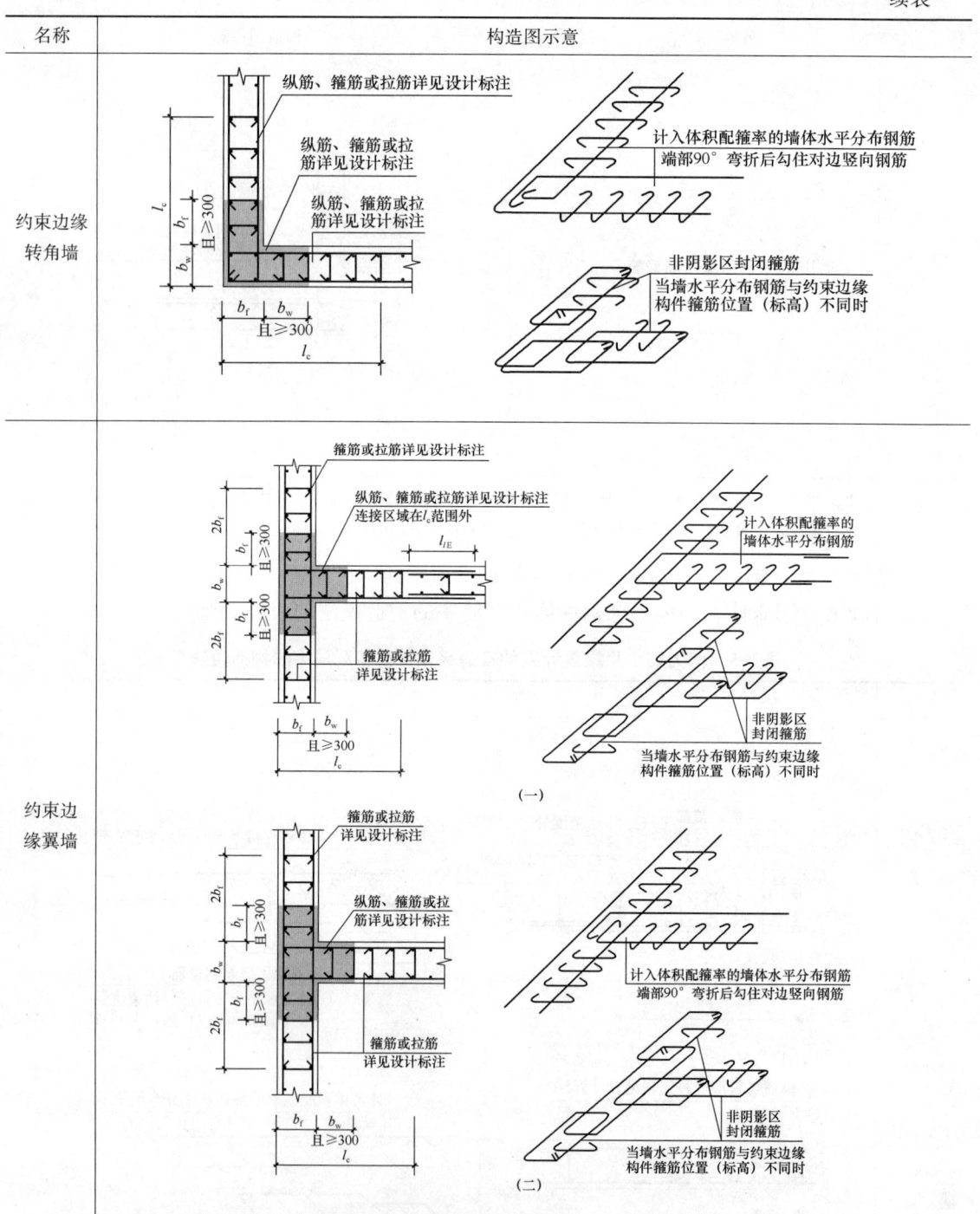
约束边缘翼墙	

(一)

(二)

注：1. 计入墙水平分布钢筋的体积配箍率不应大于总体积配箍率的30%；
2. 约束边缘端柱水平分布钢筋的构造做法参照约束边缘暗柱；
3. b_w—剪力墙垂直方向的厚度；l_c—剪力墙约束边缘构件沿墙肢的长度；l_{lE}—受拉钢筋抗震绑扎搭接长度；b_f—剪力墙水平方向的厚度。

3. 构造边缘构件 GBZ、扶壁柱 FBZ、非边缘暗柱 AZ 构造

构造边缘构件 GBZ、扶壁柱 FBZ、非边缘暗柱 AZ 构造如表 3-6 所示。

表 3-6 构造边缘构件 GBZ、扶壁柱 FBZ、非边缘暗柱 AZ 构造

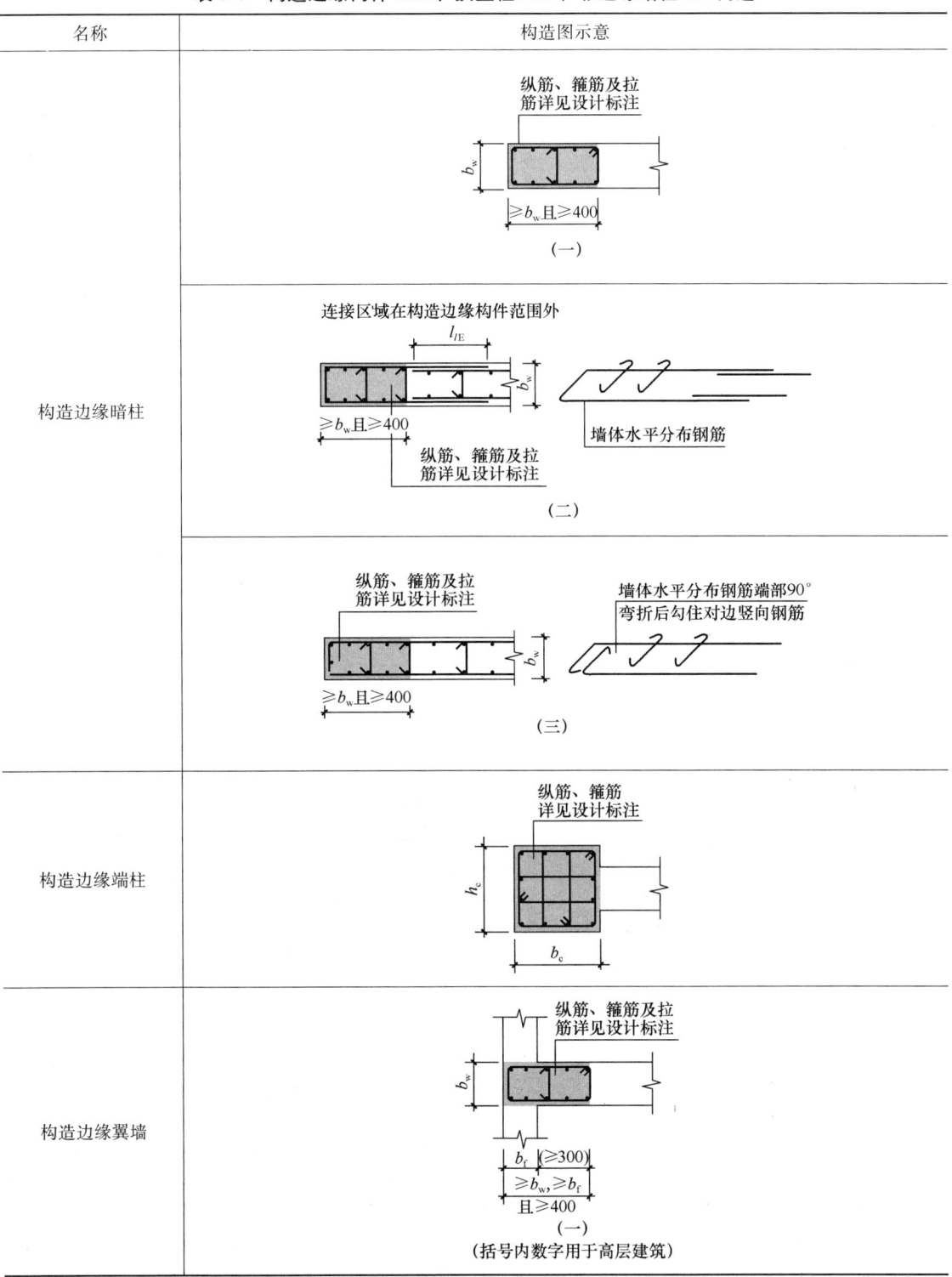

续表

名称	构造图示意
构造边缘翼墙	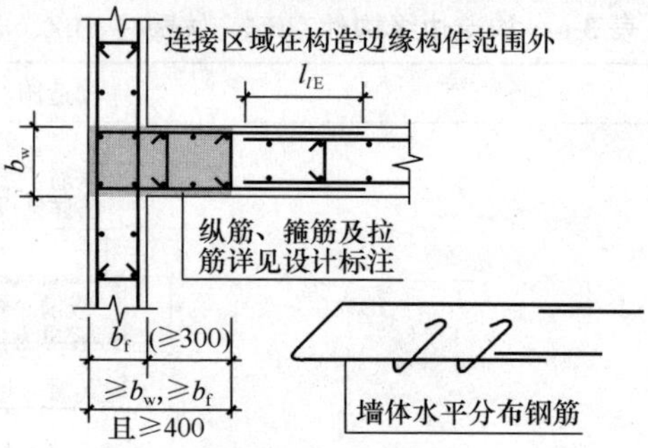 (二)（括号内数字用于高层建筑）
	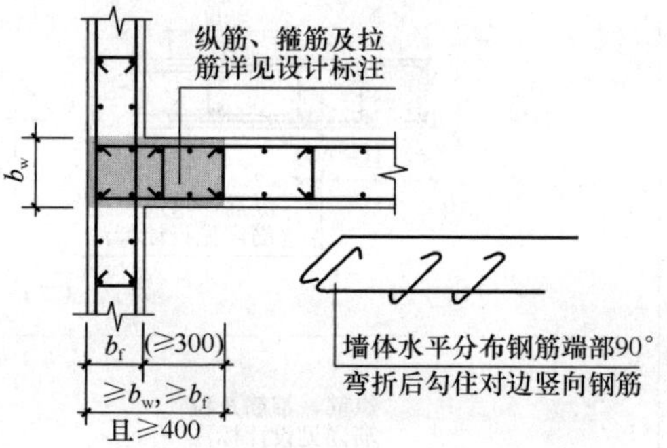 (三)（括号内数字用于高层建筑）
构造边缘转角墙	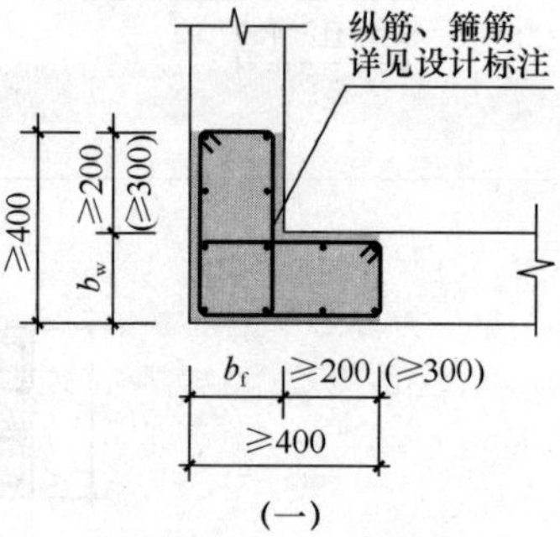 (一)（括号内数字用于高层建筑）
	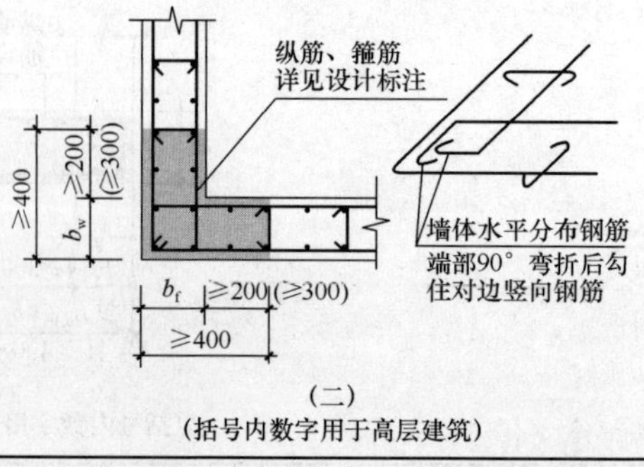 (二)（括号内数字用于高层建筑）

续表

名称	构造图示意
扶壁柱 FBZ	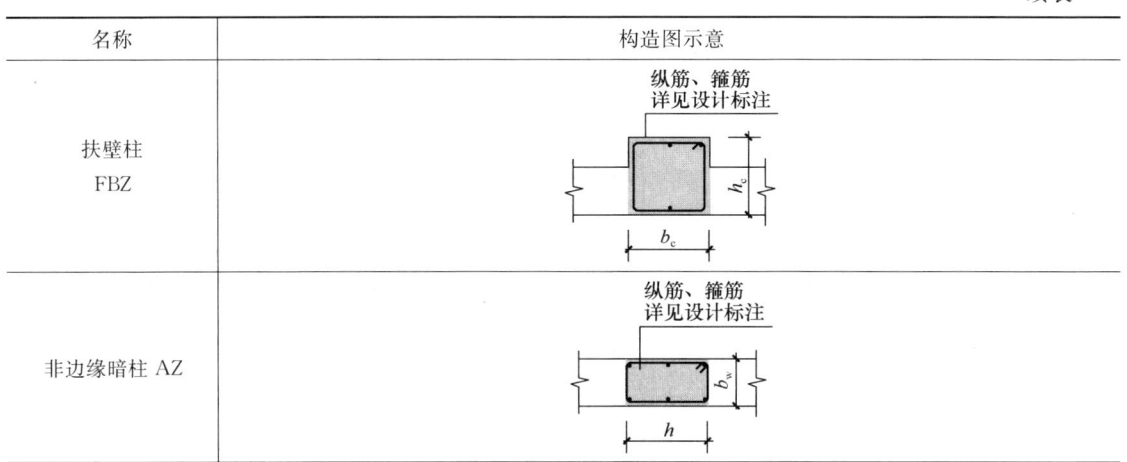
非边缘暗柱 AZ	

注：1. 构造边缘构件（二）、（三）用于非底部加强部位，当构造边缘构件内箍筋、拉筋位置（标高）与墙体水平分布筋相同时采用，此构造做法应由设计者指定后使用。
 2. 构造边缘暗柱（二）、构造边缘翼墙（二）中墙体水平分布筋宜在构造边缘构件范围外错开搭接。
 3. b_w—剪力墙垂直方向的厚度；b_c—柱截面短边尺寸；h_c—柱截面长边尺寸（圆柱为直径）；b_f—剪力墙水平方向的厚度；h—暗柱截面长边尺寸；l_{lE}—受拉钢筋抗震绑扎搭接长度。

4. 剪力墙边缘构件纵向钢筋连接构造

剪力墙边缘构件纵向钢筋连接构造如图 3-13 所示。

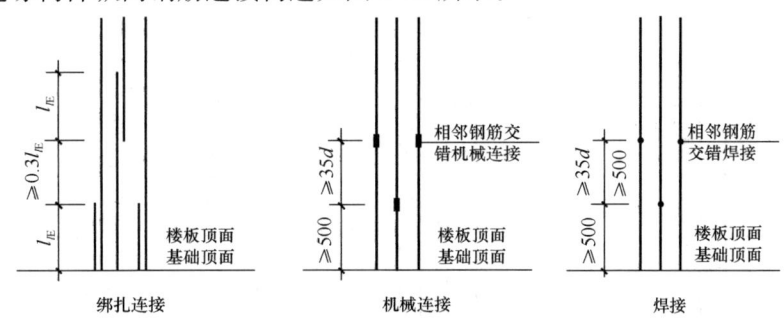

图 3-13　剪力墙边缘构件纵向钢筋连接构造
l_{lE}—受拉钢筋抗震绑扎搭接长度；d—纵向钢筋直径

5. 剪力墙上起边缘构件纵筋构造

剪力墙上起边缘构件纵筋构造如图 3-14 所示。

三、剪力墙梁配筋构造

1. 剪力墙连梁配筋构造

（1）连梁配筋构造

剪力墙连梁的钢筋种类包括：纵向钢筋、箍筋、拉筋、墙身水平钢筋。

剪力墙连梁配筋构造如图 3-15 所示。

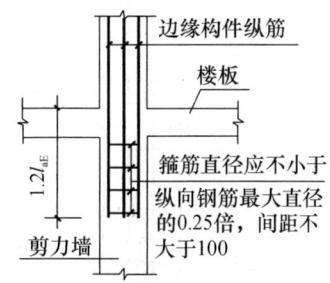

图 3-14　剪力墙上起边缘构件纵筋构造
l_{aE}—受拉钢筋抗震锚固长度

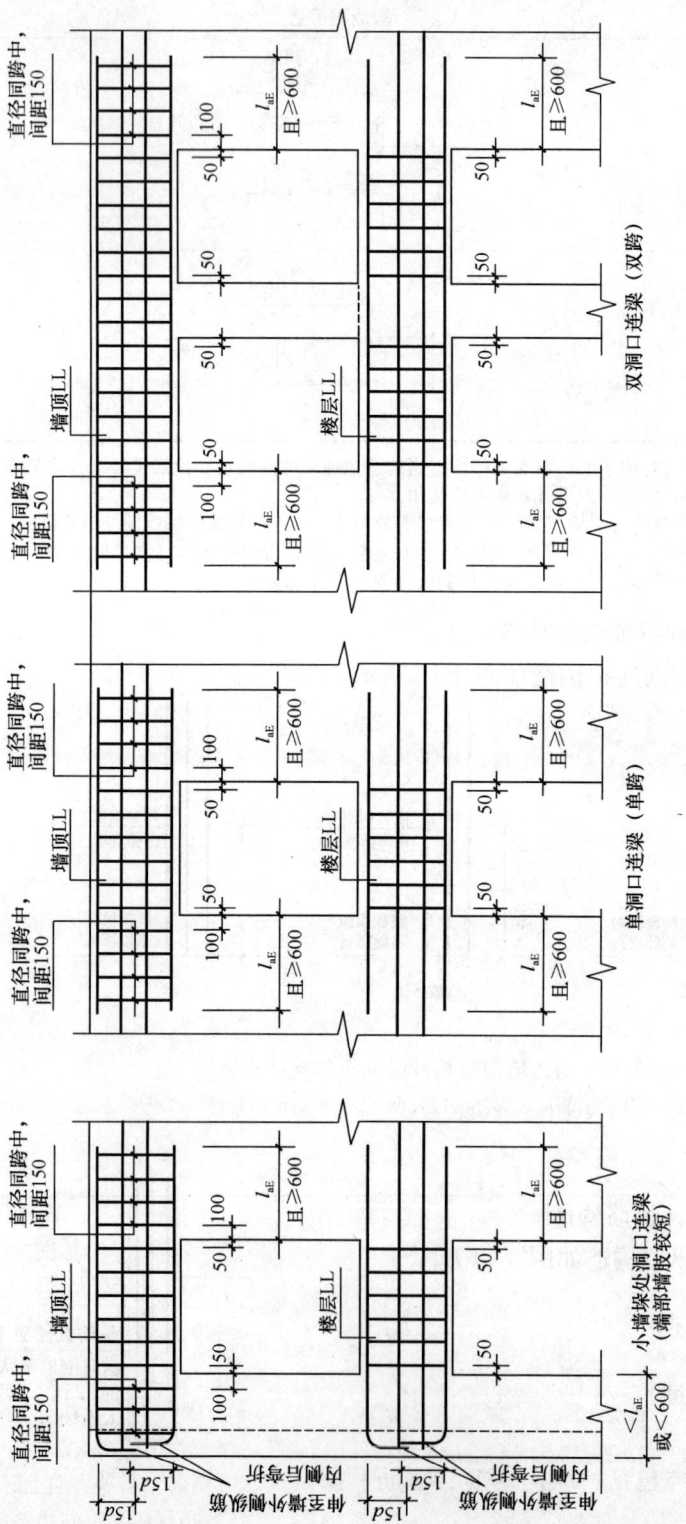

图 3-15 剪力墙连梁配筋构造

注：1. 当端部洞口连梁的纵向钢筋在端支座的直锚长度 $\geq l_{aE}$ 且 ≥ 600 时，可不必在上（下）弯折。
2. 洞口范围内的连梁箍筋详见具体工程设计。
3. 连梁设有交叉斜筋、对角暗撑及集中对角斜筋的做法，具体见表 3-7。

1) 连梁的纵筋。相对于整个剪力墙（含墙柱、墙身、墙梁）而言，基础是其支座；但是相对于连梁而言，其支座就是墙柱和墙身。所以，连梁的钢筋设置（包括连梁的纵筋和箍筋的设置），具备"有支座"构件的某些特点，与"梁构件"有些类似。

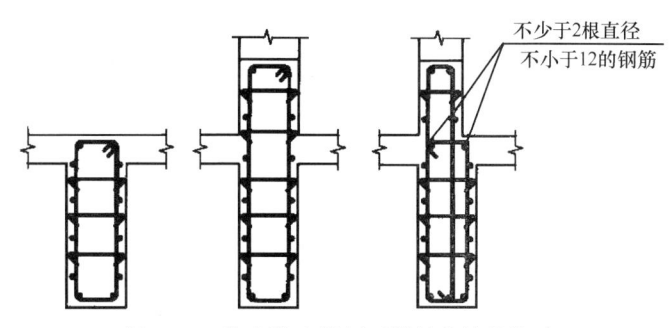

图 3-16 剪力墙连梁侧面纵筋和拉筋构造

连梁以暗柱或端柱为支座，连梁主筋锚固起点应当从暗柱或端柱的边缘算起。

2) 剪力墙水平分布筋与连梁的关系。连梁是一种特殊的墙身，它是上下楼层窗洞口之间的那部分水平的窗间墙。所以，剪力墙身水平分布筋从暗梁的外侧通过连梁，如图 3-16 所示。

3) 连梁的拉筋。拉筋的直径和间距为：当梁宽≤350mm 时为 6mm，梁宽>350mm 时为 8mm，拉筋间距为 2 倍箍筋间距，竖向沿侧面水平筋隔一拉一。

（2）连梁特殊配筋构造

连梁特殊配筋构造如表 3-7 所示。

表 3-7 连梁特殊配筋构造

名　称	构　造　图　示　意
连梁交叉斜筋配筋构造	连梁交叉斜筋配筋构造
连梁集中对角斜筋配筋构造	连梁集中对角斜筋配筋构造

续表

名 称	构 造 图 示 意
连梁对角暗撑配筋构造	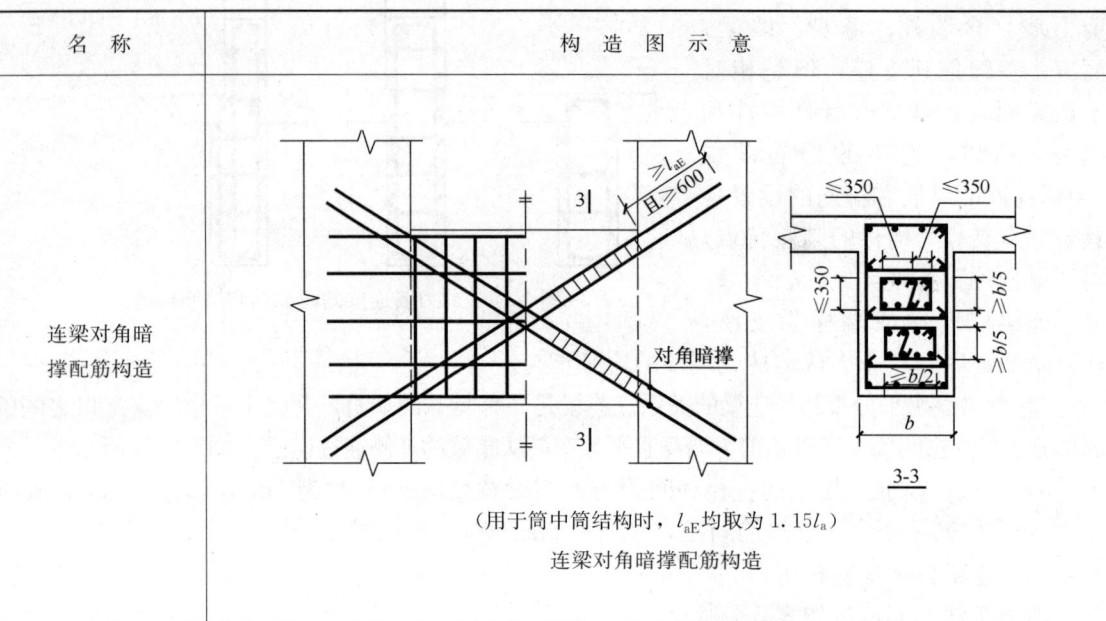 （用于筒中筒结构时，l_{aE} 均取为 $1.15l_a$） 连梁对角暗撑配筋构造

注：1. 当洞口连梁截面宽度不小于 250mm 时，可采用交叉斜筋配筋；当连梁截面宽度不小于 400mm 时，可采用集中对角斜筋配筋或对角暗撑配筋；
2. 交叉斜筋配筋连梁的对角斜筋在梁端部位应设置拉筋，具体值见设计标注；
3. 集中对角斜筋配筋连梁应在梁截面内沿水平方向及竖直方向设置双向拉筋，拉筋应勾住外侧纵向钢筋，间距不应大于 200mm，直径不应小于 8mm；
4. 对角暗撑配筋连梁中暗撑箍筋的外缘沿梁截面宽度方向不宜小于梁宽的一半，另一方向不小于梁宽的 1/5；对角暗撑约束箍筋肢距不应大于 350mm；
5. 交叉斜筋配筋连梁、对角暗撑配筋连梁的水平钢筋及箍筋形成的钢筋网之间应采用拉筋拉结，拉筋直径不宜小于 6mm，间距不宜大于 400mm；
6. l_{aE}—受拉钢筋抗震锚固长度；b—梁宽。

2. 剪力墙边框梁配筋构造

剪力墙边框梁的钢筋种类包括：纵向钢筋、箍筋、拉筋、边框梁侧面的水平分布筋。

16G101-1 图集关于剪力墙边框梁（BKL）钢筋构造只有在图集 78 页的一个断面图，所以，我们可以认为边框梁的纵筋是沿墙肢方向贯通布置，而边框梁的箍筋也是沿墙肢方向全长布置，而且是均匀布置，不存在箍筋加密区和非加密区问题。

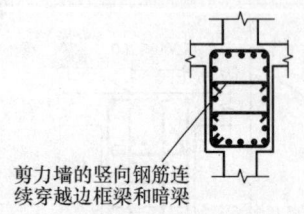

图 3-17 剪力墙边框梁配筋构造

剪力墙边框梁配筋构造如图 3-17 所示。

（1）墙身水平分布筋按其间距在边框梁箍筋的内侧通过。因此，边框梁侧面纵筋的拉筋是同时钩住边框梁的箍筋和水平分布筋。

（2）墙身垂直分布筋穿越边框梁。剪力墙的边框梁不是剪力墙的支座，边框梁本身也是剪力墙的加强带。所以，当剪力墙顶部设置有边框梁时，剪力墙竖向钢筋不能锚入边框梁：若当前层是中间楼层，则剪力墙竖向钢筋穿越边框梁径直伸入上一层；若当前层是顶层，则剪力墙竖向钢筋应该穿越边框梁锚入现浇板内。

(3) 边框梁的拉筋。拉筋的直径和间距同剪力墙连梁。

(4) 边框梁的纵筋。

1) 边框梁一般都与端柱发生联系，而端柱的竖向钢筋与箍筋构造与框架柱相同，所以，边框梁纵筋与端柱纵筋之间的关系也可以参考框架梁纵筋与框架柱纵筋的关系。即边框梁纵筋在端柱纵筋之内伸入端柱。

2) 边框梁纵筋伸入端柱的长度不同于框架梁纵筋在框架柱的锚固构造，因为端柱不是边框梁的支座，它们都是剪力墙的组成部分。因此，边框梁纵筋在端柱的锚固构造可以参考剪力墙身水平钢筋构造。

3. 剪力墙暗梁配筋构造

剪力墙暗梁的钢筋种类包括：纵向钢筋、箍筋、拉筋、暗梁侧面的水平分布筋。

16G101-1图集关于剪力墙暗梁（AL）钢筋构造只有在图集78页的一个断面图，所以，我们也可以认为暗梁的纵筋是沿墙肢方向贯通布置，而暗梁的箍筋也是沿墙肢方向全长布置，而且是均匀布置，不存在箍筋加密区和非加密区问题。

剪力墙暗梁配筋构造如图3-18所示。

(1) 暗梁是剪力墙的一部分，对剪力墙有阻止开裂的作用，是剪力墙的一道水平线性加强带。暗梁一般设置在剪力墙靠近楼板底部的位置，就像砖混结构的圈梁那样。

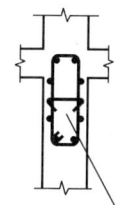

图3-18 剪力墙暗梁配筋构造

(2) 墙身水平分布筋按其间距在暗梁箍筋的外侧布置。从图3-18可以看出，在暗梁上部纵筋和下部纵筋的位置上不需要布置水平分布筋。但是，整个墙身的水平分布筋按其间距布置到暗梁下部纵筋时，可能不正好是一个水平分布筋间距，此时的墙身水平分布筋是否还按其间距继续向上布置，可依从施工人员安排。

(3) 剪力墙的暗梁不是剪力墙身的支座，暗梁本身是剪力墙的加强带。所以，当每个楼层的剪力墙顶部设置有暗梁时，剪力墙竖向钢筋不能锚入暗梁：若当前层是中间楼层，则剪力墙竖向钢筋穿越暗梁径直伸入上一层；若当前层是顶层，则剪力墙竖向钢筋应该穿越暗梁锚入现浇板内。

(4) 暗梁的拉筋。拉筋的直径和间距同剪力墙连梁。

(5) 暗梁的纵筋。暗梁纵筋是布置在剪力墙身上的水平钢筋，因此，可以参考剪力墙身水平钢筋构造。

4. 剪力墙边框梁或暗梁与连梁重叠时配筋构造

剪力墙边框梁或暗梁与连梁重叠时配筋构造如图3-19所示。

四、墙身竖向分布钢筋在基础中构造

如表3-8所示。

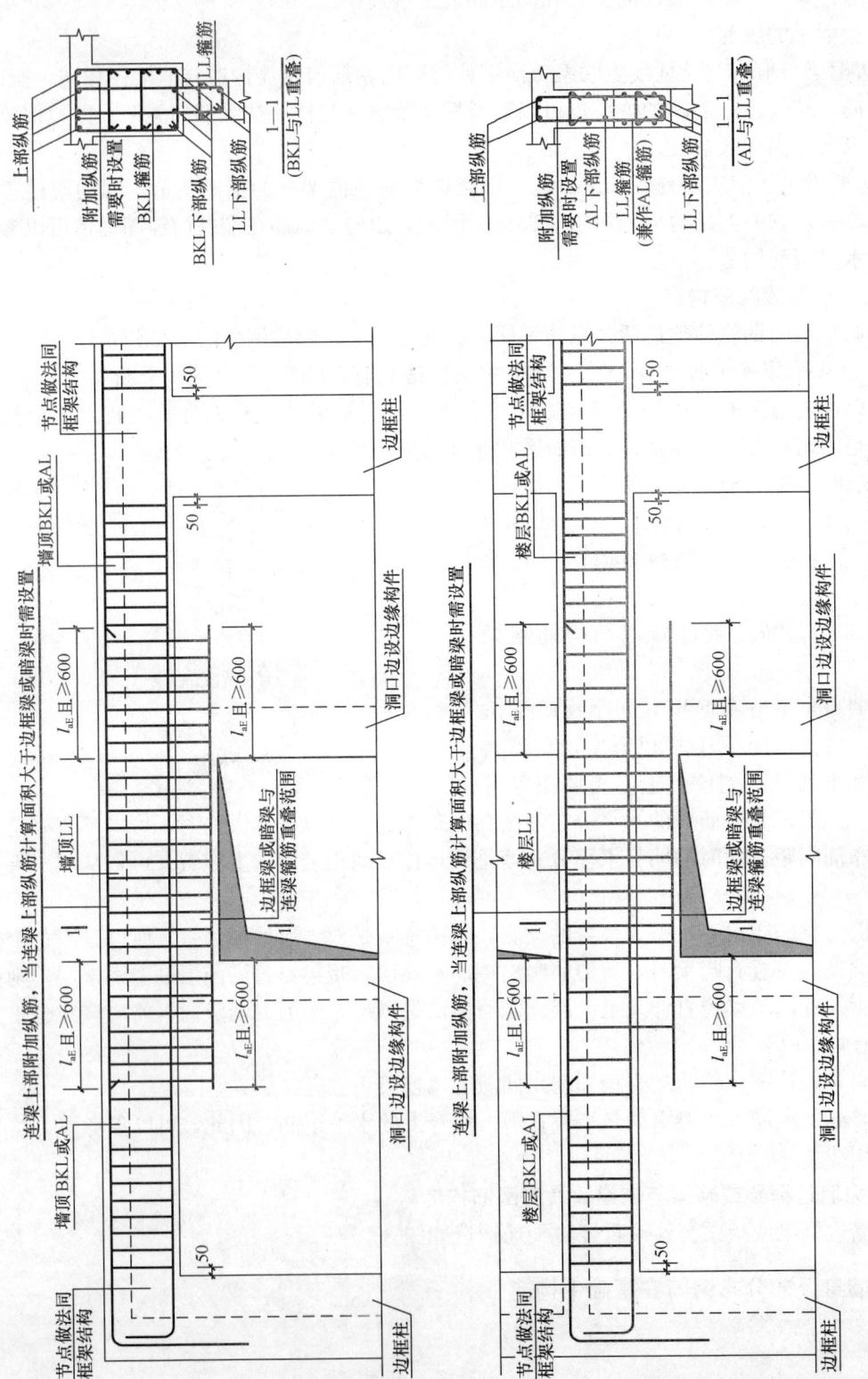

图 3-19 剪力墙边框梁或暗梁与连梁重叠时配筋构造

表 3-8 墙身竖向分布钢筋在基础中构造

名称		构造图示意
墙身竖向分布钢筋在基础中构造	保护层厚度>5d	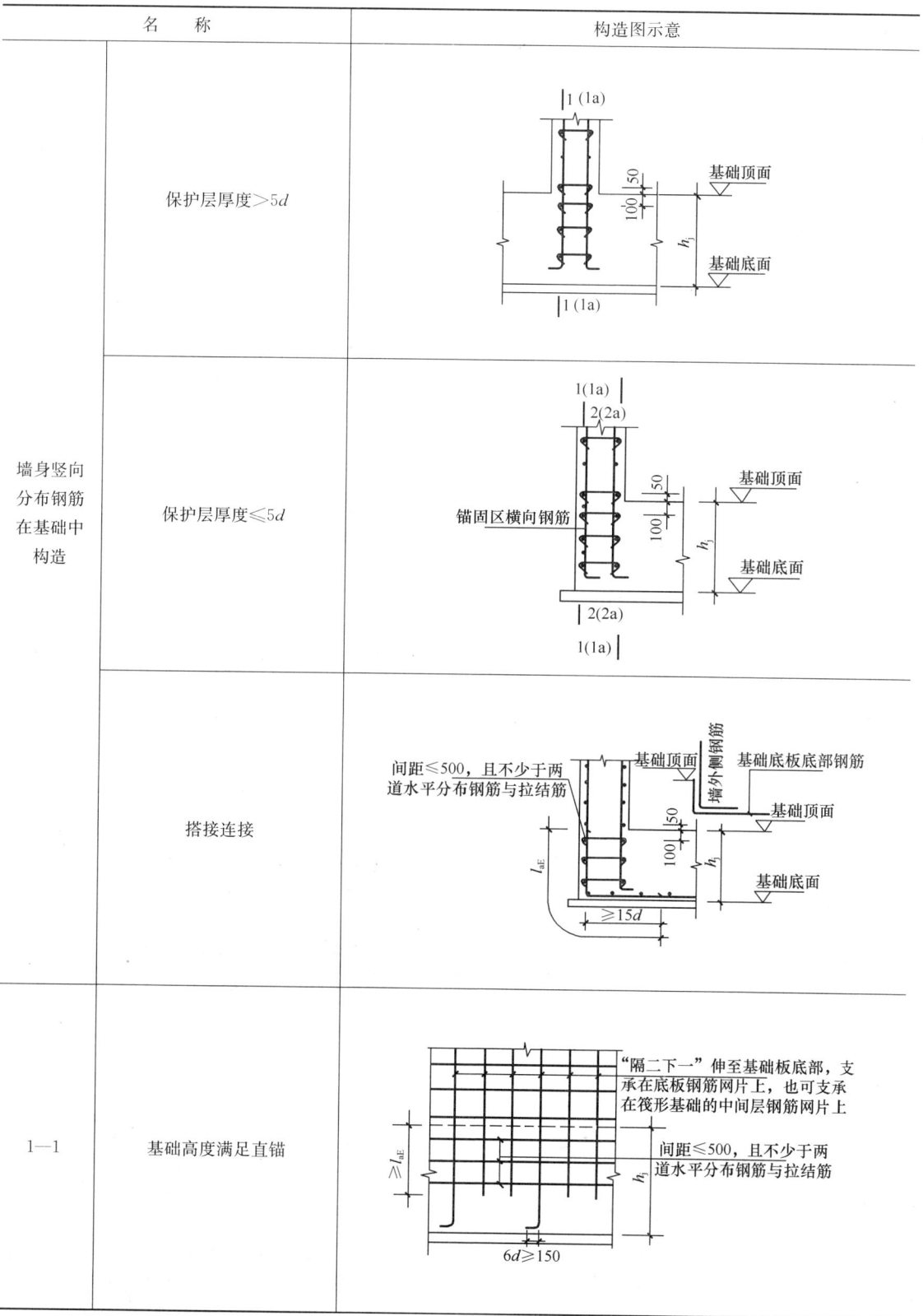
	保护层厚度≤5d	
	搭接连接	
1—1	基础高度满足直锚	

续表

名称		构造图示意
1a—1a	基础高度不满足直锚	
2—2	基础高度满足直锚	
2a—2a	基础高度不满足直锚	
①		

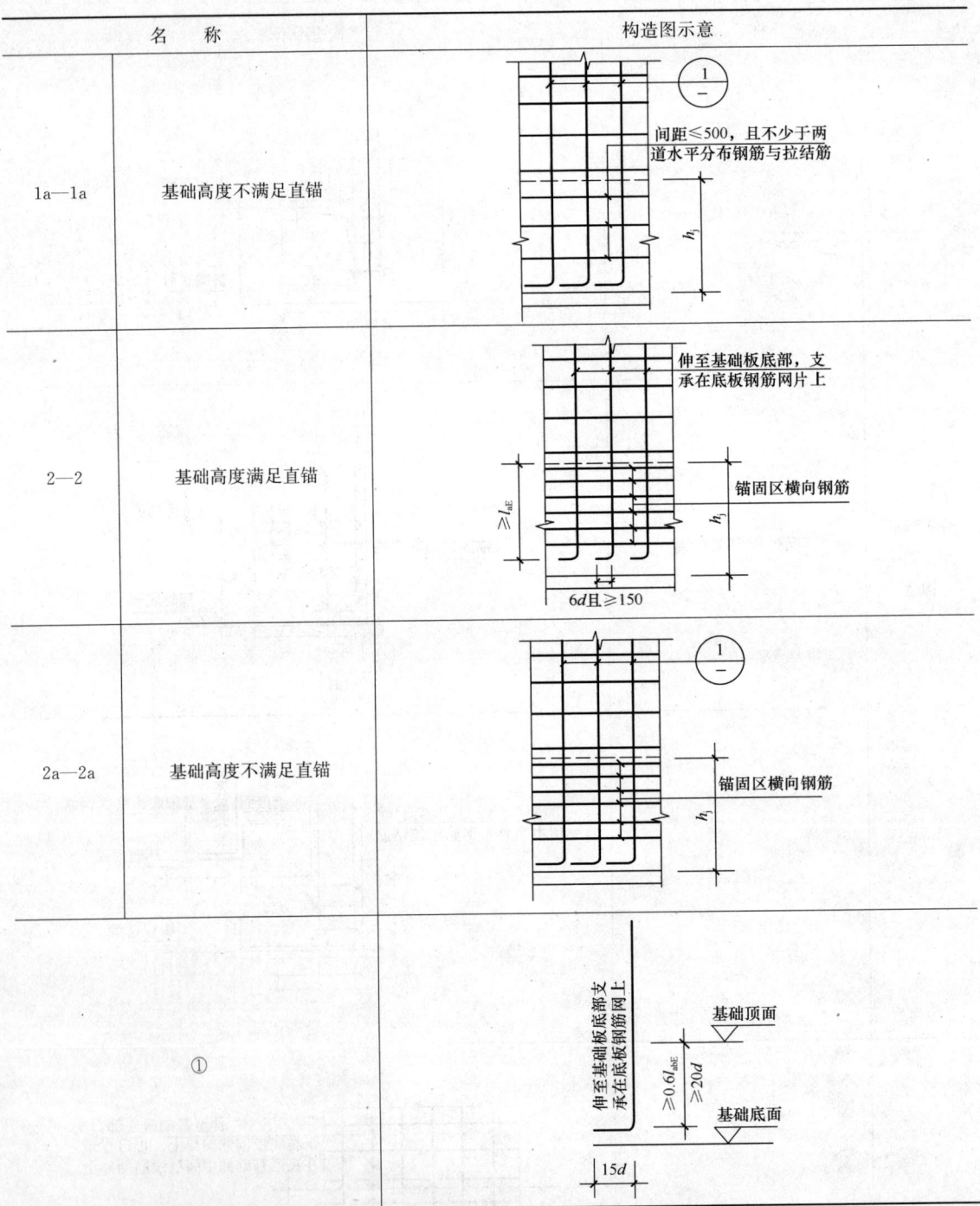

注：1. 锚固区横向钢筋应满足直径≥$d/4$（d 为纵筋最大直径），间距≤$10d$（d 为纵筋最小直径）且≤100mm 的要求。
2. 当墙身竖向分布钢筋在基础中保护层厚度不一致情况下（如分布筋部分位于梁中，部分位于板内），保护层厚度不大于 $5d$ 的部位应设置锚固区横向钢筋。
3. 当选用"墙身竖向分布钢筋在基础中构造"中的搭接连接时，设计人员应在图纸中注明。
4. 1—1 剖面，当施工采取有效措施保证钢筋定位时，墙身竖向分布钢筋伸入基础长度满足直锚即可。
5. h_j—基础底面至基础顶面的高度，墙下有基础梁时，h_j 为梁底面至顶面的高度；d—墙身竖向分布钢筋直径；l_{abE}—受拉钢筋的抗震基本锚固长度；l_{aE}—受拉钢筋抗震锚固长度；l_{lE}—受拉钢筋抗震绑扎搭接长度。

五、剪力墙洞口补强构造

剪力墙洞口补强构造如图 3-20 所示。

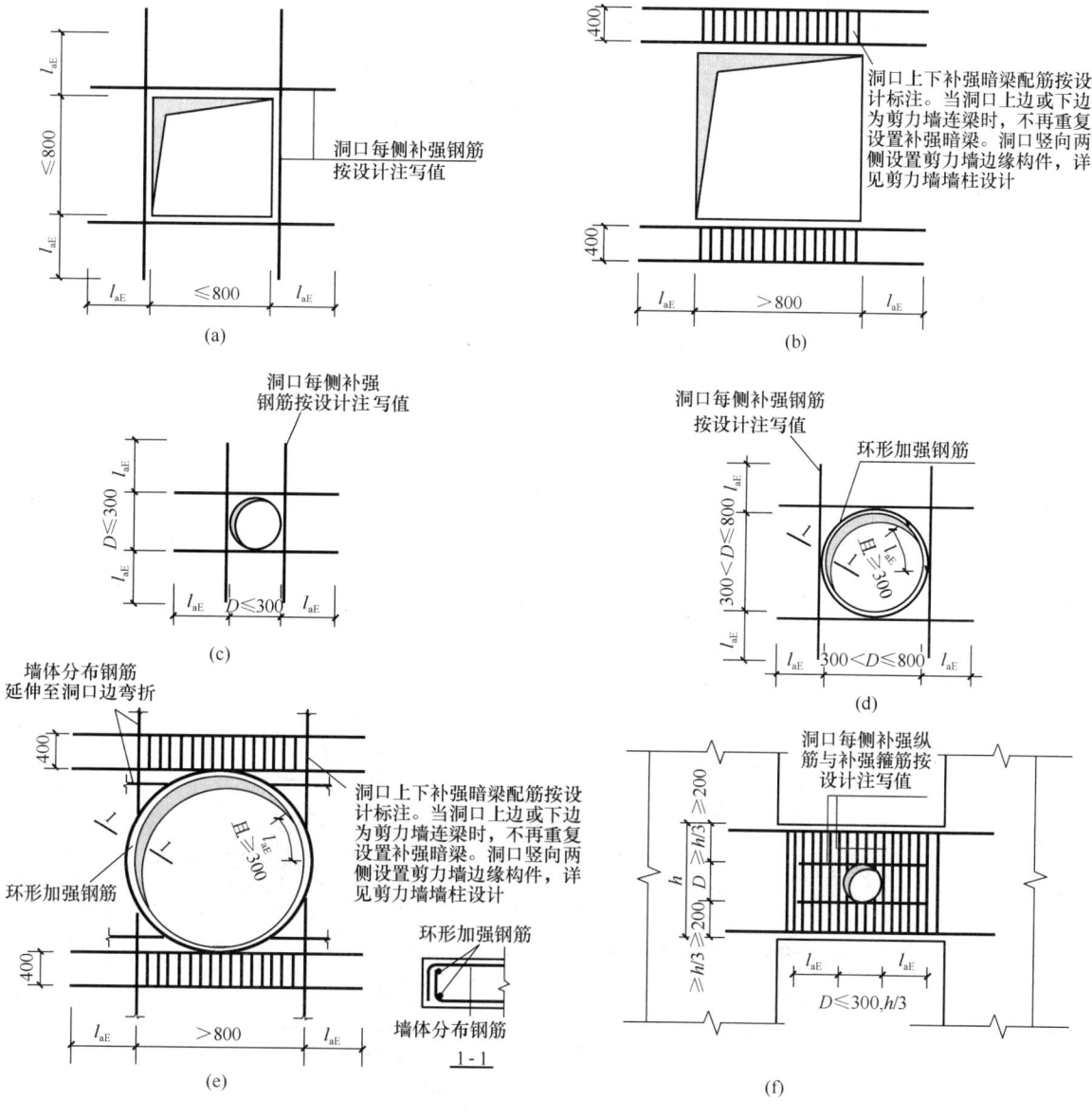

图 3-20 剪力墙洞口补强构造

(a) 矩形洞宽和洞高均不大于 800 时洞口补强纵筋构造；(b) 矩形洞宽和洞高均大于 800 时洞口补强暗梁构造；
(c) 剪力墙圆形洞口直径不大于 300 时补强纵筋构造；(d) 剪力墙圆形洞口直径大于 300 但不大于 800 时补强
纵筋构造；(e) 剪力墙圆形洞口直径大于 800 时补强纵筋构造；(f) 连梁中部圆形洞口补强钢筋构造
（圆形洞口预埋钢套管）

l_{aE}—受拉钢筋抗震锚固长度；D—圆形洞口直径；h—梁宽

六、地下室外墙 DWQ 钢筋构造

地下室外墙 DWQ 钢筋构造如图 3-21 所示。

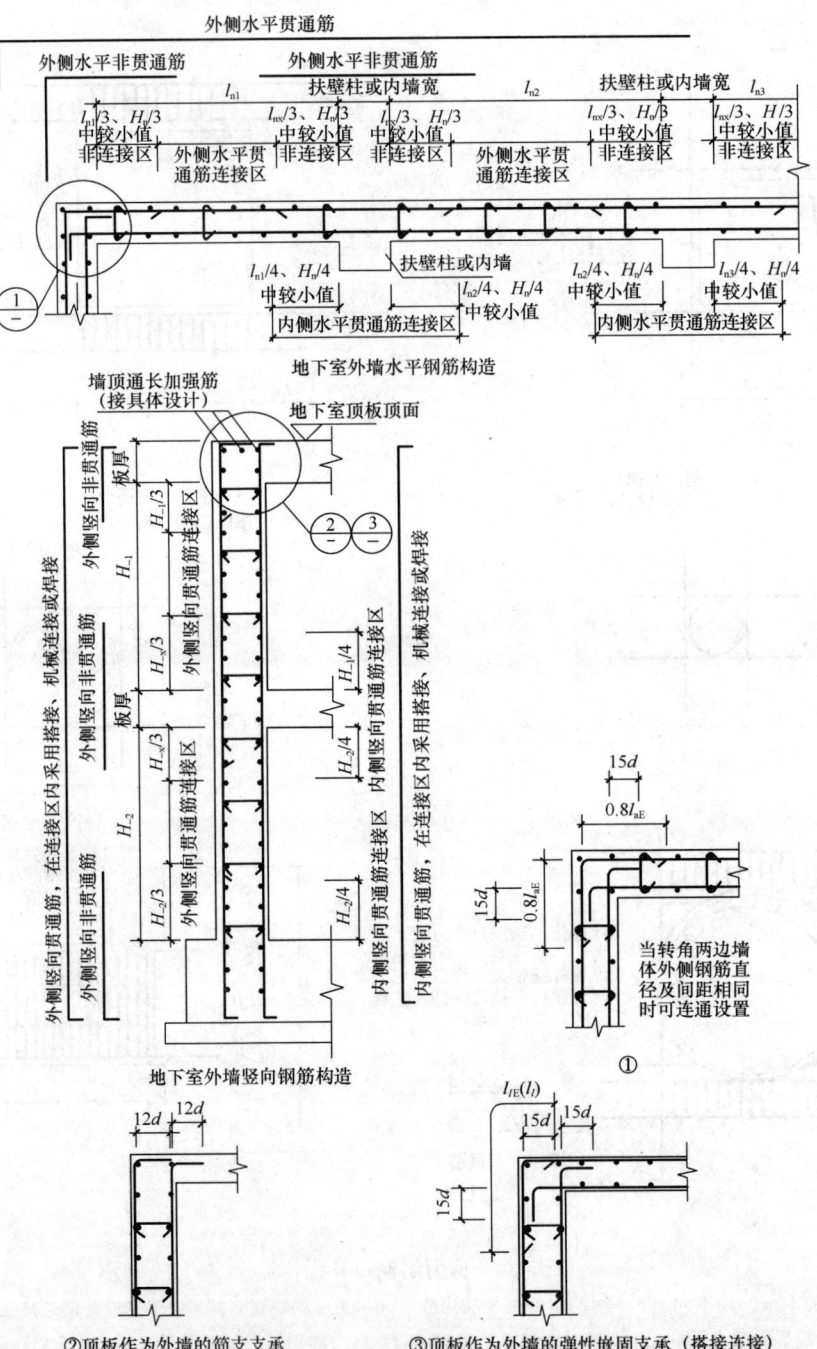

图 3-21 地下室外墙 DWQ 钢筋构造

l_{n1}、l_{n2}、l_{n3}—水平跨的净跨值；l_{nx}—相邻水平跨中较大净跨值；H_n—本层层高；l_{lE}（l_l）—受拉钢筋绑扎搭接长度，抗震设计时锚固长度用 l_{lE} 表示，非抗震设计时用 l_l 表示；d—受拉钢筋直径；H_{-1}、H_{-2}—竖直跨的净跨值；H_{-x}—H_{-1} 和 H_{-2} 中较大值

注：(1) 当具体工程的钢筋排布与本图不同时（如将水平筋设置在外层），应按设计要求进行施工。
(2) 扶壁柱、内墙是否作为地下室外墙的平面外支承应由设计人员根据工程具体情况确定，并在设计文件中明确。
(3) 是否设置水平非贯通筋由设计人员根据计算确定，非贯通筋的直径、间距及长度由设计人员在设计图纸中标注。
(4) 当扶壁柱、内墙不作为地下室外墙的平面外支承时，水平贯通筋的连接区域不受限制。
(5) 外墙和顶板的连接节点做法②、③的选用由设计人员在图纸中注明。
(6) 地下室外墙与基础的连接见16G101-3图集。

七、剪力墙连梁LLk纵向钢筋、箍筋加密区构造

剪力墙连梁LLk纵向钢筋、箍筋加密区构造如图3-22、图3-23所示。

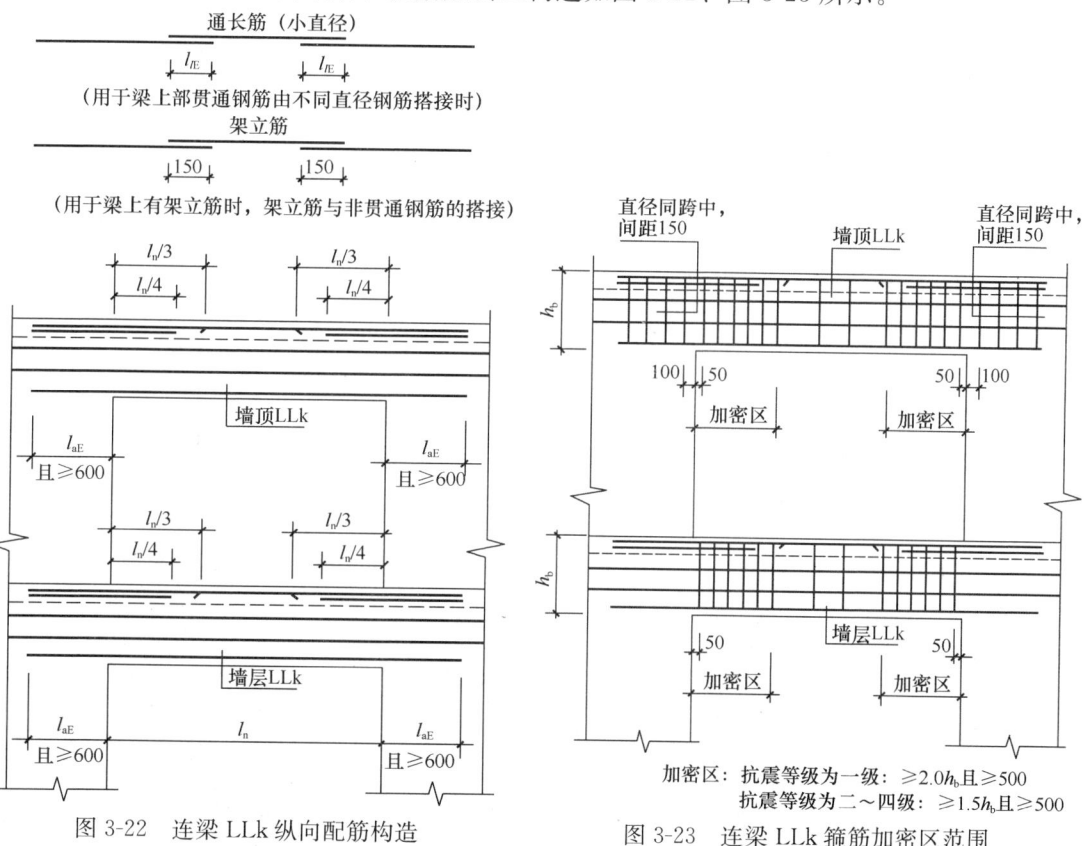

图3-22 连梁LLk纵向配筋构造　　图3-23 连梁LLk箍筋加密区范围

(1) 梁上部通长钢筋与非贯通钢筋直径相同时，连接位置宜位于跨中 $l_n/3$ 范围内；梁下部钢筋连接位置宜位于支座 $l_n/3$ 范围内；且在同一连接区段内钢筋接头面积百分率不宜大于50%。
(2) 梁侧面构造钢筋做法同连梁。

第三节　剪力墙钢筋计算方法与实例

1. 根据剪力墙的厚度来计算暗柱箍筋的宽度

因为，剪力墙的保护层是针对水平分布筋、而不是针对暗柱纵筋的，所以在计算暗柱箍

筋宽度时，不能套用"框架柱箍筋宽度＝柱宽度－2×保护层"这样的算法。

由于水平分布筋与暗柱箍筋处于同一垂直层面，则暗柱纵筋与混凝土保护层之间，同时隔着暗柱箍筋和墙身水平分布筋。

箍筋的尺寸是以"净内尺寸"来表示，而因为柱纵筋的外侧紧贴着箍筋的内侧，可以"暗柱纵筋的外侧"作为参照物，来解析暗柱箍筋宽度的算法。

当水平分布筋直径大于箍筋直径时，

$$暗柱箍筋宽度＝墙厚－2×保护层－2×水平分布筋直径$$

否则（即水平分布筋直径≤箍筋直径时），

$$暗柱箍筋宽度＝墙厚－2×保护层－2×箍筋直径$$

2. 剪力墙身拉筋的长度计算

剪力墙身拉筋就是要同时钩住水平分布筋和垂直分布筋。

剪力墙的保护层是对于剪力墙身水平分布筋而言的。这样，剪力墙的厚度减去保护层就到了水平分布筋的外侧，而拉筋钩在水平分布筋之外。

由上述可知，拉筋直段长度（就是工程钢筋表中的标注长度）的计算公式为：

$$拉筋直段长度＝墙厚－2×保护层＋2×拉筋直径$$

知道了拉筋的直段长度，再加上拉筋弯钩长度，就得到拉筋的每根长度。由16G101-1图集第56页可知，拉筋弯钩的平直段长度为$10d$。

这里以光圆钢筋为例，它的180°小弯钩长度是：一个弯钩为$6.25d$，两个弯钩为$12.5d$；而180°小弯钩的平直段长度为$3d$，小弯钩的一个平直段长度比拉筋少$7d$，则两个平直段长度比拉筋少$14d$。

由此可知拉筋两个弯钩的长度为$12.5d＋14d＝26.5d$，考虑到角度差异，可取其为$26d$。

所以，拉筋每根长度＝墙厚－2×保护层＋2×拉筋直径＋$26d$。

剪力墙其他构件的"拉筋"也可依照上述计算公式进行计算。

3. 剪力墙暗梁 AL 箍筋如何计算

（1）首先来看暗梁箍筋宽度计算的算法。

暗梁箍筋的宽度计算不能和框架梁箍筋宽度计算那样用梁宽度减两倍保护层来得到，其主要区别在于框架梁的保护层是针对梁纵筋，而暗梁的保护层（和墙身一样）是针对水平分布筋的。

由于暗梁的宽度也就是墙的厚度，所以，暗梁的宽度计算以墙厚作为基数。当墙厚减去两侧的保护层，就到了水平分布筋的外侧；再减去两个水平分布筋直径，才到暗梁箍筋的外侧；再减去两个暗梁箍筋直径，这才到达暗梁箍筋的内侧——此时就得到暗梁箍筋的宽度尺寸。所以暗梁箍筋宽度b的计算公式就是：

$$箍筋宽度\ b＝墙厚－2×保护层－2×水平分布筋直径－2×箍筋直径$$

（2）关于暗梁箍筋的高度计算，存在一些争议。由于暗梁的上方和下方都是混凝土墙身，所以不存在面临一个保护层的问题。因此，在暗梁箍筋高度计算中，是采用暗梁的标注高度尺寸直接作为暗梁箍筋的高度，还是需要把暗梁的标注高度减去保护层？根据一般的习惯，人们往往采用下面的计算公式：

$$箍筋高度\ h＝暗梁标注高度－2×保护层$$

(3) 关于暗梁箍筋根数的计算:

暗梁箍筋的分布规律,不但影响箍筋个数的计算,而且直接影响钢筋施工绑扎的过程。做法为:距暗柱主筋中心为暗梁箍筋间距的 1/2 的地方布置暗梁的第一根箍筋。

【实例一】某剪力墙钢筋预算量的计算

某剪力墙如图 3-24 所示,梁、柱、墙基本情况和 Q1 基本情况如表 3-9 和表 3-10 所示,试计算其钢筋预算量。

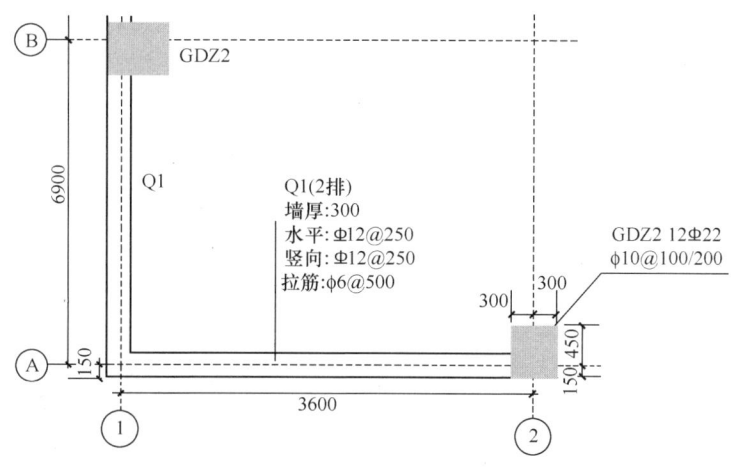

图 3-24 剪力墙

表 3-9 梁、柱、墙基本情况表

混凝土强度等级	抗震等级	基础保护层	柱保护层	梁保护层	墙保护层	钢筋连接方式
C30	一级抗震	40mm	30mm	25mm	15mm	绑扎搭接

表 3-10 Q1 基本情况表(mm)

	墙厚	水平分布筋	竖向分布筋	拉筋	墙高	基础板厚
Q1	300	Φ12@250	Φ12@250	Φ6@500	4500	1500

【解】

钢筋预算量计算如表 3-11 所示。

表 3-11 钢筋预算量计算

序号	构件信息	个数	总质量/kg	单根质量/kg	根数	级别直径	单长计算/mm	备注
	剪力墙		1125.692					
1	0层(基础层)	1	351.639	351.639				
1-1a	Q1		227.075					
1-1-1	A-B/1	1	227.075	227.075				

续表

序号	构件信息	个数	总质量/kg	单根质量/kg	根数	级别直径	单长计算/mm	备注
1-1-1-1	1		53.302	1.838	29	Φ12	(1500+0−70+0+1.2×34×12)+(150)+(0×47.6×12)+(0)−(0)=2070 150 ⌐ 1920	外侧基础层贯通纵向筋@250
1-1-1-2	2		53.302	1.838	29	Φ12	(1500+0−70+0+1.2×34×12)+(150)+(0×47.6×12)+(0)−(0)=2070 150 ⌐ 1920	内侧基础层贯通纵向筋@250
1-1-1-3	3		44.758	6.394	7	Φ12	(6900−15+135)+(15×12)+(0×47.6×12)+(0)−(0)=7200 180 ⌐ 7020	外侧水平筋@250
1-1-1-4	4		12.788	6.394	2	Φ12	(6900−15+135)+(15×12)+(0×47.6×12)+(0)−(0)=7200 180 ⌐ 7020	基础层外侧附加筋
1-1-1-5	5		45.871	6.553	7	Φ12	(6900−15−150+285)+(15×12)+(15×12)+(0×47.6×12)+(0)−(0)=7380 180 ⌐ 7020 ⌐ 180	内侧水平筋@250
1-1-1-6	6		13.106	6.553	2	Φ12	(6900−15−150+285)+(15×12)+(15×12)+(0×47.6×12)+(0)−(0)=7380 180 ⌐ 7020 ⌐ 180	基础层内侧附加筋
1-1-1-7	7		3.948	0.094	42	Φ6	(300−2×15+2×6)+(0×350)+(2×11.9×6)−(0)=425 282	拉结筋

续表

序号	构件信息	个数	总质量/kg	单根质量/kg	根数	级别直径	单长计算/mm	备注
1-1b	Q1		124.564					
1-1-2	1-2/A	1	124.564	124.564				
1-1-2-1	1		29.408	1.838	16	Φ12	$(1500+0-70+0+1.2\times34\times12)+(150)+(0\times47.6\times12)+(0)-(0)=2070$ 150 ⌐ 1920	外侧基础层贯通纵向筋@250
1-1-2-2	2		29.408	1.838	16	Φ12	$(1500+0-70+0+1.2\times34\times12)+(150)+(0\times47.6\times12)+(0)-(0)=2070$ 150 ⌐ 1920	内侧基础层贯通纵向筋@250
1-1-2-3	3		24.241	3.463	7	Φ12	$(3600+135-15)+(15\times12)+(0\times47.6\times12)+(0)-(0)=3900$ 180 ⌐ 3720	外侧水平筋@250
1-1-2-4	4		6.926	3.463	2	Φ12	$(3600+135-15)+(15\times12)+(0\times47.6\times12)+(0)-(0)=3900$ 180 ⌐ 3720	基础层外侧附加筋
1-1-2-5	5		25.361	3.623	7	Φ12	$(3600-150+285-15)+(15\times12)+(15\times12)+(0\times47.6\times12)+(0)-(0)=4080$ 180 ⌐ 7020 ⌐ 180	内侧水平筋@250
1-1-2-6	6		7.246	3.623	2	Φ12	$(3600-150+285-15)+(15\times12)+(15\times12)+(0\times47.6\times12)+(0)-(0)=4080$ 180 ⌐ 7020 ⌐ 180	基础层内侧附加筋
1-1-2-7	7		1.974	0.094	21	Φ6	$(300-2\times15+2\times6)+(0\times350)+(2\times11.9\times6)-(0)=425$ 282	拉结筋
2	1层(首层)	1	774.053	774.053				
2-1a	Q1		499.929					
2-1-1	A-B/1	1	499.929	499.929				

93

续表

序号	构件信息	个数	总质量/kg	单根质量/kg	根数	级别直径	单长计算/mm	备注
2-1-1-1	1		121.046	4.174	29	Φ12	(4500+0−0−70)+(270)+(0×47.6×12)+(0)−(0)=4700 270 ⌐ 4430	外侧顶层贯通纵向筋@250
2-1-1-2	2		121.046	4.174	29	Φ12	(4500+0−0−70)+(270)+(0×47.6×12)+(0)−(0)=4700 270 ⌐ 4430	内侧顶层贯通纵向筋@250
2-1-1-3	3		121.486	6.394	19	Φ12	(6900−15+135)+(15×12)+(0×47.6×12)+(0)−(0)=7200 180 ⌐ 7020	外侧水平筋@250
2-1-1-4	4		124.507	6.553	19	Φ12	(6900−15−150+285)+(15×12)+(15×12)+(0×47.6×12)+(0)−(0)=7380 180 ⌐ 7020 ⌐ 180	内侧水平筋@250
2-1-1-5	5		11.844	0.094	126	Φ6	(300−2×15+2×6)+(0×350)+(2×11.9×6)−(0)=425 282	拉结筋
2-1b	Q1		274.124					
2-1-2	1-2/A	1	274.124	274.124				
2-1-2-1	1		66.784	4.174	16	Φ12	(4500+0−0−70)+(270)+(0×47.6×12)+(0)−(0)=4700 270 ⌐ 4430	外侧顶层贯通纵向筋@250
2-1-2-2	2		66.784	4.174	16	Φ12	(4500+0−0−70)+(270)+(0×47.6×12)+(0)−(0)=4700 270 ⌐ 4430	内侧顶层贯通纵向筋@250
2-1-2-3	3		65.797	3.463	19	Φ12	(3600+135−15)+(15×12)+(0×47.6×12)+(0)−(0)=3900 180 ⌐ 3720	外侧水平筋@250

续表

序号	构件信息	个数	总质量/kg	单根质量/kg	根数	级别直径	单长计算/mm	备注
2-1-2-4	4		68.837	3.623	19	Φ12	$(3600-150+285-15)+(15\times12)$ $+(15\times12)+(0\times47.6\times12)+$ $(0)-(0)=4080$ 180 ⌐ 7020 ⌐ 180	内侧水平筋@250
2-1-2-5	5		5.922	0.094	63	Φ6	$(300-2\times15+2\times6)+(0\times350)+$ $(2\times11.9\times6)-(0)=425$ 282	拉结筋

【实例二】某剪力墙结构配筋的计算

某办公楼电梯井采用剪力墙结构,抗震等级为2级,混凝土强度等级C45,剪力墙保护层为15mm,钢筋接头采用直径不大于18mm为绑扎形式;直径大于18为焊接形式。计算该剪力墙的配筋量。

基础顶面至标高-0.030m层高为3600mm,基础顶面至标高-0.030m剪力墙墙身、柱平面布置,如图3-25所示。剪力墙墙身配筋如表3-12所示,剪力墙柱配筋如表3-13所示。

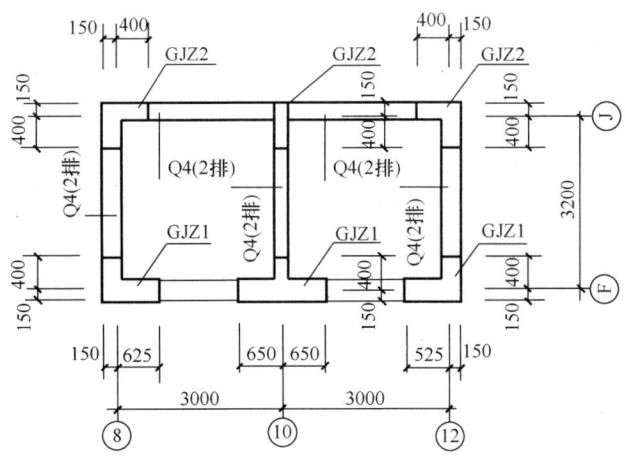

图3-25 基础顶面至标高-0.030m剪力墙墙身、柱平面布置图

表3-12 剪力墙墙身配筋表

墙号	墙厚	排数	水平分布筋	竖向分布筋	拉 筋
Q4(2排)	250	2	$\Phi^R10@200$	$\Phi^R10@200$	Φ6@400/400(竖向/横向)呈梅花状布置

表 3-13 剪力墙柱配筋表

截面	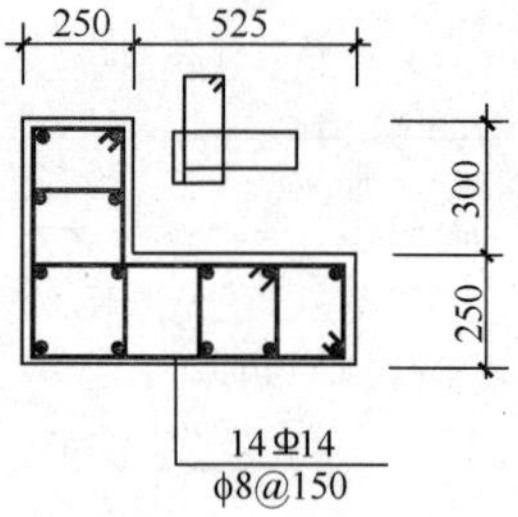	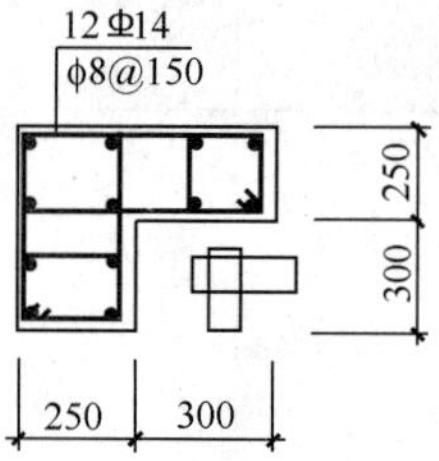
编号	GJZ1	GJZ2
标高	基础顶面至标高－0.030m	基础顶面至标高－0.030m
纵筋	14 Φ 14	12 Φ 14
箍筋	Φ 8@150	Φ 8@150
截面	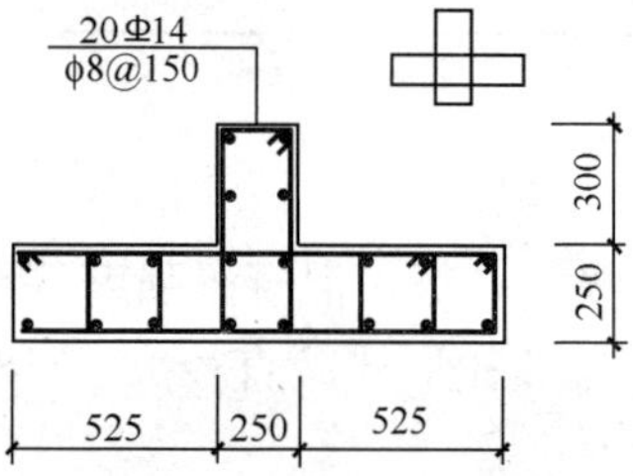	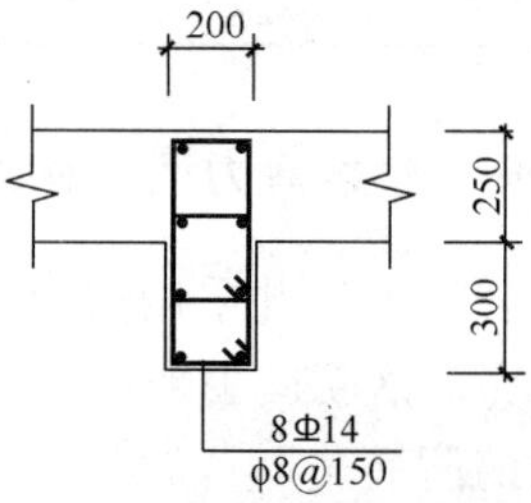
编号	GYZ1	GYZ2
标高	基础顶面至标高－0.030m	基础顶面至标高－0.030m
纵筋	20 Φ 14	8 Φ 14
箍筋	Φ 8@150	Φ 8@150

基础顶面至标高－0.030m 剪力墙梁平面布置，如图 3-26 所示。剪力墙连梁配筋如表 3-14 所示。

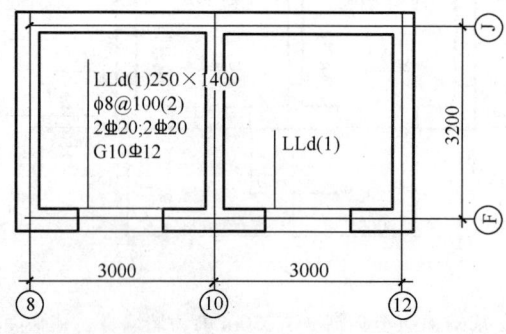

图 3-26 基础顶面至标高－0.030m 剪力墙梁平面布置图

表 3-14 剪力墙连梁配筋表

编号	所在楼层号	梁顶相对标高	梁截面 $b \times h$	上部纵筋	下部纵筋	侧面纵筋	箍筋
LLd（1）	－1	－0.030	250×1400	2 Φ 20	2 Φ 20	10 Φ 12	Φ 8@100（2）

【解】
(1) 剪力墙墙身钢筋预算量计算
1) 墙身水平钢筋计算
①轴线剪力墙墙身外侧水平筋长度＝(150＋3000＋3000＋150)－15×2＝6300－30
　　　　　　　　　　　　　　　＝6270(mm)
①轴线剪力墙墙身外侧水平筋计算简图：——————6270——————
①轴线剪力墙墙身内侧水平筋长度＝(3000－400＋3000－400)＋(29×10)＋(29×10)
　　　　　　　　　　　　　　　＝5200＋290＋290＝5780(mm)
①轴线剪力墙墙身内侧水平筋计算简图：——————5780——————
①轴线剪力墙墙身内外侧水平筋根数＝(3600－15)÷200＋1＝18＋1＝19(根)
⑧轴线剪力墙墙身外侧水平筋长度＝(150＋3200＋150)－15×2＝3500－30
　　　　　　　　　　　　　　　＝3470(mm)
⑧轴线剪力墙墙身外侧水平筋计算简图：——————3470——————
⑧轴线剪力墙墙身内侧水平筋长度＝(3200－400－400)＋(29×10)＋(29×10)
　　　　　　　　　　　　　　　＝2400＋290＋290＝2980(mm)
⑧轴线剪力墙墙身内侧水平筋计算简图：——————2980——————
⑧轴线剪力墙墙身内外侧水平筋根数＝(3600－15)÷200＋1＝18＋1＝19(根)
⑩轴线剪力墙为内墙，墙身内外侧水平筋长度相同，均按内外侧水平筋计算公式计算。
⑩轴线剪力墙墙身内外侧水平筋长度＝(3200－400－400)＋(29×10)＋(29×10)
　　　　　　　　　　　　　　　　＝2400＋290＋290＝2980(mm)
⑩轴线剪力墙墙身内侧水平筋计算简图：——————2980——————
⑩轴线剪力墙墙身水平筋总根数＝[(3600－15)÷200＋1]×2＝(18＋1)×2
　　　　　　　　　　　　　　＝38(根)
⑫轴线剪力墙墙身水平筋同⑧轴线剪力墙墙身水平筋。
水平钢筋预算量小计：
墙身水平钢筋预算量＝(6.270×19＋5.780×19＋3.470×19＋2.980×19＋2.980×38＋
　　　　　　　　　　3.470×19＋2.980×19)×0.617＝587.29×0.617＝362.36
　　　　　　　　　(kg)

2) 墙身竖向钢筋计算
①轴线剪力墙墙身竖向筋长度＝3600＋1.2×32×10＝3600＋384＝3984(mm)
①轴线剪力墙墙身竖向筋计算简图：——————3984——————
①轴线剪力墙墙身竖向筋根数＝{[(3000－400＋3000－400)－250]÷200＋1}×2
　　　　　　　　　　　　　＝26×2
　　　　　　　　　　　　　＝52(根)
⑧轴线剪力墙墙身竖向筋长度＝3600＋1.2×32×10＝3600＋384＝3984(mm)
⑧轴线剪力墙墙身竖向筋计算简图：——————3984——————
⑧轴线剪力墙墙身竖向筋根数＝{[(3200－400－400)－250]÷200＋1}×2＝12×2
　　　　　　　　　　　　　＝24(根)
⑩轴线剪力墙墙身竖向筋、⑫轴线剪力墙墙身竖向筋与⑧轴线剪力墙墙身竖向筋相同。

竖向钢筋预算量小计：

墙身竖向钢筋预算量 = [(3.984×52)+(3.984×24)×3]×0.617

＝494.016×0.617

＝304.81(kg)

3)墙身拉筋计算

①轴线剪力墙拉筋长度=(250-15×2+2×6)+1.9×6×2+75×2=404.8(mm)

①轴线剪力墙拉筋计算简图：⌒ 220 ⌒

①轴线剪力墙拉筋根数=[(3000-400+3000-400)×3600]÷(400×400)

＝18720000÷160000＝117(根)

⑧轴线剪力墙拉筋长度=(250-15×2+2×6)+1.9×6×2+75×2=404.8(mm)

⑧轴线剪力墙拉筋计算简图：⌒ 220 ⌒

⑧轴线剪力墙拉筋根数=[(3200-400-400)×3600]÷(400×400)

＝8640000÷160000

＝54(根)

⑩轴线剪力墙拉筋、⑫轴线剪力墙拉筋与⑧轴线剪力墙拉筋相同。

拉筋钢筋预算量小计：

墙身拉筋钢筋预算量=[(0.4048×117)+(0.4048×54)×3]×0.260

＝112.9392×0.260

＝29.36(kg)

剪力墙墙身钢筋预算量合计

剪力墙墙身钢筋预算量=362.36+304.81+29.36=696.53(kg)

(2) 剪力墙墙柱钢筋预算量计算

1) 剪力墙墙柱纵筋计算

GJZ1 纵筋长度=3600-500+500+1.2×32×14=4138(mm)

GJZ1 纵筋长度计算简图：———3984———

GJZ1 纵筋根数，按剪力墙柱配筋表(表 3-13)为 14 根。

GJZ2 纵筋长度=3600-500+500+1.2×32×14=4138(mm)

GJZ2 纵筋长度计算简图：———3984———

GJZ2 纵筋根数，按剪力墙柱配筋表(表 3-13)为 12 根。

GJZ1 纵筋长度=3600-500+500+1.2×32×14=4138(mm)

GYZ1 纵筋长度计算简图：———3984———

GYZ1 纵筋根数，按剪力墙柱配筋表(表 3-13)为 20 根。

GYZ2 纵筋长度计算简图：———3984———

GYZ2 纵筋根数，按剪力墙柱配筋表(表 3-13)为 8 根。

墙柱纵筋钢筋预算量小计：

GJZ1 有 2 根，GJZ2 有 2 根，GYZ1 有 1 根，GYZ2 有 1 根。

墙柱纵筋钢筋预算量=(2×4.138×14+2×4.138×12+4.138×20+4.138×8)

×1.208

＝331.04×1.208＝399.90(kg)

2) 剪力墙墙柱箍筋计算

GJZ1 箍筋 1 长度 =(250+525+250)×2−30×8+8×8+1.9×8×2+80×2
　　　　　　　 =2064(mm)

GJZ1 箍筋 1 长度计算简图：190 |715⌐

GJZ1 箍筋 1 根数 =(3600−50)÷150+1=25(根)

GJZ1 箍筋 2 长度 =(250+300+250)×2−30×8+8×8+1.9×8×2+80×2
　　　　　　　 =1614(mm)

GJZ1 箍筋 2 长度计算简图：190 |490⌐

GJZ1 箍筋 2 根数 =(3600−50)÷150+1=25(根)

GJZ2 箍筋 1 长度 =(250+300+250)×2−30×8+8×8+1.9×8×2+80×2
　　　　　　　 =1614(mm)

GJZ2 箍筋 1 长度计算简图：190 |490⌐

GJZ2 箍筋 1 根数 =(3600−50)÷150+1=25(根)

GJZ2 箍筋 2 长度 =(250+300+250)×2−30×8+8×8+1.9×8×2+80×2
　　　　　　　 =1614(mm)

GJZ2 箍筋 2 长度计算简图：190 |490⌐

GJZ2 箍筋 2 根数 =(3600−50)÷150+1=25(根)

GYZ1 箍筋 1 长度 =(525+250+525+250)×2−30×8+8×8+1.9×8×2+80×2
　　　　　　　 =3114(mm)

GYZ1 箍筋 1 长度计算简图：190 |1240⌐

GYZ1 箍筋 1 根数 =(3600−50)÷150+1=25(根)

GYZ1 箍筋 2 长度 =(250+300+250)×2−30×8+8×8+1.9×8×2+80×2
　　　　　　　 =1614(mm)

GYZ1 箍筋 2 长度计算简图：190 |490⌐

GYZ1 箍筋 2 根数 =(3600−50)÷150+1=25(根)

GYZ2 箍筋长度 =(250+300+200)×2−30×8+8×8+1.9×8×2+80×2
　　　　　　 =1514(mm)

GYZ2 箍筋长度计算简图：140 |490⌐

GYZ2 箍筋根数 =(3600−50)÷150+1=25(根)

墙柱箍筋钢筋预算量小计：

柱箍筋钢筋预算量 =[2×(2.064×25)+2×(1.614×25)+2×(1.614×25)+2×(1.614
　　　　　　　　 ×25)+(3.114×25)+(1.614×25)+(1.514×25)]×0.395
　　　　　　　 =461.21×0.395=182.18(kg)

3) 剪力墙墙柱拉筋计算

GJZ1 拉筋长度 =250−30×2+2×8+1.9×8×2+80×2=396(mm)

GJZ1 拉筋长度计算简图：⌒　190　⌒

按剪力墙柱配筋表(表 3-13)，GJZ1 同一截面有 3 根长度相同的拉筋。

GJZ1 拉筋根数 =3×[(3600−50)÷150+1]=3×25=75(根)

GJZ2 拉筋长度=250−30×2+2×8+1.9×8×2+80×2=396(mm)

GJZ2 拉筋长度计算简图：⌐___190___⌐

按剪力墙柱配筋表(表 3-13)，GJZ2 同一截面有 2 根长度相同的拉筋。

GJZ2 拉筋根数=2×[(3600−50)÷150+1]=2×25=50(根)

GYZ1 拉筋长度=250−30×2+2×8+1.9×8×2+80×2=396(mm)

GYZ1 拉筋长度计算简图：⌐___190___⌐

按剪力墙柱配筋表(表 3-13)，GYZ1 同一截面有 5 根长度相同的拉筋。

GYZ1 拉筋根数=5×[(3600−50)÷150+1]=5×25=125(根)

GYZ2 拉筋长度=200−30×2+2×8+1.9×8×2+80×2=346(mm)

GYZ2 拉筋长度计算简图：⌐___140___⌐

按剪力墙柱配筋表(表 3-13)，GYZ2 同一截面有 2 根长度相同的拉筋。

GYZ2 拉筋根数=2×[(3600−50)÷150+1]=2×25=50(根)

墙柱拉筋钢筋预算量小计：

墙柱拉筋钢筋预算量=(0.396×75+0.396×50+0.396×125+0.346×50)×0.395
　　　　　　　　=116.3×0.395=45.94(kg)

4) 剪力墙墙柱钢筋预算量合计

剪力墙墙柱钢筋预算量=399.90+182.18+45.94=628.02(kg)

(3) 剪力墙墙梁钢筋计算

1) 连梁钢筋实例计算

⑧~⑩轴 LLd(1)上部纵筋长度=(675−25+15×20)+(3000−2×525)+31×20
　　　　　　　　　　　=3520(mm)

⑧~⑩轴 LLd(1)上部纵筋计算简图：300⌐___3220___

⑧~⑩轴 LLd(1)上部纵筋根数，按图示标注为 2 根。

⑧~⑩轴 LLd(1)下部纵筋长度=(675−25+15×20)+(3000−2×525)+31×20
=3520(mm)

⑧~⑩轴 LLd(1)下部纵筋计算简图：300⌐___3220___

⑧~⑩轴 LLd(1)下部纵筋根数，按图示标注为 2 根。

⑧~⑩轴 LLd(1)侧面纵筋长度=31×12+(3000−2×525)+31×12=2694(mm)

⑧~⑩轴 LLd(1)侧面纵筋计算简图：___2694___

⑧~⑩轴 LLd(1)侧面纵筋根数，按图示标注为 10 根。

⑧~⑩轴 LLd(1)箍筋长度=(250−2×25)×2+(1400−2×25)×2+8×8+1.9×8×2
　　　　　　　　　+10×8×2
　　　　　　　　=400+2700+64+30.4+160=3354(mm)

⑧~⑩轴 LLd(1)箍筋计算简图：1350⌐200⌐

⑧~⑩轴 LLd(1)箍筋根数=(1950−50×2)÷100+1=20(根)

⑧~⑩轴 LLd(1)拉筋长度=(250−25)+2×6+1.9×6×2+75×2=410(mm)

⑧~⑩轴 LLd(1)箍筋计算简图：⌐___200___⌐

拉筋排数=[(1400−2×25)÷200−1]÷2=3(排)

每排根数=(1950−100)÷200+1=11(根)

拉筋总根数＝3×11＝33（根）
⑩～⑫轴 LLd(1)钢筋与⑧～⑩轴 LLd(1)钢筋相同。
连梁钢筋预算量小计：
连梁钢筋预算量＝2×[(3.520×2＋3.520×2)×2.466＋(2.694×10)×0.888＋(3.354
　　　　　　　×20)×0.395＋(0.410×33)×0.260]
　　　　　　＝2×(34.72＋23.92＋26.50＋3.52)
　　　　　　＝177.32(kg)
电梯井剪力墙钢筋预算量＝696.53＋628.02＋177.32＝1501.87(kg)
2）剪力墙暗梁钢筋计算方法同连梁。

【实例三】补强纵筋的计算一

洞口表标注为 JD2　700×700　3.100。剪力墙厚 300mm，墙身水平分布筋和垂直分布筋均为Φ12@250。混凝土强度等级为 C30，纵向钢筋为 HRB400 级钢筋。计算补强纵筋的长度。

【解】

由于缺省标注补强钢筋，默认的洞口每边补强钢筋为2Φ12，但是补强钢筋不应小于洞口每边截断钢筋（6Φ12）的50%，即洞口每边补强钢筋应为3Φ12。
补强纵筋的总数量应为 12Φ12。
水平方向补强纵筋长度＝洞口宽度＋2×l_{aE}＝700＋2×40×12＝1660mm
垂直方向补强纵筋长度＝洞口高度＋2×l_{aE}＝700＋2×40×12＝1660mm

【实例四】补强纵筋的计算二

洞口表标注为 JD1　300×300　3.100。混凝土强度等级为 C30，纵向钢筋为 HRB400 级钢筋。计算补强纵筋的长度。

【解】

由于缺省标注补强钢筋，则默认洞口每边补强钢筋为2Φ12。对于洞宽、洞高均≤300mm 的洞口不考虑截断墙身水平分布筋和垂直分布筋，因此以上补强钢筋无需进行调整。
补强纵筋"2Φ12"是指洞口一侧的补强纵筋，因此，补强纵筋的总数应该是8Φ12。
水平方向补强纵筋的长度＝洞口宽度＋2×l_{aE}＝300＋2×40×12＝1260mm
垂直方向补强纵筋的长度＝洞口高度＋2×l_{aE}＝300＋2×40×12＝1260mm

【实例五】补强纵筋的计算三

洞口表标注为 JD5　1800×2100　1.800　6Φ20　Φ8@150。剪力墙厚 300mm，混凝土强度等级 C25，纵向钢筋为 HRB400 级钢筋。墙身水平分布筋和垂直分布筋均为Φ12@250。计算补强纵筋长度。

【解】

补强暗梁的纵筋长度＝1800＋2×l_{aE}＝1800＋2×40×20＝3400mm
每个洞口上下的补强暗梁纵筋总数为 12Φ20。
补强暗梁纵筋的每根长度为 3400mm。

但补强暗梁箍筋只在洞口内侧 50mm 处开始设置，所以：

一根补强暗梁的箍筋根数＝（1800－50×2）/150＋1＝13 根

一个洞口上下两根补强暗梁的箍筋总根数为 26 根。

箍筋宽度＝300－2×15－2×12－2×8＝230mm

箍筋高度为 400mm，则：

箍筋的每根长度＝（230＋400）×2＋26×8＝1468mm

思考题：

1. 什么是剪力墙？它由哪些构件组成？
2. 剪力墙的墙梁编号有哪些？
3. 剪力墙洞口的表示方法有哪些要求？
4. 地下室外墙的原位标注主要表示什么？又有何要求？
5. 剪力墙变截面处竖向分布钢筋构造有哪些？
6. 剪力墙水平钢筋计入约束边缘构件体积配筋率的构造有哪些？
7. 剪力墙连梁特殊配筋构造有哪些？
8. 剪力墙洞口补强构造有哪些？
9. 剪力墙身拉筋如何计算？
10. 剪力墙暗梁箍筋如何计算？

第四章 梁构件钢筋计算

> **重点提示:**
> 1. 熟悉梁平法施工图识读的内容,包括平面注写方式、截面注写方式、梁支座上部纵筋的长度规定等
> 2. 了解楼层框架梁 KL 纵向钢筋构造,屋面框架梁 WKL 纵向钢筋构造,框架梁、屋面框架梁中间支座纵向钢筋构造,框架梁上部、下部纵筋的构造,框架梁侧面纵筋的构造等
> 3. 掌握梁构件钢筋计算方法,在实际工作中能够熟练运用

第一节 梁平法施工图识读

(1) 梁平法施工图是指在梁平面布置图上采用平面注写方式或截面注写方式表达的施工图。

(2) 梁平面布置图,应分别按梁的不同结构层(标准层),将全部梁和与其相关联的柱、墙、板一起采用适当比例绘制。

(3) 在梁平法施工图中,应当用表格或其他方式注明各结构层的顶面标高及相应的结构层号。

(4) 对于轴线未居中的梁,应标注其偏心定位尺寸(贴柱边的梁可不注)。

一、平面注写方式

(1) 平面注写方式是在梁平面布置图上,分别在不同编号的梁中各选一根梁,在其上注写截面尺寸和配筋具体数值的方式来表达梁平法施工图。

平面注写包括集中标注与原位标注,集中标注表达梁的通用数值,原位标注表达梁的特殊数值。当集中标注中的某项数值不适用于梁的某部位时,则将该项数值原位标注,施工时,原位标注取值优先,如图 4-1 所示。

(2) 梁编号由梁类型、代号、序号、跨数及有无悬挑代号几项组成,并应符合表 4-1 的规定。

表 4-1 梁 编 号

梁类型	代号	序号	跨数及是否带有悬挑
楼层框架梁	KL	××	(××)、(××A) 或 (××B)
楼层框架扁梁	KBL	××	(××)、(××A) 或 (××B)
屋面框架梁	WKL	××	(××)、(××A) 或 (××B)
框支梁	KZL	××	(××)、(××A) 或 (××B)
托柱转换梁	TZL	××	(××)、(××A) 或 (××B)
非框架梁	L	××	(××)、(××A) 或 (××B)
悬挑梁	XL	××	(××)、(××A) 或 (××B)
井字梁	JZL	××	(××)、(××A) 或 (××B)

注:1. (××A) 为一端有悬挑,(××B) 为两端有悬挑,悬挑不计入跨数。
2. 楼层框架扁梁节点核心区代号 KBH。
3. 表中非框架梁 L、井字梁 JZL 表示端支座为铰接;当非框架梁 L、井字梁 JZL 端支座上部纵筋为充分利用钢筋的抗拉强度时,在梁代号后加"g"。

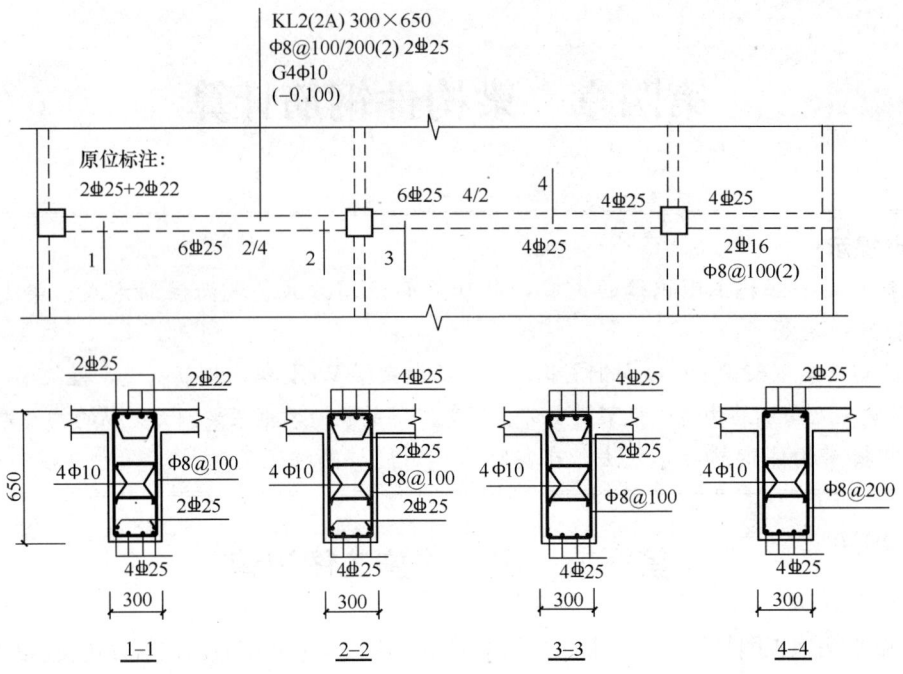

图 4-1 平面注写方式示例

注：图中四个梁截面是采用传统表示方法绘制，用于对比按平面注写方式表达的同样内容。实际采用平面注写方式表达时，不需绘制梁截面配筋图和图中的相应截面号。

【例 4-1】 KL7（5A）表示第 7 号框架梁，5 跨，一端有悬挑；

L9（7B）表示第 9 号非框架梁，7 跨，两端有悬挑。

（3）梁集中标注的内容，有五项必注值及一项选注值（集中标注可以从梁的任意一跨引出），规定如下：

1）梁编号，见表 4-1，该项为必注值。

2）梁截面尺寸，该项为必注值。

当为等截面梁时，用 $b \times h$ 表示；

当为竖向加腋梁时，用 $b \times h$ $Y c_1 \times c_2$ 表示，其中 c_1 为腋长，c_2 为腋高，如图 4-2 所示；

当为水平加腋梁时，一侧加腋时用 $b \times h$ $PY c_1 \times c_2$ 表示，其中 c_1 为腋长，c_2 为腋宽，加腋部位应在平面图中绘制，如图 4-3 所示；

当有悬挑梁并且根部和端部的高度不同时，用斜线分隔根部与端部的高度值，即为 $b \times h_1/h_2$，如图 4-4 所示。

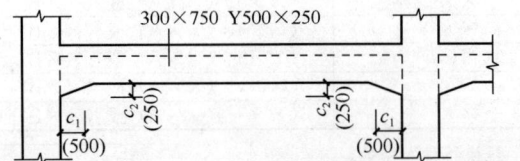

图 4-2 竖向加腋截面注写示意

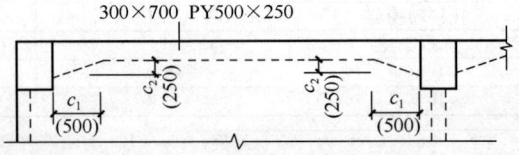

图 4-3 水平加腋截面注写示意

3）梁箍筋，包括钢筋级别、直径、加密区与非加密区间距及肢数，该项为必注值。箍筋加密区与非加密区的不同间距及肢数需用斜线"/"分隔；当梁箍筋为同一种间距及肢数时，则不需用斜线；当加密区与非加密区的箍筋肢数相同时，则将肢数注写一次；箍筋肢数应写在括号内。加密区范围见相应抗震等级的标准构造详图。

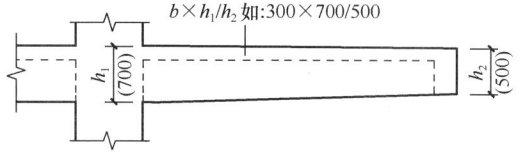

图4-4 悬挑梁不等高截面注写示意

【例4-2】Φ10@100/200（4），表示箍筋为HPB300钢筋，直径为10，加密区间距为100，非加密区间距为200，均为四肢箍。

Φ8@100（4）/150（2），表示箍筋为HPB300钢筋，直径为8，加密区间距为100，四肢箍；非加密区间距为150，两肢箍。

非框架梁、悬挑梁、井字梁采用不同的箍筋间距及肢数时，也用斜线"/"将其分隔开来。注写时，先注写梁支座端部的箍筋（包括箍筋的箍数、钢筋级别、直径、间距及肢数），在斜线后注写梁跨中部分箍筋间距及肢数。

【例4-3】13Φ10@150/200（4），表示箍筋为HPB300钢筋，直径为10；梁的两端各有13个四肢箍，间距为150；梁跨中部分间距为200，四肢箍。

18Φ12@150（4）/200（2），表示箍筋为HPB300钢筋，直径为12；梁的两端各有18个四肢箍，间距为150；梁跨中部分间距为200，双肢箍。

4）梁上部通长筋或架立筋配置（通长筋可为相同或不同直径采用搭接连接、机械连接或焊接的钢筋），该项为必注值。所注规格与根数应根据结构受力要求及箍筋肢数等构造要求而定。当同排纵筋中既有通长筋又有架立筋时，应用加号"＋"将通长筋和架立筋相连。注写时需将角部纵筋写在加号的前面，架立筋写在加号后面的括号内，以示不同直径及与通长筋的区别。当全部采用架立筋时，则将其写入括号内。

【例4-4】2Φ22用于双肢箍；2Φ22＋（4Φ12）用于六肢箍，其中2Φ22为通长筋，4Φ12为架立筋。

当梁的上部纵筋和下部纵筋为全跨相同，而且多数跨配筋相同时，此项可加注下部纵筋的配筋值，用分号"；"将上部与下部纵筋的配筋值分隔开来，少数跨不同者，按上述第（1）条的规定处理。

【例4-5】3Φ22；3Φ20，表示梁的上部配置3Φ22的通长筋，梁的下部配置3Φ20的通长筋。

5）梁侧面纵向构造钢筋或受扭钢筋配置，该项为必注值。

当梁腹板高度$h_w \geq 450$mm时，需配置纵向构造钢筋，所注规格与根数应符合规范规定。此项注写值以大写字母G打头，接续注写设置在梁两个侧面的总配筋值，并且对称配置。

【例4-6】G4Φ12，表示梁的两个侧面共配置4Φ12的纵向构造钢筋，每侧各配置2Φ12。

当梁侧面需配置受扭纵向钢筋时，此项注写值以大写字母N打头，接续注写配置在梁两个侧面的总配筋值，并且对称配置。受扭纵向钢筋应满足梁侧面纵向构造钢筋的间距要求，而且不再重复配置纵向构造钢筋。

【例4-7】N 6Φ22,表示梁的两个侧面共配置6Φ22的受扭纵向钢筋,每侧各配置3Φ22。

注:1. 当为梁侧面构造钢筋时,其搭接与锚固长度可取为15d。
2. 当为梁侧面受扭纵向钢筋时,其搭接长度为l_l或l_{lE}(抗震),锚固长度为l_a或l_{aE};其锚固方式同框架梁下部纵筋。

6) 梁顶面标高高差,该项为选注值。

梁顶面标高高差是指相对于结构层楼面标高的高差值,对于位于结构夹层的梁,则指相对于结构夹层楼面标高的高差。有高差时,需将其写入括号内,无高差时不注。

注:当某梁的顶面高于所在结构层的楼面标高时,其标高高差为正值,反之为负值。

【例4-8】某结构标准层的楼面标高为44.950m和48.250m,当某梁的梁顶面标高高差注写为(-0.050)时,即表明该梁顶面标高分别相对于44.950m和48.250m低0.05m。

(4) 梁原位标注的内容规定如下:

1) 梁支座上部纵筋,该部位含通长筋在内的所有纵筋:

① 当上部纵筋多于一排时,用斜线"/"将各排纵筋自上而下分开。

【例4-9】梁支座上部纵筋注写为6Φ25 4/2,则表示上一排纵筋为4Φ25,下一排纵筋为2Φ25。

② 当同排纵筋有两种直径时,用加号"+"将两种直径的纵筋相连,注写时将角部纵筋写在前面。

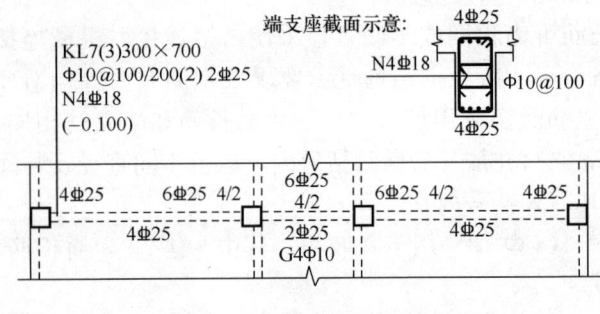

【例4-10】梁支座上部有四根纵筋,2Φ25放在角部,2Φ22放在中部,在梁支座上部应注写为2Φ25+2Φ22。

③ 当梁中间支座两边的上部纵筋不同时,须在支座两边分别标注;当梁中间支座两边的上部纵筋相同时,可仅在支座的一边标注配筋值,另一边省去不注(图4-5)。

图4-5 大小跨梁的注写示意

设计时应注意:

a. 对于支座两边不同配筋值的上部纵筋,宜尽可能选用相同直径(不同根数),使其贯穿支座,避免支座两边不同直径的上部纵筋均在支座内锚固。

b. 对于以边柱、角柱为端支座的屋面框架梁,当能够满足配筋截面面积要求时,其梁的上部钢筋应尽可能只配置一层,以避免梁柱纵筋在柱顶处因层数过多、密度过大导致不方便施工和影响混凝土浇筑质量。

2) 梁下部纵筋:

① 当下部纵筋多于一排时,用斜线"/"将各排纵筋自上而下分开。

【例4-11】梁下部纵筋注写为6Φ25 2/4,则表示上一排纵筋为2Φ25,下一排纵筋为4Φ25,全部伸入支座。

② 当同排纵筋有两种直径时,用加号"+"将两种直径的纵筋相连,注写时角筋写在前面。

③ 当梁下部纵筋不全部伸入支座时，将梁支座下部纵筋减少的数量写在括号内。

【例 4-12】 梁下部纵筋注写为 6Φ25 2（—2）/4，则表示上排纵筋为 2Φ25，且不伸入支座；下一排纵筋为 4Φ25，全部伸入支座。

梁下部纵筋注写为 2Φ25+3Φ22（—3）/5Φ25，表示上排纵筋为 2Φ25 和 3Φ22，其中 3Φ22 不伸入支座；下一排纵筋为 5Φ25，全部伸入支座。

④ 当梁的集中标注中已按上述第（3）条中第 4）款的规定分别注写了梁上部和下部均为通长的纵筋值时，则不需在梁下部重复做原位标注。

⑤ 当梁设置竖向加腋时，加腋部位下部斜纵筋应在支座下部以 Y 打头注写在括号内，如图 4-6 所示。16G101-1 图集中框架梁竖向加腋构造适用于加腋部位参与框架梁计算，其他情况设计者应另行给出构造。当梁设置水平加腋时，水平加腋内上、下部斜纵筋应在加腋支座上部以 Y 打头注写在括号内，上、下部斜纵筋之间用斜线"/"分隔，如图 4-7 所示。

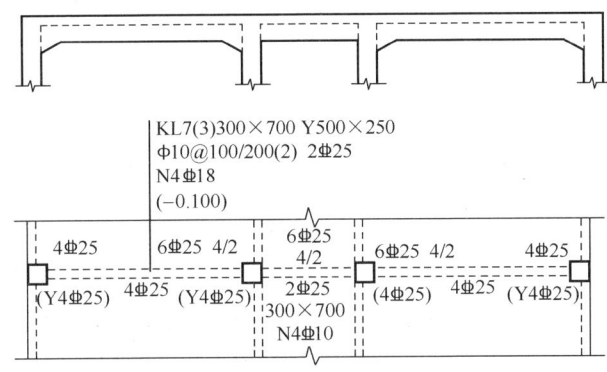

图 4-6 梁竖向加腋平面注写方式表达示例

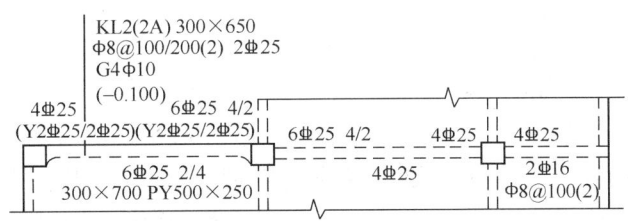

图 4-7 梁水平加腋平面注写方式表达示例

3）当在梁上集中标注的内容（即梁截面尺寸、箍筋、上部通长筋或架立筋，梁侧面纵向构造钢筋或受扭纵向钢筋，以及梁顶面标高高差中的某一项或几项数值）不适用于某跨或某悬挑部分时，则将其不同数值原位标注在该跨或该悬挑部位，施工时应按原位标注数值取用。

当在多跨梁的集中标注中已注明加腋，而该梁某跨的根部却不需要加腋时，则应在该跨原位标注等截面的 $b\times h$，以修正集中标注中的加腋信息，如图 4-6 所示。

4）附加箍筋或吊筋，将其直接画在平面图中的主梁上，用线引注总配筋值（附加箍筋的肢数注写在括号内），如图 4-8 所示。当多数附加箍筋或吊筋相同时，可在梁平法施工图上统一注明，少数与统一注明值不同时，再原位引注。

施工时应注意：附加箍筋或吊筋的几何尺寸应按照标准构造详图，结合其所在位置的主

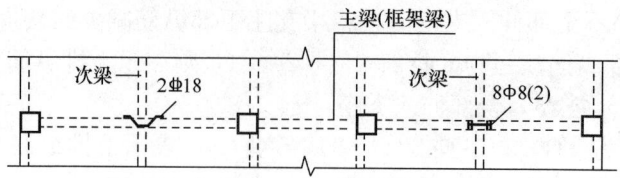

图 4-8 附加箍筋和吊筋的画法示例

梁和次梁的截面尺寸而定。

（5）框架扁梁注写规则同框架梁，对于上部纵筋和下部纵筋，尚需注明未穿过柱截面的纵向受力钢筋根数，如图4-9所示。

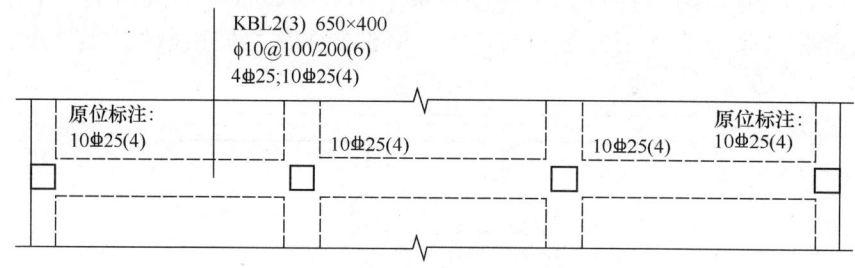

图 4-9 平面注写方式示例

【例 4-13】10 Φ 25（4）表示框架扁梁有4根纵向受力钢筋未穿过柱截面，柱两侧各2根，施工时，应注意采用相应的构造做法。

（6）框架扁梁节点核心区代号为KBH，包括柱内核心区和柱外核心区两部分。框架扁梁节点核心区钢筋注写包括柱外核心区竖向拉筋及节点核心区附加纵向钢筋，端支座节点核心区尚需注写附加U形箍筋。

柱内核心区箍筋见框架柱箍筋。

柱外核心区竖向拉筋，注写其钢筋级别与直径；端支座柱外核心区尚需注写附加U形箍筋的钢筋级别、直径及根数。

框架扁梁节点核心区附加纵向钢筋以大写字母"F"打头，注写其设置方向（X向或Y向）、层数、每层的钢筋根数、钢筋级别、直径及未穿过柱截面的纵向受力钢筋根数。

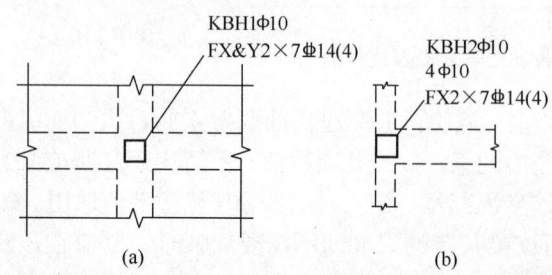

图 4-10 框架扁梁节点核心区附加钢筋注写示意

【例 4-14】KBH1 Φ 10，F X&Y 2×7 Φ 14（4），表示框架扁梁中间支座节点核心区：柱外核心区竖向拉筋Φ10；沿梁X向（Y向）配置两层7Φ14附加纵向钢筋，每层有4根纵向受力钢筋未穿过柱截面，柱两侧各2根；附加纵向钢筋沿梁高度范围均匀布置。如图4-10（a）所示。

【例 4-15】KBH2 Φ 10，4 Φ 10，F X 2× 7 Φ 14（4），表示框架扁梁端支座节点核心区：柱外核心区竖向拉筋Φ10；附加U形箍筋共4道，柱两侧各2道；沿框架扁梁X向配置两层7Φ14附加纵向钢筋，有4根纵向受力钢筋未穿过柱截面，柱两侧各2根；附加纵向钢筋沿梁高度范围均匀布置。如图4-10（b）所示。

设计、施工时应注意：

1）柱外核心区竖向拉筋在梁纵向钢筋两向交叉位置均布置，当布置方式与图集要求不一致时，设计应另行绘制详图。

2）框架扁梁端支座节点，柱外核心区设置U形箍筋及竖向拉筋时，在U形箍筋与位于柱外的梁纵向钢筋交叉位置均布置竖向拉筋。当布置方式与图集要求不一致时，设计应另行绘制详图。

3）附加纵向钢筋应与竖向拉筋相互绑扎。

（7）井字梁一般由非框架梁构成，并且以框架梁为支座（特殊情况下以专门设置的非框架大梁为支座）。在此情况下，为明确区分井字梁与作为井字梁支座的梁，井字梁用单粗虚线表示（当井字梁顶面高出板面时可用单粗实线表示），作为井字梁支座的梁用双细虚线表示（当梁顶面高出板面时可用双细实线表示）。

井字梁是指在同一矩形平面内相互正交所组成的结构构件，井字梁分布范围称为"矩形平面网格区域"（简称"网格区域"）。当在结构平面布置中仅有由四根框架梁框起的一片网格区域时，所有在该区域相互正交的井字梁均为单跨；当有多片网格区域相连时，贯通多片网格区域的井字梁为多跨，而且相邻两片网格区域分界处即为该井字梁的中间支座。对某根井字梁编号时，其跨数为其总支座数减1；在该梁的任意两个支座之间，无论有几根同类梁与其相交，均不作为支座（图4-11）。

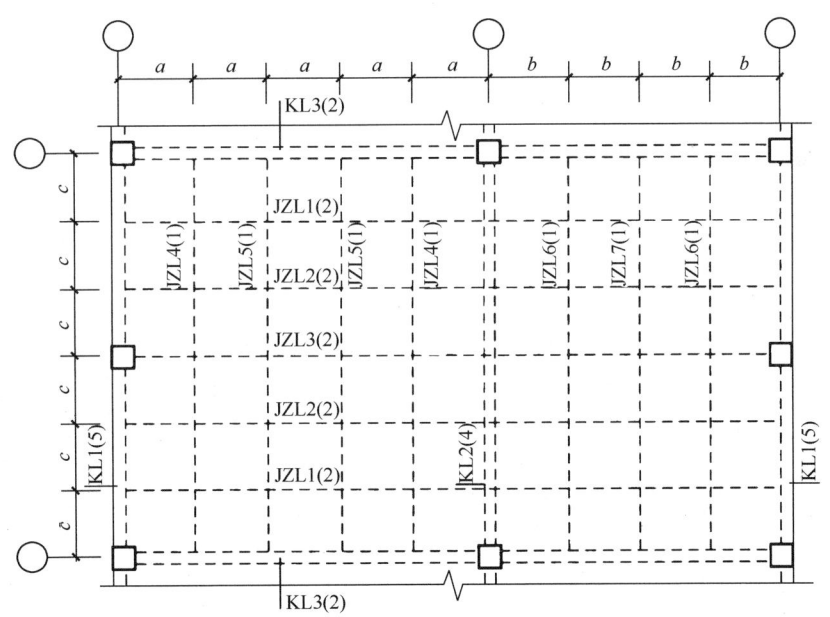

图4-11 井字梁矩形平面网格区域示意

井字梁的注写规则符合上述第（1）～第（4）条规定。除此之外，设计者应注明纵横两个方向梁相交处同一层面钢筋的上下交错关系（指梁上部或下部的同层面交错钢筋何梁在上何梁在下），以及在该相交处两方向梁箍筋的布置要求。

（8）井字梁的端部支座和中间支座上部纵筋的伸出长度值a_0，应由设计者在原位加注具体数值予以注明。

当采用平面注写方式时,则在原位标注的支座上部纵筋后面括号内加注具体伸出长度值,如图4-12所示。

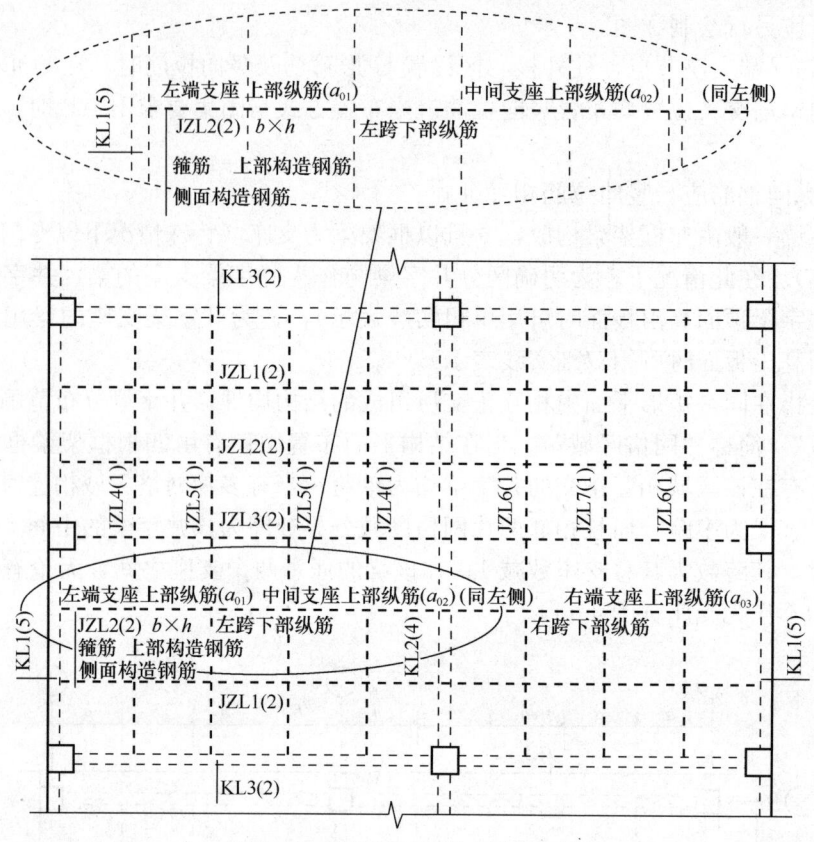

图4-12 井字梁平面注写方式示例

注:图中仅示意井字梁的注写方法,未注明截面几何尺寸$b \times h$、支座上部纵筋伸出长度$a_{01} \sim a_{03}$以及纵筋与箍筋的具体数值。

【例4-16】贯通两片网格区域采用平面注写方式的某井字梁,其中间支座上部纵筋注写为6Φ25 4/2(3200/2400),表示该位置上部纵筋设置两排,上一排纵筋为4Φ25,自支座边缘向跨内伸出长度3200;下一排纵筋为2Φ25,自支座边缘向跨内伸出长度为2400。

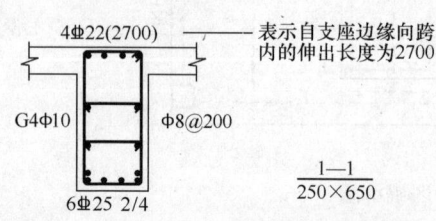

图4-13 井字梁截面注写方式示例

若采用截面注写方式,应在梁端截面配筋图上注写的上部纵筋后面括号内加注具体伸出长度值,如图4-13所示。

设计时应注意:

1)当井字梁连续设置在两片或多片网格区域时,才具有井字梁中间支座。

2)当某根井字梁端支座与其所在网格区域之外的非框架梁相连时,该位置上部钢筋的连续布置方式需由设计者注明。

(9)在梁平法施工图中,当局部梁的布置过密时,可将过密区用虚线框出,适当放大比例后再用平面注写方式表示。

(10)采用平面注写方式表达的梁平法施工图示例,如图4-14所示。

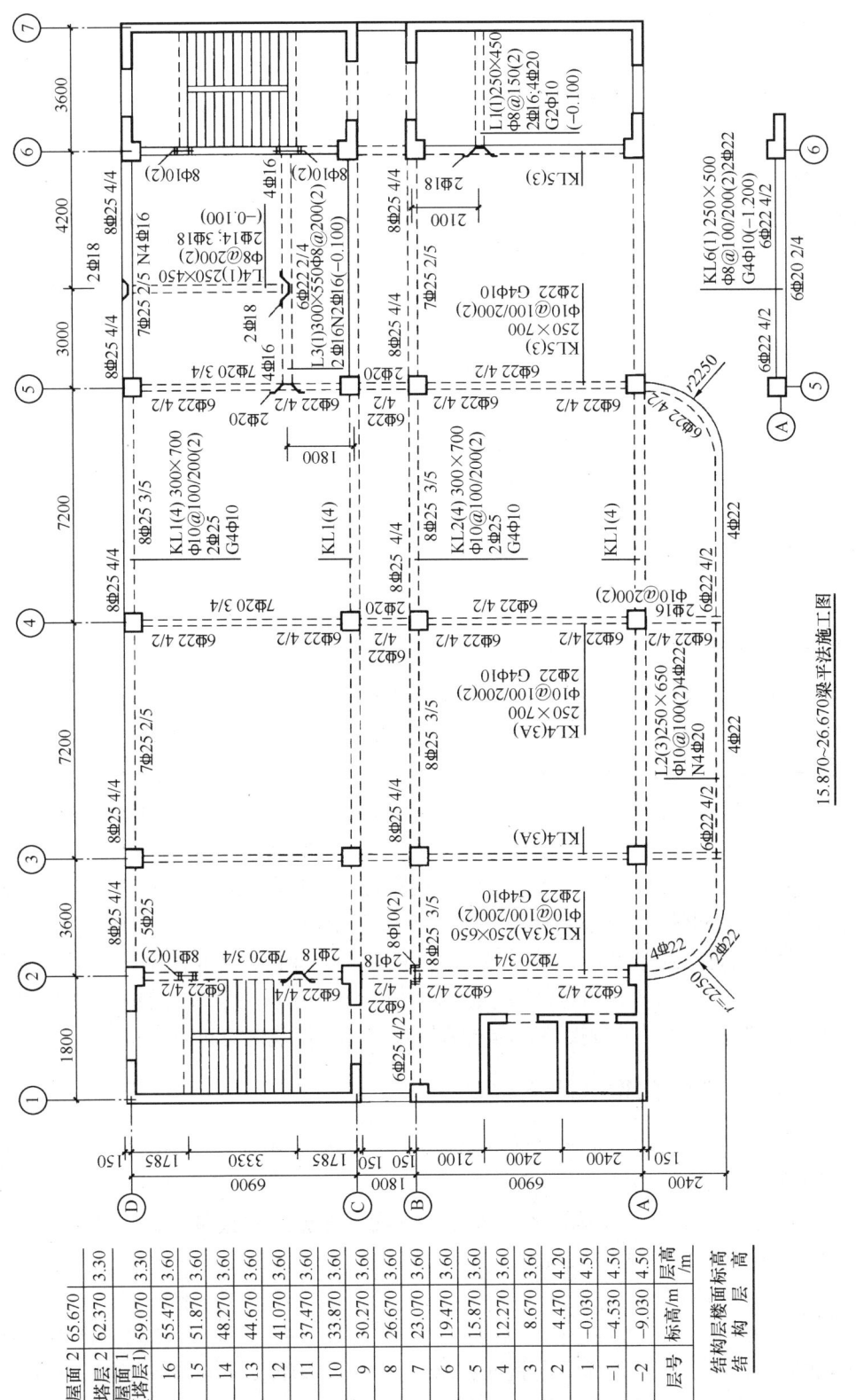

图 4-14 梁平法施工图平面注写方式示例

二、截面注写方式

（1）截面注写方式是在分标准层绘制的梁平面布置图上，分别在不同编号的梁中各选择一根梁用剖面号引出配筋图。并在其上注写截面尺寸和配筋具体数值的方式来表达梁平法施工图。

（2）对所有梁按表 4-1 的规定进行编号，从相同编号的梁中选择一根梁，先将"单边截面号"画在该梁上，再将截面配筋详图画在图中或其他图上。当某梁的顶面标高与结构层的楼面标高不同时，尚应继其梁编号后注写梁顶面标高高差（注写规定与平面注写方式相同）。

（3）在截面配筋详图上注写截面尺寸 $b\times h$、上部筋、下部筋、侧面构造筋或受扭筋以及箍筋的具体数值时，其表达形式与平面注写方式相同。

（4）对于框架扁梁尚需在截面详图上注写未穿过柱截面的纵向受力筋根数。对于框架扁梁节点核心区附加钢筋，需采用平、剖面图表达节点核心区附加纵向钢筋、柱外核心区全部竖向拉筋以及端支座附加 U 型箍筋，注写其具体数值。

（5）截面注写方式既可单独使用，也可与平面注写方式结合使用。

注：在梁平法施工图的平面图中，当局部区域的梁布置过密时，除了采用截面注写方式表达外，也可采用本节"一、平面注写方式"中第（9）条的措施来表达。当表达异形截面梁的尺寸与配筋时，用截面注写方式相对比较方便。

（6）应用截面注写方式表达的梁平法施工图示例，如图 4-15 所示。

三、梁支座上部纵筋的长度规定

（1）为方便施工，凡框架梁的所有支座和非框架梁（不包括井字梁）的中间支座上部纵筋的伸出长度 a_0 值在标准构造详图中统一取值为：第一排非通长筋及与跨中直径不同的通长筋从柱（梁）边起伸出至 $l_n/3$ 位置；第二排非通长筋伸出至 $l_n/4$ 位置。l_n 的取值规定为：对于端支座，l_n 为本跨的净跨值；对于中间支座，l_n 为支座两边较大一跨的净跨值。

（2）悬挑梁（包括其他类型梁的悬挑部分）上部第一排纵筋伸出至梁端头并下弯，第二排伸出至 $3l/4$ 位置，l 为自柱（梁）边算起的悬挑净长。当具体工程需要将悬挑梁中的部分上部钢筋从悬挑梁根部开始斜向弯下时，应由设计者另加注明。

（3）设计者在执行上述第（1）、第（2）条关于梁支座端上部纵筋伸出长度的统一取值规定时，特别是在大小跨相邻和端跨外为长悬臂的情况下，还应注意按《混凝土结构设计规范》（GB 50010）的相关规定进行校核，若不满足时应根据规范规定进行变更。

四、不伸入支座的梁下部纵筋长度规定

（1）当梁（不包括框支梁）下部纵筋不全部伸入支座时，不伸入支座的梁下部纵筋截断点距支座边的距离，在标准构造详图中统一取为 $0.1l_{ni}$，（l_{ni} 为本跨梁的净跨值）。

（2）当按上述第（1）条规定确定不伸入支座的梁下部纵筋的数量时，应符合《混凝土结构设计规范》（GB 50010）的有关规定。

五、其他

（1）非框架梁、井字梁的上部纵向钢筋在端支座的锚固要求，16G101-1 图集标准构造详图中规定：当设计按铰接时，平直段伸至端支座对边后弯折，并且平直段长度$\geqslant 0.35l_{ab}$，

第四章　梁构件钢筋计算

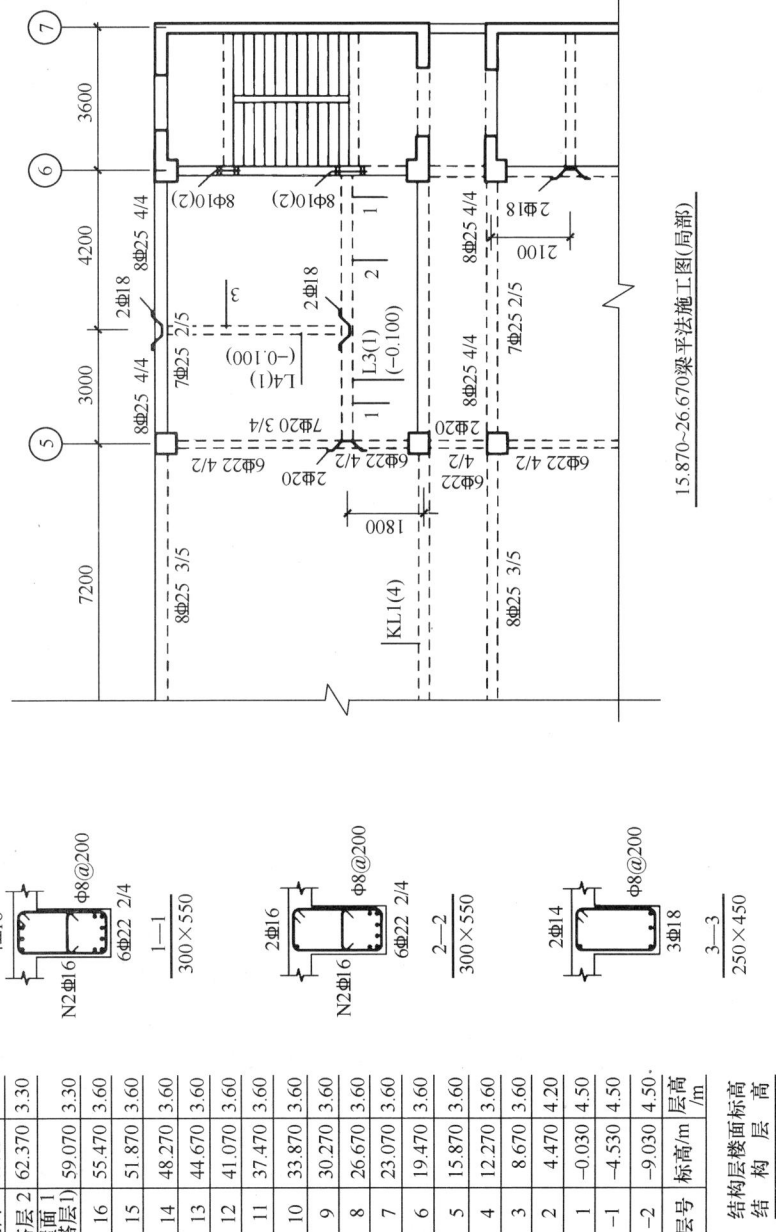

图 4-15　梁平法施工图截面注写方式示例

弯折段投影长度15d（d为纵向钢筋直径）；当充分利用钢筋的抗拉强度时，直段伸至端支座对边后弯折，并且平直段长度≥$0.6l_{ab}$，弯折段投影长度15d。

（2）非框架梁的下部纵向钢筋在中间支座和端支座的锚固长度，在16G101-1图集的构造详图中规定对于带肋钢筋为12d；对于光面钢筋为15d（d为纵向钢筋直径）；端支座直锚长度不足时，可采取弯钩锚固形式措施；当计算中需要充分利用下部纵向钢筋的抗压强度或抗拉强度，或具体工程有特殊要求时，其锚固长度应由设计者按照《混凝土结构设计规范》（GB 50010）的相关规定进行变更。

（3）当非框架梁配有受扭纵向钢筋时，梁纵筋锚入支座的长度为l_a，在端支座直锚长度不足时可伸至端支座对边后弯折，并且平直段长度≥$0.6l_{ab}$，弯折段投影长度15d。设计者应在图中注明。

（4）当梁纵筋兼做温度应力钢筋时，其锚入支座的长度由设计确定。

（5）当两楼层之间设有层间梁时（如结构夹层位置处的梁），应将设置该部分梁的区域划出另行绘制梁结构布置图，然后在其上表达梁平法施工图。

第二节　梁构件钢筋构造

一、楼层框架梁 KL 纵向钢筋构造

楼层框架梁KL纵向钢筋构造如图4-16所示。其他构造示意图见图4-17～图4-19。
需要注意以下几点内容：

（1）梁上部通长钢筋与非贯通钢筋直径相同时，连接位置宜位于跨中$l_{ni}/3$范围内；梁下部钢筋连接位置宜位于支座$l_{ni}/3$范围内；且在同一连接区段内钢筋接头面积百分率不宜大于50%。

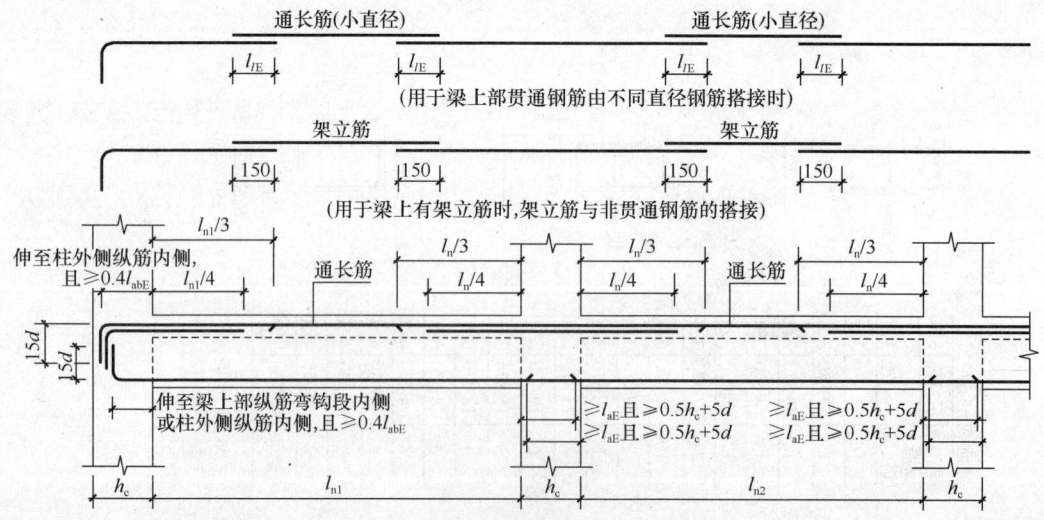

图4-16　抗震楼层框架梁KL纵向钢筋构造

l_{lE}—纵向受拉钢筋抗震绑扎搭接长度；l_{abE}—纵向受拉钢筋的抗震基本锚固长度；l_{aE}—纵向受拉钢筋抗震锚固长度；l_{n1}—左跨的净跨值；l_{n2}—右跨的净跨值；l_n—左跨l_{ni}和右跨l_{ni+1}之较大值，其中$i=1, 2, 3\cdots$；d—纵向钢筋直径；h_c—柱截面沿框架方向的高度；h_0—梁截面高度

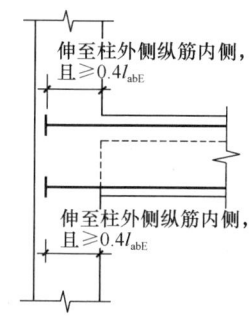

图 4-17 端支座加锚头（锚板）锚固

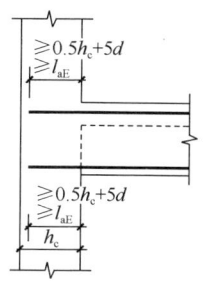

图 4-18 端支座直锚

（2）钢筋连接要求见 16G101-1 图集第 59 页。

（3）当梁纵筋（不包括侧面 G 打头的构造筋及架立筋）采用绑扎搭接接长时，搭接区内箍筋直径及间距要求见 16G101-1 图集第 59 页。

（4）梁侧面构造钢筋要求见 16G101-1 图集第 90 页。

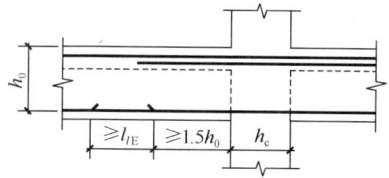

图 4-19 中间层中间节点梁下部筋在节点外搭接（梁下部钢筋不能在柱内锚固时，可在节点外搭接。相邻跨钢筋直径不同时，搭接位置位于较小直径一跨）

（5）当上柱截面尺寸小于下柱截面尺寸时，梁上部钢筋的锚固长度起算位置应为上柱内边缘，梁下纵筋的锚固长度起算位置为下柱内边缘。

二、屋面框架梁 WKL 纵向钢筋构造

16G101-1 图集第 85 页给出了屋面框架梁 WKL 纵向钢筋构造，如图 4-20 所示。其他构造示意图见图 4-21～图 4-23。

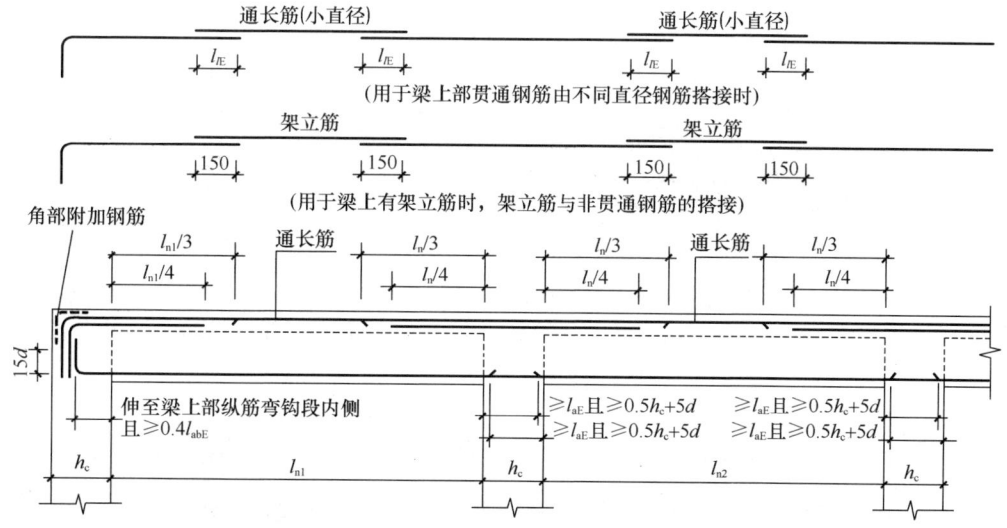

图 4-20 屋面框架梁 WKL 纵向钢筋构造

l_{lE}—纵向受拉钢筋抗震绑扎搭接长度；l_{abE}—纵向受拉钢筋的抗震基本锚固长度；l_{aE}—纵向受拉钢筋抗震锚固长度；l_{n1}—左跨的净跨值；l_{n2}—右跨的净跨值；l_n—左跨 l_{ni} 和右跨 l_{ni+1} 之较大值，其中 $i=1,2,3\cdots$；d—纵向钢筋直径；h_c—柱截面沿框架方向的高度

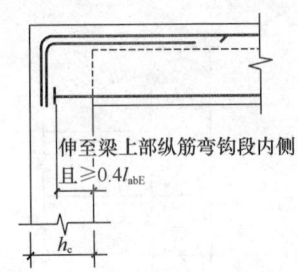

图 4-21 顶层端节点梁下部钢筋端头加锚头（锚板）锚固

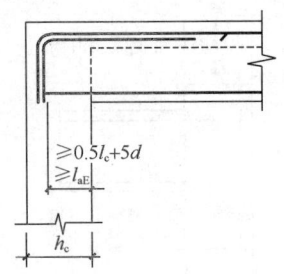

图 4-22 顶层端支座梁下部钢筋直锚

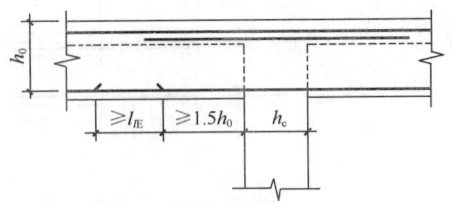

图 4-23 顶层中间节点梁下部筋在节点外搭接（梁下部钢筋不能在柱内锚固时，可在节点外搭接。相邻跨钢筋直径不同时，搭接位置位于较小直径一跨）h_0—梁截面高度

需要注意以下几点：

（1）梁上部通长钢筋与非贯通钢筋直径相同时，连接位置宜位于跨中 $l_{ni}/3$ 范围内；梁下部钢筋连接位置宜位于支座 $l_{ni}/3$ 范围内；且在同一连接区段内钢筋接头面积百分率不宜大于 50%。

（2）钢筋连接要求见 16G101-1 图集第 59 页。

（3）当梁纵筋（不包括侧面 G 打头的构造筋及架立筋）采用绑扎搭接接长时，搭接区内箍筋直径及间距要求见 16G101-1 图集第 59 页。

（4）梁侧面构造钢筋要求见 16G101-1 图集第 90 页。

（5）顶层端节点处梁上部钢筋与角部附加钢筋构造见 16G101-1 图集第 67 页。

三、框架梁、屋面框架梁中间支座纵向钢筋构造

框架梁、屋面框架梁中间支座纵向钢筋构造见图 4-24。

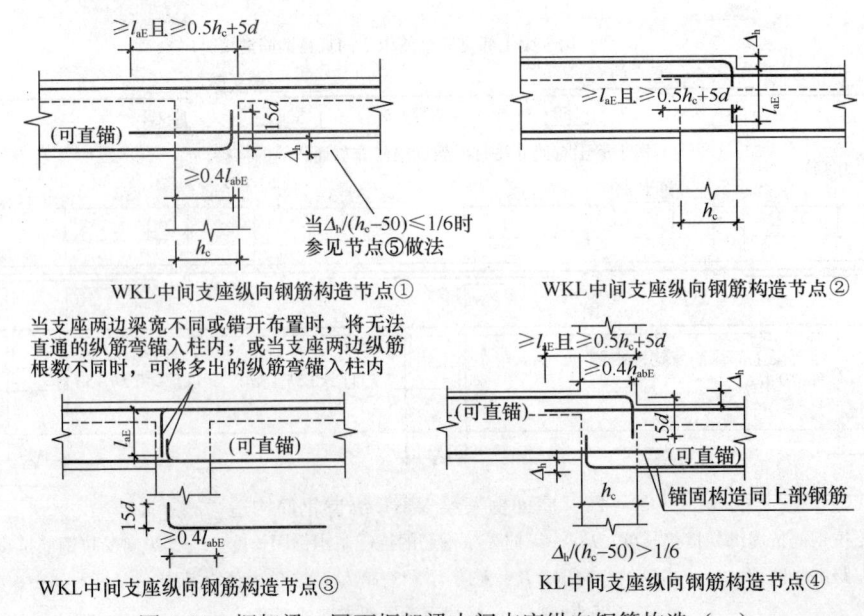

图 4-24 框架梁、屋面框架梁中间支座纵向钢筋构造（一）

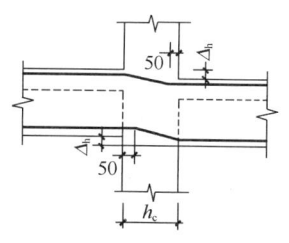 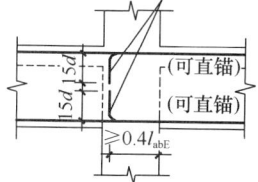

KL中间支座纵向钢筋构造节点⑤　　　　KL中间支座纵向钢筋构造节点⑥

图4-24　框架梁、屋面框架梁中间支座纵向钢筋构造（二）

l_{aE}—受拉钢筋抗震锚固长度；l_{abE}—受拉钢筋的抗震基本锚固长度；h_c—柱截面沿框架方向的高度；

d—纵向钢筋直径；Δ_h—中间支座两端梁高差值

注：（1）图中标注可直锚的钢筋，当支座宽度满足直锚要求时可直锚；

（2）节点⑤，当 $\Delta_h/(h_c-50) \leqslant 1/6$ 时，纵筋可连续布置。

四、框架梁上部、下部纵筋的构造

1. 框架梁上部纵筋的构造

框架梁上部纵筋包括：上部通长筋、支座上部纵向钢筋（习惯称为支座负筋）和架立筋。

（1）框架梁上部通长筋的构造

1）从上部通长筋的概念出发，上部通长筋的直径可以小于支座负筋。这时，处于跨中的上部通长筋就在支座负筋的分界处（$l_n/3$），与支座负筋进行连接（据此，可算出上部通长筋的长度）。

由《建筑抗震设计规范》（GB 50011—2010）第6.3.4条可知，抗震框架梁需要布置两根直径14mm以上的上部通长筋。当设计的上部通长筋（即集中标注的上部通长筋）直径小于（原位标注）支座负筋直径时，在支座附近可以使用支座负筋执行通长筋的职能，此时，跨中处的通长筋就在一跨的两端1/3跨距的地方与支座负筋进行连接。

2）当上部通长筋与支座负筋的直径相等时，上部通长筋可以在 $l_n/3$ 的范围内进行连接（这种情况下，上部通长筋的长度可以按贯通筋计算）。

（2）框架梁支座负筋的延伸长度

框架梁"支座负筋延伸长度"，端支座和中间支座是不同的。具体如下：

1）框架梁端支座的支座负筋延伸长度：第一排支座负筋从柱边开始延伸至 $l_{n1}/3$ 位置；第二排支座负筋从柱边开始延伸至 $l_{n1}/4$ 位置。

2）框架梁中间支座的支座负筋延伸长度：第一排支座负筋从柱边开始延伸至 $l_n/3$ 位置；第二排支座负筋从柱边开始延伸至 $l_n/4$ 位置。

（3）框架梁架立筋的构造

架立筋是梁的一种纵向构造钢筋。当梁顶面箍筋转角处无纵向受力筋时，应设置架立筋。架立筋的作用是形成钢筋骨架和承受温度收缩应力。

框架梁不一定具有架立筋，例如图4-14的KL1，由于KL1所设置的箍筋是两肢箍，两根上部通长筋已经充当了两肢箍的架立筋了，所以在KL1的上部纵筋标注中就不需要注写架立筋了。

1) 架立筋的根数＝箍筋的肢数－上部通长筋的根数
2) 架立筋的长度＝梁的净跨长度－两端支座负筋的延伸长度＋150×2

2. 框架梁下部纵筋的构造

(1) 框架梁下部纵筋的配筋方式：基本上是"按跨布置"，即是在中间支座锚固。

(2) 钢筋"能通则通"一般是对于梁的上部纵筋说的，梁的下部纵筋则不强调"能通则通"，主要原因在于框架梁下部纵筋如果作贯通筋处理的话，很难找到钢筋的连接点。

(3) 框架梁下部纵筋连接点的分析：

1) 首先，梁的下部钢筋不能在下部跨中进行连接，因为，下部跨是正弯矩最大的地方，钢筋不允许在此范围内连接。

2) 梁的下部钢筋在支座内连接也是不可行的，因为，在梁柱交叉的节点内，梁纵筋和柱纵筋都不允许连接。

五、框架梁侧面纵筋的构造

梁侧面纵筋俗称"腰筋"，包括梁侧面构造钢筋和侧面抗扭钢筋。梁侧面纵向构造筋和拉筋如图 4-25 所示。

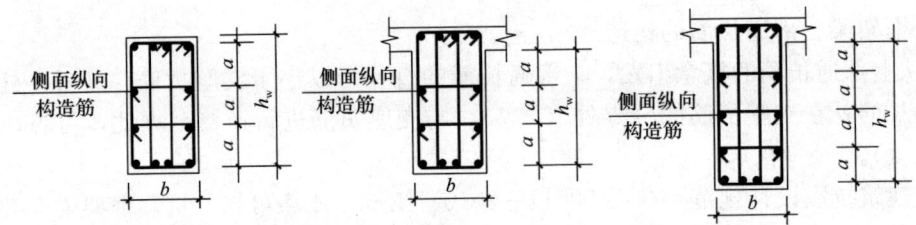

图 4-25　梁侧面纵向构造筋和拉筋
a—纵向构造筋间距；b—梁宽；h_w—梁腹板高度

(1) 当 $h_w \geqslant 450$mm 时，在梁的两个侧面应沿高度配置纵向构造筋；纵向构造筋间距 $a \leqslant 200$mm。

(2) 当梁侧面配有直径不小于构造纵筋的受扭纵筋时，受扭钢筋可以替代构造钢筋。

(3) 梁侧面构造纵筋的搭接与锚固长度可取 $15d$。梁侧面受扭纵筋的搭接长度为 l_{lE} 或 l_l，其锚固长度为 l_{aE} 或 l_a，锚固方式同框架梁下部纵筋。

(4) 当梁宽≤350mm 时，拉筋直径为 6mm；梁宽>350mm 时，拉筋直径为 8mm。拉筋间距为非加密区箍筋间距的 2 倍。当设有多排拉筋时，上下两排拉筋竖向错开设置。

六、框架梁侧面抗扭钢筋构造

梁侧面抗扭钢筋和梁侧面纵向构造钢筋类似，都是梁的"腰筋"。在 16G101-1 图集中没有给出专门的"梁侧面抗扭钢筋"构造图，而只给出了"梁侧面纵向构造钢筋和拉筋"（图 4-25）的构造（图集第 90 页）。可见，梁侧面抗扭钢筋在梁截面中的位置及其拉筋的构造可参考梁侧面纵向构造钢筋的构造做法。

梁的侧面抗扭钢筋要求：

(1) 梁侧面抗扭纵向钢筋的锚固长度为 l_{aE}（抗震）或 l_a（非抗震），锚固方式同框架梁下部纵筋。

(2) 梁侧面抗扭纵向钢筋其搭接长度为 l_{lE}（抗震）或 l_l（非抗震）。

(3) 梁的抗扭箍筋要做成封闭式，当梁箍筋为多肢箍时，要做成"大箍套小箍"的形式。

七、框架梁水平、竖向加腋构造

框架梁水平、竖向加腋构造如图 4-26 所示。

需要注意以下几点内容：

(1) 当梁结构平法施工图中，水平加腋部位的配筋设计未给出时，其梁腋上下部斜纵筋（仅设置第一排）直径分别同梁内上下纵筋，水平间距不宜大于 200；水平加腋部位侧面纵向构造筋的设置及构造要求同梁内侧面纵向构造筋，见 16G101-1 图集第 90 页。

(2) 图 4-26 中框架梁竖向加腋构造适用于加腋部分参与框架梁计算，配筋由设计标注；其他情况设计应另行给出做法。

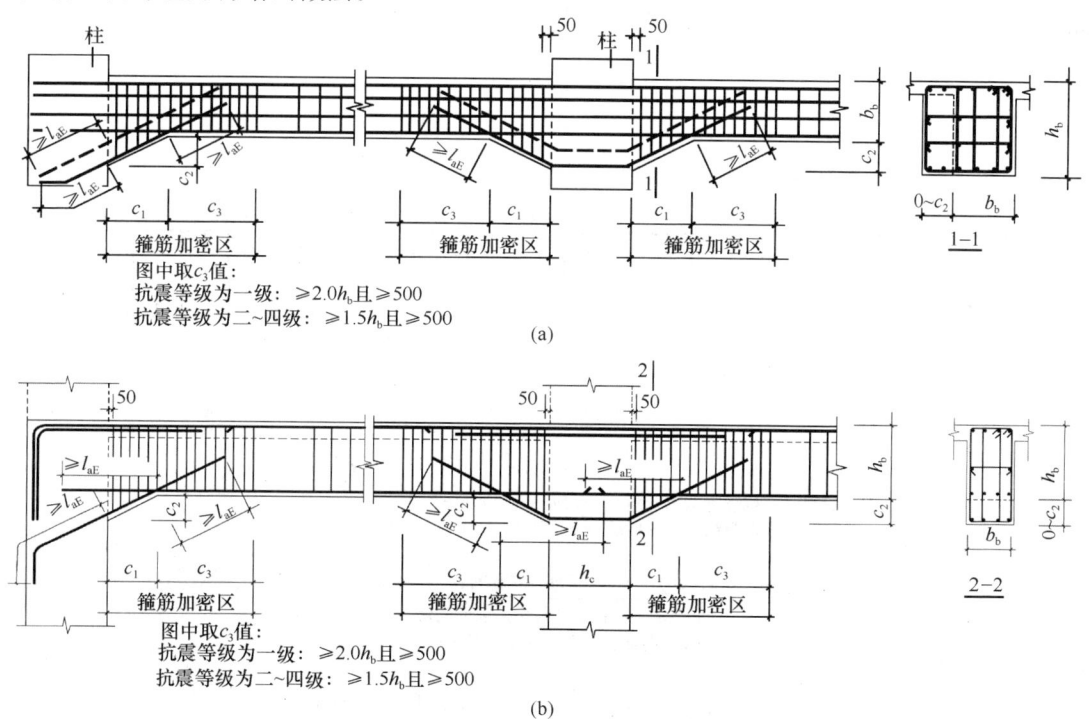

图 4-26 框架梁水平、竖向加腋构造

(a) 框架梁水平加腋构造；(b) 框架梁竖向加腋构造

l_{aE}—受拉钢筋抗震锚固长度；c_1、c_2、c_3—加密区长度；h_b—框架梁的截面高度；b_b—框架梁的截面宽度

(3) 加腋部位箍筋规格及肢距与梁端部的箍筋相同。

八、框架梁和屋面框架梁箍筋加密区范围

框架梁和屋面框架梁箍筋加密区范围如图 4-27 所示。

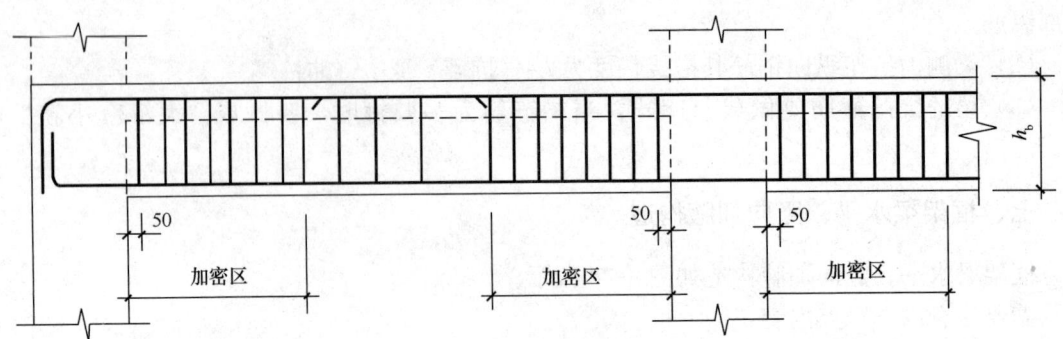

加密区：抗震等级为一级：$\geq 2.0h_b$ 且 ≥ 500
抗震等级为二～四级：$\geq 1.5h_b$ 且 ≥ 500

框架梁KL、WKL箍筋加密区范围(一)
(弧形梁沿梁中心线展开，箍筋间距沿凸面线量度。h_b 为梁截面高度)

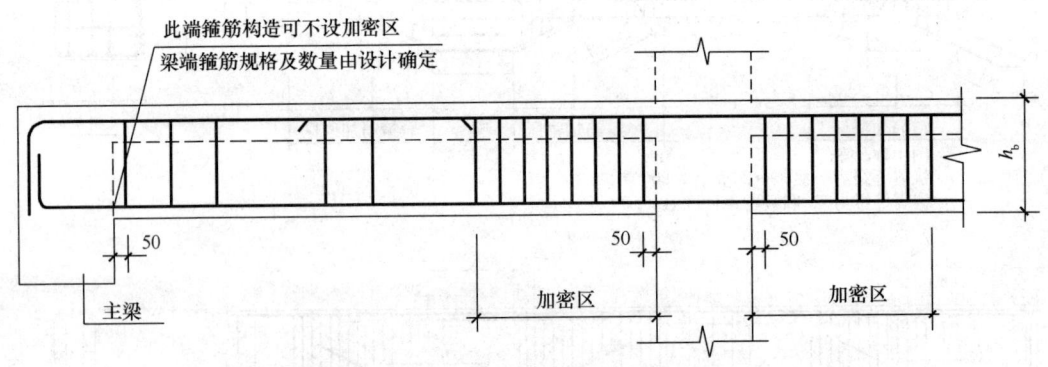

加密区：抗震等级为一级：$\geq 2.0h_b$ 且 ≥ 500
抗震等级为二～四级：$\geq 1.5h_b$ 且 ≥ 500

框架梁KL、WKL箍筋加密区范围(二)
(弧形梁沿梁中心线展开，箍筋间距沿凸面线量度。h_b 为梁截面高度)

图 4-27 框架梁和屋面框架梁箍筋加密区范围

（1）图中框架梁箍筋加密区范围同样适用于框架梁与剪力墙平面内连接的情况。

（2）当梁纵筋（不包括侧面 G 打头的构造筋及架立筋）采用绑扎搭接接长时，搭接区内箍筋直径及间距要求见 16G101-1 图集第 59 页。

九、不伸入支座的梁下部纵向钢筋断点位置

不伸入支座的梁下部纵向钢筋断点位置如图 4-28 所示，本构造详图不适用于框支梁、框架扁梁；伸入支座的梁下部纵向钢筋锚固构造见 16G101-1 图集第 84、85 页。

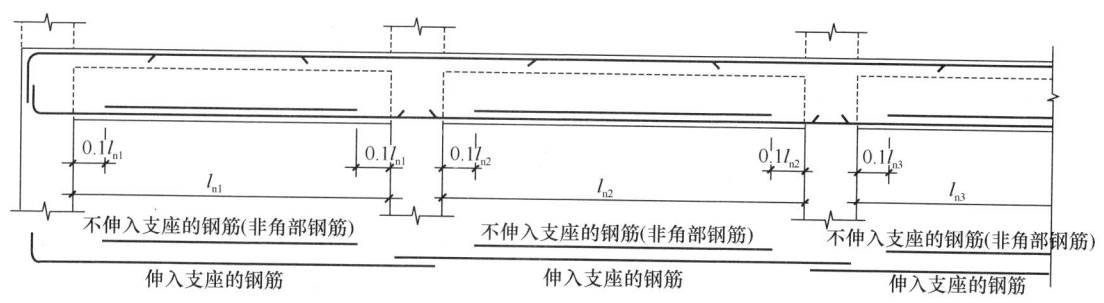

图 4-28 不伸入支座的梁下部纵向钢筋断点位置
l_{n1}、l_{n2}、l_{n3}—水平跨的净跨值

十、附加箍筋、吊筋构造

附加箍筋、吊筋构造如图 4-29 所示。

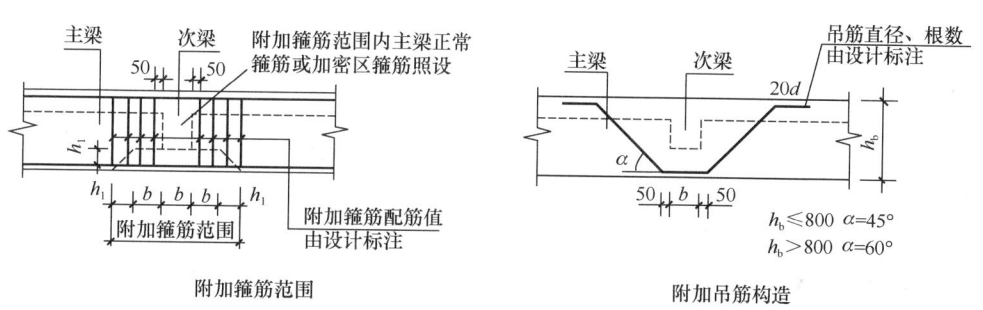

图 4-29 附加箍筋、吊筋构造
h_1—主次梁的梁高差；b—梁宽；d—纵向钢筋直径

十一、悬挑梁端部钢筋构造

悬挑梁端部钢筋构造如图 4-30 所示。

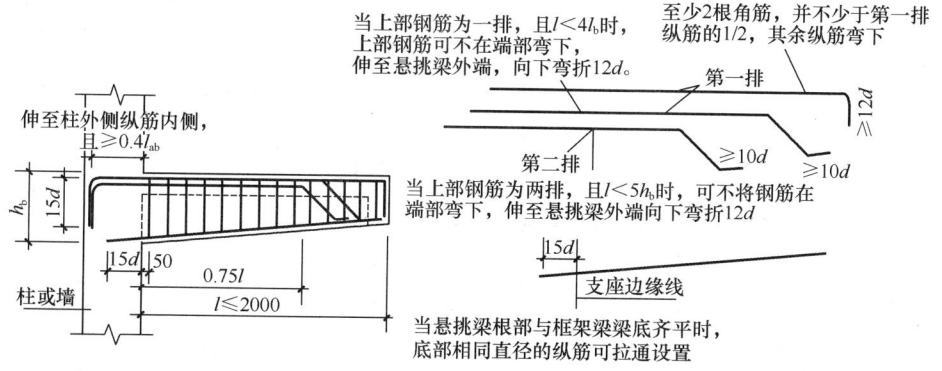

图 4-30 悬挑梁端部钢筋构造
h_b—梁截面高度；d—纵向钢筋直径；l_{ab}—非抗震设计受拉钢筋的基本锚固长度；l—挑梁长度

十二、梁中箍筋和拉结筋弯钩构造

梁中箍筋和拉结筋弯钩构造如图 4-31 所示。

拉筋同时勾住纵筋和箍筋　拉筋紧靠纵向钢筋并勾住箍筋　拉筋紧靠箍筋并勾住纵筋

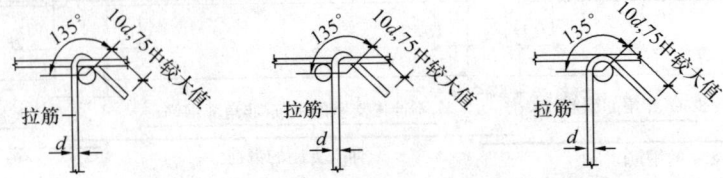

图 4-31　梁中箍筋和拉结筋弯钩构造

（也适用于柱、剪力墙中箍筋和拉结筋）

d—钢筋直径

十三、框架扁梁中柱节点竖向拉筋、附加纵向钢筋构造

框架扁梁中柱节点竖向拉筋、附加纵向钢筋构造见图 4-32。

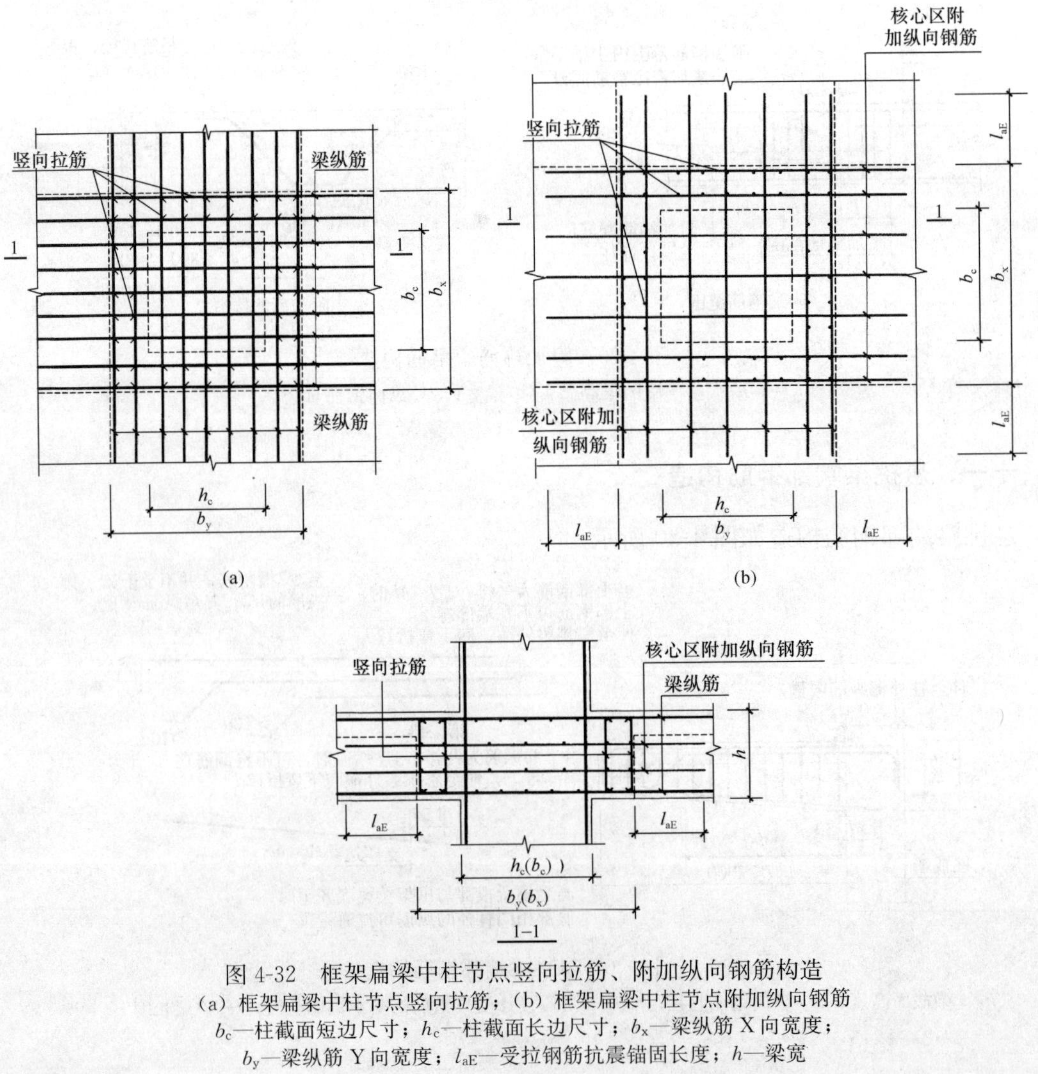

图 4-32　框架扁梁中柱节点竖向拉筋、附加纵向钢筋构造

(a) 框架扁梁中柱节点竖向拉筋；(b) 框架扁梁中柱节点附加纵向钢筋

b_c—柱截面短边尺寸；h_c—柱截面长边尺寸；b_x—梁纵筋 X 向宽度；

b_y—梁纵筋 Y 向宽度；l_{aE}—受拉钢筋抗震锚固长度；h—梁宽

(1) 框架扁梁上部通长钢筋连接位置、非贯通钢筋伸出长度要求同框架梁。

(2) 穿过柱截面的框架扁梁下部纵筋,可在柱内锚固,做法同楼层框架梁纵向钢筋构造;未穿过柱截面下部纵筋应贯通节点区。

(3) 框架扁梁下部纵筋在节点外连接时,连接位置宜避开箍筋加密区,并宜位于支座 $l_{ni}/3$ 范围之内。

(4) 箍筋加密区要求详见 16G101-1 图集第 94 页。

(5) 竖向拉筋同时勾住扁梁上下双向纵筋,拉筋末端采用 135° 弯钩,平直段长度为 $10d$。

第三节 梁构件钢筋计算方法与实例

1. 一般楼层框架梁中钢筋计算规则

根据楼层框架梁的构造详图,可知端部的纵筋弯锚时,按"1、2、3、4"方案,如图 4-33(a)所示,即按上部第一排,上部第二排,下部第一排,下部第二排,且它们之间的净距不小于 25mm,这样就有可能导致下部纵筋的水平端长度小于 $0.4l_{abE}$ 的后果。

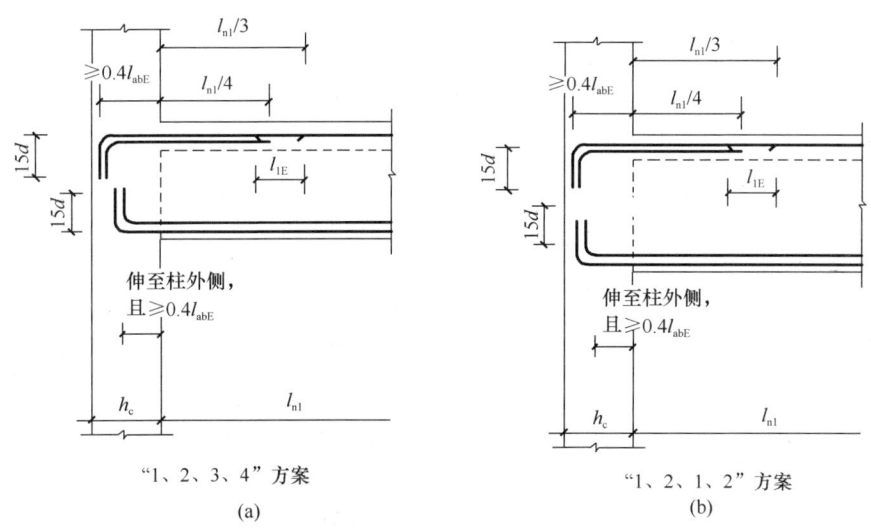

图 4-33 梁端部纵筋的弯锚方案

根据实际经验,可以按"1、2、1、2"的垂直层次,如图 4-33(b)所示,即上、下部第一排在同一垂直面弯锚,第二排也在同一垂直面弯锚。这样,可以避免纵筋伸入水平段长度小于 $0.4l_{abE}$ 的现象。

(1) 上部通长筋单根长度计算

若是同一种直径钢筋连接而成,则:

单根长度=两边支座之间的净长+伸入两边支座的锚固长度+搭接长度×搭接个数(焊接或机械连接为零)。

若是不同直径钢筋连接而成,则要分别计算。其中,边支座锚固长度有以下两种情况:$h_c - c_{柱} - d_{柱箍} - d_{柱纵} - 25 \geqslant l_{aE}$,是直锚,锚固长度为 $\max(0.5h_c + 5d, l_{aE})$;否则为弯锚,弯锚时第一排纵筋锚固长度＝max $(h_c-c_柱-d_{柱箍}-d_{柱纵}-25, 0.4l_{abE})+15d$。第一排和第二排的纵筋伸入支座的水平段长度差一个净距，设为 25mm。其中，h_c 为边柱截面顺梁跨度方向长度；$c_柱$ 为柱箍筋保护层厚度；l_{aE} 为纵筋抗震直锚长度；l_{abE} 为纵筋抗震基本锚固长度；$d_{柱箍}$ 为柱的箍筋直径；$d_{柱纵}$ 为柱纵筋直径；d 为梁中锚固纵筋的直径；25 为柱纵筋与梁锚固纵筋端头之间的净距。

搭接长度取值见表 1-11～表 1-12，接头个数取决于钢筋总长和一根钢筋标出长度。

（2）边支座负筋的长度

单根长度＝延伸到跨内的净长＋伸入边支座的锚固长度

其中，延伸到跨内的净长按梁的构造详图规定取值，即第一排取 $l_{n1}/3$，第二排取 $l_{n1}/4$，此时的 l_{n1} 为边跨的净跨。

伸入边支座的锚固长度同上部通长筋规定。

（3）中间支座负筋的长度

单根长度＝伸入左右跨内的净长＋中间支座的宽度

其中，伸入左右跨内的净长第一排取 $l_n/3$，第二排取 $l_n/4$，此时的 l_n 为支座左右净跨的较大值。

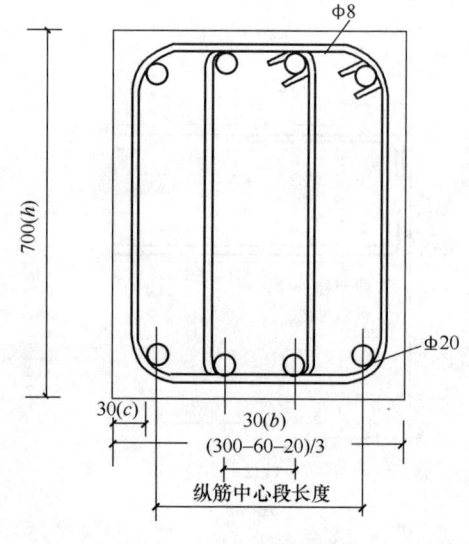

图 4-34 梁中箍筋示意图

（4）下部通长筋长度

单根长度计算规则同上部通长筋。

（5）梁下部非通长筋长度

单根长度＝净跨＋两端锚固长度

中间支座的锚固长度＝max $(0.5h_c+5d, l_{aE})$；边支座锚固长度同上部通长筋中的相关规定。

（6）腰部构造筋长度

单根长度＝净长＋两端锚固长度（$15d \times 2$）

（7）腰部抗扭钢筋的长度

同下部纵筋长度计算规则。

（8）箍筋计算

梁中箍筋示意图如图 4-34 所示，计算规则如下：

1）箍筋长度计算。

外围大箍筋单根长度＝$(b+h) \times 2-8c+1.9d \times 2+\max(10d, 75mm) \times 2$

里面小箍筋单根长度计算时，只要把水平长度重新计算，高度和弯钩长度不变，而水平长度＝两边纵筋中心线长度/纵筋间距数＋纵筋的直径＋2d。

如图 4-34 所示，假设 $h=700mm$、$b=300mm$、$c=30mm$、纵筋直径为 20mm，其中，b、h 分别为梁的宽度和高度；c 为梁纵筋保护层厚度；d 为箍筋直径；1.9d 为箍筋 135°圆弧长度差值；max（10d，75mm）为 135°弯钩直段长度。

有关钢筋端部弯钩长度示意图如图 4-35 所示。

2）箍筋根数计算

每跨箍筋根数＝加密区根数＋非加密区根数

加密区根数=［（加密区长度-50）/加密区箍筋间距+1］×2
非加密根数=非加密区长度/非加密区箍筋间距-1

加密区长度、非加密区长度见梁构造详图或根据施工图规定。注意，附加箍筋另外计算。

（9）拉结筋长度计算

由于拉结筋要勾到箍筋的外侧，所以其单根长度应按下式计算：

$$单根长度=梁宽-2\times 纵筋保护层厚度+2\times 箍筋的直径+2\times d$$
$$+1.9d\times 2+\max(10d, 75mm)\times 2$$

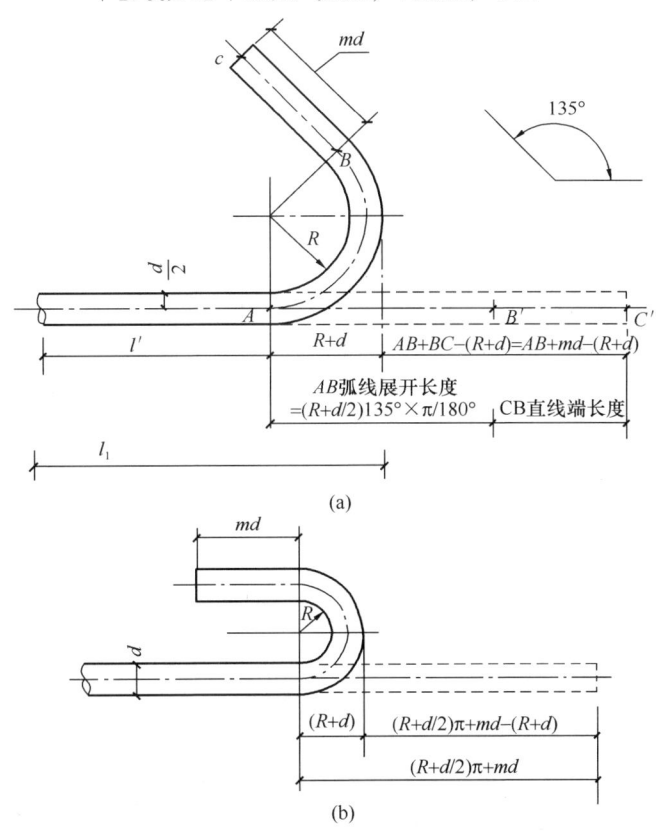

图 4-35 弯钩长度示意图

(a) 135°弯钩长度示意；(b) 180°弯钩长度示意

2. 一般屋面框架梁中钢筋计算规则

屋面框架梁中钢筋和楼层框架梁中的钢筋计算主要不同点是：边支座处的支座负筋计算。

屋面框架梁边支座负筋只有弯锚没有直锚，弯锚的形式有两种：一种是支座负筋弯至梁底；另一种是支座负筋下弯至少 $1.7l_{aE}$。

第一种情况支座负筋的计算式如下：

$$单根长度=\max(h_c-c_柱-d_{柱箍}-d_{柱纵}-25, 0.4l_{abE})+h_b+伸入跨内净长$$

第二种情况支座负筋的计算式如下：

$$单根长度=h_c-c_柱-d_{柱箍}-d_{柱纵}-25+1.7l_{aE}+伸入跨内净长$$

对于第二种情况，当梁上部配筋率>1.2%时，梁上部纵筋分两批截断，相隔至少 $20d$。

上述情况是一般梁的钢筋计算，对于特殊情况的梁，如梁的高度或宽度有变化时，梁中钢筋应如何处理,参见 16G101-1 图集。

【实例一】抗震框架梁三跨梁 KL1 架立筋的计算

抗震框架梁 KL1 为三跨梁,轴线跨度 3800mm,支座 KZ1 为 500mm×500mm,正中,集中标注的箍筋为:Φ10@100/200 (4)

集中标注的上部钢筋为:2 Φ 25＋(2 Φ 14)

每跨梁左右支座的原位标注都是:4 Φ 25

混凝土强度等级 C25,二级抗震等级。

计算 KL1 的架立筋。

【解】

KL1 每跨的净跨长度 l_n=3800−500=3300mm

所以,每跨的架立筋长度=l_n/3+150×2=3300/3+150×2=1400mm

每跨的架立筋根数=箍筋的根数−上部通长筋的根数=4−2=2 根。

【实例二】抗震框架梁两跨梁 KL2 架立筋的计算

抗震框架梁 KL2 为两跨梁,第一跨轴线跨度为 3500mm,第二跨轴线跨度为 4500mm,支座 KZ1 为 500mm×500mm,正中,

集中标注的箍筋为:Φ10@100/200 (4)

集中标注的上部钢筋为:2 Φ 25＋(2 Φ 14)

每跨梁左右支座的原位标注都是:4 Φ 25

混凝土强度等级 C25,二级抗震等级。

计算 KL2 的架立筋。

【解】

KL2 第一跨架立筋:

$$架立筋长度=l_{n1}-l_{n1}/3-l_n/3+150\times 2$$
$$=3000-3000/3-4000/3+150\times 2$$
$$=967\text{mm}$$

架立筋根数=2 根

KL2 第二跨架立筋:

$$架立筋长度=l_{n2}-l_n/3-l_{n2}/3+150\times 2$$
$$=4000-4000/3-4000/3+150\times 2$$
$$=1634\text{mm}$$

架立筋根数=2 根

【实例三】抗震框架梁单跨梁 KL3 架立筋的计算

抗震框架梁 KL3 为单跨梁,轴线跨度 4100mm,支座 KZ1 为 500mm×500mm,正中,

集中标注的箍筋为:Φ10@100/200 (2)

集中标注的上部钢筋为:(2 Φ 14)

左右支座的原位标注都是:4 Φ 25

混凝土强度等级 C25，二级抗震等级。

计算 KL3 的"架立筋"。

【解】
$$l_{n1}=4100-500=3600\text{mm}$$

当混凝土强度等级 C25，二级抗震等级时，
$$l_{lE}=64d=64\times14=896\text{mm}$$

上部通长筋的长度 $=l_{n1}/3+2\times l_{lE}=3600/3+2\times896=2992\text{mm}$

上部通长筋的根数 $=2$ 根

【实例四】非框架梁单跨梁 L4 架立筋的计算

非框架梁 L4 为单跨梁，轴线跨度为 4300mm，支座 KL1 为 400mm×700mm，正中：

集中标注的箍筋为：Φ8@200（2）；

集中标注的上部钢筋为：2Φ14；

左右支座的原位标注为：3Φ20；

混凝土强度等级 C25，二级抗震等级。

计算 L4 的架立筋。

【解】
$$l_{n1}=4300-400=3900\text{mm}$$

架立筋长度 $=l_{n1}/3+150\times2=3900/3+150\times2=1600\text{mm}$

架立筋的根数 $=2$ 根

【实例五】框架梁支座负筋的计算一

KL1 在第三个支座右边有原位标注 6Φ25 4/2，支座左边没有原位标注，如图 4-36 所示。计算支座负筋的长度。

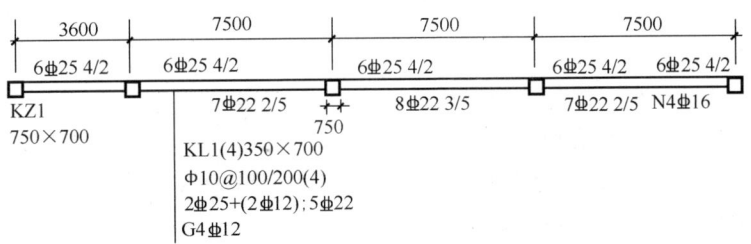

图 4-36　KL1 支座负筋

【解】

由于 KL1 第三个支座的左右两跨梁的跨度（轴线－轴线）均为 7500mm，而且作为支座的框架柱都是 KZ1，并且都按"正中轴线"布置。

此时 KZ1 的截面尺寸为 750mm×700mm，这表示：KZ1 在 b 方向的尺寸为 750mm，在 h 方向的尺寸为 700mm。

由于 KL1 的方向与 KZ1 的 b 方向一致，所以，支座宽度 $=750$mm

KL1 的这两跨梁的净跨长度 $=7500-750=6750$mm

由于 l_n 是中间支座左右两跨的净跨长度的最大值，

所以，l_n=6750mm。

根据原位标注，支座第一排纵筋为 4⌀25，这包括上部通长筋和支座负筋。KL1 集中标注的上部通长筋为 2⌀25，按贯通筋设置（在梁截面的角部）。所以，中间支座第一排（非贯通的）支座负筋为 2⌀25，第一排支座负筋向跨内的延伸长度 $l_n/3$=6750/3=2250mm。

所以，第一排支座负筋的长度=2250+750+2250=5250mm。

根据原位标注，支座第二排纵筋为 2⌀25，第二排支座负筋向跨内的延伸长度 $l_n/4$=6750/4=1687.5mm。

所以，第二排支座负筋的长度=1687.5+750+1687.5=4125mm。

【实例六】框架梁支座负筋的计算二

KL1 在第二跨的上部跨中有原位标注 6⌀22 4/2，在第一跨的右支座有原位标注 6⌀22 4/2，在第三跨的左支座有原位标注 6⌀22 4/2，如图 4-37 所示。计算 KL1 在第 2 跨上的支座负筋长度。

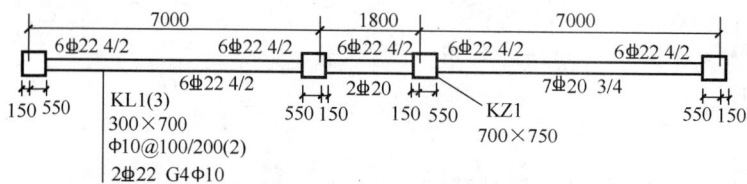

图 4-37　KL1 支座负筋

【解】

（1）计算梁的净跨长度

$$l_{n1}=l_{n3}=7000-550-550=5900\text{mm}$$
$$l_{n2}=1800-150-150=1500\text{mm}$$

对于 B 轴线支座来说，左跨跨度 l_{n1}=5900mm，右跨跨度 l_{n2}=1500mm；对于 C 轴线支座来说，左跨跨度 l_{n1}=1500mm，右跨跨度 l_{n2}=5900mm。由于 l_n 是中间支座左右两跨的净跨长度的最大值，即 l_n=max(l_{n1}, l_{n2})

所以对于这两个支座，都是 l_n=5900mm。

（2）明确支座负筋的形状和总根数

我们注意到 KL1 第二跨上部纵筋 6⌀22 4/2 为全跨贯通；

第一跨的右支座有原位标注 6⌀22 4/2；

第三跨的左支座有原位标注 6⌀22 4/2；

本着梁的上部纵筋"能通则通"的原则，6⌀22 4/2 的上部纵筋从第一跨右支座——第二跨全跨——第三跨左支座实行贯通；

这组贯通纵筋的第一排钢筋为 4⌀22，第二排钢筋为 2⌀22；

钢筋形状均为"直形钢筋"。

（3）计算第一排支座负筋的根数及长度

根据原位标注，支座第一排纵筋为 4⌀22，这包括上部通长筋和支座负筋；

KL1 集中标注的上部通长筋为 2⌀22，按贯通筋设置（在梁截面的角部）；

所以，中间支座第一排（非贯通的）支座负筋为 2⌀22；

第一排支座负筋向跨内的延伸长度 $l_n/3=5900/3=1967$mm。

所以，第一排上部纵筋（支座负筋）的长度 $=1967+700+1500+700+1967=6834$mm。

（4）计算第二排支座负筋的长度

根据原位标注，支座第二排纵筋为 2⌀22；

第二排支座负筋向跨内的延伸长度 $l_n/4=5900/4=1475$mm。

所以，第二排支座负筋的长度 $=1475+700+1500+700+1475=5850$mm。

【实例七】框架梁支座负筋的计算三

某建筑 KL2 支座负筋如图 4-38 所示。混凝土强度等级 C30，二级抗震等级，框架梁保护层厚度为 25mm，柱的保护层厚度为 25mm。计算 KL2 支座负筋长度。

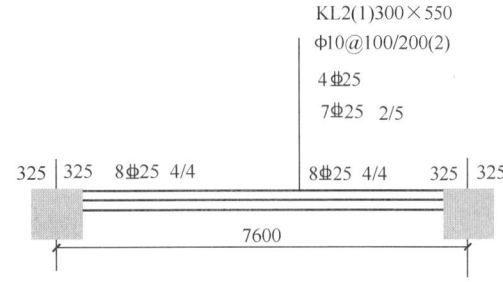

图 4-38 KL2 支座负筋

【解】

净跨长 $=7600-325-325=6950$mm

锚固长度 $l_{aE}=40\times25=1000$mm $>h_c-$保护层厚度 $=625$mm，所以是弯锚构造。

h_c-保护层厚度 $+15d=650-25+15\times25=1000$mm

KL2 左支座负筋的长度第一排 $=6950/3+1000=3317$mm

KL2 右支座负筋的长度第一排 $=6950/3+1000=3317$mm

KL2 左支座负筋的长度第二排 $=6950/4+1000=2738$mm

KL2 右支座负筋的长度第二排 $=6950/4+1000=2738$mm

【实例八】框架梁支座负筋的计算四

KL1 中间支座负筋如图 4-39 所示，混凝土强度等级 C30，二级抗震等级，框架梁保护层厚度为 25mm，柱的保护层厚度为 25mm。计算该支座负筋长度。

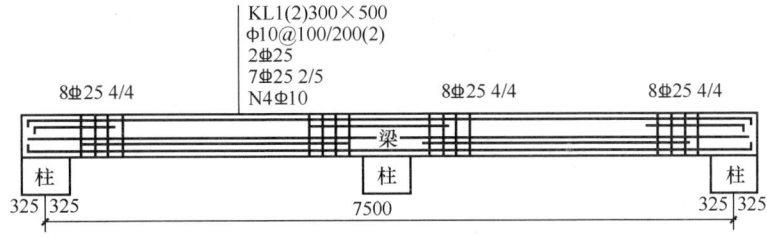

图 4-39 KL1 中间支座负筋

【解】

中间支座负筋的长度第一排 $=2\times(7500-650)/3+650=5217$mm

中间支座负筋的长度第二排 $=2\times(7500-650)/4+650=4075$mm

【实例九】框架梁下部纵筋的计算一

KL1 在第二跨的下部有原位标注 7⌀22 2/5，如图 4-40 所示。混凝土强度等级 C25。计算第二跨的下部纵筋的长度。

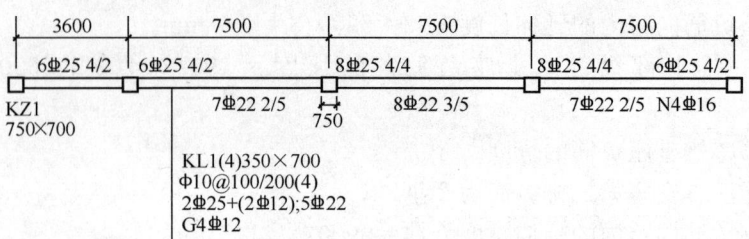

图 4-40　KL1 下部纵筋

【解】

(1) 计算梁的净跨长度

由于 KL1 第二跨的跨度（轴线－轴线）为 7500mm，而且作为支座的框架柱都是 KZ1，并且在 KL1 方向都按"正中轴线"布置；

所以，KL1 第二跨的净跨长度＝7500－750＝6750mm。

(2) 明确下部纵筋的位置、形状和总根数

KL1 第二跨下部纵筋的原位标注 7 ⌀ 22 2/5，这种钢筋标注表明第一排下部纵筋为 5 ⌀ 22，第二排钢筋为 2 ⌀ 22。钢筋形状均为"直形钢筋"，并且伸入左右两端支座同样的锚固长度。

(3) 计算第一排下部纵筋的根数及长度

梁的下部纵筋在中间支座的锚固长度要同时满足下列两个条件：

1) 锚固长度 $\geqslant l_{aE}$

2) 锚固长度 $\geqslant 0.5h_c + 5d$

现在，$h_c = 750$mm，$d = 22$mm，因此 $0.5h_c + 5d = 0.5 \times 750 + 5 \times 22 = 485$mm

当混凝土强度等级为 C25、HRB400 级钢筋直径≤25mm 时的 $l_{aE} = 46d = 1012$mm

所以，在这里 $l_{aE} \geqslant 0.5h_c + 5d$

我们取定梁下部纵筋在中间支座的锚固长度＝1012mm

所以，第一排下部纵筋的长度＝1012＋6750＋1012＝8774mm。

(4) 计算第二排下部纵筋的长度

作为"中间跨"的下部纵筋，由于其左右两端的支座都是"中间支座"，

因此，第二排下部纵筋的长度与第一排下部纵筋的长度相同。

所以，第二排下部纵筋的长度＝8774mm。

【实例十】框架梁下部纵筋的计算二

KL1 下部纵筋如图 4-41 所示，混凝土强度等级 C30，二级抗震等级，框架梁保护层厚度为 25mm，柱的保护层厚度为 25mm。计算 KL1 第二跨下部纵筋长度。

【解】

KL1 第二跨下部纵筋长度＝7300－325－325＋34×22＋650－25＋15×22

＝8353mm

【实例十一】框架梁下部纵筋的计算三

框架梁 KL1 如图 4-42 所示，混凝土强度等级 C25，二级抗震等级。计算第一跨下部纵筋长度。

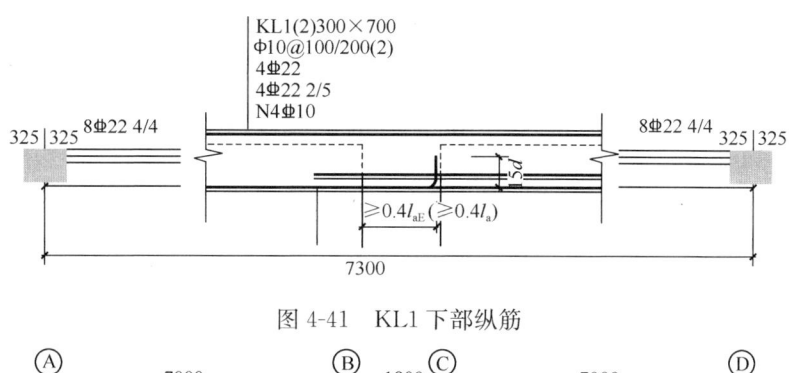

图 4-41 KL1 下部纵筋

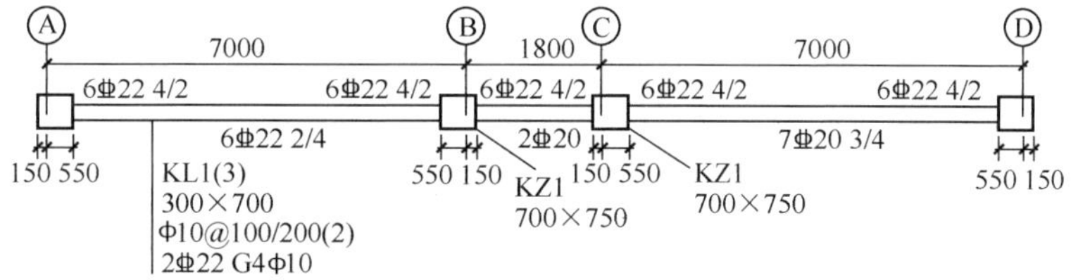

图 4-42 框架梁 KL1

【解】
（1）计算第一排下部纵筋在（A 轴线）端支座的锚固长度
1）判断这个端支座是不是"宽支座"。
根据"混凝土强度等级 C25，二级抗震等级"的条件查表，
$$l_{aE}=46d=46\times 22=1012mm$$
$$0.5h_c+5d=0.5\times 700+5\times 22=380mm$$
所以，$L_d=\max(l_{aE}, 0.5h_c+5d)=1012mm$
再计算 $h_c-30-25=700-30-25=645mm$
由于 $L_d=1012>h_c-30-25$
所以，这个端支座不是"宽支座"。
2）计算下部纵筋在端支座的直锚水平段长度 L_d：
$$L_d=h_c-30-25-25=700-30-25-25=620mm$$
计算 $0.4l_{abE}=0.4\times 1012=405mm$
由于 $L_d=620mm>0.4l_{abE}$，所以这个直锚水平段长度 L_d 是合适的。
此时，钢筋的左端部是带直钩的，直钩长度$=15d=15\times 22=330mm$。
（2）计算第一跨净跨长度
第一跨净跨长度$=7000-550-550=5900mm$
（3）计算第一跨第一排下部纵筋在（B 轴线）中间支座的锚固长度
中间支座（即 KZ1）的宽度 $h_c=700mm$，
$$0.5h_c+5d=700/2+5\times 22=460mm，$$
$$l_{aE}=46d=46\times 22=1012mm>460mm，$$
所以，第一排下部纵筋在（B 轴线）中间支座的锚固长度为 1012mm。
（4）KL1 第一跨第一排下部纵筋的水平长度$=620+5900+1012=7532mm$，这根钢筋

还有一个 $15d$ 的直钩，直钩长度＝330mm。

因此，KL1 第一跨第一排下部纵筋的每根长度＝7532＋330＝7862mm。

（5）计算第二排下部纵筋在端支座的水平直锚段长度

第二排下部纵筋 2Φ22 的直钩段与第一排纵筋直钩段的净距为 25mm，

第二排下部纵筋直锚水平段长度＝620－25－25＝570mm

此钢筋的左端部是带直钩的，直钩长度＝$15d$＝15×22＝330mm。

（6）第二排下部纵筋在中间支座的锚固长度与第一排下部纵筋相同

第二排下部纵筋在中间支座的锚固长度为 1012mm。

（7）KL1 第一跨第二排下部纵筋的水平长度＝570＋5900＋1012＝7482mm

这根钢筋还有一个 $15d$ 的直钩，直钩长度＝330mm，因此，KL1 第一跨第二排下部纵筋的每根长度＝7482＋330＝7812mm。

【讨论】

第三跨第一排下部纵筋为 4Φ20，其中两根Φ20 钢筋（设置在箍筋角部的那两根）是可以与第二跨的下部纵筋（2Φ20）贯通的。

现在计算一下当第二、三跨第一排下部纵筋实行贯通的时候这根钢筋的长度。

（1）计算第一排下部纵筋在（D轴线）端支座的水平直锚段长度

第一排下部纵筋（2Φ20），伸到柱外侧纵筋的内侧，第一排下部纵筋直锚水平段长度＝700－30－25－25＝620mm。

（2）计算第二、三跨净跨长度

第三跨净跨长度＝7000－550－550＝5900mm

中间支座的宽度＝700mm

第二跨净跨长度＝1800－150－150＝1500mm

（3）计算第二跨第一排下部纵筋在（B轴线）中间支座的锚固长度

中间支座（即 KZ1）的宽度＝700mm

半个 KZ1 的宽度加 $5d$＝700/2＋5×22＝460mm

$$l_{aE}=46d=46×20=920mm>460mm$$

所以，第一排下部纵筋在（B轴线）中间支座的锚固长度为 920mm。

（4）计算 KL1 第二、三跨第一排下部贯通纵筋的水平长度

钢筋水平长度＝（B轴线）中间支座的锚固长度＋第二跨净跨长度
　　　　　　＋（C轴线）中间支座的宽度＋第三跨净跨长度
　　　　　　＋（D轴线）端支座锚固长度

钢筋水平长度＝920＋1500＋700＋5900＋620＝9640mm

这根钢筋还有一个 $15d$ 的直钩，直钩长度＝15×20＝300mm

所以，这根钢筋的每根长度＝9640＋300＝9940mm。

【实例十二】梁端支座直锚水平段钢筋的计算

针对图 4-14 中的 KL2 的端支座（600×600 的端柱）进行上部两排纵筋和下部两排纵筋的配筋计算，计算这四排纵筋在左端支座的直锚水平段长度。混凝土强度等级 C25，二级抗震等级。

第四章 梁构件钢筋计算

【解】

(1) 计算第一排上部纵筋的水平直锚段长度

按 16G101-1 第 56 页关于保护层最小厚度的规定，柱箍筋的保护层为 20mm，箍筋直径 10mm，则柱纵筋的保护层厚度＝20＋10＝30mm，这样，后面的计算与原来的计算结果相同。还要注意一点，就是比较柱纵筋保护层厚度是否大于等于柱纵筋直径，显然，现在是满足要求的。

第一排上部纵筋为 4Φ25（包括上部通长筋和支座负筋），伸到柱外侧纵筋的内侧，根据前面介绍的计算公式，

第一排上部纵筋直锚水平段长度＝600－30－25－25＝520mm。

(2) 计算第二排上部纵筋的水平直锚段长度

第二排上部纵筋 2Φ25 的直钩段与第一排纵筋直钩段的净距为 25mm，根据前面介绍的计算公式，第二排上部纵筋直锚水平段长度＝520－25－25＝470mm。

(3) 计算第一排下部纵筋的水平直锚段长度

第一排下部纵筋 5Φ25 的直钩段是"第三个层次的直钩段"，它与前一个直钩段的净距为 25mm，所以第一排下部纵筋直锚水平段长度＝470－25－25＝420mm。

(4) 计算第二排下部纵筋的水平直锚段长度

第二排下部纵筋 3Φ25 的直钩段是"第四个层次的直钩段"，它与前一个直钩段的净距为 25mm，所以第二排下部纵筋直锚水平段长度＝420－25－25＝370mm。

【实例十三】梁端支座的支座负筋计算

计算 KL1 端支座（600mm×600mm 的端柱）的支座负筋的长度（图 4-43）。混凝土强度等级 C25，二级抗震等级。

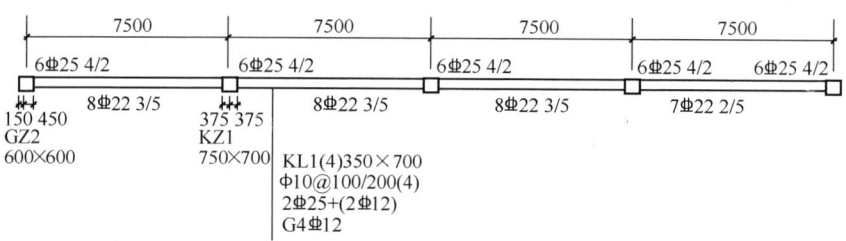

图 4-43 KL1 端支座的支座负筋

【解】

(1) 计算第一排上部纵筋的锚固长度

1) 首先，判断这个端支座是不是"宽支座"

根据"混凝土强度等级 C25，二级抗震等级"的条件查表

$$l_{aE}=46d=46\times 25=1150\text{mm}$$
$$0.5h_c+5d=0.5\times 600+5\times 25=425\text{mm}$$

所以，$L_d=\max(l_{aE}, 0.5h_c+5d)=1150\text{mm}$

再计算 $h_c-30-25=600-30-25=545\text{mm}$

由于 $L_d=1150>h_c-30-25$，所以，这个端支座不是"宽支座"。

2)接着计算上部纵筋在端支座的直锚水平段长度 L_d：
$$L_d = h_c - 30 - 25 - 25 = 600 - 30 - 25 - 25 = 520\text{mm}$$

计算　$0.4l_{abE} = 0.4 \times 1150 = 460\text{mm}$

由于　$L_d = 520 > 0.4l_{abE}$，所以这个直锚水平段长度 L_d 是合适的。

此时，钢筋的左端部是带直钩的，
$$\text{直钩长度} = 15d = 15 \times 25 = 375\text{mm}$$

（2）计算第一排支座负筋向跨内的延伸长度

KL1 第一跨的净跨长度 $l_{n1} = 7500 - 450 - 375 = 6675\text{mm}$，所以，第一排支座负筋向跨内的延伸长度 $= l_{n1}/3 = 6675/3 = 2225\text{mm}$。

（3）KL1 左端支座的第一排支座负筋的水平长度 $= 520 + 2225 = 2745\text{mm}$，这根钢筋还有一个 $15d$ 的直钩，直钩长度 $= 15 \times 25 = 375\text{mm}$，所以，这根钢筋的每根长度 $= 2745 + 375 = 3120\text{mm}$。

（4）计算第二排上部纵筋的水平直锚段长度

第二排上部纵筋 $2\Phi25$ 的直钩段与第一排纵筋直钩段的净距为 25mm，第二排上部纵筋直锚水平段长度 $= 520 - 25 - 25 = 470\text{mm}$。

由于 $L_d = 470 > 0.4l_{abE} = 0.4 \times 1150 = 460\text{mm}$，所以这个直锚水平段长度 L_d 是合适的。

此时，钢筋的左端部是带直钩的，
$$\text{直钩长度} = 15d = 15 \times 25 = 375\text{mm}$$

（5）计算第二排支座负筋向跨内的延伸长度

第二排支座负筋向跨内的延伸长度 $= l_{n1}/4 = 6675/4 = 1669\text{mm}$

（6）KL1 左端支座的第二排支座负筋的水平长度 $= 470 + 1669 = 2139\text{mm}$

这根钢筋还有一个 $15d$ 的直钩，直钩长度 $= 15 \times 25 = 375\text{mm}$

所以，这根钢筋的每根长度 $= 2139 + 375 = 2514\text{mm}$。

【实例十四】框架梁上部纵筋的计算

框架梁 KL1 如图 4-44 所示，混凝土强度等级 C25，二级抗震等级。计算第一跨上部纵筋长度。

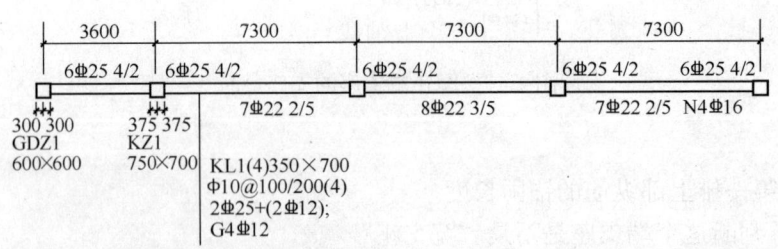

图 4-44　框架梁 KL1

【解】

（1）计算端支座第一排上部纵筋的水平直锚段长度

第一排上部纵筋为 $4\Phi25$（包括上部通长筋和支座负筋），伸到柱外侧纵筋的内侧，第一排上部纵筋直锚水平段长度 $L_d = 600 - 30 - 25 - 25 = 520\text{mm}$。

由于 $L_d=520>0.4l_{abE}=0.4\times1150=460$mm，所以这个直锚水平段长度 L_d 是合适的。

此时，钢筋的左端部是带直钩的，直钩长度 $=15d=15\times25=375$mm。

（2）计算第一跨净跨长度和中间支座宽度

第一跨净跨长度 $=3600-300-375=2925$mm，中间支座宽度 $=750$mm。

（3）计算第二跨左支座第一排支座负筋向跨内的延伸长度

KL1 第一跨的净跨长度 $l_{n1}=2925$mm，KL1 第二跨的净跨长度 $l_{n2}=7300-375-375=6550$mm，$l_n=\max(2925,6550)=6550$mm，所以，第一排支座负筋向跨内的延伸长度 $=l_n/3=6550/3=2183$mm。

（4）KL1 第一跨第一排上部纵筋的水平长度 $=520+2925+750+2183=6378$mm，这根钢筋还有一个 $15d$ 的直钩，直钩长度 $=15\times25=375$mm，所以，这根钢筋的每根长度 $=6378+375=6753$mm。

（5）计算端支座第二排上部纵筋的水平直锚段长度

第二排上部纵筋 2Φ25 的直钩段与第一排纵筋直钩段的净距为 25mm，第二排上部纵筋直锚水平段长度 $L_d=520-25-25=470$mm。

由于 $L_d=470>0.4l_{abE}=0.4\times1150=460$mm，所以这个直锚水平段长度 L_d 是合适的。

此时，钢筋的左端部是带直钩的，直钩长度 $=15d=15\times25=375$mm。

（6）计算第二跨左支座第一排支座负筋向跨内的延伸长度

第二排支座负筋向跨内的延伸长度 $=l_n/4=6550/4=1638$mm

（7）KL1 第一跨第二排上部纵筋的水平长度 $=470+2925+750+1638=5783$mm，这根钢筋还有一个 $15d$ 的直钩，直钩长度 $=15\times25=375$mm。

所以，这根钢筋的每根长度 $=5783+375=6158$mm。

【实例十五】侧面纵向构造钢筋的计算

图 4-14 中，KL1 集中标注的侧面纵向构造钢筋为 G4Φ10，计算第一跨和第二跨侧面纵向构造钢筋的尺寸（混凝土强度等级 C25，二级抗震等级）。

第一跨的跨度（轴线-轴线）为 3600；左端支座是剪力墙端柱 GDZ1 截面尺寸为 600mm×600mm，支座宽度 600mm 为正中轴线；第一跨的右支座（中间支座）是 KZ1 截面尺寸为 750mm×700mm，支座宽度 750mm 为正中轴线。

第二跨的跨度（轴线-轴线）为 7200mm；第二跨的右支座（中间支座）是 KZ1，截面尺寸为 750mm×700mm，为正中轴线。

【解】

（1）计算第一跨的侧面纵向构造钢筋

KL1 第一跨净跨长度 $=3600-300-375=2925$mm，

所以，第一跨侧面纵向构造钢筋的长度 $=2925+2\times15\times10=3225$mm。

由于该钢筋为 HPB300 级钢筋，所以在钢筋的两端设置 180°的小弯钩（这两个小弯钩的展开长度为 $12.5d$）。

所以，钢筋每根长度 $=3225+12.5\times10=3350$mm。

（2）计算第二跨的侧面纵向构造钢筋

KL1 第二跨的净跨长度 $=7200-375-375=6450$mm

所以，第二跨侧面纵向构造钢筋的长度=6450+2×15×10=6750mm
由于该钢筋为HPB300级钢筋，所以在钢筋的两端设置180°的小弯钩。
所以，钢筋每根长度=6750+12.5×10=6875mm。

【实例十六】拉筋的计算一

KL1的截面尺寸是300mm×700mm，箍筋为Φ10@100/200（2），集中标注的侧面纵向构造钢筋为G4Φ10，混凝土强度等级C25。计算侧面纵向构造钢筋的拉筋规格和尺寸。

【解】

(1) 拉筋的规格

因为KL1的截面宽度为300mm<350mm，所以拉筋直径为6mm。

(2) 拉筋的尺寸

拉筋水平长度=梁箍筋外围宽度+2×拉筋直径

而　　梁箍筋外围宽度=梁截面宽度-2×保护层=300-2×20=260mm

所以，拉筋水平长度=260+2×6=272mm。

(3) 拉筋的两端各有一个135°的弯钩，弯钩平直段为10d

拉筋的每根长度=拉筋水平长度+26d

所以，拉筋的每根长度=272+26×6=428mm。

【实例十七】拉筋的计算二

KL1截面尺寸为300mm×700mm，箍筋为Φ8@100/200（2），集中标注的侧面纵向构造钢筋为G4Φ8，混凝土强度等级C25。计算侧面纵向构造钢筋的拉筋规格和尺寸。

【解】

(1) 拉筋的规格

因为KL1的截面宽度为300mm<350mm，所以拉筋直径为6mm。

(2) 拉筋的尺寸

拉筋水平长度=梁箍筋宽度+2×箍筋直径+2×拉筋直径

梁箍筋宽度=梁截面宽度-2×保护层厚度=300-2×25=250mm

所以，拉筋水平长度=250+2×8+2×6=278mm。

(3) 拉筋的两端各有一个135°的弯钩，弯钩平直段为8d

拉筋的每根长度=拉筋水平长度+26d

所以，拉筋的每根长度=278+26×6=434mm。

【实例十八】框架梁侧面抗扭钢筋的计算

KL1集中标注的侧面纵向构造钢筋为G4Φ10，KL1第四跨原位标注的侧面抗扭钢筋为N4Φ16，混凝土强度等级C25，二级抗震等级，如图4-45所示。计算第四跨侧面抗扭钢筋的形状和尺寸。

【解】

(1) 计算KL1第四跨抗扭纵筋在左支座（中间支座）的锚固长度

$0.5h_c+5d=0.5\times750+5\times16=455$mm

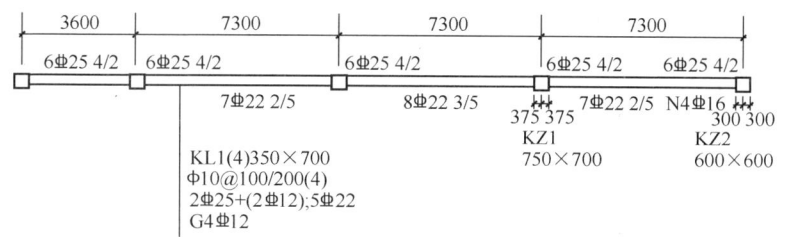

图 4-45 KL1 侧面抗扭钢筋

根据"混凝土强度等级 C25，二级抗震等级"的条件查表，

$$l_{aE}=46d=46\times16=736\text{mm}>0.5h_c+5d$$

于是，KL1 第四跨抗扭纵筋在左支座的锚固长度为 736mm（端部的钢筋形状为直筋）。

（2）计算 KL1 第四跨的净跨长度

$$\text{净跨长度}=7300-375-300=6625\text{mm}$$

（3）计算 KL1 第四跨抗扭纵筋在右支座（端支座）的锚固长度

1）判断这个端支座是不是"宽支座"。

$$l_{aE}=736\text{mm}$$

$$0.5h_c+5d=0.5\times600+5\times16=380\text{mm}$$

所以，$L_d=\max(l_{aE}, 0.5h_c+5d)=736\text{mm}$

再计算 $h_c-30-25=600-30-25=545\text{mm}$

由于 $L_d=736>h_c-30-25$

所以，这个端支座不是"宽支座"。

2）计算抗扭纵筋在端支座的直锚水平段长度 L_d：

$$L_d=h_c-30-25-25=600-30-25-25=520\text{mm}$$

计算 $0.4l_{abE}=0.4\times736=243\text{mm}$

由于 $L_d=520>0.4l_{abE}$，所以这个直锚水平段长度 L_d 是合适的。

此时，钢筋的右端部是带直钩的，

$$\text{直钩长度}=15d=15\times16=240\text{mm}$$

（4）KL1 第四跨抗扭纵筋的水平长度 $=736+6625+520=7881\text{mm}$

钢筋的右端部是带直钩的，直钩长度 $=240\text{mm}$

因此，KL1 第四跨抗扭纵筋的每根长度 $=7881+240=8121\text{mm}$。

【实例十九】抗震框架梁箍筋的计算

计算图 4-14 的抗震框架梁 KL2 第一跨的箍筋根数。KL2 的截面尺寸为 300mm×700mm，箍筋集中标注为 Φ10@100/200（2）。一级抗震等级（图 4-46）。

【解】

（1）KL2 第一跨的净跨长度 $=7200-450-375=6375\text{mm}$

（2）计算加密区和非加密区的长度

在一跨梁中，加密区有左右两个，我们计算的是一个加密区的长度。由于本题例是一级抗震等级，所以

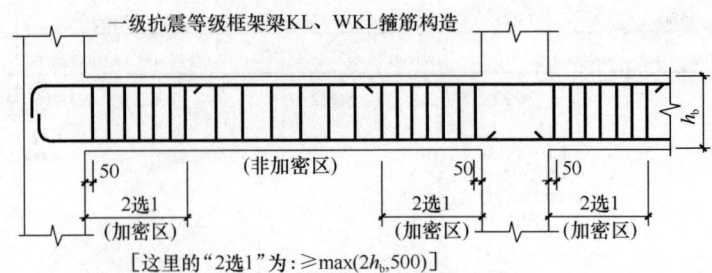

图 4-46 抗震框架梁 KL2

加密区的长度 $=\max(2\times h_b,500)=\max(2\times 700,500)=1400\text{mm}$

非加密区的长度 $=6375-1400\times 2=3575\text{mm}$

（3）计算加密区的箍筋根数

布筋范围 $=$ 加密区长度 $-50=1400-50=1350\text{mm}$

计算"布筋范围除以间距"：$1350/100=13.5$，取整为 14。

所以，一个加密区的箍筋根数 $=$ "布筋范围除以间距" $+1=14+1=15$ 根

KL2 第一跨有两个加密区，其箍筋根数 $=2\times 15=30$ 根。

（4）重新调整"非加密区的长度"

现在不能以 3575 作为"非加密区的长度"来计算箍筋根数，而要根据上述在"加密区箍筋根数计算"中作出的范围调整，来修正"非加密区的长度"。

实际的一个加密区长度 $=50+14\times 100=1450\text{mm}$

所以，实际的非加密区长度 $=6375-1450\times 2=3475\text{mm}$

（5）计算非加密区的箍筋根数

布筋范围 $=3475\text{mm}$

计算"布筋范围除以间距"：$3475/200=17.375$，取整为 18。

可不可以说：非加密区箍筋根数 $=$ "布筋范围除以间距" $+1=18+1=19$ 根？

不可以。因为，在这个"非加密区"两端的"加密区"计算箍筋时已经执行过"根数加 1"了，所以，在计算"非加密区"箍筋根数的过程中，不应该执行"根数加 1"，而应该执行"根数减 1"。

所以，非加密区箍筋根数 $=$ "布筋范围除以间距" $-1=18-1=17$ 根

（6）计算 KL2 第一跨的箍筋总根数

KL2 第一跨的箍筋总根数 $=$ 加密区箍筋根数 $+$ 非加密区箍筋根数 $=30+17=47$ 根

【实例二十】某住宅楼梁平法钢筋预算量的计算

某住宅楼的"3.550～10.750 层梁平法施工图"中的 KL6（2A）如图 4-47 所示，抗震等级为三级，混凝土等级为 C30，保护层厚度为 25mm，直径不大于 22mm 的钢筋为绑扎连接，8m 一个接头，直径大于 22mm 的钢筋为机械连接。吊筋为 2Φ16。

【解】

（1）KL6（2A）通长筋预算量计算

净跨长 $=3400+6400+2300-250-25=11825(\text{mm})$

弯直锚判断：端支座宽度 $h_c=500\text{mm}$，锚固长度 $L_{aE}=37d=37\times 18=666\text{mm}$。端支座

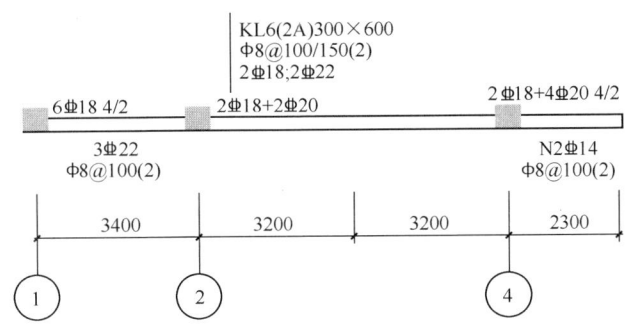

图 4-47 KL6（2A）平法标注图

宽度=h_c-保护层（500-25=475）≤锚固长度 L_{aE}（666mm），所以梁纵向钢筋采用弯锚构造。

上部通长筋左支座锚固长度=h_c-保护层+15d=500-25+15×18=745(mm)

上部通长筋右支座锚固长度=12d=12×18=216(mm)

上部通长筋简图：270⌐————12300————⌐216

上部通长筋长度=11825+745+216=12786(mm)=12.786(m)

下部通长筋左支座锚固长度=h_c-保护层+15d=500-25+15×22=805(mm)

下部通长筋简图：330⌐————12300————

下部通长筋长度=11825+805=12630(mm)=12.630(m)

KL6(2A)通长筋预算量=(2×12.786)×1.998+(2×12.630)×2.984=126.47(kg)

（2）KL6(2A)支座负筋预算量计算

1跨左支座第一排负筋=(3400-500)÷3+500-25+15×18=1712(mm)=1.71(m)

1跨左支座第一排负筋简图：270⌐————1442————

1跨左支座第二排负筋=(3400-500)÷4+500-25+15×18=1470(mm)=1.47(m)

1跨左支座第二排负筋简图：270⌐————1200————

2跨左支座第一排负筋=2×(6400-500)÷3+500=4433(mm)=4.43(m)

2跨左支座第一排负筋简图：————4433————

KL6(2A)支座负筋预算量=2×(1.71+1.47)×1.998+2×4.43×2.466=34.56(kg)

（3）KL6(2A)悬臂跨跨中筋预算量计算

悬臂跨第一排跨中筋长度=(2300-250-25)+500+(6400-500)÷3+(12×20)

=4732(mm)=4.73(m)

悬臂跨第一排跨中筋简图：240⌐————4492————

悬臂跨第二排跨中筋长度=0.75×(2300-250)+500+(6400-500)÷4=3513(mm)

=3.51(m)

悬臂跨第二排跨中筋简图：————3513————

KL6(2A)悬臂跨跨中筋预算量=(2×4.73+2×3.51)×2.466=40.64(kg)

（4）KL6(2A)下部非贯通钢筋预算量计算

左锚固长度弯锚，锚固长度=支座宽度-保护层+15d；

右锚固长度直锚，锚固长度=max(L_{aE}, $0.5h_c+5d$)=max(41d, $0.5h_c+5d$)。

1跨下部非贯通钢筋长度＝(3400－500)＋(500－25＋15×22)＋(41×22)＝4607(mm)

1跨下部非贯通钢筋简图：330 ⌐⎯⎯⎯⎯ 4277 ⎯⎯⎯⎯

1跨下部非贯通钢筋预算量＝4.61×2.98＝13.74(kg)

(5) KL6(2A)侧面纵向抗扭钢筋预算量计算

悬臂跨侧面纵向抗扭钢筋直锚，锚固长度＝$\max(L_{aE}, 0.5h_c+5d)=\max(41d, 0.5h_c+5d)$。

悬臂跨侧面纵向抗扭钢筋长度＝(2300－250－25)＋41×14＝2599(mm)

悬臂跨侧面纵向抗扭钢筋简图：⎯⎯⎯⎯ 2599 ⎯⎯⎯⎯

KL6(2A)侧面纵向抗扭钢筋预算量＝2×2.60×1.208＝6.28(kg)

悬臂跨拉筋长度＝(300－2×25)＋2×1.9＋2×75＋2×6＝415.8(mm)

悬臂跨拉筋简图：⌐⎯⎯⎯ 250 ⎯⎯⎯⌐

悬臂跨拉筋根数＝[(2300－250－25－50)÷(100×2)＋1]×1＝11(根)

KL6(2A)悬臂跨拉筋预算量＝11×0.42×0.222＝1.03(kg)

(6) KL6(2A)吊筋预算量计算

查"3.550～10.750m层梁平法施工图"，KL6(2A)2跨上的次梁L6梁宽为250mm。

吊筋长度＝250＋2×50＋2×(600－2×25)÷0.851＋2×20×16＝2283(mm)

吊筋计算简图：320／45.00 ＼350／550

吊筋预算量＝2×2.28×1.578＝7.20(kg)

(7) KL6(2A)次梁加筋预算量计算

次梁加筋长度＝(300－2×25＋8×2)×2＋(600－2×25＋8×2)×2＋1.9×8×2＋80×2
＝1854(mm)

次梁加筋简图：550 ⌐250⌐

KL6(2A)次梁加筋预算量＝1.85×6×0.395＝4.38(kg)

(8) KL6(2A)箍筋预算量计算

1跨、2跨、3跨的箍筋长度相同。

箍筋长度＝(300－2×25＋8×2)×2＋(600－2×25＋8×2)×2＋1.9×8×2＋80×2
＝1854(mm)

箍筋简图：550 ⌐250⌐

1跨的箍筋全加密，箍筋根数＝(3400－500－2×50)÷100＋1＝29(根)

2跨箍筋根数＝2×[(1.5×600－50)÷100＋1]＋[6400－2×(1.5×600)]÷150－1
＝48(根)

3跨(悬挑跨)的箍筋全加密，箍筋根数＝(2300－250－50)÷100＋1＝21(根)

KL6(2A)箍筋预算量＝1.85×(29＋48＋21)×0.395＝71.61(kg)

(9) KL6(2A)钢筋预算量合计

KL6(2A)钢筋预算量＝126.47＋34.56＋40.64＋13.74＋6.28
＋1.03＋7.20＋4.38＋71.61
＝305.91(kg)

【实例二十一】多跨楼层框架梁 KL1 钢筋量的计算

某建筑多跨楼层框架梁 KL1 如图 4-48 所示,试计算其钢筋量。计算条件及单位长度钢筋质量见表 4-2 和表 4-3。

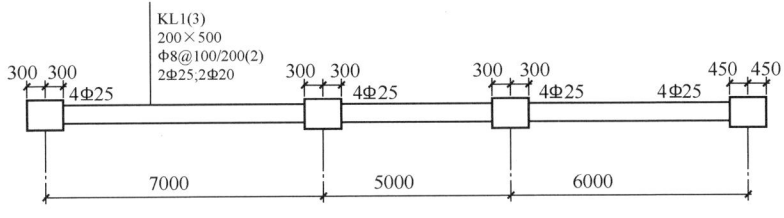

图 4-48 框架梁 KL1 的平法图

表 4-2 计算条件

混凝土强度等级	梁纵筋保护层厚度	柱纵筋保护层厚度	抗震等级	钢筋连接方式	钢筋类型
C30	25	30	一级抗震	对焊	普通钢筋

表 4-3 单位长度钢筋质量

直 径	6	8	10	20	22	25
单位长度钢筋理论质量/(kg/m)	0.222	0.395	0.617	2.470	2.980	3.850

钢筋单根长度值按实际计算值取定,总长值保留两位小数,总质量值保留三位小数。

【解】

根据已知条件可得 $l_{aE}=33d$。

(1) 上部通长钢筋长度(2 Φ 25)

单根长度 $l_1 = l_n +$ 左锚固长度 + 右锚固长度

判断是否弯锚:

左支座直段长度 $= 600-30-20-25 = 525 (mm) < l_{aE} = 33d = 33 \times 25 = 825 (mm)$,所以左支座为弯锚。

右支座直段长度 $= 525+300 = 825 (mm) = l_{aE} = 825 (mm)$,所以右支座为直锚。

当弯锚时锚固长度 $= 600-30-20-25+15d = 525+15 \times 25 = 900 (mm)$

当直锚时锚固长度 $= \max(l_{aE}, 0.5h_c+5d) = \max(825, 0.5 \times 900+5 \times 25) = 825 (mm)$

单根长度 $l_1 = 7000+5000+6000-300-450+900+825 = 18975 (mm) = 18.975 (m)$

(2) 下部通长钢筋长度(2 Φ 20)

单根长度 $l_2 = l_n +$ 左锚固长度 + 右锚固长度

左支座为弯锚,右支座为直锚。

单根长度 $l_2 = 7000+5000+6000-300-450+525+15 \times 20+33 \times 20 = 18735 (mm) = 18.735 (m)$

(3) 一跨左支座负筋长度(2 Φ 25)

根据以上计算可知该筋在支座处也为弯锚,且锚固长度为

$$600-30-20-25+15\times25=900(\text{mm})$$

单根长度 $l_3=l_n/3+$ 锚固长度 $=(7000-600)/3+900=3033(\text{mm})=3.033(\text{m})$

（4）一跨箍筋 Φ8@100/200(2) 按外皮长度

单根箍筋的长度 $l_4=[(b-2c+2d)+(h-2c+2d)]\times2+2\times[\max(10d,75)+1.9d]$
$$=[(200-2\times25+2\times8)+(500-2\times25+2\times8)]\times2$$
$$+2\times[\max(10\times8,75)+1.9\times8]$$
$$=1454.4(\text{mm})=1.4544(\text{m})$$

箍筋加密区的长度 $=\max(2h_b,500)=1000\text{mm}$

箍筋的根数 = 加密区箍筋的根数 + 非加密区箍筋的根数
$$=[(1000-50)/100+1]\times2+(7000-600-2000)/200-1=43\text{ 根}$$

（5）二跨左支座负筋 2Φ25

单根长度 $l_5=l_n/3\times2+$ 支座宽度 $=(7000-600)/3\times2+600=4867(\text{mm})=4.867(\text{m})$

（6）二跨右支座负筋 2Φ25

单根长度 $l_6=l_n/3\times2+$ 支座宽度 $=5250/3\times2+600=4100(\text{mm})=4.1(\text{m})$

（7）二跨箍筋 Φ8@100/200(2)

单根长度 $l_7=1.4544\text{m}$

根数 $=[(1000-50)/100+1]\times2+(5000-600-2000)/200-1=23\text{ 根}$

（8）三跨右支座负筋 2Φ25
$$l_8=5250/3+825=2575(\text{mm})=2.575(\text{m})$$

（9）三跨箍筋 Φ8@100/200(2)

$l_9=1.4544\text{m}$，根数 $=38$ 根。

钢筋预算量计算结构见表 4-4。

表 4-4 钢筋预算量计算表

钢筋号	直径（mm）	单根钢筋长度（m）	根数	总长（m）	单位长度钢筋理论质量（kg/m）	总质量（kg）
1. 上部通长钢筋	25	18.975	2		3.850	146.108
2. 下部通长钢筋	20	18.735	2		2.470	92.551
3. 一跨左支座负筋	25	3.033	2		3.850	23.354
4. 一跨箍筋	8	1.454	43		0.395	24.696
5. 二跨左支座负筋	25	4.867	2		3.85	37.476
6. 二跨右支座负筋	25	4.100	2		3.85	31.570
7. 二跨箍筋	8	1.454	23		0.395	13.210
8. 三跨右支座负筋	25	2.575	2		3.850	19.828
9. 三跨箍筋	8	1.454	38		0.395	21.824
总质量（kg）						410.617

思考题：

1. 梁编号有哪些？

2. KL3（2A）表示什么意义？L9（7B）表示什么意义？
3. 梁原位标注有哪些规定？
4. 梁支座上部纵筋的长度有何规定？
5. 不伸入支座的梁下部纵筋长度有何规定？
6. 框架梁、屋面框架梁中间支座纵向钢筋构造有哪些？
7. 框架梁水平、竖向加腋构造有哪些？
8. 框架梁和屋面框架梁箍筋构造有哪些？
9. 梁中箍筋和拉结筋弯钩构造有哪些？
10. 边支座负筋、中间支座负筋的长度如何计算？
11. 箍筋的长度及根数如何计算？
12. 关于屋面框架梁中的钢筋有何计算规则？

第五章 板构件钢筋计算

> **重点提示：**
> 1. 熟悉有梁楼盖板平法施工图识读基础知识、无梁楼盖板施工图识读基础知识及楼板相关构造识读的基础知识
> 2. 了解有梁楼盖楼面板LB和屋面板WB钢筋构造、板在端部支座的锚固构造、有梁楼盖不等跨板上部贯通纵筋连接构造、单（双）向板配筋构造、悬挑板XB钢筋构造等
> 3. 掌握板构件钢筋计算方法，在实际工作中能够熟练运用

第一节 板平法施工图识读

一、有梁楼盖平法施工图识读

有梁楼盖的制图规则适用于以梁为支座的楼面与屋面板平法施工图设计。

1. 有梁楼盖板平法施工图的表示方法

（1）有梁楼盖板平法施工图是在楼面板和屋面板布置图上，采用平面注写的表达方式。板平面注写主要包括板块集中标注和板支座原位标注。

（2）为方便设计表达和施工识图，规定结构平面的坐标方向如下：

1）当两向轴网正交布置时，图面从左至右为X向，从下至上为Y向；

2）当轴网转折时，局部坐标方向顺轴网转折角度做相应转折；

3）当轴网向心布置时，切向为X向，径向为Y向。

此外，对于平面布置比较复杂的区域，例如轴网转折交界区域、向心布置的核心区域等，其平面坐标方向应由设计者另行规定，并且在图上明确表示。

2. 板块集中标注

（1）板块集中标注的内容包括：板块编号、板厚、上部贯通纵筋，下部纵筋，以及当板面标高不同时的标高高差。

对于普通楼面，两向均以一跨为一板块；对于密肋楼盖，两向主梁（框架梁）均以一跨为一板块（非主梁密肋不计）。所有板块应逐一编号，相同编号的板块可择其一做集中标注，其他仅注写置于圆圈内的板编号，以及当板面标高不同时的标高高差。

板块编号应符合表5-1的规定。

板厚注写为$h=×××$（h为垂直于板面的厚度）；当悬挑板的端部改变截面厚度时，用斜线分隔根部与端部的高度值，注写为$h=×××/×××$；当设计已在图注中统一注明板厚时，此项可不注。

第五章　板构件钢筋计算

表 5-1　板块编号

板类型	代　号	序　号
楼面板	LB	××
屋面板	WB	××
悬挑板	XB	××

纵筋按板块的下部纵筋和上部贯通纵筋分别注写（当板块上部不设贯通纵筋时则不注），并以 B 代表下部纵筋，以 T 代表上部贯通纵筋，B&T 代表下部与上部；X 向纵筋以 X 打头，Y 向纵筋以 Y 打头，两向纵筋配置相同时则以 X&Y 打头。

当为单向板时，分布筋可不必注写，而在图中统一注明。

当在某些板内（例如在悬挑板 XB 的下部）配置有构造钢筋时，则 X 向以 Xc，Y 向以 Yc 打头注写。

当 Y 向采用放射配筋时（切向为 X 向，径向为 Y 向），设计者应注明配筋间距的定位尺寸。

当纵筋采用两种规格钢筋"隔一布一"方式时，表达为Φxx/yy@×××，表示直径为 xx 的钢筋和直径为 yy 的钢筋二者之间间距为×××，直径 xx 钢筋的间距为×××的 2 倍，直径 yy 钢筋的间距为×××的 2 倍。

板面标高高差是指相对于结构层楼面标高的高差，应将其注写在括号内，并且有高差则注，无高差不注。

【例 5-1】 B：XΦ10@150　YΦ10@180，表示双向配筋，X 向和 Y 向均有底部贯通纵筋；单层配筋，底部贯通纵筋 X 向为Φ10@150，Y 向为Φ10@180，板上部未配置贯通纵筋。

【例 5-2】 B：X&YΦ10@150，表示双向配筋，X 向和 Y 向均有底部贯通纵筋；单层配筋，只是底部贯通纵筋，没有板顶部贯通纵筋；底部贯通纵筋 X 向和 Y 向配筋相同，均为Φ10@150。

【例 5-3】 B：X&YΦ10@150　T：X&YΦ10@150，表示双向配筋，底部和顶部均为双向配筋；双层配筋，既有板底贯通纵筋，又有板顶贯通纵筋；底部贯通纵筋 X 向和 Y 向配筋相同，均为Φ10@150；顶部贯通纵筋 X 向和 Y 向配筋相同，均为Φ10@150。

【例 5-4】 B：X&YΦ10@150　T：XΦ10@150，表示双层配筋，既有板底贯通纵筋，又有板顶贯通纵筋；板底为双向配筋，底部贯通纵筋 X 向和 Y 向配筋相同，均为Φ10@150；板顶部为单向配筋，顶部贯通纵筋 X 向为Φ10@150。

【例 5-5】 有一楼面板块注写为：LB5　$h=110$

B：XΦ12@120；YΦ10@110

表示 5 号楼面板，板厚 110，板下部配置的贯通纵筋 X 向为Φ12@120，Y 向为Φ10@110；板上部未配置贯通纵筋。

【例 5-6】 有一楼面板块注写为：LB5　$h=110$

B：XΦ10/12@100；YΦ10@110

表示 5 号楼面板，板厚 110，板下部配置的贯通纵筋 X 向为Φ10、Φ12 隔一布一，Φ10 与Φ12 之间间距为 100；Y 向为Φ10@110；板上部未配置贯通纵筋。

【例 5-7】 有一悬挑板注写为：XB2　$h=150/100$

B：Xc&YcΦ8@200

表示 2 号悬挑板，板根部厚 150，端部厚 100，板下部配置构造钢筋双向均为Φ8@200（上部受力钢筋见板支座原位标注）。

(2) 同一编号板块的类型、板厚和贯通纵筋均应相同，但是板面标高、跨度、平面形状以及板支座上部非贯通纵筋可以不同，如同一编号板块的平面形状可为矩形、多边形及其他形状等。施工预算时，应根据其实际平面形状，分别计算各块板的混凝土与钢材用量。

设计与施工时应注意：单向或双向连续板的中间支座上部同向贯通纵筋，不应在支座位置连接或分别锚固。当相邻两跨的板上部贯通纵筋配置相同，且跨中部位有足够空间连接时，可在两跨任意一跨的跨中连接部位连接；当相邻两跨的上部贯通纵筋配置不同时，应将配置较大者越过其标注的跨数终点或起点伸至相邻跨的跨中连接区域连接。

设计应注意板中间支座两侧上部贯通纵筋的协调配置，施工及预算应按具体设计和相应标准构造要求实施。等跨与不等跨板上部贯通纵筋的连接有特殊要求时，其连接部位及方式应由设计者注明。对于梁板式转换层楼板，板下部纵筋在支座内的锚固长度不应小于 l_a。当悬挑板需要考虑竖向地震作用时，下部纵筋伸入支座内长度不应小于 l_{aE}。

3. 板支座原位标注

(1) 板支座原位标注的内容包括：板支座上部非贯通纵筋和悬挑板上部受力钢筋。

板支座原位标注的钢筋，应在配置相同跨的第一跨表达（当在梁悬挑部位单独配置时则在原位表达）。在配置相同跨的第一跨（或梁悬挑部位），垂直于板支座（梁或墙）绘制一段适宜长度的中粗实线（当该筋通长设置在悬挑板或短跨板上部时，实线段应画至对边或贯通短跨），以该线段代表支座上部非贯通纵筋，并在线段上方注写钢筋编号（例如①、②等）、配筋值、横向连续布置的跨数（注写在括号内，并且当为一跨时可不注），以及是否横向布置到梁的悬挑端。

板支座上部非贯通筋自支座中线向跨内的伸出长度，注写在线段的下方位置。

当中间支座上部非贯通纵筋向支座两侧对称伸出时，可仅在支座一侧线段下方标注伸出长度，另一侧不注，如图 5-1 所示。

当向支座两侧非对称伸出时，应分别在支座两侧线段下方注写伸出长度，如图 5-2 所示。

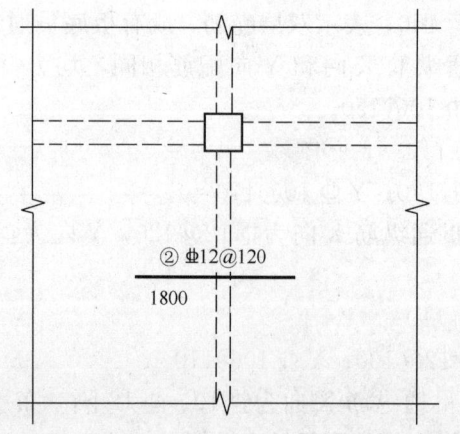

图 5-1 板支座上部非贯通筋对称伸出

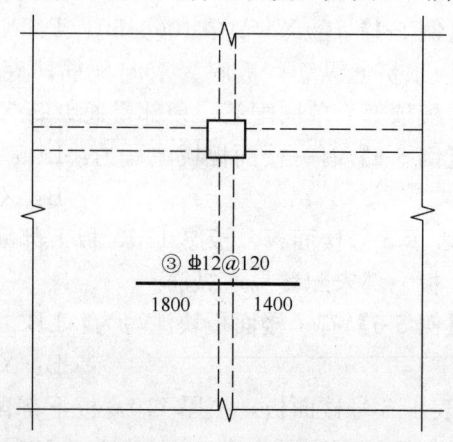

图 5-2 板支座上部非贯通筋非对称伸出

对线段画至对边贯通全跨或贯通全悬挑长度的上部通长纵筋，贯通全跨或伸出至全悬挑一侧的长度值不注，只注明非贯通筋另一侧的伸出长度值，如图 5-3 所示。

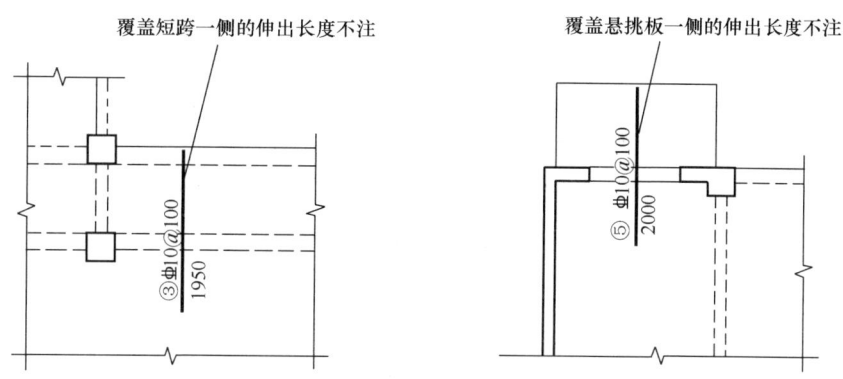

图 5-3 板支座非贯通筋贯通全跨或伸出至悬挑端

当板支座为弧形，支座上部非贯通纵筋呈放射状分布时，设计者应注明配筋间距的度量位置并加注"放射分布"四字，必要时应补绘平面配筋图，如图 5-4 所示。

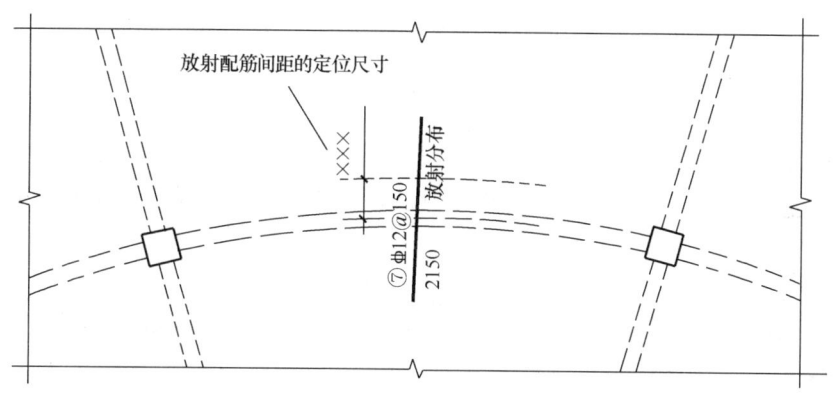

图 5-4 弧形支座处放射配筋

关于悬挑板的注写方式如图 5-5 所示。当悬挑板端部厚度不小于 150 时，设计者应指定板端部封边构造方式，当采用 U 形钢筋封边时，尚应指定 U 形钢筋的规格、直径。

板平面布置图中，不同部位板支座上部非贯通纵筋及悬挑板上部受力钢筋，可仅在一个部位注写，对其他相同者则仅需在代表钢筋的线段上注写编号及按上述规则注写横向连续布置的跨数即可。

此外，与板支座上部非贯通纵筋垂直且绑扎在一起的构造钢筋或分布钢筋，应由设计者在图中注明。

(2) 当板的上部已配置有贯通纵筋，但需增配板支座上部非贯通纵筋时，应结合已配置的同向贯通纵筋的直径与间距采取"隔一布一"方式配置。

"隔一布一"方式，为非贯通纵筋的标注间距与贯通纵筋相同，两者组合后的实际间距为各自标注间距的 1/2。当设定贯通纵筋为纵筋总截面面积的 50% 时，两种钢筋应取相同直径；当设定贯通纵筋大于或小于总截面面积的 50% 时，两种钢筋则取不同直径。

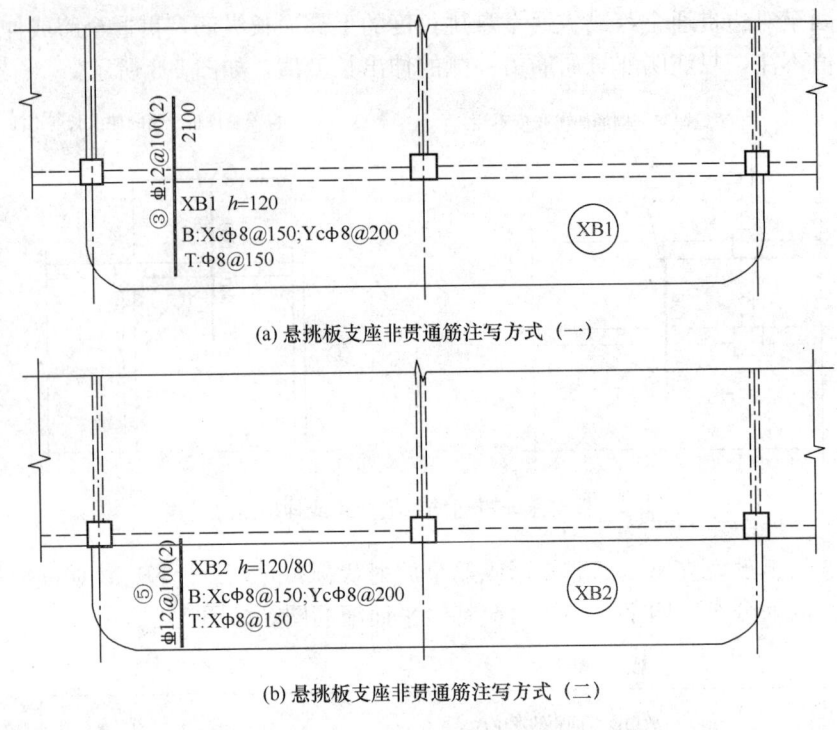

图 5-5 悬挑板注写方式

施工时应注意：当支座一侧设置了上部贯通纵筋（在板集中标注中以 T 打头），而在支座另一侧仅设置了上部非贯通纵筋时，如果支座两侧设置的纵筋直径、间距相同，应将二者连通，避免各自在支座上部分别锚固。

4. 其他

（1）当悬挑板需要考虑竖向地震作用时，设计应注明该悬挑板纵向钢筋抗震锚固长度按何种抗震等级。

（2）板上部纵向钢筋在端支座（梁、剪力墙顶）的锚固要求，16G101-1 图集标准构造详图中规定：当设计按铰接时，平直段伸至端支座对边后弯折，且平直段长度 $\geqslant 0.35l_{ab}$，弯折段投影长度 $15d$（d 为纵向钢筋直径）；当充分利用钢筋的抗拉强度时，平直段伸至端支座对边后弯折，且平直段长度 $\geqslant 0.6l_{ab}$，弯折段投影长度 $15d$。设计者应在平法施工图中注明采用何种构造，当多数采用同种构造时可在图注中写明，并将少数不同之处在图中注明。

（3）板支承在剪力墙顶的端节点，当设计考虑墙外侧竖向钢筋与板上部纵向受力钢筋搭接传力时，应满足搭接长度要求，设计者应在平法施工图中注明。

（4）板纵向钢筋的连接可采用绑扎搭接、机械连接或焊接，其连接位置详见 16G101-1 图集中相应的标准构造详图。当板纵向钢筋采用非接触方式的搭接连接时，其搭接部位的钢筋净距不宜小于 30mm，且钢筋中心距不应大于 $0.2l_l$ 及 150mm 的较小者。

注：非接触搭接使混凝土能够与搭接范围内所有钢筋的全表面充分粘接，可以提高搭接钢筋之间通过混凝土传力的可靠度。

（5）采用平面注写方式表达的楼面板平法施工图示例，如图 5-6 所示。

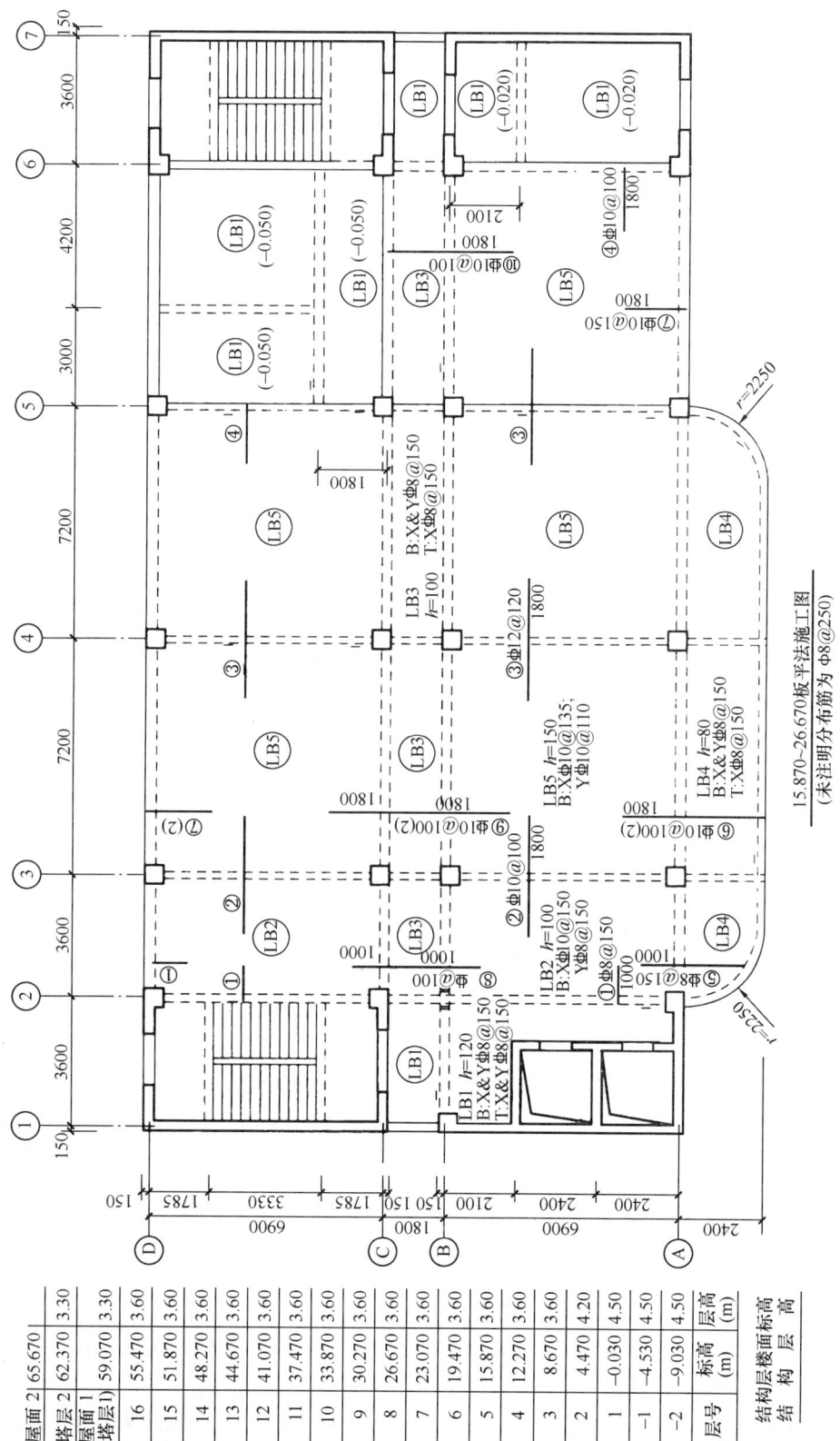

图 5-6 有梁楼盖平法施工图示例

二、无梁楼盖平法施工图识读

1. 无梁楼盖平法施工图的表示方法

（1）无梁楼盖平法施工图是在楼面板和屋面板布置图上，采用平面注写的表达方式。
（2）板平面注写主要有板带集中标注、板带支座原位标注两部分内容。

2. 板带集中标注

（1）集中标注应在板带贯通纵筋配置相同跨的第一跨（X 向为左端跨，Y 向为下端跨）注写。相同编号的板带可择其一做集中标注，其他仅注写板带编号（注写在圆圈内）。

板带集中标注的具体内容为：板带编号、板带厚及板带宽和贯通纵筋。

板带编号应符合表 5-2 的规定。

表 5-2 板带编号

板带类型	代 号	序 号	跨数及有无悬挑
柱上板带	ZSB	××	(××)、(××A) 或 (××B)
跨中板带	KZB	××	(××)、(××A) 或 (××B)

注：1. 跨数按柱网轴线计算（两相邻柱轴线之间为一跨）。
  2. (××A) 为一端有悬挑，(××B) 为两端有悬挑，悬挑不计入跨数。

板带厚注写为 $h=×××$，板带宽注写为 $b=×××$。当无梁楼盖整体厚度和板带宽度已在图中注明时，此项可不注。

贯通纵筋按板带下部和板带上部分别注写，并以 B 代表下部，T 代表上部，B&T 代表下部和上部。当采用放射配筋时，设计者应注明配筋间距的度量位置，必要时补绘配筋平面图。

设计与施工应注意：相邻等跨板带上部贯通纵筋应在跨中 1/3 净跨长度范围内连接；当同向连续板带的上部贯通纵筋配置不同时，应将配置较大者越过其标注的跨数终点或起点伸至相邻跨的跨中连接区域连接。

设计应注意板带中间支座两侧上部贯通纵筋的协调配置，施工及预算应按具体设计和相应标准构造要求实施。等跨与不等跨板上部贯通纵筋的连接构造要求见相关标准构造详图；当具体工程对板带上部纵向钢筋的连接有特殊要求时，其连接部位及方式应由设计者注明。

（2）当局部区域的板面标高与整体不同时，应在无梁楼盖的板平法施工图上注明板面标高高差及分布范围。

3. 板带支座原位标注

（1）板带支座原位标注的具体内容为：板带支座上部非贯通纵筋。

以一段与板带同向的中粗实线段代表板带支座上部非贯通纵筋；对柱上板带，实线段贯穿柱上区域绘制；对跨中板带，实线段横贯柱网轴线绘制。在线段上注写钢筋编号（例如①、②等）、配筋值及在线段的下方注写自支座中线向两侧跨内的伸出长度。

当板带支座非贯通纵筋自支座中线向两侧对称伸出时，其伸出长度可仅在一侧标注；当配置在有悬挑端的边柱上时，该筋伸出到悬挑尽端，设计不注。当支座上部非贯通纵筋呈放射分布时，设计者应注明配筋间距的定位位置。

不同部位的板带支座上部非贯通纵筋相同者，可仅在一个部位注写，其余则在代表非贯通纵筋的线段上注写编号。

（2）当板带上部已经配有贯通纵筋，但需增加配置板带支座上部非贯通纵筋时，应结合已配同向贯通纵筋的直径与间距，采取"隔一布一"的方式配置。

4. 暗梁的表示方法

（1）暗梁平面注写包括暗梁集中标注、暗梁支座原位标注两部分内容。施工图中在柱轴线处画中粗虚线表示暗梁。

（2）暗梁集中标注包括暗梁编号、暗梁截面尺寸（箍筋外皮宽度×板厚）、暗梁箍筋、暗梁上部通长筋或架立筋四部分内容。暗梁编号应符合表5-3的规定，其他注写方式详见第四章第一节"一、平面注写方式"第（3）条。

表5-3 暗梁编号

构件类型	代 号	序 号	跨数及有无悬挑
暗梁	AL	××	(××)、(××A) 或 (××B)

注：1. 跨数按柱网轴线计算（两相邻柱轴线之间为一跨）。
    2. （××A）为一端有悬挑，（××B）为两端有悬挑，悬挑不计入跨数。

（3）暗梁支座原位标注包括梁支座上部纵筋、梁下部纵筋。当在暗梁上集中标注的内容不适用于某跨或某悬挑端时，则将其不同数值标注在该跨或该悬挑端，施工时按原位注写取值。注写方式详见第四章第一节"一、平面注写方式"第（4）条。

（4）当设置暗梁时，柱上板带及跨中板带标注方式与本节"一、有梁楼盖平法施工图识读"中第2条、第3条一致。柱上板带标注的配筋仅设置在暗梁之外的柱上板带范围内。

（5）暗梁中纵向钢筋连接、锚固及支座上部纵筋伸出长度等要求同轴线处柱上板带中纵向钢筋。

5. 其他

（1）当悬挑板需要考虑竖向地震作用时，设计应注明该悬挑板纵向钢筋抗震锚固长度按何种抗震等级。

（2）无梁楼盖板纵向钢筋的锚固和搭接需满足受拉钢筋的要求。

（3）无梁楼盖跨中板带上部纵向钢筋在梁端支座的锚固要求，16G101-1图集标准构造详图中规定：当设计按铰接时，平直段伸至端支座对边后弯折，且平直段长度$\geqslant 0.35l_{ab}$，弯折段投影长度15d（d为纵向钢筋直径）；当充分利用钢筋的抗拉强度时，直段伸至端支座对边后弯折，且平直段长度$\geqslant 0.6l_{ab}$，弯折段投影长度15d。设计者应在平法施工图中注明采用何种构造，当多数采用同种构造时可在图注中写明，并将少数不同之处在图中注明。

（4）无梁楼盖跨中板带支承在剪力墙顶的端节点，当板上部纵向钢筋充分利用钢筋的抗拉强度时（锚固在支座中），直段伸至端支座对边后弯折，且平直段长度$\geqslant 0.6l_{ab}$，弯折段投影长度15d；当设计考虑墙外侧竖向钢筋与板上部纵向受力钢筋搭接传力时，应满足搭接长度要求；设计者应在平法施工图中注明采用何种构造，当多数采用同种构造时可在图注中写明，并将少数不同之处在图中注明。

（5）板纵向钢筋的连接可采用绑扎搭接、机械连接或焊接，其连接位置详见16G101-1图集中相应的标准构造详图。当板纵向钢筋采用非接触方式的绑扎搭接连接时，其搭接部位的钢筋净距不宜小于30mm，且钢筋中心距不应大于$0.2l_l$及150mm的较小者。

注：非接触搭接使混凝土能够与搭接范围内所有钢筋的全表面充分粘接，可以提高搭接钢筋之间通过混凝土传力的可靠度。

（6）无梁楼盖的板平法制图规则，同样适用于地下室内无梁楼盖的平法施工图设计。

（7）采用平面注写方式表达的无梁楼盖柱上板带、跨中板带及暗梁标注图示，如图5-7所示。

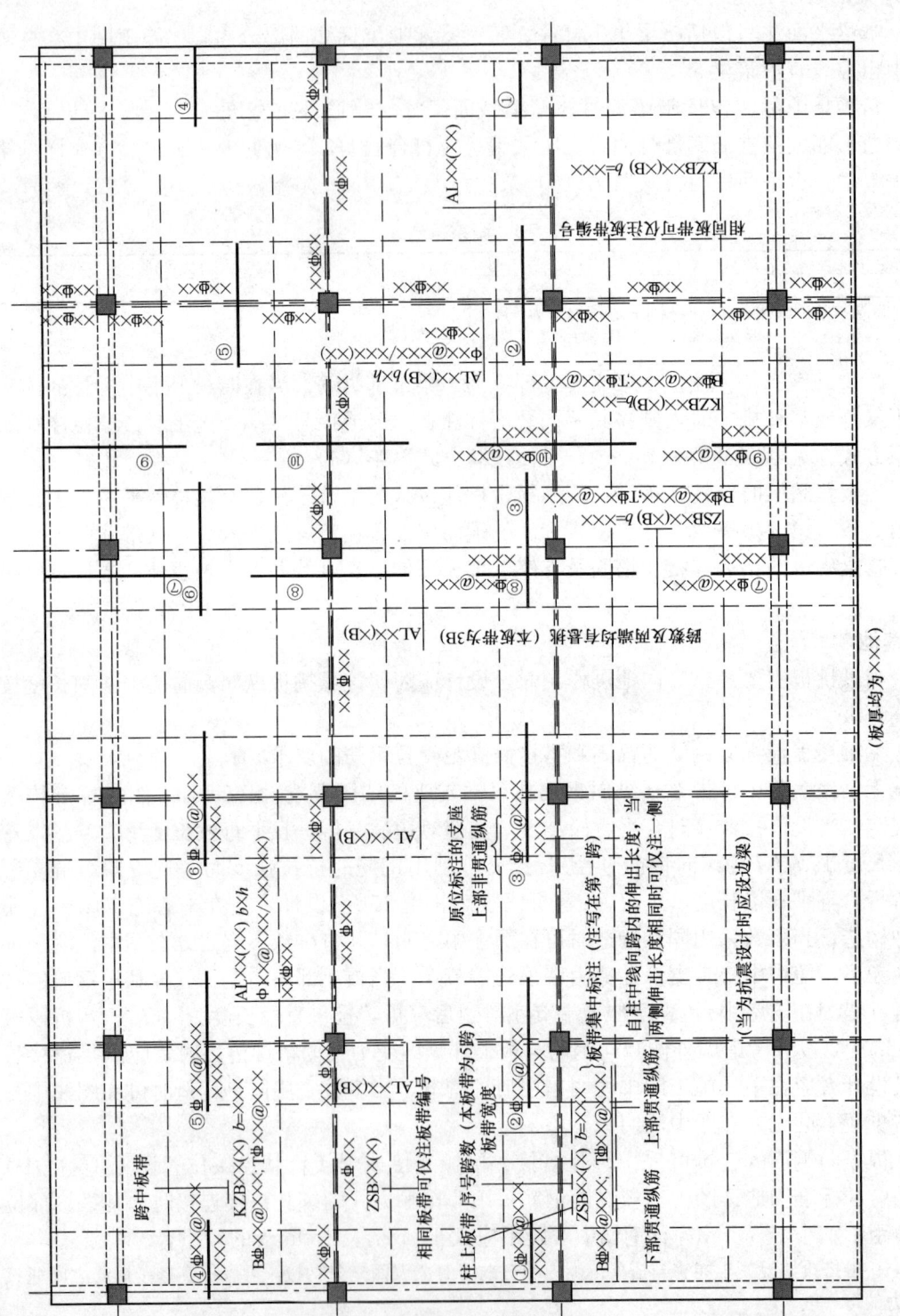

图 5-7 无梁楼盖平法施工图示例

注：图按 1:200 比例绘制。

三、楼板相关构造识读

1. 楼板相关构造类型与表示方法

（1）楼板相关构造的平法施工图设计是在板平法施工图上采用直接引注方式表达。

（2）楼板相关构造类型及编号应符合表 5-4 的规定。

表 5-4　楼板相关构造类型与编号

构造类型	代号	序号	说　明
纵筋加强带	JQD	××	以单向加强纵筋取代原位置配筋
后浇带	HJD	××	有不同的留筋方式
柱帽	ZM×	××	适用于无梁楼盖
局部升降板	SJB	××	板厚及配筋与所在板相同；构造升降高度≤300mm
板加腋	JY	××	腋高与腋宽可选
板开洞	BD	××	最大边长或直径<1m；加强筋长度有全跨贯通和自洞边锚固两种
板翻边	FB	××	翻边高度≤300mm
角部加强筋	Crs	××	以上部双向非贯通加强钢筋取代原位置的非贯通配筋
悬挑板阴角附加筋	Cis	××	板悬挑阴角上部斜向附加钢筋
悬挑板阳角放射筋	Ces	××	板悬挑阳角上部放射筋
抗冲切箍筋	Rh	××	通常用于无柱帽无梁楼盖的柱顶
抗冲切弯起筋	Rb	××	通常用于无柱帽无梁楼盖的柱顶

2. 楼板相关构造直接引注

（1）纵筋加强带 JQD 的引注

纵筋加强带的平面形状及定位由平面布置图表达，加强带内配置的加强贯通纵筋等由引注内容表达。

纵筋加强带设单向加强贯通纵筋，取代其所在位置板中原配置的同向贯通纵筋。根据受力需要，加强贯通纵筋可在板下部配置，也可在板下部和上部均设置。纵筋加强带的引注如图 5-8 所示。

当板下部和上部均设置加强贯通纵筋，而板带上部横向无配筋时，加强带上部横向配筋

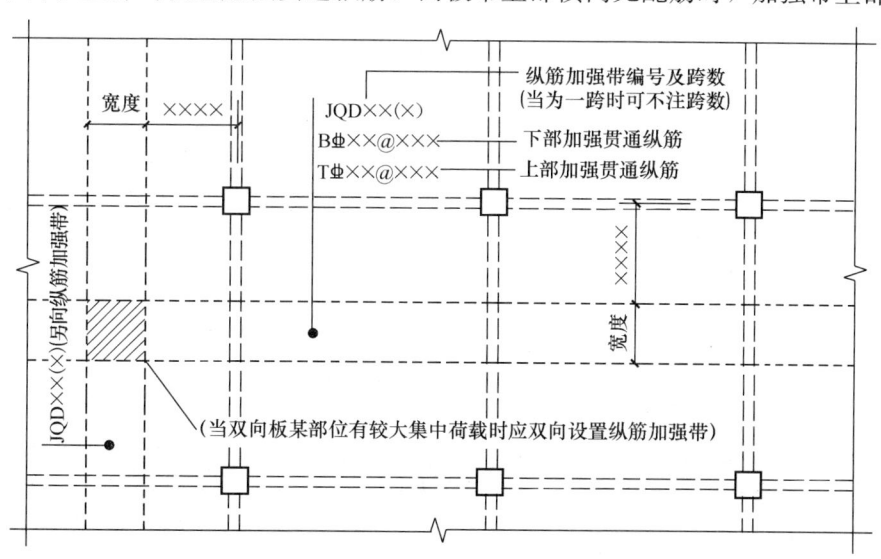

图 5-8　纵筋加强带 JQD 引注图示

应由设计者注明。

当将纵筋加强带设置为暗梁形式时应注写箍筋,其引注如图 5-9 所示。

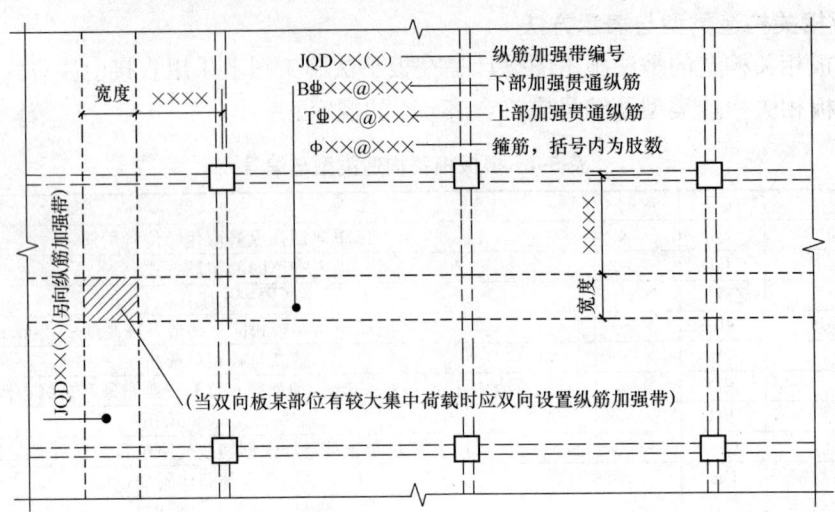

图 5-9 纵筋加强带 JQD 引注图示(暗梁形式)

(2) 后浇带 HJD 的引注

后浇带的平面形状以及定位由平面布置图表达,后浇带留筋方式等由引注内容表达,主要包括:

1) 后浇带编号以及留筋方式代号。16G101-1 图集提供了贯通留筋和 100%搭接留筋两种留筋方式。

贯通留筋的后浇带宽度通常取大于或等于 800mm;100%搭接留筋的后浇带宽度通常取 800mm 与 (l_l+60mm 或 l_{lE}+60mm) 的较大值 (l_l、为受拉钢筋的搭接长度、l_{lE} 受拉钢筋抗震搭接长度)。

2) 后浇混凝土的强度等级 C××。宜采用补偿收缩混凝土,设计应注明相关施工要求。

3) 当后浇带区域留筋方式或后浇混凝土强度等级不一致时,设计者应在图中注明与图示不一致的部位及做法。

后浇带 HJD 引注如图 5-10 所示。

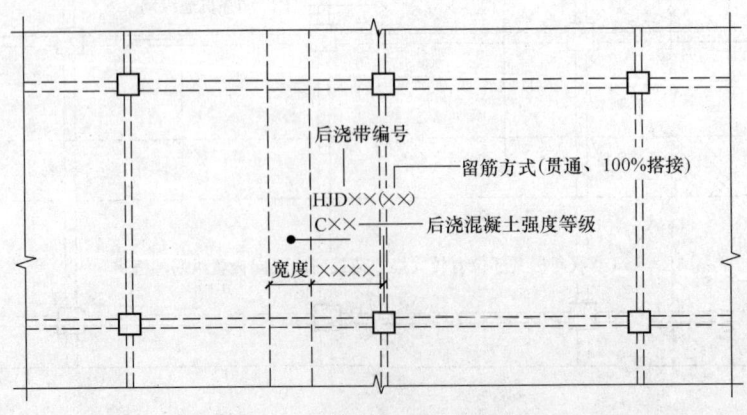

图 5-10 后浇带 HJD 引注图示

(3) 柱帽 ZM× 的引注

柱帽 ZM× 的引注如图 5-11～图 5-14 所示。柱帽的平面形状包括矩形、圆形或多边形等，其平面形状由平面布置图表达。

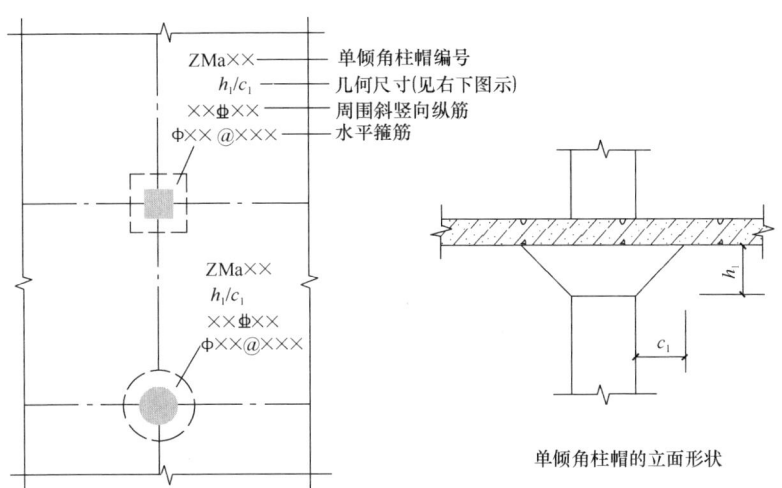

图 5-11　单倾角柱帽 ZMa 引注图示

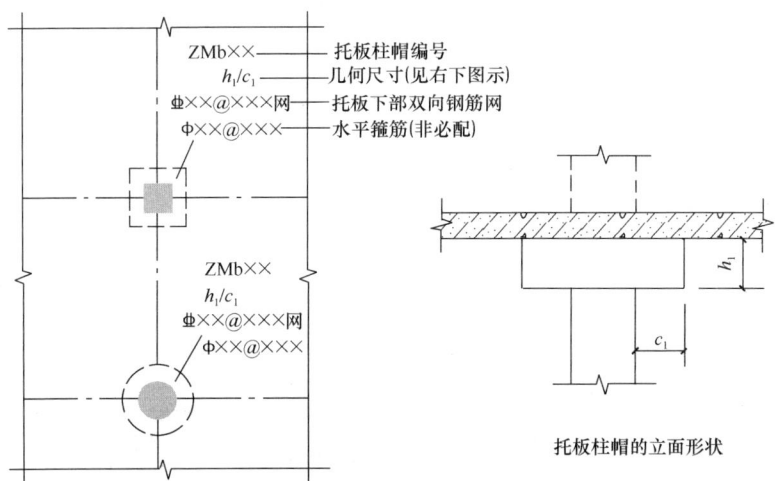

图 5-12　托板柱帽 ZMb 引注图示

柱帽的立面形状有单倾角柱帽 ZMa、托板柱帽 ZMb、变倾角柱帽 ZMc 和倾角托板柱帽 ZMab 等，如图 5-11～图 5-14 所示，其立面几何尺寸和配筋由具体的引注内容表达。图中 c_1、c_2 当 X、Y 方向不一致时，应标注 $(c_{1,X}, c_{1,Y})$、$(c_{2,X}, c_{2,Y})$。

(4) 局部升降板 SJB 的引注

局部升降板 SJB 的引注如图 5-15 所示。局部升降板的平面形状及定位由平面布置图表达，其他内容由引注内容表达。

局部升降板的板厚、壁厚和配筋，在标准构造详图中取与所在板块的板厚和配筋相同，设计不注；当采用不同板厚、壁厚和配筋时，设计应补充绘制截面配筋图。

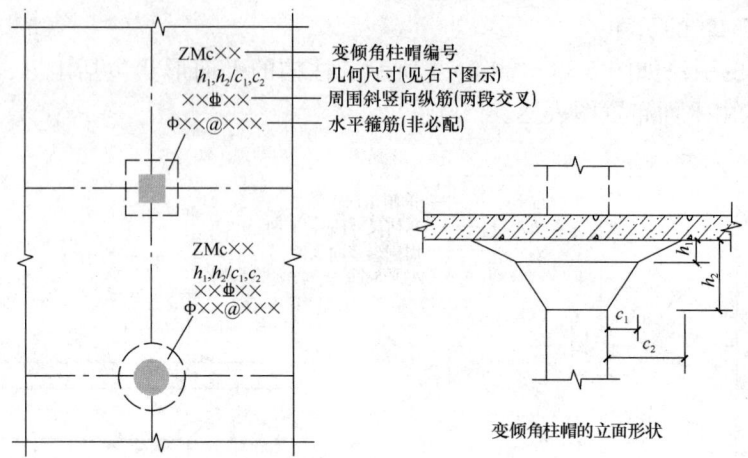

图 5-13 变倾角柱帽 ZMc 引注图示

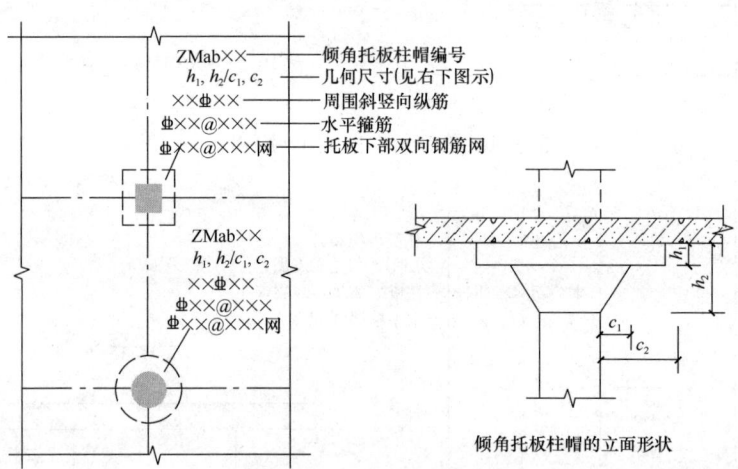

图 5-14 倾角托板柱帽 ZMab 引注图示

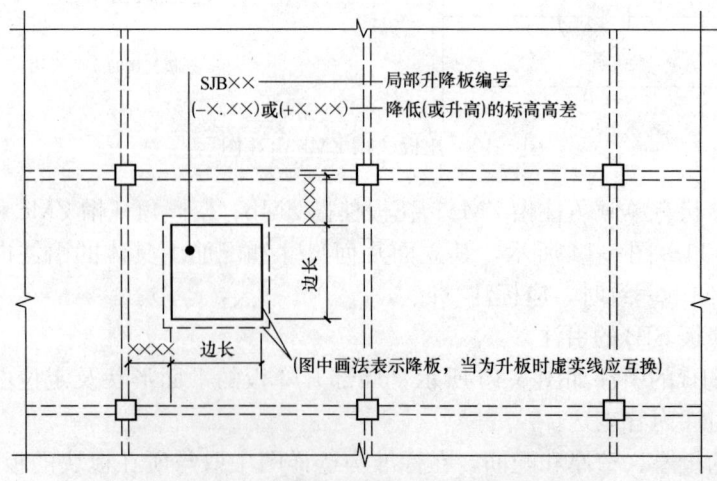

图 5-15 局部升降板 SJB 引注图示

局部升降板升高与降低的高度,在标准构造详图中限定为小于或等于300mm,当高度大于300mm时,设计应补充绘制截面配筋图。

设计应注意:局部升降板的下部与上部配筋均应设计为双向贯通纵筋。

(5) 板加腋JY的引注

板加腋JY的引注如图5-16所示。板加腋的位置与范围由平面布置图表达,腋宽、腋高及配筋等由引注内容表达。

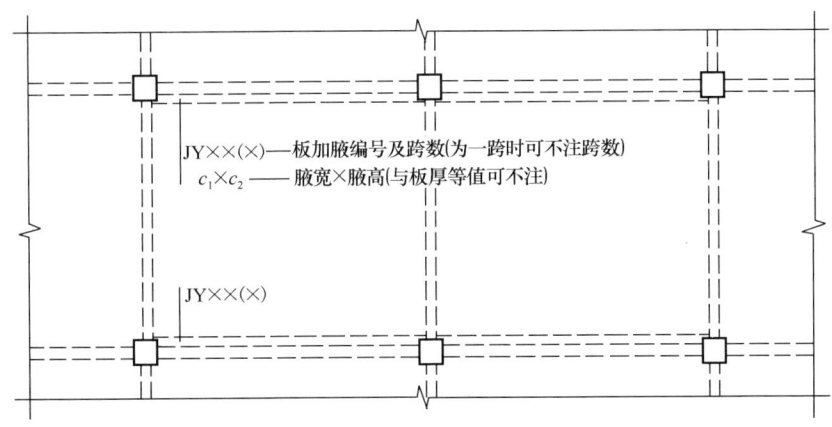

图5-16 板加腋JY引注图示

当为板底加腋时,腋线应为虚线,当为板面加腋时,腋线应为实线;当腋宽与腋高同板厚时,设计不注。加腋配筋按标准构造,设计不注;当加腋配筋与标准构造不同时,设计应补充绘制截面配筋图。

(6) 板开洞BD的引注

板开洞BD的引注如图5-17所示。板开洞的平面形状及定位由平面布置图表达,洞的几何尺寸等由引注内容表达。

当矩形洞口边长或圆形洞口直径小于或等于1000mm,并且当洞边无集中荷载作用时,

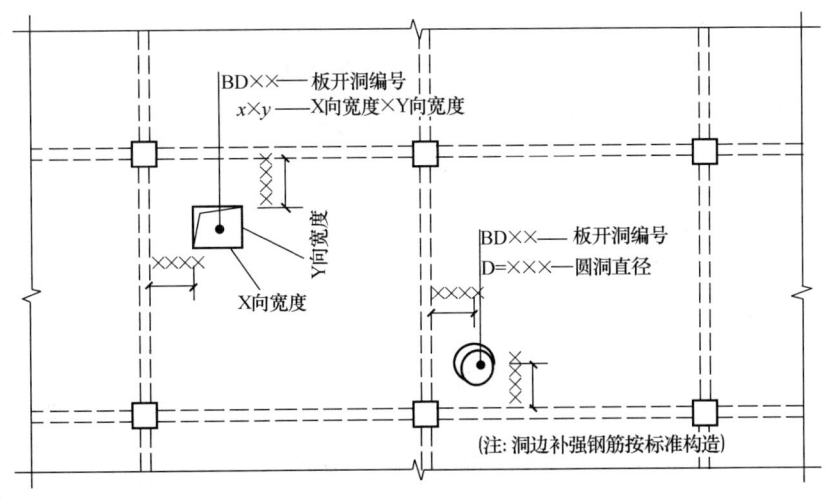

图5-17 板开洞BD引注图示

洞边补强钢筋可按标准构造的规定设置,设计不注;当洞口周边加强钢筋不伸至支座时,应在图中画出所有加强钢筋,并且标注不伸至支座的钢筋长度。当具体工程所需要的补强钢筋与标准构造不同时,设计应加以注明。

当矩形洞口边长或圆形洞口直径大于1000mm,或虽小于或等于1000mm但是洞边有集中荷载作用时,设计应根据具体情况采取相应的处理措施。

(7) 板翻边 FB 的引注

板翻边 FB 的引注如图 5-18 所示。板翻边可为上翻也可为下翻,翻边尺寸等在引注内容中表达,翻边高度在标准构造详图中为小于或等于 300mm。当翻边高度大于 300mm 时,由设计者自行处理。

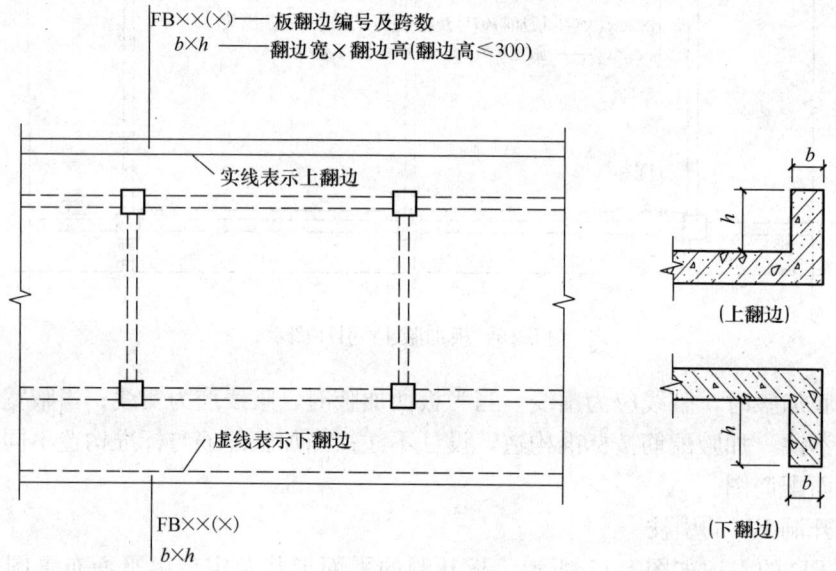

图 5-18 板翻边 FB 引注图示

(8) 角部加强筋 Crs 的引注

角部加强筋 Crs 的引注如图 5-19 所示。角部加强筋一般用于板块角部区域的上部,根据规范规定的受力要求选择配置。角部加强筋将在其分布范围内取代原配置的板支座上部非

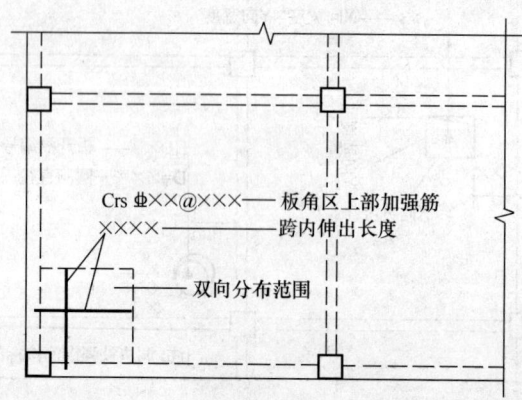

图 5-19 角部加强筋 Crs 引注图示

贯通纵筋，且当其分布范围内配有板上部贯通纵筋时则间隔布置。

（9）悬挑板阴角附加筋 Cis 的引注

悬挑板阴角附加筋 Cis 的引注如图 5-20 所示。悬挑板阴角附加筋是指在悬挑板的阴角部位斜放的附加钢筋，该附加钢筋设置在板上部悬挑受力钢筋的下面。

（10）悬挑板阳角放射筋 Ces 的引注

悬挑板阳角放射筋 Ces 的引注如图 5-21 所示。

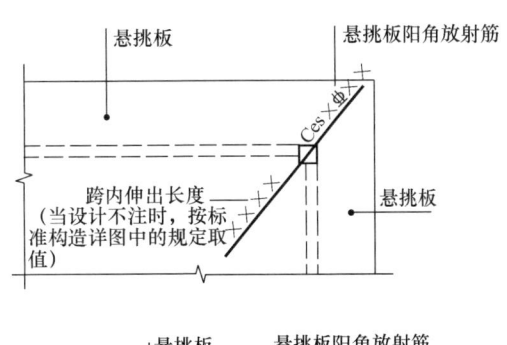

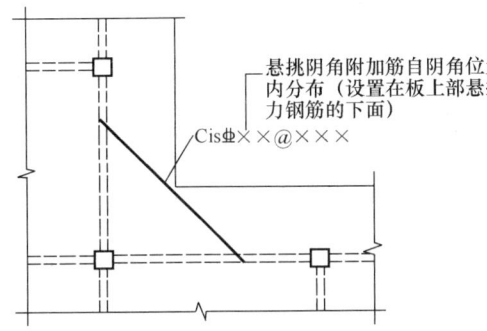

图 5-20 悬挑板阴角附加筋 Cis 引注图示

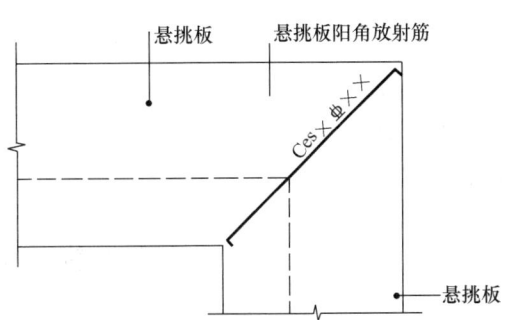

图 5-21 悬挑板阳角放射筋 Ces 引注图示

（11）抗冲切箍筋 Rh 的引注

抗冲切箍筋 Rh 的引注如图 5-22 所示。抗冲切箍筋一般在无柱帽无梁楼盖的柱顶部位设置。

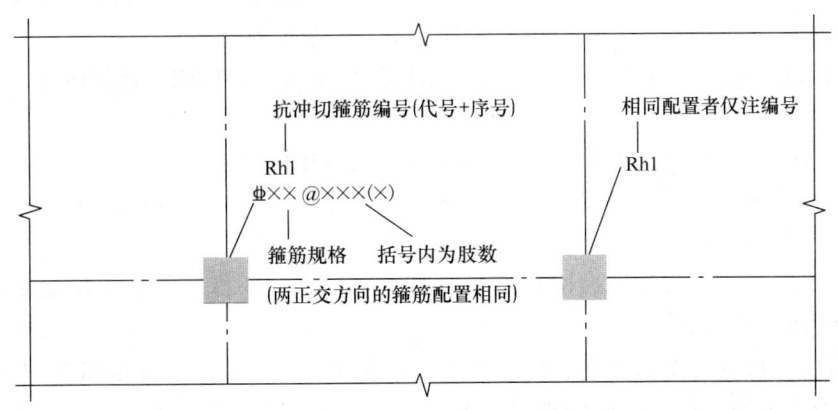

图 5-22 抗冲切箍筋 Rh 引注图示

(12) 抗冲切弯起筋 Rb 的引注

抗冲切弯起筋 Rb 的引注如图 5-23 所示。抗冲切弯起筋一般也在无柱帽、无梁楼盖的柱顶部位设置。

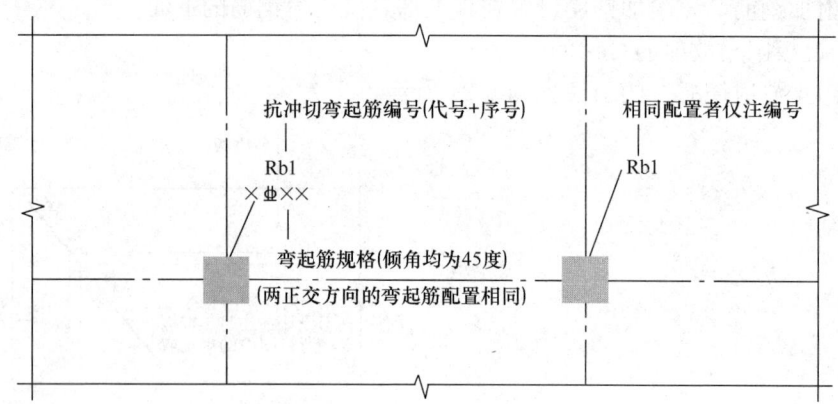

图 5-23 抗冲切弯起筋 Rb 引注图示

3. 其他

16G101-1 图集未包括的其他构造，应由设计者根据具体工程情况按照规范要求进行设计。

第二节 板构件钢筋构造

一、有梁楼盖楼面板 LB 和屋面板 WB 钢筋构造

有梁楼盖楼面板 LB 和屋面板 WB 钢筋构造如图 5-24 所示。

(1) 当相邻等跨或不等跨的上部贯通纵筋配置不同时，应将配置较大者越过其标注的跨数终点或起点伸出至相邻跨的跨中连接区域连接。

(2) 除图 5-24 所示搭接连接外，板纵筋可采用机械连接或焊接连接。接头位置：上部钢筋如图 5-24 所示连接区，下部钢筋宜在距支座 1/4 净跨内。

(3) 板贯通纵筋的连接要求见 16G101-1 图集第 59 页，并且同一连接区段内钢筋接头百分率不宜大于 50%。

(4) 当采用非接触方式的绑扎搭接连接时，要求如图 5-25 所示。

1) 在搭接范围内，相互搭接的纵筋与横向钢筋的每个交叉点均应进行绑扎。

2) 抗裂构造钢筋、抗温度筋自身及其与受力主筋搭接长度为 l_l。

3) 板上下贯通筋可兼作抗裂构造筋和抗温度筋。当下部贯通筋兼作抗温度钢筋时，其在支座的锚固由设计者确定。

4) 分布筋自身及与受力主筋、构造钢筋的搭接长度为 150；当分布筋兼作抗温度筋时，其自身及与受力主筋、构造钢筋的搭接长度为 l_l；其在支座的锚固按受拉要求考虑。

(5) 板位于同一层面的两向交叉纵筋何向在下何向在上，应按具体设计说明。

(6) 图 5-24 中所示板的中间支座均按梁绘制，当支座为混凝土剪力墙时，其构造相同。

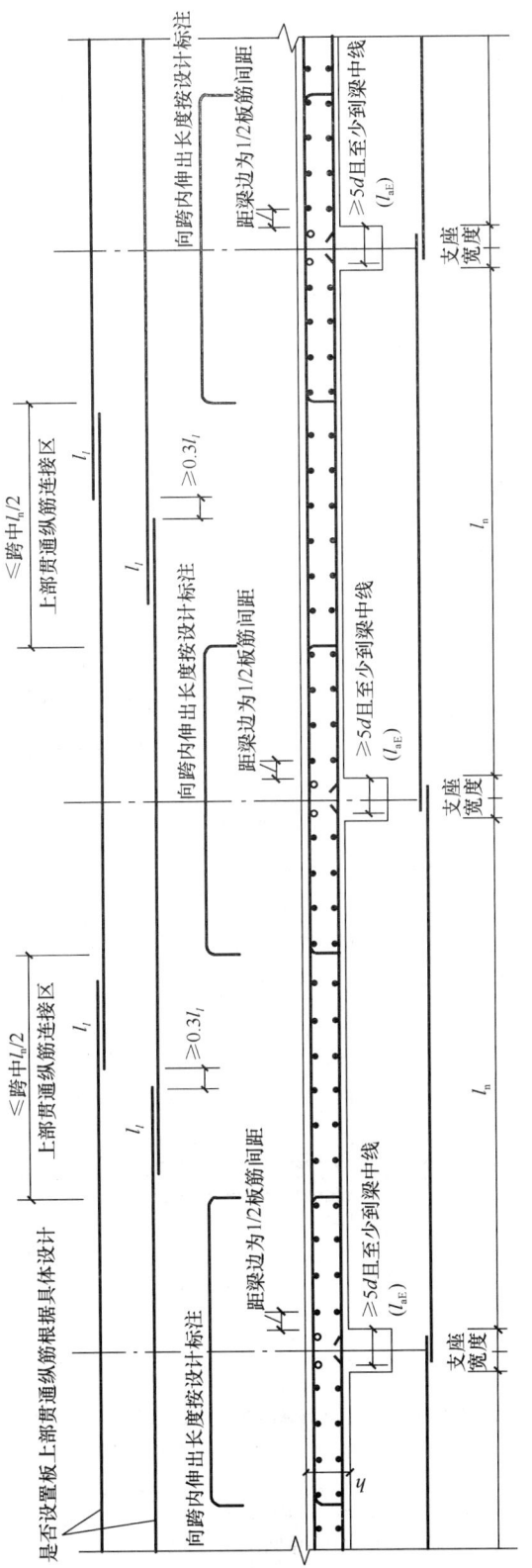

图 5-24 有梁楼盖楼面板 LB 和屋面板 WB 钢筋构造
（括号内的锚固长度 l_{aE} 用于梁板式转换层的板）

l_n—水平跨净跨值；l_t—纵向受拉钢筋非抗震绑扎搭接长度；l_{aE}—受拉钢筋抗震锚固长度；d—受拉钢筋直径

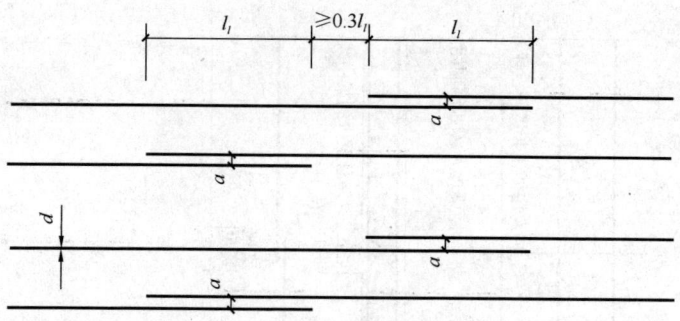

($30+d \leqslant a < 0.2l_l$ 及 150 的较小值)

图 5-25 纵向钢筋非接触绑扎搭接构造

二、板在端部支座的锚固构造

板在端部支座的锚固构造要求如图 5-26、图 5-27 所示。

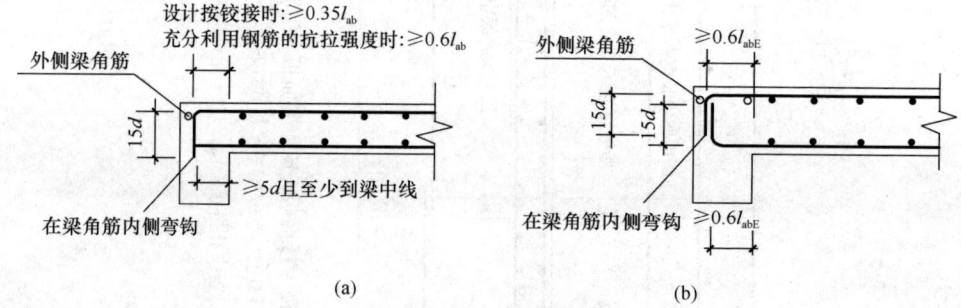

图 5-26 板在端部支座的锚固构造（一）
(a) 普通楼屋面板；(b) 用于梁板式转换层的楼面板

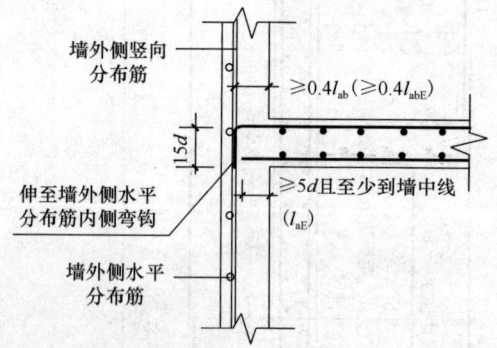

(括号内的数值用于梁板式转换层的板，当板下部纵筋直锚长度不足时，可弯锚)
(a)

图 5-27 板在端部支座的锚固构造（二）
（a）端部支座为剪力墙中间层；

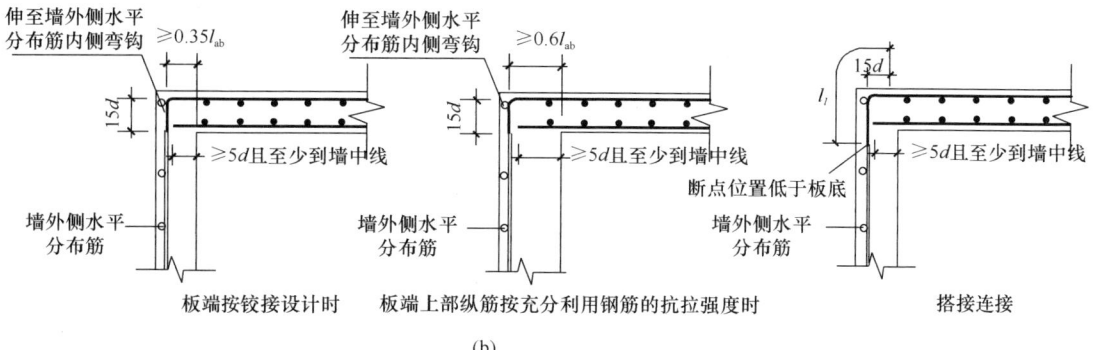

图 5-27 板在端部支座的锚固构造（二）（续）
（b）端部支座为剪力墙墙顶

（1）板在端部支座的锚固构造（一）中纵筋在端支座应伸至梁支座外侧纵筋内侧后弯折 $15d$，当平直段长度分别 $\geq l_a$、$\geq l_{aE}$ 时可不弯折。

（2）图中"设计按铰接时"、"充分利用钢筋的抗拉强度时"由设计指定。

（3）梁板式转换层的板中 l_{abE}、l_{aE} 按抗震等级四级取值，设计也可根据实际工程情况另行指定。

（4）板端部支座为剪力墙墙顶时，构造做法由设计指定。

（5）板在端部支座的锚固构造（二）中，纵筋在端支座应伸至墙外侧水平分布钢筋内侧后弯折 $15d$，当平直段长度分别 $\geq l_a$ 或 $\geq l_{aE}$ 时可不弯折。

三、有梁楼盖不等跨板上部贯通纵筋连接构造

有梁楼盖不等跨板上部贯通纵筋连接构造如图 5-28 所示。

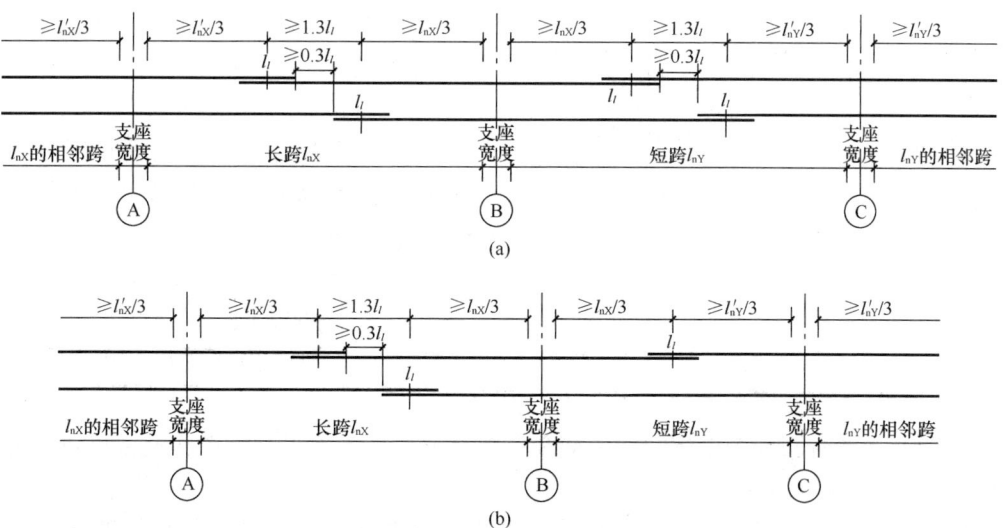

图 5-28 有梁楼盖不等跨板上部贯通纵筋连接构造（一）
（当钢筋足够长时能通则通）
（a）不等跨板上部贯通纵筋连接构造（一）；（b）不等跨板上部贯通纵筋连接构造（二）；

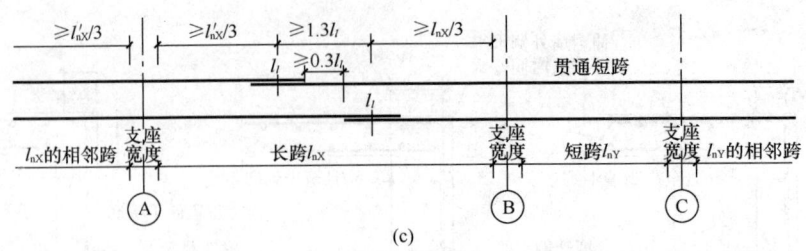

图 5-28 有梁楼盖不等跨板上部贯通纵筋连接构造（二）
（当钢筋足够长时能通则通）
(c) 不等跨板上部贯通纵筋连接构造（三）

l'_{nX}—轴线 A 左右两跨中较大净跨度值；l'_{nY}—轴线 C 左右两跨中较大净跨度值

四、单（双）向板配筋构造

16G101-1 图集第 102 页给出了单（双）向板配筋示意，如图 5-29 所示。

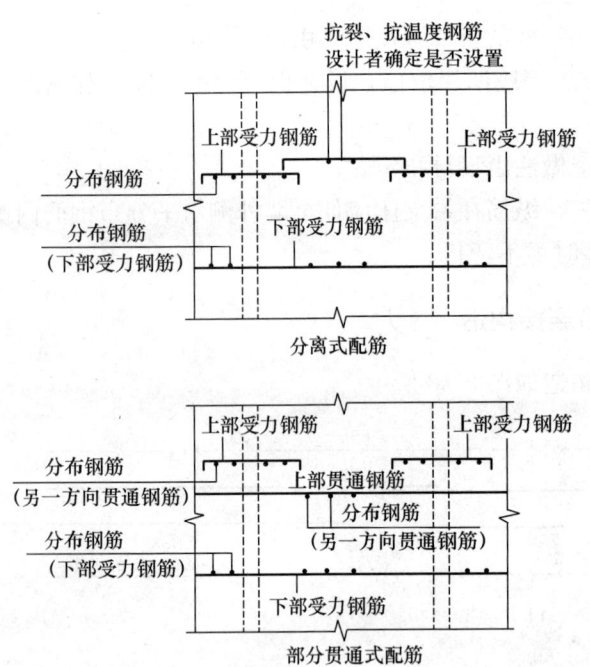

图 5-29 单（双）向板配筋示意

1. 分离式配筋

配筋特点：下部受力钢筋为贯通纵筋，上部受力钢筋为扣筋，上部中央可能配置抗裂、抗温度钢筋。

下部受力钢筋的上面布置分布钢筋（下部受力钢筋）；上部受力钢筋的下面布置分布钢筋。（括号内的配筋为"双向"时采用）

2. 部分贯通式配筋

配筋特点：下部受力钢筋为贯通纵筋，上部受力钢筋为贯通纵筋、还可能再配置非贯通纵筋（扣筋），例如采用"隔一布一"方式布置。

下部受力钢筋的上面布置分布钢筋（下部受力钢筋）；上部受力钢筋的下面布置分布钢筋（另一方向贯通钢筋）。（括号内的配筋为"双向"时采用）

3. 注意事项

（1）抗裂构造钢筋、抗温度筋自身及其与受力主筋搭接长度为 l_l。

（2）板上下贯通筋可兼作抗裂构造筋和抗温度筋。当下部贯通筋兼作抗温度钢筋时，其在支座处的锚固由设计者确定。

（3）分布筋自身及与受力主筋、构造钢筋的搭接长度为 150；当分布筋兼作抗温度筋时，其自身及与受力主筋、构造钢筋的搭接长度为 l_l；其在支座处的锚固按受拉要求考虑。

五、悬挑板 XB 钢筋构造

悬挑板 XB 钢筋构造如图 5-30 所示。

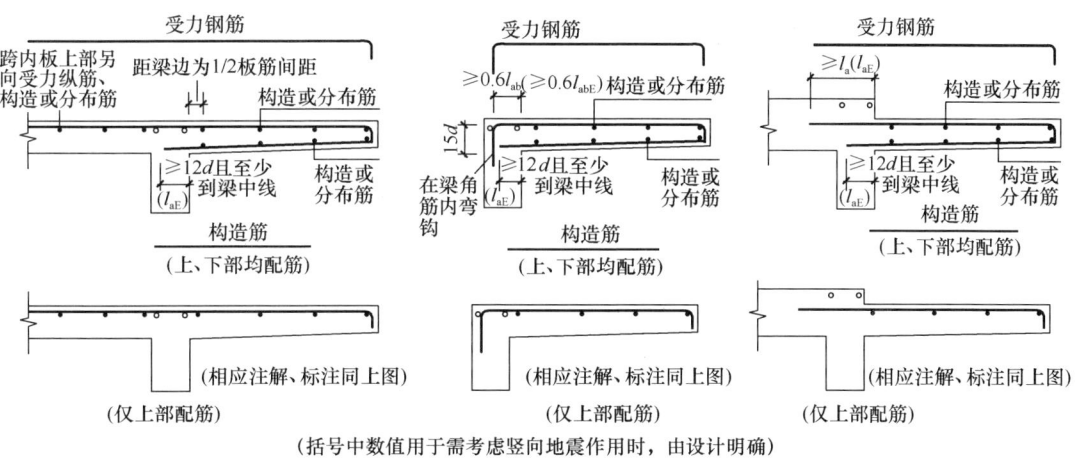

图 5-30 悬挑板 XB 钢筋构造

六、无支承板端部封边构造及折板配筋构造

无支承板端部封边构造及折板配筋构造如图 5-31 所示。

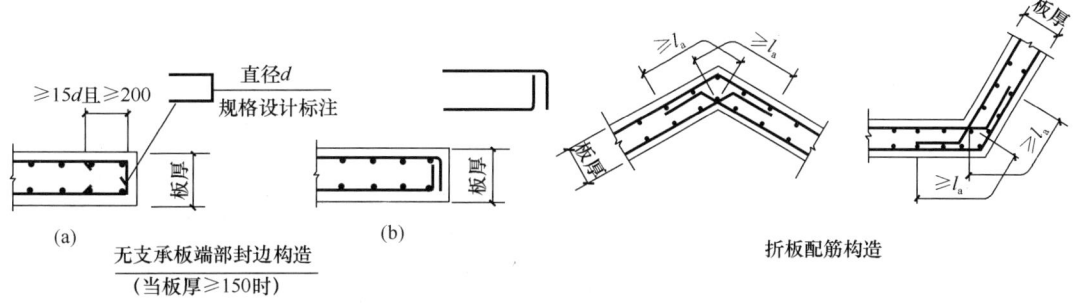

图 5-31 无支承板端部封边构造及折板配筋构造

七、板洞边加强筋的构造

板洞边加强筋的构造如图 5-32 所示。

八、悬挑板阳角放射筋构造

悬挑板阳角放射筋构造如图 5-33 所示。

九、悬挑板阴角构造

悬挑板阴角构造如图 5-34 所示。

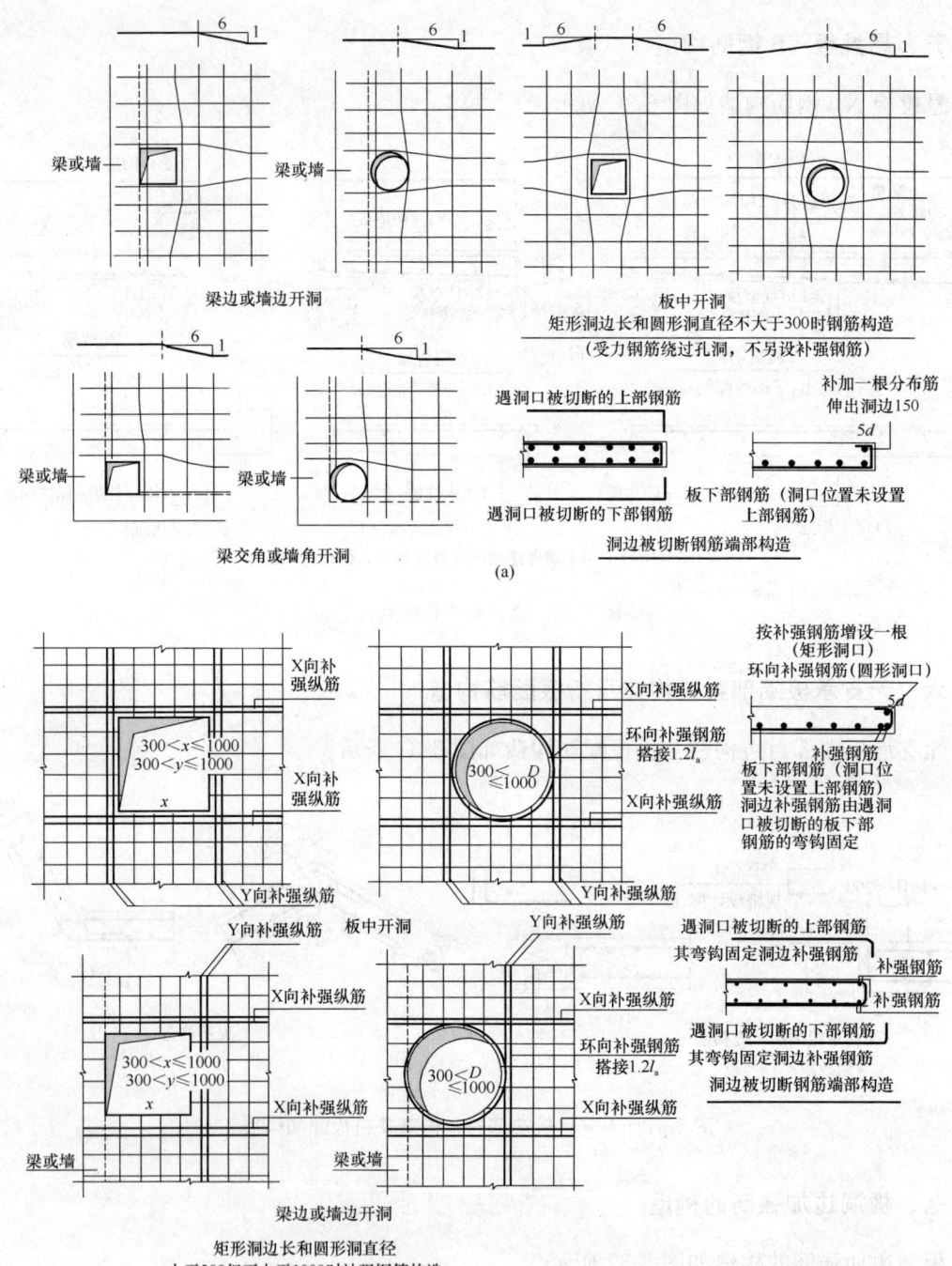

图 5-32 板洞边加强筋的构造
(a) 板洞边加强筋的构造; (b) 板洞边加强筋的构造二

注: 1. 当设计注写补强钢筋时, 应按注写的规格、数量与长度值补强。当设计未注写时: X向、Y向分别按每边配置两根直径不小于12且不小于同向被切断纵向钢筋总面积的50%补强, 补强钢筋与被切断钢筋布置在同一层面, 两根补强钢筋之间的净距为30; 环向上下各配置一根直径不小于10的钢筋补强。
2. 补强钢筋的强度等级与被切断钢筋相同。
3. X向、Y向补强纵筋伸入支座的锚固方式同板中钢筋, 当不伸入支座时, 设计应标注。

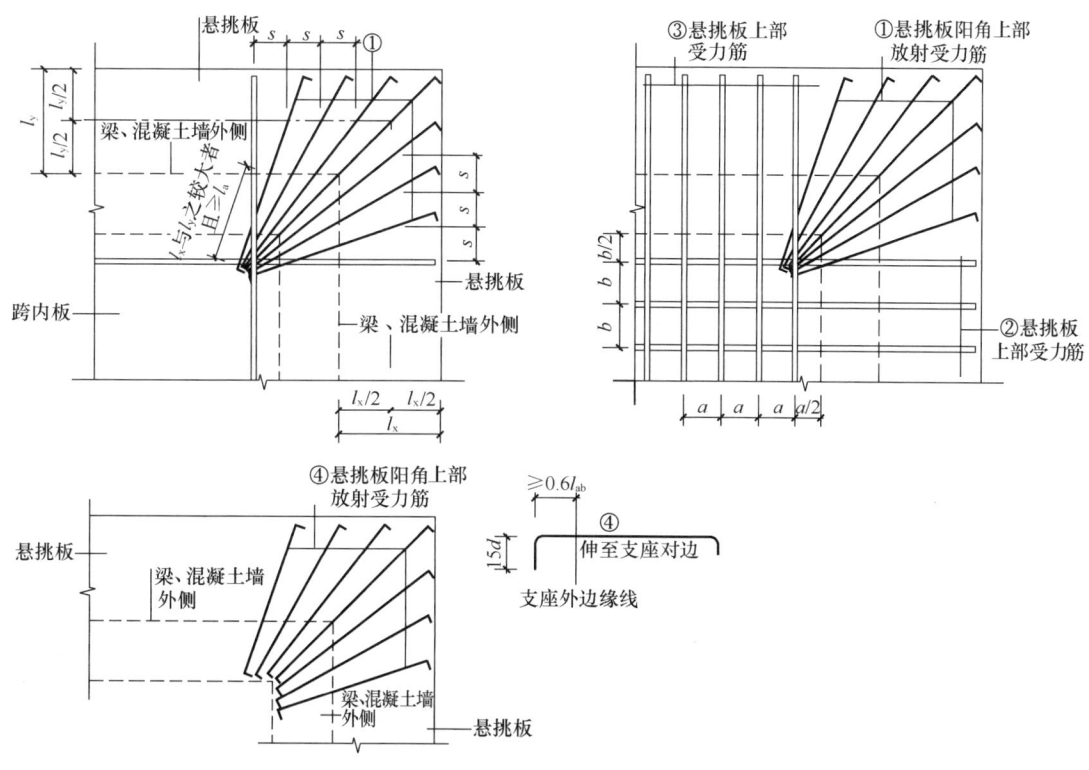

图 5-33 悬挑板阳角放射筋构造

注：1. 悬挑板内，①～③筋应位于同一层面。
2. 在支座和跨内，①号筋应向下斜弯到②号与③号筋下面与两筋交叉并向跨内平伸。
3. 需要考虑竖向地震作用时，另行设计。

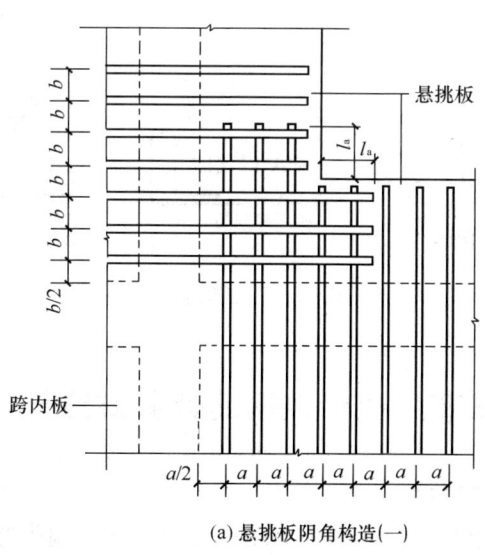

(a) 悬挑板阴角构造（一）

图 5-34 悬挑板阴角构造（一）

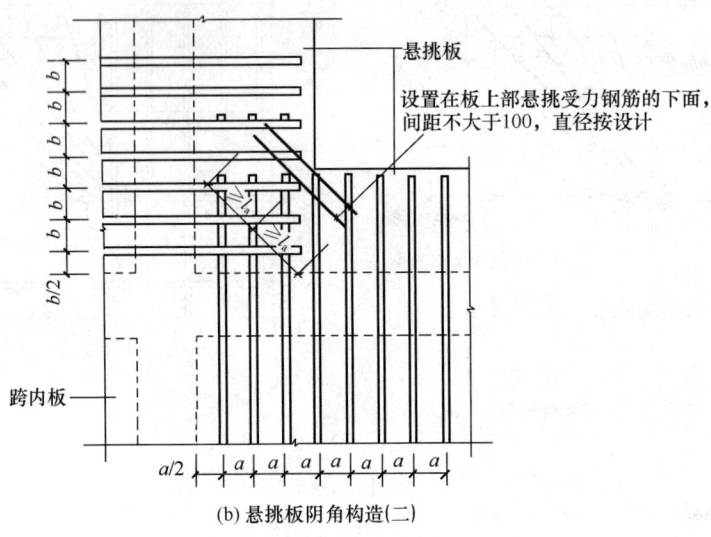

图 5-34 悬挑板阴角构造(二)

十、板翻边构造

板翻边构造如图 5-35 所示。

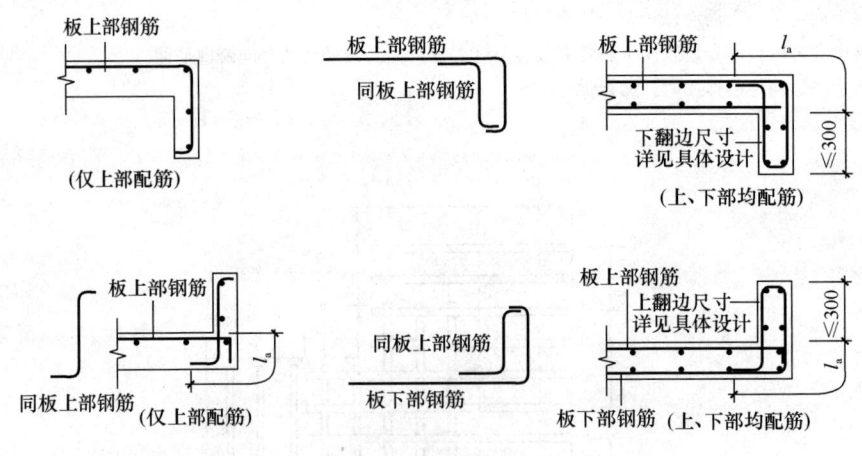

图 5-35 板翻边构造

第三节 板构件钢筋计算方法与实例

1. 板底筋（X、Y 两方向）

(1) 单根长度＝跨内净长＋伸入两边支座的锚固长度＋端头弯钩长度。

1) 伸入支座的锚固长度：若是梁、剪力墙、圈梁，锚固长度＝max（5d，支座跨度/2）；若是砌体墙，锚固长度＝max（120，h/2）。d 是底筋的直径，h 是板厚。

2）端头弯钩长度：是指当钢筋是一级光圆钢筋时，设 180°弯钩，一个弯钩长度加 $6.25d$。

（2）根数＝布筋范围/钢筋间距＋1，如图 5-36 所示。其中：布筋范围＝板净长－板筋间距。

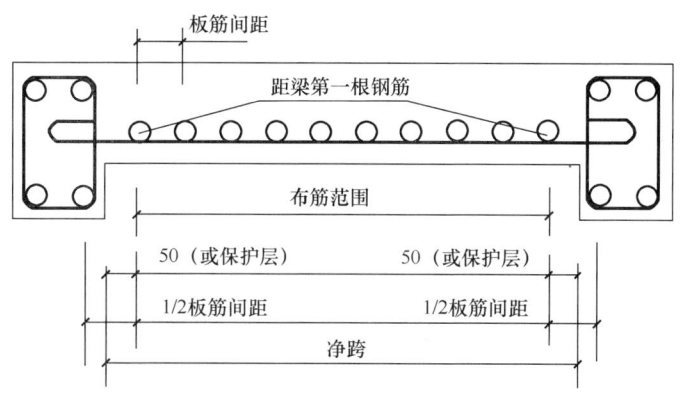

图 5-36　板底筋布置范围

2. 板顶贯通（面）筋

（1）单根长度＝跨内净长＋伸入两边支座的锚固长度＋（搭接长度）＋（端头弯钩长度）。其中：

伸入边支座锚固长度的取值：当伸入支座的水平段长度在满足 $0.35l_{ab}$ 或 $0.6l_{ab}$ 的情况下，不小于 l_a 时不弯折，小于 l_a 时弯下 $15d$。可见

直锚时锚固长度＝伸入支座水平段的长度＝支座宽度－保护层厚度－梁角筋的直径（或剪力墙外侧水平筋直径）；

弯锚时的锚固长度＝伸入支座水平段的长度＋$15d$。

一级光圆钢筋末端带 180°弯钩，除此之外都不带。

板的直锚长度为什么用 l_a 而不用 l_{aE}，原因就是板的设计中不考虑抗震。

（2）根数计算同板底筋根数计算。

3. 板（顶）支座负筋

板（顶）支座负筋包括端支座负筋和中间支座负筋，其构造如图 5-37、图 5-38 所示。

（1）单根长度

端支座负筋单根长度＝伸到边支座的锚固长度＋（端头弯钩长度）
　　　　　　　　　＋跨内延伸净长＋板厚－保护层厚度

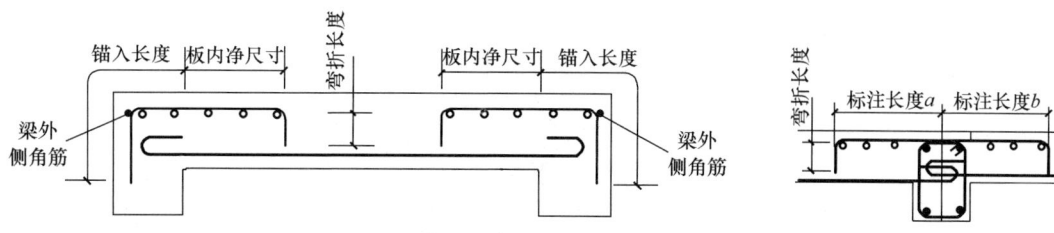

图 5-37　端支座负筋构造　　　　　　图 5-38　中间支座负筋构造

中间支座负筋单根长度＝两个标注长度之和＋（板厚－保护层厚度）×2

（2）根数计算同板底筋根数计算。

4. 支座负筋分布筋

支座负筋分布筋布置如图 5-39 所示。

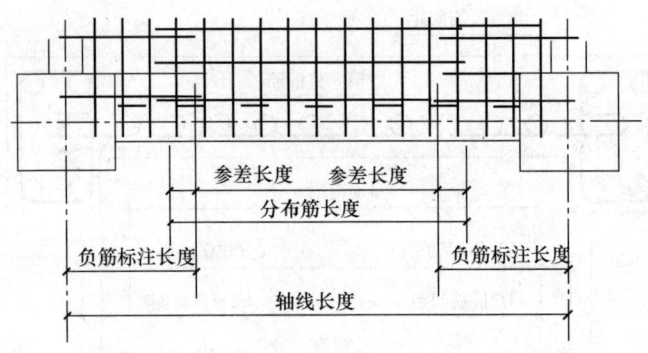

图 5-39 支座负筋分布筋布置

单根长度＝相邻支座中线间距离－两支座负筋标注长度
　　　　＋交叉（搭接）长度 150×2＋（板厚－保护层厚度）×2

根数＝支座负筋跨内净长／分布筋间距

5. 温度筋

为防止板受热胀冷缩的影响而产生裂缝，通常在板的上部负筋中间设置温度筋，如图 5-40 所示。

单根长度的计算同支座负筋分布筋。

$$根数 = \frac{（相邻支座中线间距离-两支座负筋标注长度）}{温度筋间距} - 1$$

注意：板中的分布筋、温度筋一般不直接标注在图中，而是用文字注写在图的底部，但这些钢筋不能

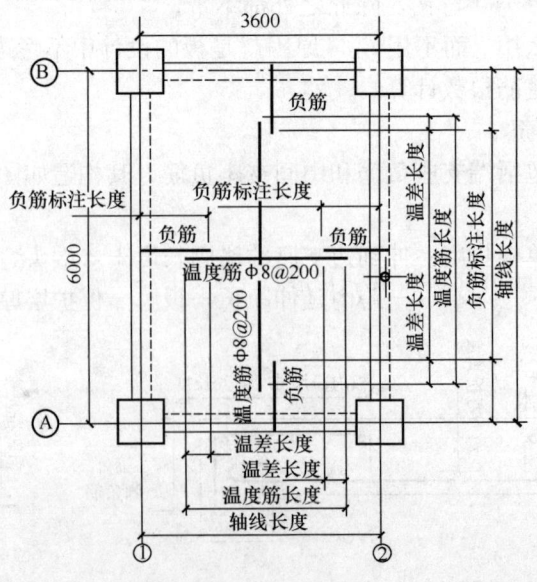

图 5-40 温度筋的布置

漏算。

【实例一】端支座为梁时，板上部贯通纵筋计算一

端支座为梁时，板上部贯通纵筋的计算方法如下：

1. 计算板上部贯通纵筋的长度

板上部贯通纵筋两端伸至梁外侧角筋的内侧，再弯直钩$15d$；当直锚长度$\geqslant l_a$时可不弯折。具体的计算方法是：

（1）先计算直锚长度＝梁宽度－保护层－梁角筋直径。

（2）若直锚长度$\geqslant l_a$则不弯折；否则弯直钩$15d$。

以单块板上部贯通纵筋的计算为例：

$$板上部贯通纵筋的直段长度＝净跨长度＋两端的直锚长度$$

2. 计算板上部贯通纵筋的根数

按照16G101-1图集的规定，第一根贯通纵筋在距梁边为1/2板筋间距处开始设置。这样，板上部贯通纵筋的布筋范围就是净跨长度。在这个范围内除以钢筋的间距，所得到的"间隔个数"就是钢筋的根数（因为在施工中，可以把钢筋放在每个"间隔"的中央位置）。

如图5-41所示，板LB1的集中标注为

LB1　$h=100$
B：X&YΦ8@150
T：X&YΦ8@150

板LB1的尺寸为7500mm×7000mm，X方向的梁宽度为300mm，Y方向的梁宽度为250mm，均为正中轴线。X方向的KL1上部角筋直径为25mm，Y方向的KL2上部角筋直径为22mm，梁箍筋直径为10mm。混凝土强度等级C30，二级抗震等级梁箍筋保护层厚20mm，计算该板的上部贯通纵筋。

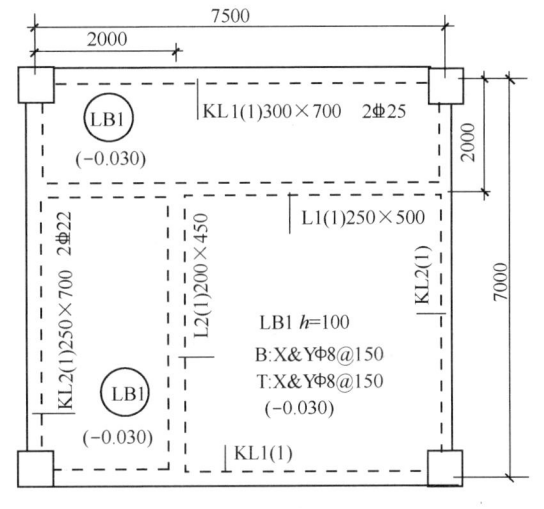

图5-41　板LB1示意图

【解】

梁纵筋保护层＝梁箍筋保护层＋梁箍筋直径＝20＋10＝30mm

（1）LB1板X方向的上部贯通纵筋长度

1）支座直锚长度＝梁宽－纵筋保护层－梁角筋直径＝250－30－22＝198mm

2）上部贯通纵筋的直段长度＝净跨长度＋两端的直锚长度

$$＝（7500－250）＋198×2＝7646mm$$

（2）LB1板X方向的上部贯通纵筋的根数

板上部贯通纵筋的布筋范围＝净跨长度＝7000－300－250＝6450mm

X方向的上部贯通纵筋的根数＝6450/150＝43根

（3）LB1板Y方向的上部贯通纵筋长度

1）支座直锚长度＝梁宽－纵筋保护层－梁角筋直径＝300－30－25＝245mm

2）钢筋锚固长度 $l_a=30d=30×8=240$mm

由"1)"计算出来的支座直锚长度=245mm 已经大于钢筋锚固长度 l_a（240mm），所以，这根上部贯通纵筋在支座的直锚长度就取定为240mm，不设弯钩。

3）上部贯通纵筋的直段长度=净跨长度+两端的直锚长度

$$=(7000-300)+240×2=7180\text{mm}$$

（4）LB1 板 Y 方向的上部贯通纵筋的根数

板上部贯通纵筋的布筋范围=净跨长度=7500−250=7250mm

Y 方向的上部贯通纵筋的根数=7250/150≈49 根

【实例二】端支座为梁时，板上部贯通纵筋计算二

如图 5-42 所示，板 LB1 的集中标注为

LB1　$h=100$

$b×h=7500×7000$

B：X&Y Φ 8@150

T：X&Y Φ 8@150

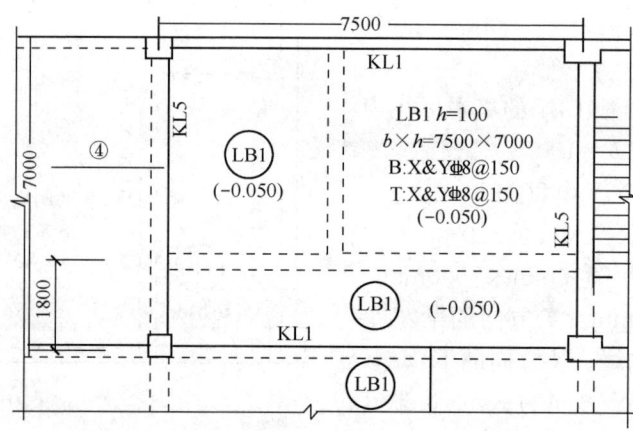

图 5-42　板 LB1 示意图

板 LB1 的尺寸为 7500mm×7000mm，X 方向的梁宽度为 320mm，Y 方向的梁宽度为 220mm，均为正中轴线。保护层厚 25mm，$l_a=27d$。X 方向的 KL1 上部纵筋直径为 25mm，Y 方向的 KL5 上部纵筋直径为 22mm。混凝土强度等级 C25，二级抗震等级。计算板上部贯通纵筋。

【解】

（1）LB1 板 X 方向的上部贯通纵筋长度

1）支座直锚长度=梁宽−保护层厚度−梁角筋直径=220−25−22=173mm

2）弯钩长度=钢筋锚固长度 l_a−直锚长度=27d−173=27×8−173=43mm

3）上部贯通纵筋的直段长度=净跨长度+两端的直锚长度

$$=(7500-220)+173×2=7626\text{mm}$$

（2）LB1 板 X 方向的上部贯通纵筋的根数

梁 KL1 角筋中心到混凝土内侧的距离 $a=25/2+25=37.5$mm

板上部贯通纵筋的布筋范围＝净跨长度＋$a\times 2=7000-320+37.5\times 2$
$$=6755\text{mm}$$

X 方向的上部贯通纵筋的根数＝6755/150≈46 根

（3）LB1 板 Y 方向的上部贯通纵筋长度

1）支座直锚长度＝梁宽－保护层厚度－梁角筋直径＝320－25－25＝270mm

2）弯钩长度＝l_a－直锚长度＝27d－270＝27×8－270＝－54mm

（注：弯钩长度为负数，说明该计算是错误的，即此钢筋不应有弯钩。）

因为，在"1）"中计算支座长度＝270mm＞l_a（27×8＝216mm），所以，这根上部贯通纵筋在支座的直锚长度取 216mm，不设弯钩。

3）上部贯通纵筋的直段长度＝净跨长度＋两端的直锚长度
$$=(7000-320)+216\times 2=7112\text{mm}$$

（4）LB1 板 Y 方向的上部贯通纵筋的根数

梁 KL5 角筋中心到混凝土内侧的距离 $a=22/2+25=36$mm

板上部贯通纵筋的布筋范围＝净跨长度＋$a\times 2=7500-220+36\times 2$
$$=7352\text{mm}$$

Y 方向的上部贯通纵筋根数＝7352/150＝49 根

【实例三】端支座为梁时，板下部贯通纵筋计算一

端支座为梁时，板下部贯通纵筋的计算方法如下：

1. 计算板下部贯通纵筋的长度

具体的计算方法一般为：

（1）先选定直锚长度＝梁宽/2；

（2）再验算一下此时选定的直锚长度是否≥5d——如果满足"直锚长度≥5d"，则没有问题；如果不满足"直锚长度≥5d"，则取定 5d 为直锚长度（实际工程中，1/2 梁厚一般都能满足"≥5d"的要求）。

以单块板下部贯通纵筋的计算为例：

板下部贯通纵筋的直段长度＝净跨长度＋
两端的直锚长度

2. 计算板下部贯通纵筋的根数

计算方法和前面介绍的板上部贯通纵筋根数算法是一致的。即：

按照 16G101-1 图集的规定，第一根贯通纵筋在距梁边为 1/2 板筋间距处开始设置。这样，板上部贯通纵筋的布筋范围＝净跨长度，在这个范围内除以钢筋的间距，所得到的"间隔个数"就是钢筋的根数（因为在施工中，可以把钢筋放在每个"间隔"的中央位置）。

如图 5-43 所示，板 LB1 的集中标注为

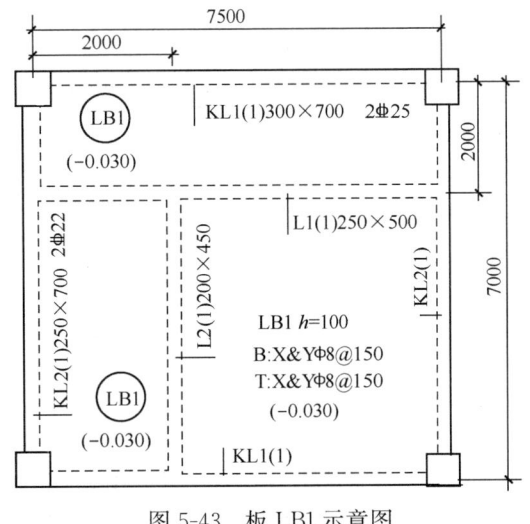

图 5-43 板 LB1 示意图

LB1　$h=100$
B：X&YΦ8@150
T：X&YΦ8@150

板 LB1 的尺寸为 7500mm×7000mm，X 方向的梁宽度为 300mm，Y 方向的梁宽度为 250mm，均为正中轴线。混凝土强度等级 C25，二级抗震等级。计算板的下部贯通纵筋。

【解】

(1) LB1 板 X 方向的下部贯通纵筋长度

1) 直锚长度＝梁宽/2＝250/2＝125mm

2) 验算：$5d=5\times8=40$mm，显然，直锚长度＝125mm＞40mm，满足要求。

3) 下部贯通纵筋的直段长度＝净跨长度＋两端的直锚长度
　　　　　　　　　＝（7500－250）＋125×2＝7500mm

(2) LB1 板 X 方向的下部贯通纵筋根数

板下部贯通纵筋的布筋范围＝净跨长度＝7000－300＝6700mm

X 方向的下部贯通纵筋的根数＝6700/150≈45 根

(3) LB1 板 Y 方向的下部贯通纵筋的长度

直锚长度＝梁宽/2＝300/2＝150mm

下部贯通纵筋的直段长度＝净跨长度＋两端的直锚长度
　　　　　　　　　＝（7000－300）＋150×2＝7000mm

(4) LB1 板 Y 方向的下部贯通纵筋根数

板下部贯通纵筋的布筋范围＝净跨长度＝7500－250＝7250mm

Y 方向的下部贯通纵筋的根数＝7250/150≈49 根

【实例四】 端支座为梁时，板下部贯通纵筋计算二

如图 5-44 所示，板 LB1 的集中标注为

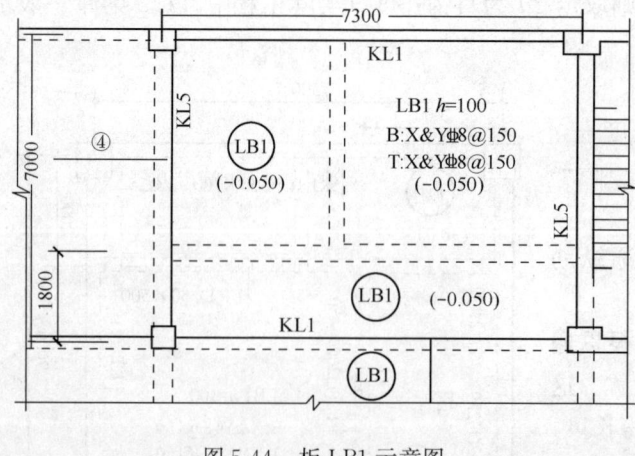

图 5-44　板 LB1 示意图

LB1　$h=100$
B：X&YΦ8@150
T：X&YΦ8@150

板 LB1 的尺寸为 7300mm×7000mm，X 方向的梁宽 300mm，Y 方向的梁宽 250mm，均为正中轴线。混凝土强度等级 C25，二级抗震等级。计算板的下部贯通纵筋。

【解】

(1) LB1 板 X 方向的下部贯通纵筋长度

1) 支座直锚长度＝梁宽/2＝250/2＝125mm

2) 验算：$5d=5\times8=40$mm＜125mm，满足要求。

3) 下部贯通纵筋的直段长度＝净跨长度＋两端的直锚长度

$= (7300-250) + 125 \times 2 = 7300\text{mm}$

(2) LB1 板 X 方向的下部贯通纵筋根数

梁 KL1 角筋中心到混凝土内侧的距离 $a = 25/2 + 25 = 37.5\text{mm}$

板下部贯通纵筋的布筋范围 = 净跨长度 + $a \times 2 = 7000 - 300 + 37.5 \times 2 = 6775\text{mm}$

X 方向的下部贯通纵筋根数 = 6775/150 ≈ 46 根

(3) LB1 板 Y 方向的下部贯通纵筋长度

直锚长度 = 梁宽/2 = 300/2 = 150mm

下部贯通纵筋的直段长度 = 净跨长度 + 两端的直锚长度

$= (7000-300) + 150 \times 2 = 7000\text{mm}$

(4) LB1 板 Y 方向的下部贯通纵筋根数

梁 KL5 角筋中心到混凝土内侧的距离 $a = 22/2 + 25 = 36\text{mm}$

板下部贯通纵筋的布筋范围 = 净跨长度 + $a \times 2 = 7300 - 250 + 36 \times 2 = 7122\text{mm}$

Y 方向的下部贯通纵筋的根数 = 7122/150 ≈ 48 根

【实例五】端支座为剪力墙时，板上部贯通纵筋计算一

端支座为剪力墙时，板上部贯通纵筋的计算方法如下：

1. 计算板上部贯通纵筋的长度

板上部贯通纵筋两端伸至剪力墙外侧水平分布筋的内侧，弯锚长度为 l_a。具体的计算方法是：

（1）先计算直锚长度 = 墙厚度 - 保护层 - 墙身水平分布筋直径

（2）再计算弯钩长度 = l_a - 直锚长度

以单块板上部贯通纵筋的计算为例：

板上部贯通纵筋的直段长度 = 净跨长度 + 两端的直锚长度

2. 计算板上部贯通纵筋的根数

按照 16G101-1 图集的规定，第一根贯通纵筋在距墙边为 1/2 板筋间距处开始设置。这样，板上部贯通纵筋的布筋范围 = 净跨长度。

在这个范围内除以钢筋的间距，所得到的"间隔个数"就是钢筋的根数。（因为在施工中，我们可以把钢筋放在每个"间隔"的中央位置。）

如图 5-45 所示，板 LB1 的集中标注为

LB1 $h=100$

B：X&Y Φ8@150

T：X&Y Φ8@150

LB1 板尺寸为 3800×7000，板左边的支座为框架梁 KL1（250×700），板的其余三边均为剪力墙结构（厚度为 300mm），在板中距上边梁 2100mm 处有一道非框架梁 L1（250×450）。混凝土强度等级 C30，二级抗

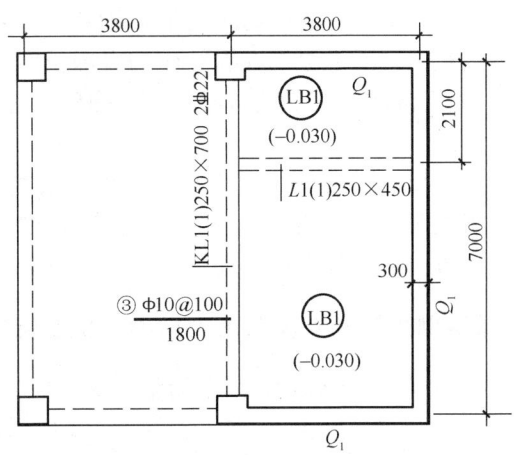

图 5-45 板 LB1 示意图

震等级。墙身水平分布筋直径为 12mm，KL1 上部纵筋直径为 22mm，梁箍筋直径 10mm。计算其上部贯通纵筋。

【解】

（1）LB1 板 X 方向的上部贯通纵筋的长度

1）由于左支座为框架梁、右支座为剪力墙，所以两个支座锚固长度分别计算。

左支座直锚长度＝梁宽－纵筋保护层－梁角筋直径＝250－30－22＝198mm

右支座直锚长度＝墙厚度－保护层－墙身水平分布筋直径

＝300－15－12＝273mm

2）由"1）"中计算出来的右支座长度＝273mm，已经大于 l_a（30×8＝240mm），所以，这根上部贯通纵筋在右支座的直锚长度就取定为 240mm，不设弯钩。

左支座直锚长度（198）小于 l_a（240），所以弯直钩＝$15d$＝15×8＝120mm

3）上部贯通纵筋的直段长度＝净跨长度＋两端的直锚长度

＝(3800－125－150)＋198＋240＝3963mm

（2）LB1 板 X 方向的上部贯通纵筋的根数

板上部贯通纵筋的布筋范围＝净跨长度＝7000－300＝6700mm

X 方向的上部贯通纵筋根数＝6700/150＝45 根

【讨论】

以上算法是将 LB1 板 X 方向上部贯通纵筋的分布范围——即"板的 Y 方向"按一块整板考虑的，实际上这块板的中部存在一道非框架梁 L1，所以准确地计算就应该按两块板进行计算。这两块板的跨度分别为 4900mm 和 2100mm，这两块板上的钢筋根数：

左板的根数＝(4900－150－125)/150＝31 根

右板的根数＝(2100－125－150)/150＝13 根

所以，LB1 板 X 方向的上部贯通纵筋的根数＝31＋13＝44 根

（3）LB1 板 Y 方向的上部贯通纵筋的长度

1）左、右支座均为剪力墙，则：

支座直锚长度＝墙厚度－保护层厚－墙身水平分布筋直径

＝300－15－12＝273mm

2）由"1）"中计算出来的右支座长度＝273mm，已经大于 l_a（30×8＝240mm），所以，这根上部贯通纵筋在右支座的直锚长度就取定为 240mm，不设弯钩。

3）上部贯通纵筋的直段长度＝净跨长度＋两端的直锚长度

＝(7000－150－150)＋240×2＝7180mm

（4）LB1 板 Y 方向的上部贯通纵筋根数

板上部贯通纵筋的布筋范围＝净跨长度＝3800－125－150＝3525mm

Y 方向的上部贯通纵筋根数＝3525/150＝24 根

【实例六】 端支座为剪力墙时，板上部贯通纵筋计算二

如图 5-46 所示，板 LB1 的集中标注为

LB1　h＝100

B：X&Y Φ8@150

T：X&Y Φ8@150

LB1 是一块"刀把形"的楼板，板的大边尺寸为 3600×7000，在板的左下角有两个并排的电梯井（尺寸为 2400×4800）。该板上边的支座为框架梁 KL1（300×700），右边的支座为框架梁 KL2（250×600），板的其余各边均为剪力墙（厚度为 300mm）。混凝土强度等级 C30，二级抗震等级。墙身水平分布筋直径为 12mm，KL2 上部纵筋直径为 22mm，梁箍筋直径 10mm。计算其上部贯通纵筋。

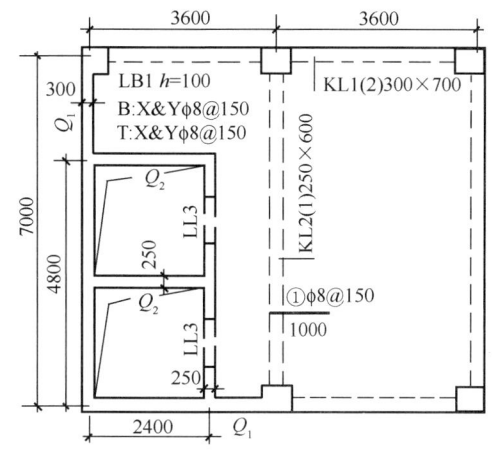

图 5-46 板 LB1 示意图

【解】
（1）X 方向的上部贯通纵筋计算
1）长筋
① 钢筋长度的计算
（轴线跨度 3600mm；左支座为剪力墙，厚度 300mm；右支座为框架梁，宽度 250mm）
左支座直锚长度 $=l_a=30d=30×8=240$mm
右支座直锚长度 $=250-30-22=198$mm
上部贯通纵筋的直段长度 $=(3600-150-125)+240+198=3763$mm
右支座弯钩长度 $=15d=15×8=120$mm
上部贯通纵筋的左端无弯钩。
② 钢筋根数的计算
（轴线跨度 2200mm；左端到 250mm 剪力墙的右侧；右端到 300mm 框架梁的左侧）
$$钢筋根数=(2200-125-150)/150=13 根$$

2）短筋
① 钢筋长度的计算
（轴线跨度 1200mm；左支座为剪力墙，厚度为 250mm；右支座为框架梁，宽度 250mm）
左支座直锚长度 $=250-15-12=223$mm
右支座直锚长度 $=250-30-22=198$mm
上部贯通纵筋的直段长度 $=(1200-125-125)+223+198=1371$mm
左、右支座弯钩长度均为 $15d=15×8=120$mm
② 钢筋根数的计算
（轴线跨度 4800mm；左端到 300mm 剪力墙的右侧；右端到 250mm 剪力墙的右侧）
$$钢筋根数=(4800-150+125)/150≈32 根$$

注：上面算式"+125"的理由："刀把形"楼板分成两块板来计算长短筋，这两块板之间在分界线处应该是连续的。现在，1）②中的板左端算至"250mm 剪力墙"右侧以内 21mm 处，所以 2）②中的板右端也应该算至"250mm 剪力墙"右侧以内 21mm 处。

（2）Y 方向的上部贯通纵筋计算
1）长筋
① 钢筋长度的计算
（轴线跨度 7000mm；左支座为剪力墙，厚度 300mm；右支座为框架梁，宽度 300mm）

左支座直锚长度＝l_a＝30d＝30×8＝240mm
右支座直锚长度＝l_a＝30d＝30×8＝240mm
上部贯通纵筋的直段长度＝(7000－150－150)＋240＋240＝7180mm
上部贯通纵筋的两端无弯钩。

② 钢筋根数的计算

(轴线跨度1200mm；左支座为剪力墙，厚度250mm；右支座为框架梁，宽度250mm)

钢筋根数＝(1200－125－125)/150≈7 根

2) 短筋

① 钢筋长度的计算

(轴线跨度2200mm；左支座为剪力墙，厚度250mm；右支座为框架梁，宽度300mm)

左支座直锚长度＝250－15－12＝223mm
右支座直锚长度＝l_a＝30d＝30×8＝240mm
上部贯通纵筋的直段长度＝(2200－125－150)＋240＋223＝2388mm
上部贯通纵筋的左端弯钩120mm，右端无弯钩。

② 钢筋根数的计算

(轴线跨度2400mm；左支座为剪力墙，厚度300mm；右支座为框架梁，宽度250mm)

钢筋根数＝(2400－150＋125)/150≈16 根

【实例七】端支座为剪力墙时，板上部贯通纵筋计算三

如图 5-47 所示，板 LB1 的集中标注为

LB1 h＝100
B：X&Y Φ 8@150
T：X&Y Φ 8@150

LB1 的大边尺寸为 3500mm×7000mm，在板的左下角设有两个并排的电梯井（尺寸为 2400mm×4800mm）。该板右边的支座为框架梁 KL3（250mm×650mm），板的其余各边均为剪力墙结构（厚度为 280mm），混凝土强度等级 C25，二级抗震等级。墙身水平分布筋直径为 14mm，KL3 上部纵筋直径为 20mm。计算板的上部贯通纵筋长度。

【解】

(1) X 方向的上部贯通纵筋计算

1) 长筋

① 钢筋长度的计算

(轴线跨度 3500mm；左支座为剪力墙，厚度 280mm；右支座为框架梁，宽度 250mm)

左支座直锚长度＝l_a＝27d＝27×8＝216mm
右支座直锚长度＝250－25－20＝205mm

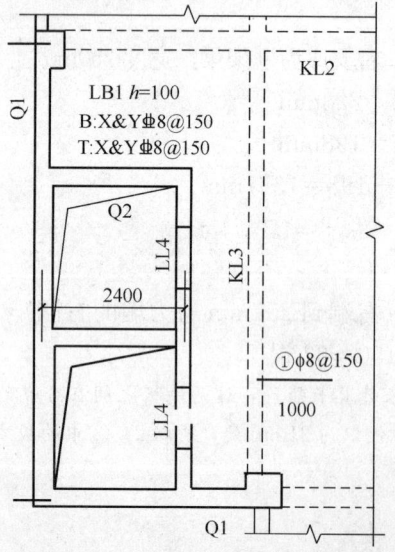

图 5-47 板 LB1 示意图

上部贯通纵筋的直段长度＝(3500－150－125)＋216＋205＝3646mm

右支座弯钩长度＝l_a－直锚长度＝27d－205＝27×8－205＝11mm

上部贯通纵筋的左端无弯钩。

② 钢筋根数的计算

(轴线跨度 2100mm；左端到 250mm 剪力墙的右侧；右端到 280mm 框架梁的左侧)

钢筋根数＝[(2100－125－150)+21+37.5]/150≈13 根

2) 短筋

① 钢筋长度的计算

(轴线跨度 1200mm；左支座为剪力墙，厚度为 250mm；右支座为框架梁，宽度 250mm)

左支座直锚长度＝l_a＝27d＝27×8＝216mm

右支座直锚长度＝250－25－20＝205mm

上部贯通纵筋的直段长度＝(1200－125－125)+216+205＝1371mm

右支座弯钩长度＝l_a－直锚长度＝27d－205＝27×8－205＝11mm

上部贯通纵筋的左端无弯钩。

② 钢筋根数的计算

(轴线跨度 4800mm；左端到 280mm 剪力墙的右侧；右端到 250mm 剪力墙的左侧)

钢筋根数＝[(4800－150+125)+21－21]/150＝32 根

(2) Y 方向的上部贯通纵筋计算

1) 长筋

① 钢筋长度的计算

(轴线跨度 7000mm；左支座为剪力墙，厚度 280mm；右支座为框架梁，宽度 280mm)

左支座直锚长度＝l_a＝27d＝27×8＝216mm

右支座直锚长度＝l_a＝27d＝27×8＝216mm

上部贯通纵筋的直段长度＝(7000－150－150)+216+216＝7132mm

上部贯通纵筋的两端无弯钩。

② 钢筋根数的计算

(轴线跨度 1200mm；左支座为剪力墙，厚度 250mm；右支座为框架梁，宽度 250mm)

钢筋根数＝[(1200－125－125)+21+36]/150≈7 根

2) 短筋

① 钢筋长度的计算

(轴线跨度 2100mm；左支座为剪力墙，厚度 250mm；右支座为框架梁，宽度 280mm)

左支座直锚长度＝l_a＝27d＝27×8＝216mm

右支座直锚长度＝l_a＝27d＝27×8＝216mm

上部贯通纵筋的直段长度＝(2100－125－150)+216+216＝2257mm

上部贯通纵筋的两端无弯钩。

② 钢筋根数的计算

(轴线跨度 2400mm；左支座为剪力墙，厚度 280mm；右支座为框架梁，宽度 250mm)

钢筋根数＝[(2400－150+125)+21－21]/150＝16 根

【实例八】端支座为剪力墙时，板下部贯通纵筋的计算

端支座为剪力墙时，板下部贯通纵筋的计算方法如下：

1. 计算板下部贯通纵筋的长度

具体的计算方法一般为:

(1) 先选定直锚长度＝墙厚/2

(2) 再验算一下此时选定的直锚长度是否≥5d——如果满足"直锚长度≥5d",则没有问题;如果不满足"直锚长度≥5d",则取定 5d 为直锚长度。(实际工程中,1/2 墙厚一般都能够满足"≥5d"的要求。)

以单块板下部贯通纵筋的计算为例:

板下部贯通纵筋的直段长度＝净跨长度＋两端的直锚长度

2. 计算板下部贯通纵筋的根数

计算方法和前面介绍的板上部贯通纵筋根数算法是一致的。

如图 5-48 所示,板 LB1 的集中标注为

$$LB1 \quad h=100$$
$$B: X\&Y\Phi8@150$$
$$T: X\&Y\Phi8@150$$

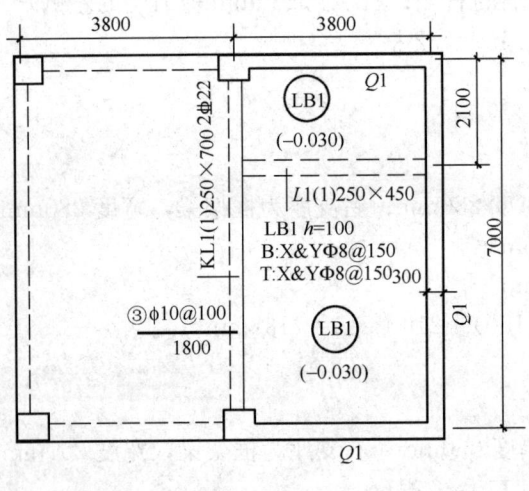

图 5-48 板 LB1

板 LB1 尺寸为 3800×7000,板左边的支座为框架梁 KL1(250×700),板的其余三边均为剪力墙结构(厚度为 300mm),在板中距上边梁 2100mm 处有一道非框架梁 L1(250×450)。混凝土强度等级 C25,二级抗震等级。计算其下部贯通纵筋。

【解】

(1) LB1 板 X 方向的下部贯通纵筋的长度

1) 左支座直锚长度＝墙厚/2＝300/2＝150mm

右支座直锚长度＝墙厚/2＝250/2＝125mm

2) 验算：$5d=5\times 8=40$mm,显然,直锚长度＝125mm>40mm,满足要求。

3) 下部贯通纵筋的直段长度＝净跨长度＋两端的直锚长度

$$=(3800-125-150)+150+125=3800\text{mm}$$

(2) LB1 板 X 方向的下部贯通纵筋的根数

注意：LB1 板的中部存在一道非框架梁 L1,所以准确地计算就应该按两块板进行计算。这两块板的跨度分别为 4900mm 和 2100mm,这两块板上的钢筋根数：

左板的根数＝(4900－150－125)/150≈31 根

右板的根数＝(2100－125－150)/150≈13 根

所以,LB1 板 X 方向的下部贯通纵筋的根数＝31＋13＝44 根

(3) LB1 板 Y 方向的下部贯通纵筋的长度

直锚长度＝墙厚/2＝300/2＝150mm

下部贯通纵筋的直段长度＝净跨长度＋两端的直锚长度

$=(7000-150-150)+150\times 2=7000mm$

(4) LB1 板 Y 方向的下部贯通纵筋的根数

板下部贯通纵筋的布筋范围＝净跨长度＝3800－125－150＝3525mm

Y 方向的下部贯通纵筋的根数＝3525/150≈24 根

【实例九】扣筋的计算方法

扣筋是板支座上部非贯通筋，它在板中应用得比较多。在一个楼层当中，扣筋的种类是最多的，所以在板钢筋计算中，扣筋的计算占了很大的比重。

1. 扣筋计算的基本原理

扣筋的形状为"⊓"形，其中有两条腿和一个水平段。

(1) 扣筋腿的长度与所在楼板的厚度有关。

1) 单侧扣筋：扣筋腿的长度＝板厚度－15（可以把扣筋的两条腿都采用同样的长度）

2) 双侧扣筋（横跨两块板）：扣筋腿 1 的长度＝板 1 的厚度－15

扣筋腿 2 的长度＝板 2 的厚度－15

(2) 扣筋的水平段长度可根据扣筋延伸长度的标注值来进行计算。如果单纯根据延伸长度标注值还不能计算的话，则还要依据平面图板的相关尺寸来进行计算。下面，主要讨论不同情况下如何计算扣筋水平段长度的问题。

2. 最简单的扣筋计算

横跨在两块板中的"双侧扣筋"的扣筋计算。

双侧扣筋（两侧都标注了延伸长度）：

扣筋水平段长度＝左侧延伸长度＋右侧延伸长度

3. 需要计算端支座部分宽度的扣筋计算

单侧扣筋：[一端支承在梁(墙)上，另一端伸到板中]

扣筋水平段长度＝单侧延伸长度＋端部梁中线至外侧部分长度

【例 5-8】 如图 5-49 所示，边梁 KL2 上的单侧扣筋①号钢筋，

在扣筋的上部标注：①Φ8@150

在扣筋的下部标注：1000

以上表示编号为①号的扣筋，规格和间距为 Φ8@150，从梁中线向跨内的延伸长度为 1000mm。计算"端部梁中线至外侧部分的扣筋长度"。

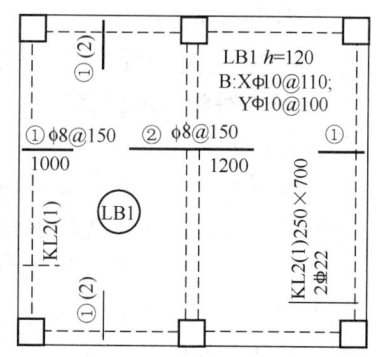

图 5-49 边梁 KL2

根据 16G101-1 图集规定的板在端部支座的锚固构造，板上部受力纵筋伸到支座梁外侧角筋的内侧，则：

板上部受力纵筋在端支座的直锚长度＝梁宽度－梁纵筋保护层－梁纵筋直径

端部梁中线至外侧部分的扣筋长度＝梁宽度/2－梁纵筋保护层－梁纵筋直径

现在，边框架梁 KL3 的宽度为 250mm，梁箍筋保护层为 20mm，梁上部纵筋的直径为 22mm，箍筋直径 10mm，则

扣筋水平段长度＝1000＋(250/2－30－22)＝1073mm

4. 横跨两道梁的扣筋计算（贯通短跨全跨）

（1）在两道梁之外都有延伸长度：

扣筋水平段长度＝左侧延伸长度＋两梁的中心间距＋右侧延伸长度

（2）仅在一道梁之外有延伸长度：

扣筋水平段长度＝单侧延伸长度＋两梁的中心间距＋端部梁中线至外侧部分长度

式中

端部梁中线至外侧部分的扣筋长度＝梁宽度/2－梁纵筋保护层－梁纵筋直径

5. 贯通全悬挑长度的扣筋计算

贯通全悬挑长度的扣筋的水平段长度计算公式如下：

扣筋水平段长度＝跨内延伸长度＋梁宽/2＋悬挑板的挑出长度－保护层

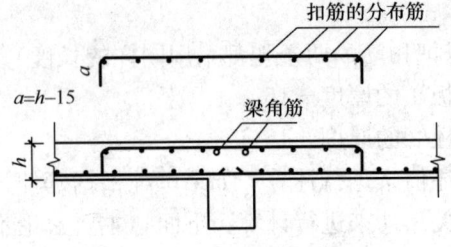

图 5-50 扣筋分布筋

6. 扣筋分布筋的计算

（1）扣筋分布筋根数的计算原则（图5-50）：

1）扣筋拐角处必须布置一根分布筋；

2）在扣筋的直段范围内按分布筋间距进行布筋。板分布筋的直径和间距在结构施工图的说明中应该有明确的规定；

3）当扣筋横跨梁（墙）支座时，在梁（墙）的宽度范围内不布置分布筋。也就是说，这时要分别对扣筋的两个延伸净长度计算分布筋的根数。

（2）扣筋分布筋的长度：

扣筋分布筋的长度没必要按全长计算。因为分布钢筋的功能与梁上部架立筋类似，可以按梁上部架立筋的做法"搭接150"（详见16G101-1图集第84页），即扣筋分布筋伸进角部矩形区域150mm。

（3）扣筋分布筋的形状：

现在多数钢筋工的施工习惯是，HPB300钢筋做的扣筋分布筋是直形钢筋，两端不加180°的小弯钩。但是，单向板下部主筋的分布筋是需要加180°弯钩的。

7. 一根完整扣筋的计算过程

扣筋计算的全过程：

（1）计算扣筋的腿长。如果横跨两块板的厚度不同，则扣筋的两腿长度要分别计算。

（2）计算扣筋的水平段长度。

（3）计算扣筋的根数。如果扣筋的分布范围为多跨，也还是"按跨计算根数"，相邻两跨之间的梁（墙）上不布置扣筋。扣箍根数的计算方法采用贯通纵筋根数的计算方法。

（4）计算扣筋的分布筋。

【例5-8】一根横跨一道框架梁的双侧扣筋③号钢筋，扣筋的两条腿分别伸到LB1和LB2两块板中，LB1的厚度为120mm，LB2的厚度为100mm。

在扣筋的上部标注：③Φ10@150（2）

在扣筋下部的左侧标注：1800

在扣筋下部的右侧标注：1400

扣筋标注的所在跨及相邻跨的轴线跨度都是3600mm，两跨之间的框架梁KL5宽度为250mm，均为正中轴线。扣筋分布筋为Φ8@250，如图5-51所示。计算扣筋分布筋。

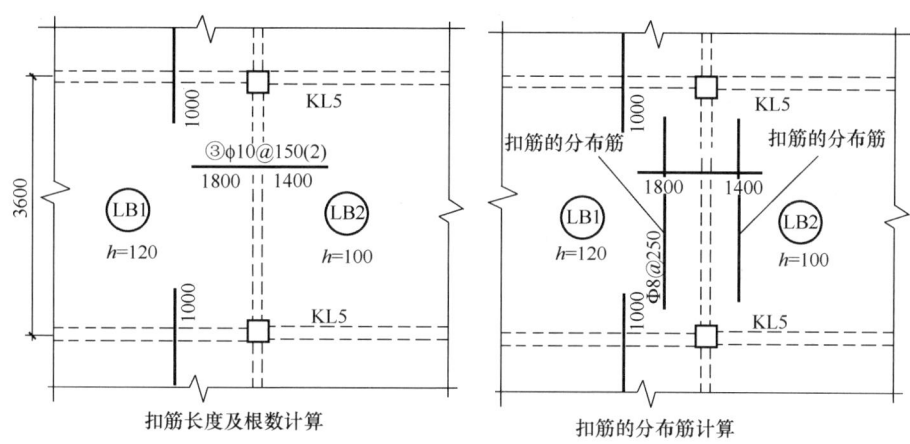

图 5-51 扣筋分布筋

【解】

(1) 扣筋的腿长

扣筋腿 1 的长度＝LB1 的厚度－15＝120－15＝105mm

扣筋腿 2 的长度＝LB2 的厚度－15＝100－15＝85mm

(2) 扣筋的水平段长度

扣筋水平段长度＝1800＋1400＝3200mm

(3) 扣筋的根数

单跨的扣筋根数＝3350/150≈23 根

(注：3350/150＝22.3，本着有小数进 1 的原则，取整为 23)

两跨的扣筋根数＝23×2＝46 根

(4) 扣筋的分布筋

计算扣筋分布筋长度的基数是 3350mm，还要减去另向扣筋的延伸净长度，然后加上搭接长度 150mm。

如果另向扣筋的延伸长度是 1000mm，延伸净长度＝1000－125＝875mm，则扣筋分布筋长度＝3350－875×2＋150×2＝1900mm。

下面计算扣筋分布筋的根数：

扣筋左侧的分布筋根数＝(1800－125)/250＋1≈7＋1≈8 根

扣筋右侧的分布筋根数＝(1400－125)/250＋1≈6＋1≈7 根

所以，扣筋分布筋的根数＝8＋7＝15 根

两跨的扣筋分布筋根数＝15×2＝30 根

【实例十】某楼层板钢筋预算量的计算

某楼层板的平法图如图 5-52 所示。计算条件：①梁的宽度为 300mm，保护层厚

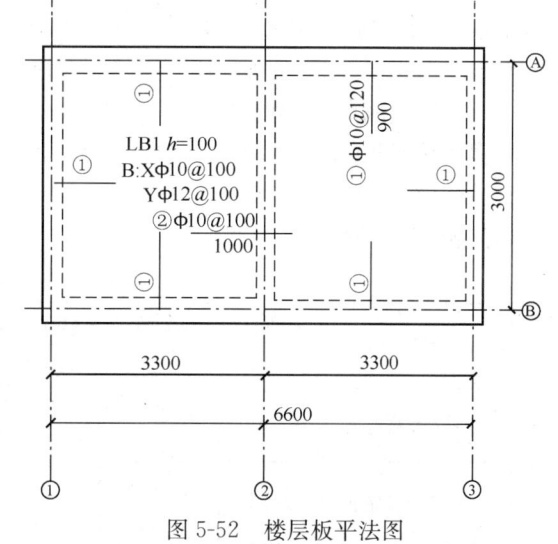

图 5-52 楼层板平法图

度 20mm，梁中心线与轴线重合；②混凝土强度等级皆为 C30；③板的保护层厚度为 15mm；④分布筋为 φ8@150。

钢筋单根长度值按实际计算值取定，总重量值保留三位小数。

【解】

(1) 底部 X 贯通筋

单根长度=3300－300+max(150，5×10)×2+6.25×10×2=342.5(mm)=3.425(m)

根数=[(3000－300－50×2)/100+1]×2=54 根

(2) 底部 Y 贯通筋

单根长度=3000－300+150×2+6.25×12×2=315.0(mm)=3.150(m)

根数=[(3300－300－100)/100+1]×2=60 根

(3) ①号钢筋

伸入梁中的水平段长度=300－20－10－20－25=225(mm)

其中，第一个 20mm 是箍筋的保护层厚度，10mm 指的是假定的梁箍筋直径，第二个 20mm 是指假定的梁纵筋直径，25mm 是假定的梁与板筋之间的净距。

直锚长度 $l_a=30d=30×10=300$(mm)

因为 225mm＜300mm 故钢筋要弯锚。

所以，弯锚长度=225+15×10=375(mm)

单根长度=900－150+375+120－15=123.0(mm)=1.230(m)

根数=[(3300－300－120)/120+1]×4+[(3000－300－120)/120+1]×2=146 根

(4) ②号钢筋

单根长度=1000×2+(120－15)×2=221.0(mm)=2.210(m)

根数=(3000－300－100)/100+1=27 根

(5) ①号钢筋在 A~B 轴线的分布筋

单根长度=3000－900×2+150×2+(120－15)×2=171.0(mm)=1.710(m)

根数=[(900－150－75)/150]×2=10 根

(6) ①号钢筋在①~②轴线和②~③轴线的分布筋

单根长度=3300－900－1000+150×2+(120－15)×2=191.0(mm)=1.910(m)

根数=[(900－150－75)/150]×4=18 根

(7) ②号钢筋的分布筋

单根长度=3000－900×2+150×2+(120－15)×2=171.0(mm)=1.710(m)

根数=[(1000－150－75)/150]×2≈12 根

钢筋预算量计算见表 5-5。

表 5-5 钢筋预算量计算

序号	钢筋名称	直径(mm)	单根长度(m)	根 数	总质量(kg)
1	底部 X 贯通筋	10	3300－300+150×2+6.25×10×2=3425=3.425	[(3000－300－50×2)/100+1]×2=54	114.114
2	底部 Y 贯通筋	12	3000－300+150×2+6.25×12×2=3150=3.150	[(3300－300－50×2)/100+1)]×2=60	167.643

续表

序号	钢筋名称	直径 (mm)	单根长度 (m)	根 数	总质量 (kg)
3	板顶部①号钢筋	10	900−150+375+120−15 =1230=1.230	[(3300−300−60×2)/120 +1]×4+[3000−300−120)/ 120+1]×2=146	110.801
4	板顶部②号钢筋	10	(1000+120−15)×2=2210 =2.210	[(3000−300−2×50)/100+1 =27	36.816
5	①号筋在 A-B 轴的分布筋	8	3000−900×2+150×2+(120 −15)×2=1710=1.710	[(900−150−75)/150]×2 =10	6.737
6	①号筋的在①-③轴的分布筋	8	3300−900−1000+150×2 +(120−15)×2=1910=1.910	[(900−150−75)/150]×4=20	15.051
7	②号筋的分布筋	8	3000−900×2+150×2+(120 −15)×2=1710=1.710	[(100−150−75)/150]×2=12	8.085
8	总质量(kg)				429.247

【实例十一】某一端延伸悬挑板钢筋预算量的计算

某一端延伸悬挑板传统配筋如图 5-53 所示,试计算图中⑤钢筋预算量。

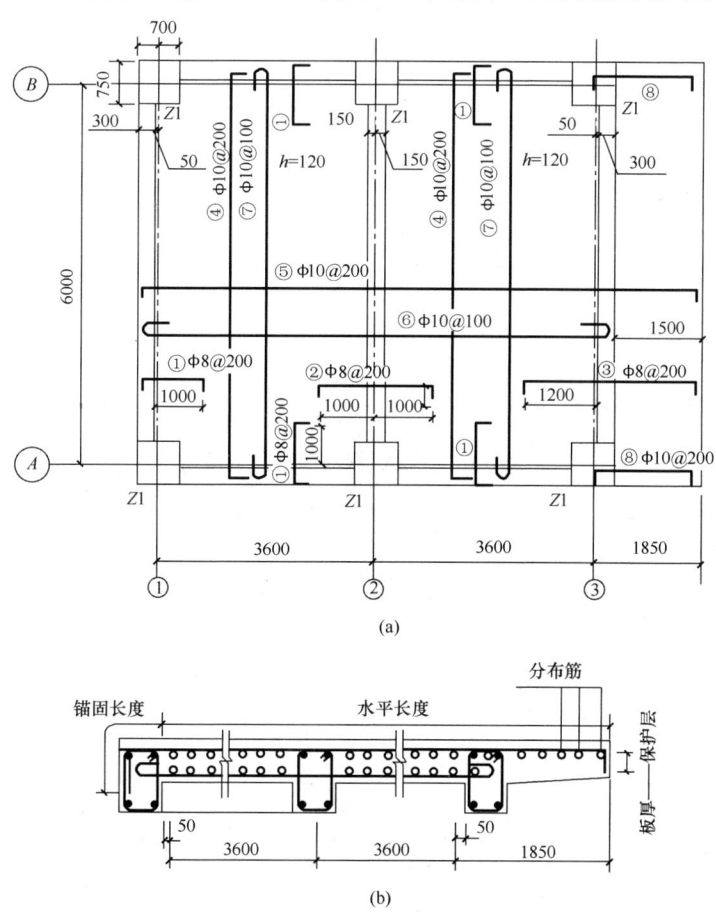

图 5-53 一端延伸悬挑板传统配筋

板的混凝土强度等级为 C25,保护层厚度 20mm,梁纵筋的保护层厚度 30mm,梁角筋的直径 20mm,长度保留三位小数,重量保留三位小数。

【解】
单根长度＝3600×2＋1850＋50－20＋300－30－20－25＋15×10＋120－20
　　　　＝9555(mm)＝9.555(m)

根数＝6000/200＋1＝31 根

质量＝9.555×31×0.617＝182.758(kg)

【实例十二】某平法板钢筋预算量的计算

某平法板如图 5-54 所示,计算其钢筋预算量。

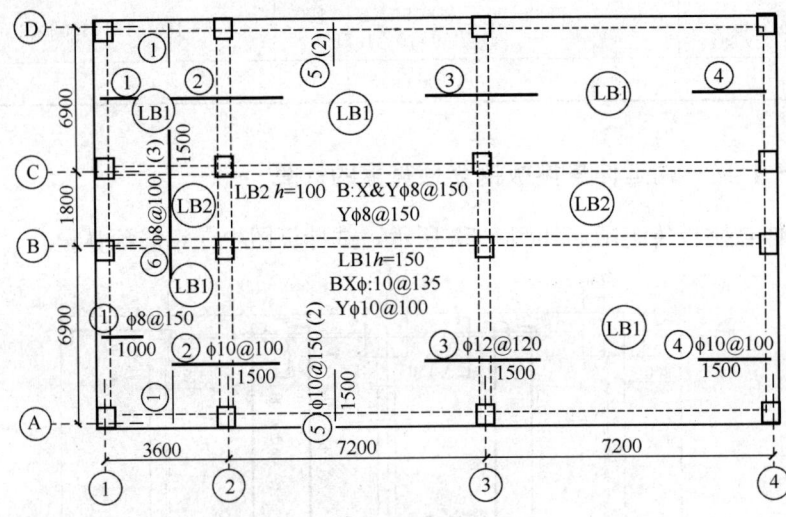

图 5-54 平法板

【解】
平法板钢筋预算量计算见表 5-6。

表 5-6 平法板钢筋预算量计算

序号	构件信息	个数	总质量/kg	单根质量/kg	根数	级别直径	单长计算/mm	备注
	板筋		3658.831					
1	支座钢筋		176.871					
1-1a	φ8@150		1.926					
1-1-1	D-C/1-2	1	1.926	1.926				
1-1-1-1		1	1.488	0.496	3	φ8	(1000－15)＋(135)＋(135)＋(0×135)＋(0)－(0)＝1255 135 ⌐ 985 ⌐ 135	@150

186

第五章　板构件钢筋计算

续表

序号	构件信息	个数	总质量/kg	单根质量/kg	根数	级别直径	单长计算/mm	备注
1-1-1-2	2		0.438	0.073	6	φ6.5	$(280)+(0\times350)+(0)-(0)=280$ 280	@200
1-1b	φ8@150		5.856					
1-1-2	B-A/1 外	1	5.856	5.856				
1-1-2-1	1		3.978	0.442	9	φ8	$(1000-15)+(135)+(0)+(0\times135)+(0)-(0)=1120$ 135 ⌐ 985 ⌐ 0	@150
1-1-2-2	2		1.878	0.313	6	φ6.5	$(1205)+(0\times350)+(0)-(0)=1205$ 1205	@200
1-1c	φ8@150		5.594					
1-1-3	1-2/D 外	1	5.594	5.594				
1-1-3-1	1		3.968	0.496	8	φ8	$(1000)+(-15)+(135)+(135)+(0\times350)+(0)-(0)=1255$ 135 ⌐ 985 ⌐ 135	@150
1-1-3-2	2		1.626	0.271	6	φ6.5	$(1042)+(0\times350)+(0)-(0)=1042$ 1042	@200
1-1d	φ8@150		4.230					
1-1-4	1-2/A-B	1	4.230	4.230				
1-1-4-1	1		2.976	0.496	6	φ8	$(1000)+(-15)+(135)+(135)+(0\times350)+(0)-(0)=1255$ 135 ⌐ 985 ⌐ 135	@150
1-1-4-2	2		1.254	0.209	6	φ6.5	$(804)+(0\times350)+(0)-(0)=804$ 804	@200
1-2a	φ10@100		39.452					
1-2-1	D-C/2-1	1	39.452	39.452				
1-2-1-1	1		32.288	2.018	16	φ10	$(1500+1500)+(135)+(135)+(0\times135)+(0)-(0)=3270$ 135 ⌐ 3000 ⌐ 135	@100

续表

序号	构件信息	个数	总质量/kg	单根质量/kg	根数	级别直径	单长计算/mm	备注
1-2-1-2		2	7.164	0.398	18	φ6.5	(1532)+(0×350)+(0)−(0)=1532 1532	@200
1-2b	φ10@100		17.276					
1-2-2	B-A/2-3	1	17.276	17.276				
1-2-2-1		1	14.126	2.018	7	φ10	(1500+1500)+(135)+(135)+(0×135)+(0)−(0)=3270 135 ⌐3000⌐ 135	@100
1-2-2-2		2	3.150	0.175	18	φ6.5	(673)+(0×350)+(0)−(0)=673 673	@200
1-2c	φ10@100		13.011					
1-2-3	C-D/4-3	1	13.011	13.011				
1-2-3-1		1	11.913	1.083	11	φ10	(1500)+(−15)+(135)+(135)+(0×350)+(0)−(0)=1755 135 ⌐1485⌐ 135	@100
1-2-3-2		2	1.098	0.122	9	φ6.5	(469)+(0×350)+(0)−(0)=469 469	@200
1-2d	φ10@100		10.167					
1-2-4	B-A/4-3	1	10.167	10.167				
1-2-4-1		1	8.664	1.083	8	φ10	(1500)+(−15)+(135)+(135)+(0×350)+(0)−(0)=1755 135 ⌐1485⌐ 135	@100
1-2-4-2		2	1.503	0.167	9	φ6.5	(643)+(0×350)+(0)−(0)=643 643	@200
1-3a	φ12@120		13.380					
1-3-1	D-C/3-2	1	13.380	13.380				
1-3-1-1		1	11.616	2.904	4	φ12	(1500+1500)+(135)+(135)+(0×33.6×12)+(0)−(0)=3270 135 ⌐3000⌐ 135	@120

第五章 板构件钢筋计算

续表

序号	构件信息	个数	总质量/kg	单根质量/kg	根数	级别直径	单长计算/mm	备注
1-3-1-2	2		1.764	0.098	18	φ6.5	$(378)+(0\times350)+(0)-(0)=378$ 378	@200
1-3b	φ12@120		16.950					
1-3-2	B-A/3-2	1	16.950	16.950				
1-3-2-1	1		14.520	2.904	5	φ12	$(1500+1500)+(135)+(135)+(0\times33.6\times12)+(0)-(0)=3270$ 135 ⌐ 3000 ⌐ 135	@120
1-3-2-2	2		2.430	0.135	18	φ6.5	$(518)+(0\times350)+(0)-(0)=518$ 518	@200
1-4a	φ10@150		13.881					
1-4-1	2-3/D 外	1	13.881	13.881				
1-4-1-1	1		10.830	1.083	10	φ10	$(1500)+(-15)+(135)+(135)+(0\times350)+(0)-(0)=1755$ 135 ⌐ 1485 ⌐ 135	@150
1-4-1-2	2		3.051	0.339	9	φ6.5	$(1303)+(0\times350)+(0)-(0)=1303$ 1303	@200
1-4b	φ10@150		9.912					
1-4-2	3-4/D 外	1	9.912	9.912				
1-4-2-1	1		7.581	1.083	7	φ10	$(1500)+(-15)+(135)+(135)+(0\times350)+(0)-(0)=1755$ 135 ⌐ 1485 ⌐ 135	@150
1-4-2-2	2		2.331	0.259	9	φ6.5	$(998)+(0\times350)+(0)-(0)=998$ 998	@200
1-4c	φ10@150		9.786					
1-4-3	2-3/A-B	1	9.786	9.786				

续表

序号	构件信息	个数	总质量/kg	单根质量/kg	根数	级别直径	单长计算/mm	备注
1-4-3-1	1		7.581	1.083	7	ϕ10	(1500)+(−15)+(135)+(135)+(0×350)+(0)−(0)=1755 135 ⌐ 1485 ⌐ 135	@150
1-4-3-2	2		2.205	0.245	9	ϕ6.5	(942)+(0×350)+(0)−(0)=942 942	@200
1-4d	ϕ10@150		15.450					
1-4-4	3-4/A-B	1	15.450	15.450				
1-4-4-1	1		11.913	1.083	11	ϕ10	(1500)+(−15)+(135)+(135)+(0×350)+(0)−(0)=1755 135 ⌐ 1485 ⌐ 135	@150
1-4-4-2	2		3.537	0.393	9	ϕ6.5	(1513)+(0×350)+(0)−(0)=1513 1513	@200
2	底筋		2937.507					
2-1a	ϕ8@150		74.672					
2-1-1	2-3/B-C	2	74.672	37.336				
2-1-1-1	1		37.336	2.872	13	ϕ8	(7200.0−15−15)+(0×350)+(2×6.25×8)−(0)=7270 7170	1~13 排
2-1b	ϕ8@150		72.422					
2-1-1	2-3/B-C	2	72.422	36.211				
2-1-1-2	1		36.211	0.739	49	ϕ8	(1800.0−15−15)+(0×350)+(2×6.25×8)−(0)=1870 1770	1~49 排
2-1c	ϕ8@150		18.850					
2-1-2	1-2/B-C	1	18.850	18.850				
2-1-2-1	1		18.850	1.450	13	ϕ8	(3600.0−15−15)+(0×350)+(2×6.25×8)−(0)=3670 3570	1~13 排

第五章 板构件钢筋计算

续表

序号	构件信息	个数	总质量/kg	单根质量/kg	根数	级别直径	单长计算/mm	备注
2-1d	φ8@150		18.475					
2-1-2	1-2/B-C	1	18.475	18.475				
2-1-2-2	1		18.475	0.739	25	φ8	$(1800.0-15-15)+(0\times350)+(2\times6.25\times8)-(0)=1870$ ⌐ 1770 ⌐	1~25 排
2-2a	φ10@135		936.208					
2-2-1	2-3/A-B	4	936.208	234.052				
2-2-1-1	1		234.052	4.501	52	φ10	$(7200.0-15-15)+(0\times350)+(2\times6.25\times10)-(0)=7295$ ⌐ 7170 ⌐	1~52 排
2-2b	φ10@135		118.560					
2-2-2	1-2/A-B	1	118.560	118.560				
2-2-2-1	1		118.560	2.280	52	φ10	$(3600.0-15-15)+(0\times350)+(2\times6.25\times10)-(0)=3695$ ⌐ 3570 ⌐	1~52 排
2-2c	φ10@135		118.664					
2-2-3	1-2/C-D 外	1	118.664	118.664				
2-2-3-1	1		118.664	2.282	52	φ10	$(3602.9-15-15)+(0\times350)+(2\times6.25\times10)-(0)=3698$ ⌐ 3573 ⌐	1~52 排
2-3a	φ10@100		1260.272					
2-3-1	2-3/A-B	4	1260.272	315.068				
2-3-1-1	1		315.068	4.316	73	φ10	$(6900.0-15-15)+(0\times350)+(2\times6.25\times10)-(0)=6995$ ⌐ 6870 ⌐	1~73 排
2-3b	φ10@100		319.384					
2-3-2	1-2/A-B	2	319.384	159.692				
2-3-2-1	1		159.692	4.316	37	φ10	$(6900.0-15-15)+(0\times350)+(2\times6.25\times10)-(0)=6995$ ⌐ 6870 ⌐	1~37 排

续表

序号	构件信息	个数	总质量/kg	单根质量/kg	根数	级别直径	单长计算/mm	备注
3	负筋		96.135					
3-1	ϕ8@150		76.414					
3-1-1	2-3/B-C	2	76.414	38.207				
3-1-1-1	1		38.207	2.939	13	ϕ8	$(7200.0-15-15)+(135.0)+(135.0)+(0\times350)+(0)-(0)$ $=7440$ 135 ⌐ 7170 ⌐ 135	1～13排
3-1	ϕ8@150		19.721					
3-1-2	1-2/B-C	1	19.721	19.721				
3-1-2-1	1		19.721	1.517	13	ϕ8	$(3600.0-15-15)+(135.0)+(135.0)+(0\times350)+(0)-(0)$ $=3840$ 135 ⌐ 3570 ⌐ 135	1～13排
4	跨板负筋		448.318					
4-1a	ϕ8@100(3)		179.915					
4-1-1	2-3/B-C	1	179.915	179.915				
4-1-1-1	1		146.219	2.003	73	ϕ8	$(4800.0)+(135.0)+(135.0)+(0\times350)+(0)-(0)=5070$ 135 ⌐ 4800 ⌐ 135	1～73排
4-1-1-2	2		16.848	1.872	9	ϕ6.5	$(7200.0)+(0\times350)+(0)-(0)$ $=7200$ 7200	1～9排
4-1-1-3	3		16.848	1.872	9	ϕ6.5	$(7200.0)+(0\times350)+(0)-(0)$ $=7200$ 7200	1～9排
4-1b	ϕ8@100(3)		177.444					

第五章 板构件钢筋计算

续表

序号	构件信息	个数	总质量/kg	单根质量/kg	根数	级别直径	单长计算/mm	备注
4-1-2	3-4/B-C	1	177.444	177.444				
4-1-2-1	1		146.219	2.003	73	φ8	(4800.0)+(135.0)+(135.0)+(0×350)+(0)-(0)=5070 135⌐4800⌐135	1~73 排
4-1-2-2	2		3.038	1.519	2	φ6.5	(5694.0+150.0)+(0×350)+(0)-(0)=5844 5844	1~2 排
4-1-2-3	3		13.104	1.872	7	φ6.5	(7200.0)+(0×350)+(0)-(0)=7200 7200	3~9 排
4-1-2-4	4		7.488	1.872	4	φ6.5	(7200.0)+(0×350)+(0)-(0)=7200 7200	1~4 排
4-1-2-5	5		7.595	1.519	5	φ6.5	(5693.0+150.0)+(0×350)+(0)-(0)=5843 5843	5~9 排
4.1c	φ8@100(3)		90.959					
4-1-3	1-2/B-C	1	90.959	90.959				
4-1-3-1	1		74.111	2.003	37	φ8	(4800.0)+(135.0)+(135.0)+(0×350)+(0)-(0)=5070 135⌐4800⌐135	1~37 排
4-1-3-2	2		8.424	0.936	9	φ6.5	(3600.0)+(0×350)+(0)-(0)=3600 3600	1~9 排
4-1-3-3	3		8.424	0.936	9	φ6.5	(3600.0)+(0×350)+(0)-(0)=3600 3600	1~9 排

193

【实例十三】某工程楼板钢筋预算量的计算

某工程的楼板钢筋布置如图 5-55 所示，计算板下部钢筋和板支座负筋及分布筋的钢筋预算量。

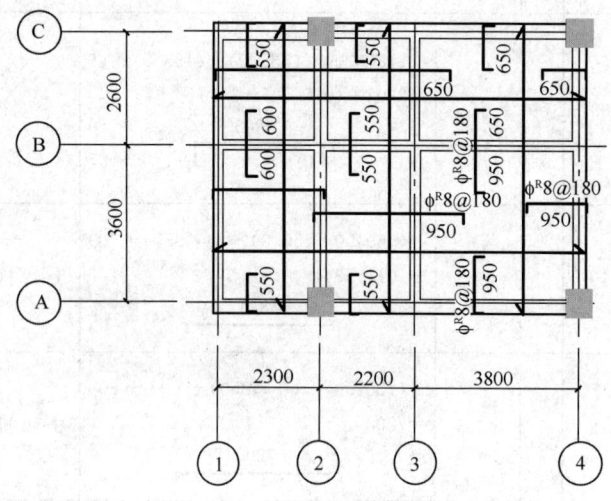

图 5-55　楼板钢筋布置图

说明：（1）未标注的现浇板厚均为 100mm。

（2）图中已画出但未标注的现浇板受力钢筋均为 $\phi^R 8@200$。

（3）未绘出分布钢筋为 $\phi 6@200$。

（4）板标高为 $H-0.050$。

（5）下部筋伸至梁中线不小于 $10d$ 且不小于 100。

（6）板边跨负筋伸至梁边不小于 L_a；板边跨支座负筋锚入支座 L_a，并且支座外皮留保护层厚度下弯。

【解】

（1）板下部钢筋

x 方向：_____8300_____

板下部钢筋长度 $= \max(200 \div 2, 5 \times 8) + (2300 + 2200 + 3800 - 250)$
$\qquad + \max(300 \div 2, 5 \times 8)$
$\qquad = 100 + 8050 + 150 = 8300(mm)$

板下部钢筋根数 $= [(3600 + 2600 - 300) - 50 \times 2] \div 200 + 1 = 30(根)$

y 方向：_____6200_____

板下部钢筋长度 $= \max(300 \div 2, 5 \times d) + (3600 + 2600 - 300) + \max(300 \div 2, 5 \times d)$
$\qquad = 150 + 5900 + 150 = 6200(mm)$

板下部钢筋根数 $= [(2300 + 2200 + 3800 - 250) - 50 \times 2] \div 200 + 1 = 41(根)$

板下部钢筋质量 $= (8.30 \times 30 + 6.20 \times 41) \times 0.395 = 198.76(kg)$

（2）板支座负筋及分布筋

Ⓑ 轴线 3800 跨边支座负筋：

边支座负筋长度 $= 30d + 950 + (100 - 15 \times 2) = 30 \times 8 + 950 + 70 = 1260(mm)$

边支座负筋简图：70└──────1190──────

边支座负筋根数 $= (3800 - 250 - 50 \times 2) \div 180 + 1 = 21(根)$

Ⓑ 轴线 3800 跨边支座负筋分布筋：

边支座负筋分布筋长度 $= (3800 - 300 - 950 \times 2) + 150 + 150 = 1900(mm)$

边支座负筋分布筋简图：───────1900───────

边支座负筋分布筋根数：$950 \div 200 = 5(根)$

Ⓑ 轴线 2200 跨边支座负筋：

边支座负筋长度 $= 30d + 550 + (100 - 15 \times 2) = 30 \times 8 + 550 + 70 = 860(mm)$

边支座负筋简图：70└──────790──────

边支座负筋根数＝(2200－250－50×2)÷180＋1＝12(根)

Ⓑ 轴线 2200 跨不设边支座负筋分布筋。

Ⓑ 轴线 2300 跨边支座负筋：

边支座负筋长度＝30d＋550＋(100－15×2)＝30×8＋550＋70＝860(mm)

边支座负筋简图：70└────790────┘

边支座负筋根数＝(2300－250－50×2)÷180＋1＝12(根)

Ⓑ 轴线 2300 跨不设边支座负筋分布筋。

Ⓒ 轴线 3800 跨边支座负筋：

边支座负筋长度＝30d＋650＋(100－15×2)＝30×8＋650＋70＝960(mm)

边支座负筋简图：70└────890────┘

边支座负筋根数＝(3800－250－50×2)÷180＋1＝21(根)

Ⓒ 轴线 3800 跨边支座负筋分布筋：

边支座负筋分布筋长度＝(3800－250－650×2)＋150＋150＝2550(mm)

边支座负筋简图：────2550────

边支座负筋分布筋根数＝650÷200＝4(根)

Ⓒ 轴线 2200 跨边支座负筋：

边支座负筋长度＝30d＋550＋(100－15×2)＝30×8＋550＋70＝860(mm)

边支座负筋简图：70└────790────┘

边支座负筋根数＝(2200－250－50×2)÷180＋1＝12(根)

Ⓒ 轴线 2200 跨不设边支座负筋分布筋。

Ⓒ 轴线 2300 跨支座负筋：

边支座负筋长度＝30d＋550＋(100－15×2)＝30×8＋550＋70＝860(mm)

边支座负筋简图：70└────790────┘

边支座负筋根数＝(2300－250－50×2)÷180＋1＝12(根)

Ⓒ 轴线 2300 跨不设边支座负筋分布筋。

Ⓑ、Ⓒ 之间轴线 3800 跨中间支座负筋：

中间支座负筋长度＝650＋950＋(100－15×2)×2＝1600＋70×2＝1740(mm)

中间支座负筋简图：70└────1600────┘70

中间支座负筋根数＝(3800－250－50×2)÷180＋1＝21(根)

Ⓑ、Ⓒ 之间轴线 3800 跨中间支座负筋分布筋 1：

中间支座负筋分布筋长度＝(3800－250－650×2)＋150＋150＝2550(mm)

中间支座负筋分布筋简图：────2550────

中间支座负筋分布筋根数＝650÷200＝4(根)

Ⓑ、Ⓒ 之间轴线 3800 跨中间支座负筋分布筋 2：

中间支座负筋分布筋长度＝(3800－300－950×2)＋150＋150＝1900(mm)

中间支座负筋分布筋简图：────1900────

中间支座负筋分布筋根数＝950÷200＝5(根)

Ⓑ、Ⓒ 之间轴线 2200 跨中间支座负筋：

中间支座负筋长度＝550＋550＋(100－15×2)×2＝1100＋70×2＝1240(mm)

中间支座负筋分布筋简图：70└──1100──┘70

中间支座负筋根数=(2200−250−50×2)÷180+1=12(根)

Ⓑ、Ⓒ之间轴线 2200 跨不设中间支座负筋分布筋。

Ⓑ、Ⓒ之间轴线 2300 跨中间支座负筋：

中间支座负筋长度=600+600+(100−15×2)×2=1200+70×2=1340(mm)

中间支座负筋分布筋简图：70└──1200──┘70

中间支座负筋根数=(2300−250−50×2)÷180+1=12(根)

Ⓑ、Ⓒ之间轴线 2300 跨不设支座负筋分布筋。

Ⓒ轴线 3600 跨边支座负筋：

边支座负筋长度=(2300−250)+30d+30d=2050+240+240=2530(mm)

边支座负筋简图：65└──2465──┘

边支座负筋根数=(3600−250−50×2)÷180+1=20(根)

Ⓒ轴线 3600 跨边支座负筋分布筋：

边支座负筋分布筋长度=(3600−150−550−600)+150+150=2300+150+150=2600(mm)

边支座负筋分布筋简图：──2600──

边支座负筋分布筋根数=(2300−250)÷200=11(根)

Ⓒ轴线 2600 跨边支座负筋：

边支座负筋长度=(2300+2200+650−300)+30d+70=4850+240+70=5160(mm)

边支座负筋简图：65└──5025──┘70

边支座负筋根数=(2600−250−50×2)÷180+1=14(根)

Ⓒ轴线 2600 跨边支座负筋分布筋 1：

边支座负筋分布筋长度=(2600−150−550−600)+150+150=1300+150+150=1600(mm)

边支座负筋分布筋简图：──1600──

边支座负筋分布筋根数=(2300−250)÷200=11(根)

Ⓒ轴线 2600 跨边支座负筋分布筋 2：

边支座负筋分布筋长度=(2600−150−550−550)+150+150=1350+150+150=1650(mm)

边支座负筋分布筋简图：──1650──

边支座负筋分布筋根数=(2200−250)÷200=10(根)

Ⓒ轴线 2600 跨边支座负筋分布筋 3：

边支座负筋分布筋长度=(2600−150−650−650)+150+150=1150+150+150=1450(mm)

边支座负筋分布筋简图：──1450──

边支座负筋分布筋根数=650÷200=4(根)

①轴线 3600 跨边支座负筋：

边支座负筋长度=(2200+950)+30d+70=3150+240+70=3460(mm)

中间支座负筋简图：70└──3390──

边支座负筋根数＝(3600－250－50×2)÷180＋1＝20(根)

① 轴线 3600 跨边支座负筋分布筋 1：

边支座负筋分布筋长度＝(3600－150－550－550)＋150＋150＝2350＋150＋150＝2650(mm)

边支座负筋分布筋简图：_____2650_____

边支座负筋分布筋根数＝(2200－250)÷200＝10(根)

① 轴线 3600 跨边支座负筋分布筋 2：

边支座负筋分布筋长度＝(3600－150－950－950)＋150＋150＝1550＋150＋150＝1850(mm)

边支座负筋分布筋简图：_____1850_____

边支座负筋分布筋根数＝950÷200＝5(根)

② 轴线 3600 跨边支座负筋：

边支座负筋长度＝950＋30d＋70＝950＋240＋70＝1260(mm)

边支座负筋简图：70⌐_____1190_____

边支座负筋根数＝(3600－250－50×2)÷180＋1＝20(根)

② 轴线 3600 跨边支座负筋分布筋：

边支座负筋分布筋长度＝(3600－150－950－950)＋150＋150＝1550＋150＋150＝1850(mm)

边支座负筋分布筋简图：_____1850_____

边支座负筋分布筋根数＝950÷200＝5(根)

② 轴线 2600 跨边支座负筋：

边支座负筋长度＝650＋30d＋70＝650＋240＋70＝960(mm)

边支座负筋简图：70⌐_____890_____

边支座负筋根数＝(2600－250－50×2)÷180＋1＝14(根)

② 轴线 2600 跨边支座负筋分布筋：

边支座负筋分布筋长度＝(2600－150－650－650)＋150＋150＝1150＋150＋150＝1450(mm)

边支座负筋分布筋简图：_____1450_____

边支座负筋分布筋根数＝650÷200＝4(根)

板支座负筋及分布筋质量＝(1.260×21＋0.860×12＋0.860×12＋0.960×21
　　　　　　　　　　　＋0.860×12＋0.860×12＋1.740×21＋1.240×12
　　　　　　　　　　　＋1.340×12＋2.530×20＋5.160×14＋3.460×20
　　　　　　　　　　　＋1.260×20＋0.960×14)×0.395＋(1.900×5
　　　　　　　　　　　＋2.550×4＋2.550×4＋1.900×5＋2.600×11
　　　　　　　　　　　＋1.600×11＋1.650×10＋1.450×4＋2.650
　　　　　　　　　　　×10＋1.850×5＋1.850×5＋1.450×4)×0.222
　　　　　　　　　　　＝152.50＋35.23＝187.73(kg)

思考题：

1. 板块集中标注有哪些要求？
2. B：X&YΦ10@150 T：X&YΦ10@150 表示什么意义？

3. 板支座原位标注中,"隔一布一"方式有哪些要求?
4. 无梁楼盖暗梁的表示方法是什么?
5. 板在端部支座的锚固构造有哪些?
6. 有梁楼盖不等跨板上部贯通纵筋连接构造有哪些?
7. 板洞边加强筋的构造有哪些?
8. 悬挑板阳角放射筋及阴角构造分别有哪些?
9. 板顶贯通筋如何计算?
10. 板支座负筋如何计算?
11. 温度筋有什么作用?如何计算?

第六章　板式楼梯钢筋计算

> **重点提示：**
> 1. 熟悉板式楼梯的类型
> 2. 熟悉板式楼梯平法施工图识读的基础知识，包括平面注写方式、剖面注写方式、列表注写方式等
> 3. 了解 AT 型楼梯板配筋构造、BT 型楼梯板配筋构造、CT 型楼梯板配筋构造、ATa 型楼梯板配筋构造、ATb 型楼梯板配筋构造及 ATc 型楼梯板配筋构造
> 4. 掌握板式楼梯钢筋计算方法，在实际工作中能够熟练运用

第一节　板式楼梯的类型

（1）16G101-2 图集楼梯包含 12 种类型，见表 6-1。各梯板截面形状与支座位置如图 6-1～图 6-6 所示。

表 6-1　楼梯类型

梯板代号	适用范围		是否参与结构整体抗震计算	示意图
	抗震构造措施	适用结构		
AT	无	剪力墙、砌体结构	不参与	图 6-1
BT			不参与	
CT	无	剪力墙、砌体结构	不参与	图 6-2
DT			不参与	
ET	无	剪力墙、砌体结构	不参与	图 6-3
FT			不参与	
GT	无	剪力墙、砌体结构	不参与	图 6-4
ATa	有	框架结构、框剪结构中框架部分	不参与	图 6-5
ATb			不参与	
ATc			参与	
CTa	有	框架结构、框剪结构中框架部分	不参与	图 6-6
CTb			不参与	

注：ATa、CTa 低端设滑动支座支承在梯梁上；ATb、CTb 低端设滑动支座支承在挑板上。

（2）楼梯注写：楼梯编号由梯板代号和序号组成；例如 AT××、BT××、ATa××等。

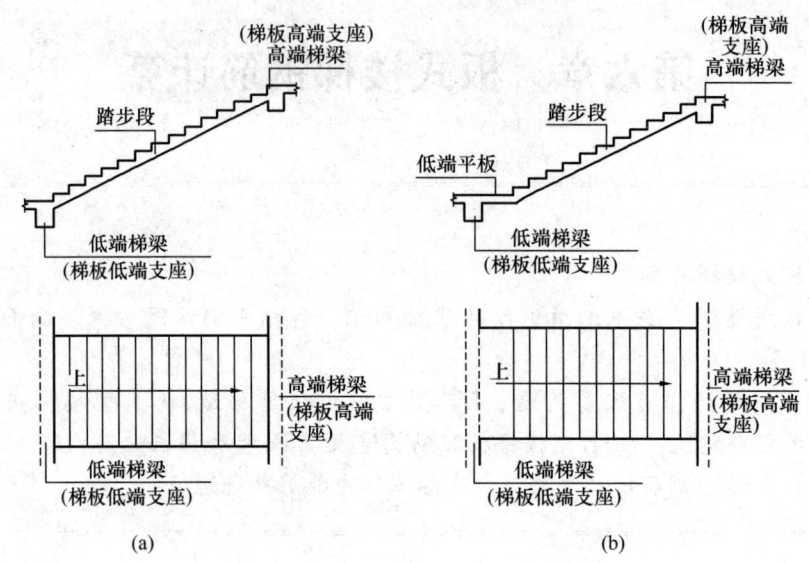

图 6-1 AT、BT 型楼梯截面形状与支座位置示意图
(a) AT 型；(b) BT 型

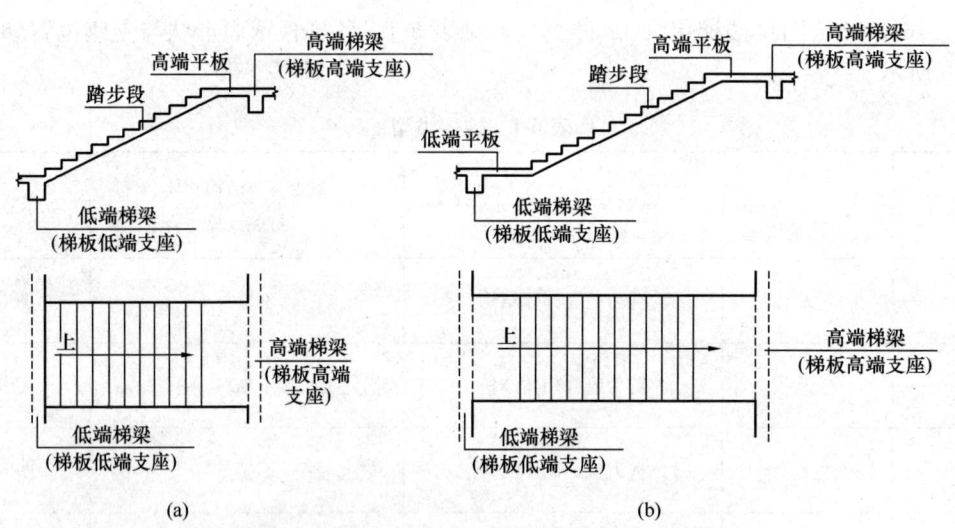

图 6-2 CT、DT 型楼梯截面形状与支座位置示意图
(a) CT 型；(b) DT 型

(3) AT～ET 型板式楼梯具备以下特征：

1) AT～ET 型板式楼梯代号代表一段带上下支座的梯板。梯板的主体为踏步段，除踏步段之外，梯板可包括低端平板、高端平板以及中位平板。

2) AT～ET 各型梯板的截面形状为：

AT 型梯板全部由踏步段构成；

BT 型梯板由低端平板和踏步段构成；

CT 型梯板由踏步段和高端平板构成；

DT 型梯板由低端平板、踏步板和高端平板构成；

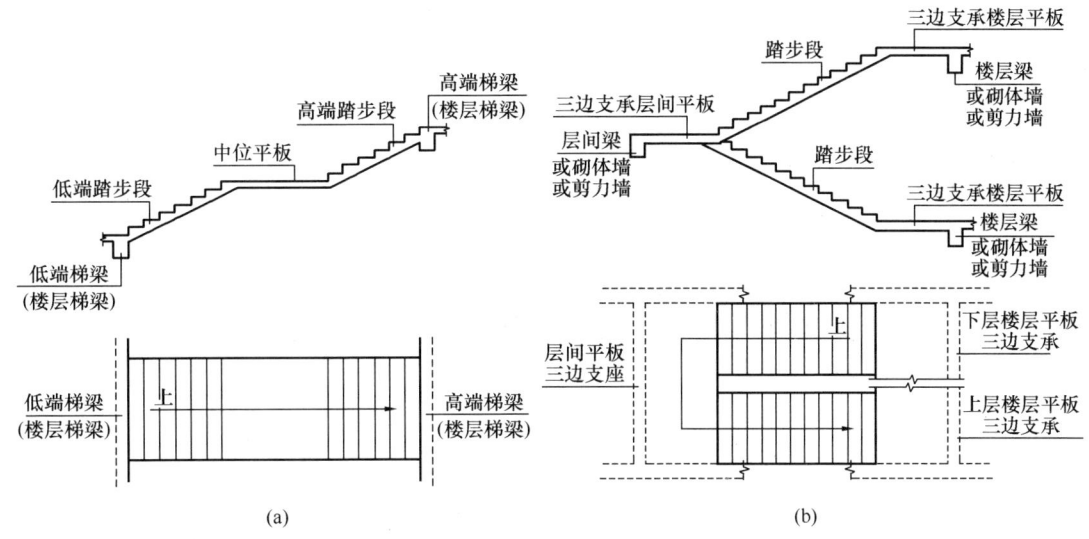

图 6-3 ET、FT 型楼梯截面形状与支座位置示意图
(a) ET 型；(b) FT 型（有层间和楼梯平台板的双跑楼梯）

ET 型梯板由低端踏步段、中位平板和高端踏步段构成。

3）AT～ET 型梯板的两端分别以（低端和高端）梯梁为支座。

4）AT～ET 型梯板的型号、板厚、上下部纵向钢筋及分布钢筋等内容由设计者在平法施工图中注明。梯板上部纵向钢筋向跨内伸出的水平投影长度见相应的标准构造详图，设计不注，但是设计者应予以校核；当标准构造详图规定的水平投影长度不满足具体工程要求时，应由设计者另行注明。

(4) FT、GT 型板式楼梯具备以下特征：

1）FT、GT 每个代号代表两跑踏步段和连接它们的楼层平板及层间平板。

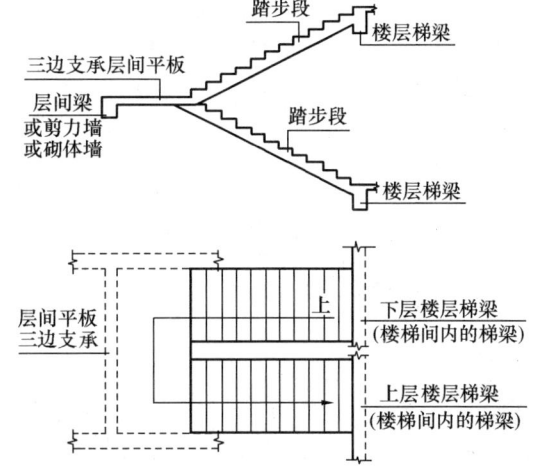

图 6-4 GT 型楼梯截面形状与支座位置
示意图（有层间平台板的双跑楼梯）

2）FT、GT 型梯板的构成分为两类：

第一类：FT 型，由层间平板、踏步段和楼层平板构成。

第二类：GT 型，由层间平板和踏步段构成。

3）FT、GT 型梯板的支承方式如下：

① FT 型：梯板一端的层间平板采用三边支承，另一端的楼层平板也采用三边支承。

② GT 型：梯板一端的层间平板采用三边支承，另一端的梯板段采用单边支承（在梯梁上）。

以上各型梯板的支承方式见表 6-2。

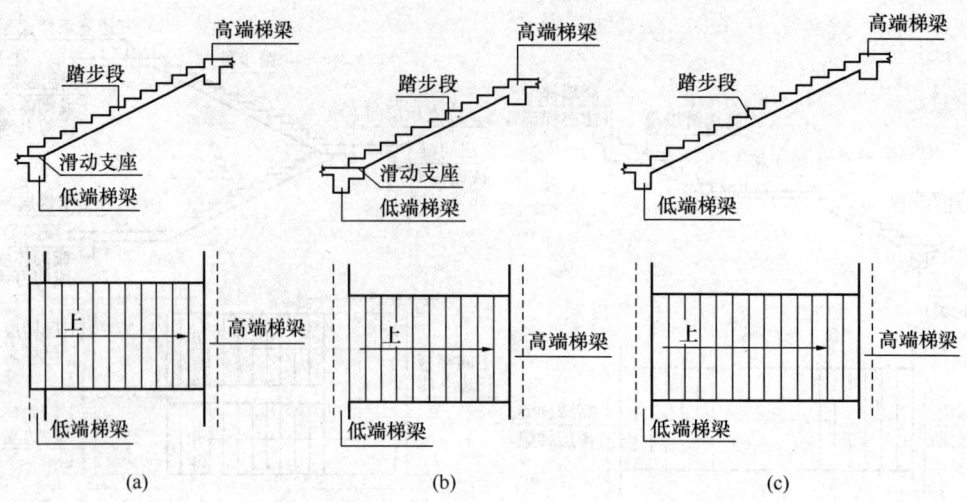

图 6-5　ATa、ATb、ATc 型楼梯截面形状与支座位置示意图
(a) ATa 型；(b) ATb 型；(c) ATc 型

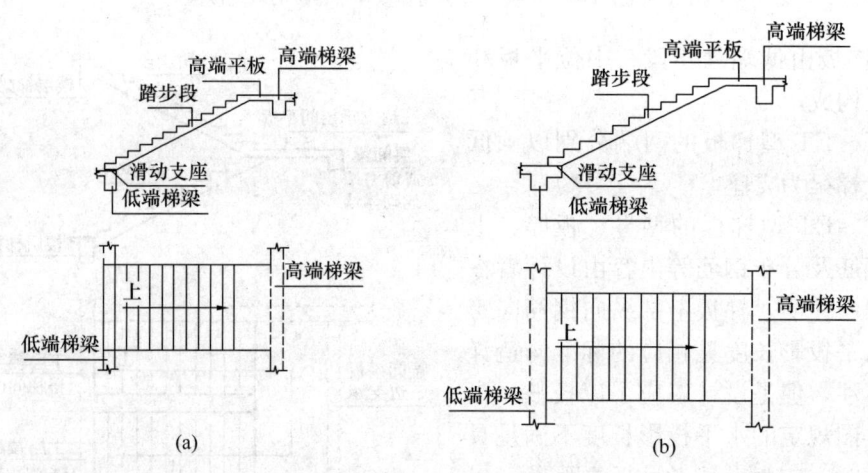

图 6-6　CTa、CTb 型楼梯截面形状与支座位置示意图
(a) CTa 型；(b) CTb 型

表 6-2　FT、GT 型梯板支承方式

梯板类型	层间平板端	踏步段端（楼层处）	楼层平板端
FT	三边支承	—	三边支承
GT	三边支承	单边支承（梯梁上）	—

4）FT、GT 型梯板的型号、板厚、上下部纵向钢筋及分布钢筋等内容由设计者在平法施工图中注明。FT、GT 型平台上部横向钢筋及其外伸长度，在平面图中原位标注。梯板上部纵向钢筋向跨内伸出的水平投影长度见相应的标准构造详图，设计不注，但设计者应予以校核；当标准构造详图规定的水平投影长度不满足具体工程要求时，应由设计者另行注明。

(5) ATa、ATb 型板式楼梯具备以下特征：

1）ATa、ATb 型为带滑动支座的板式楼梯，梯板全部由踏步段构成，其支承方式为梯板高端均支承在梯梁上，ATa 型梯板低端带滑动支座支承在梯梁上，ATb 型梯板低端带滑动支座支承在梯梁的挑板上。

2) 滑动支座构造做法如图 6-7 所示，采用何种做法应由设计指定。滑动支座垫板可选

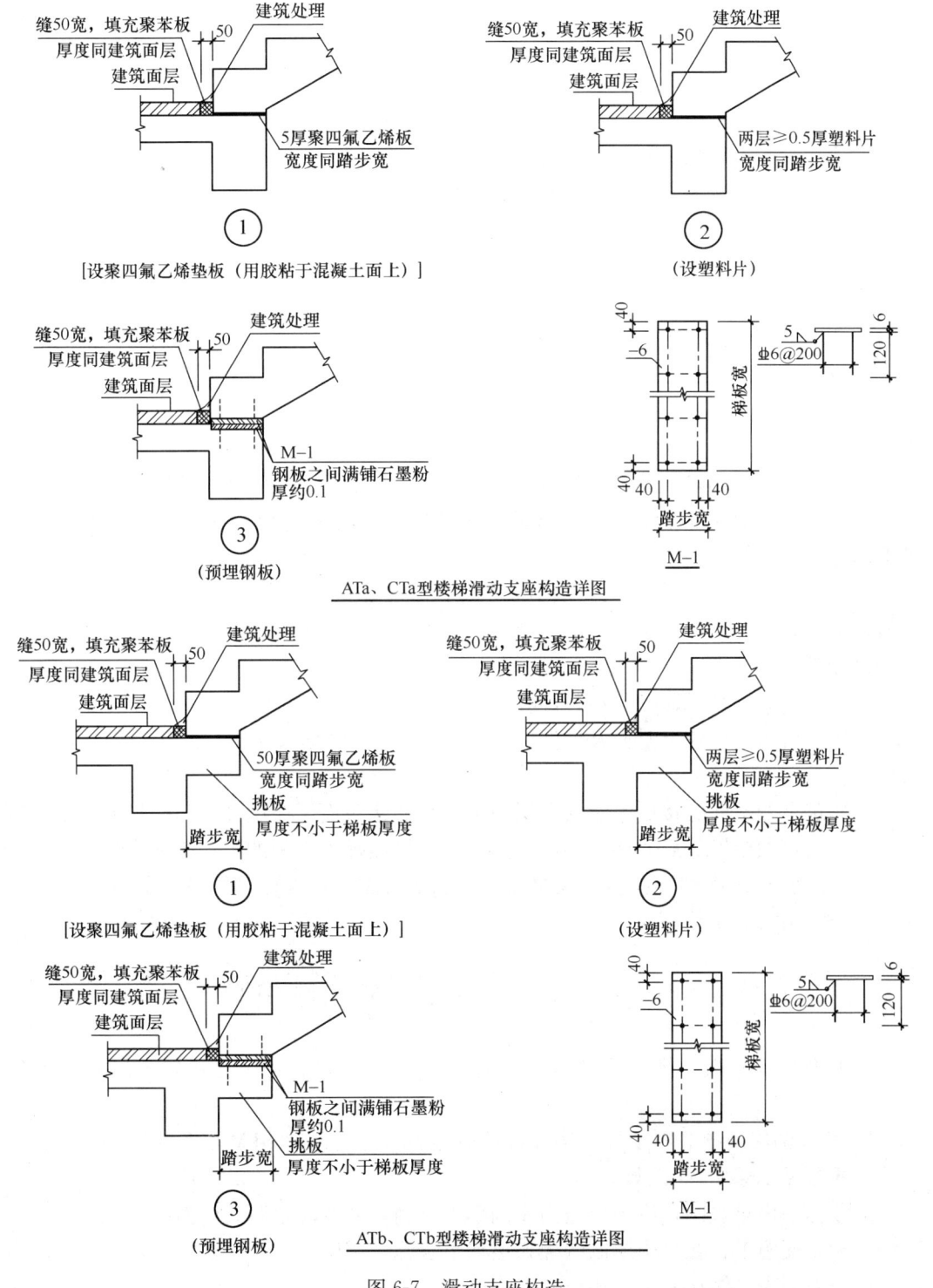

图 6-7 滑动支座构造

用聚四氟乙烯板（四氟板）、钢板和厚度大于等于 0.5mm 的塑料片，也可选用其他能起到有效滑动的材料，其连接方式由设计者另行处理。

3）ATa、ATb 型梯板采用双层双向配筋。

（6）ATc 型板式楼梯具备以下特征：

1）ATc 型梯板全部由踏步段构成，其支承方式为梯板两端均支承在梯梁上。

2）ATc 型楼梯休息平台与主体结构可整体连接，也可脱开连接。

3）ATc 型楼梯梯板厚度应按计算确定，并且不宜小于 140mm；梯板采用双层配筋。

4）ATc 型梯板两侧设置边缘构件（暗梁），边缘构件的宽度取 1.5 倍板厚；边缘构件纵筋数量，当抗震等级为一、二级时不少于 6 根，当抗震等级为三、四级时不少于 4 根；纵筋直径不小于 $\phi 12$ 且不小于梯板纵向受力钢筋的直径；箍筋直径不小于 $\Phi 6$，间距不大于 200。

平台板按双层双向配筋。

5）ATc 型楼梯作为斜撑构件，钢筋均采用符合抗震性能要求的热轧钢筋，钢筋的抗拉强度实测值与屈服强度实测值的比值不应小于 1.25；钢筋的屈服强度实测值与屈服强度标准值的比值不应大于 1.3，且钢筋在最大拉力下的总伸长率实测值不应小于 9%。

（7）CTa、CTb 型板式楼梯具备以下特征：

1）CTa、CTb 型为带滑动支座的板式楼梯，梯板由踏步段和高端平板构成，其支承方式为梯板高端均支承在梯梁上。CTa 型梯板低端带滑动支座支承在梯梁上，CTb 型梯板低端带滑动支座支承在挑板上。

2）滑动支座做法见图 6-7，采用何种做法应由设计指定。滑动支座垫板可选用聚四氟乙烯板、钢板和厚度大于等于 0.5 的塑料片，也可选用其他能保证有效滑动的材料，其连接方式由设计者另行处理。

3）CTa、CTb 型梯板采用双层双向配筋。

（8）梯梁支承在梯柱上时，其构造应符合 16G101-1 中框架梁 KL 的构造做法，箍筋宜全长加密。

（9）建筑专业地面、楼层平台板和层间平台板的建筑面层厚度经常与楼梯踏步面层厚度不同，为使建筑面层做好后的楼梯踏步等高，各型号楼梯踏步板的第一级踏步高度和最后一级踏步高度需要相应增加或减少（见楼梯剖面图），若没有楼梯剖面图，其取值方法详见 16G101-2 图集第 50 页。

第二节 板式楼梯平法施工图识读

（1）现浇混凝土板式楼梯平法施工图包括平面注写、剖面注写和列表注写三种表达方式。

16G101-2 图集制图规则主要表述梯板的表达方式，与楼梯相关的平台板、梯梁、梯柱的注写方式参见 16G101-1 图集。

（2）楼梯平面布置图，应采用适当比例集中绘制，需要时绘制其剖面图。

（3）为方便施工，在集中绘制的板式楼梯平法施工图中，应当用表格或其他方式注明各结构层的楼面标高、结构层高及相应的结构层号。

一、平面注写方式

(1) 平面注写方式是在楼梯平面布置图上注写截面尺寸和配筋具体数值的方式来表达楼梯施工图。包括集中标注和外围标注。

(2) 楼梯集中标注的内容包括五项，具体规定如下：

1) 梯板类型代号与序号，例如 AT××。

2) 梯板厚度，注写为 $h=×××$。当为带平板的梯板且梯段板厚度和平板厚度不同时，可在梯段板厚度后面括号内以字母 P 打头注写平板厚度。

3) 踏步段总高度和踏步级数之间以"/"分隔。

4) 梯板支座上部纵筋和下部纵筋之间以";"分隔。

5) 梯板分布筋，以 F 打头注写分布钢筋具体值，该项也可在图中统一说明。

6) 对于 ATc 型楼梯尚应注明梯板两侧边缘构件纵向钢筋及箍筋。

(3) 楼梯外围标注的内容，包括楼梯间的平面尺寸、楼层结构标高、层间结构标高、楼梯的上下方向、梯板的平面几何尺寸、平台板配筋、梯梁及梯柱配筋等。

(4) 各类型楼梯平面注写方式与适用条件见 16G101-2 图集第 23、25、27、29、31、33、36、40、45、47 页。

二、剖面注写方式

(1) 剖面注写方式需在楼梯平法施工图中绘制楼梯平面布置图和楼梯剖面图，注写方式分平面注写和剖面注写两部分。

(2) 楼梯平面布置图注写内容，包括楼梯间的平面尺寸、楼层结构标高、层间结构标高、楼梯的上下方向、梯板的平面几何尺寸、梯板类型及编号、平台板配筋、梯梁及梯柱配筋等。

(3) 楼梯剖面图注写内容，包括梯板集中标注、梯梁梯柱编号、梯板水平及竖向尺寸、楼层结构标高、层间结构标高等。

(4) 梯板集中标注的内容包括四项，具体规定如下：

1) 梯板类型及编号，例如 AT××。

2) 梯板厚度，注写为 $h=×××$。当梯板由踏步段和平板构成，并且踏步段梯板厚度和平板厚度不同时，可在梯板厚度后面括号内以字母 P 打头注写平板厚度。

3) 梯板配筋，注明梯板上部纵筋和梯板下部纵筋，用分号";"将上部与下部纵筋的配筋值分隔开来。

4) 梯板分布筋，以 F 打头注写分布钢筋具体值，该项也可在图中统一说明。

5) 对于 ATc 型楼梯尚应注明梯板两侧边缘构件纵向钢筋及箍筋。

三、列表注写方式

(1) 列表注写方式是用列表注写梯板截面尺寸和配筋具体数值的方式来表达楼梯施工图。

(2) 列表注写方式的具体要求同剖面注写方式，仅将剖面注写方式中的梯板配筋注写项改为列表注写项即可。

梯板列表格式如表 6-3 所示。

表 6-3　梯板列表格式

梯板编号	踏步段总高度/踏步级数	板厚 h	上部纵向钢筋	下部纵向钢筋	分布筋

注：对于 ATc 型楼梯尚应注明梯板两侧边缘构件纵向钢筋及箍筋。

四、其他

(1) 楼层平台梁板配筋可绘制在楼梯平面图中，也可在各层梁板配筋图中绘制；层间平台梁板配筋在楼梯平面图中绘制。

(2) 楼层平台板可与该层的现浇楼板整体设计。

第三节　板式楼梯构造

一、AT 型楼梯板配筋构造

AT 型楼梯板配筋构造如图 6-8 所示。

(1) 图中上部纵筋锚固长度 $0.35l_{ab}$ 用于设计按铰接的情况，括号内数据 $0.6l_{ab}$ 用于设计

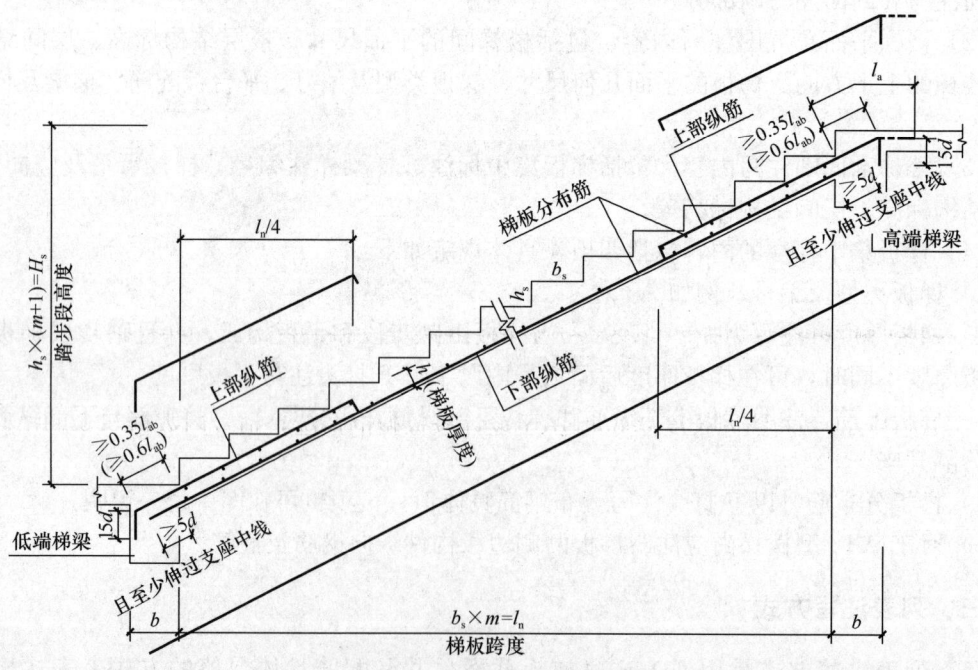

图 6-8　AT 型楼梯板配筋构造

l_n—梯板跨度；h—梯板厚度；b_s—踏步宽度；h_s—踏步高度；H_s—踏步段高度；m—踏步数；b—支座宽度；d—钢筋直径；l_{ab}—受拉钢筋的基本锚固长度；l_a—受拉钢筋锚固长度

考虑充分发挥钢筋抗拉强度的情况,具体工程中设计应指明采用何种情况。

(2) 上部纵筋有条件时可直接伸入平台板内锚固,从支座内边算起总锚固长度不小于 l_a, 如图 6-8 中虚线所示。

(3) 上部纵筋需伸至支座对边再向下弯折。

(4) 踏步两头高度调整见 16G101-2 图集第 50 页。

二、BT 型楼梯板配筋构造

BT 型楼梯板配筋构造如图 6-9 所示。

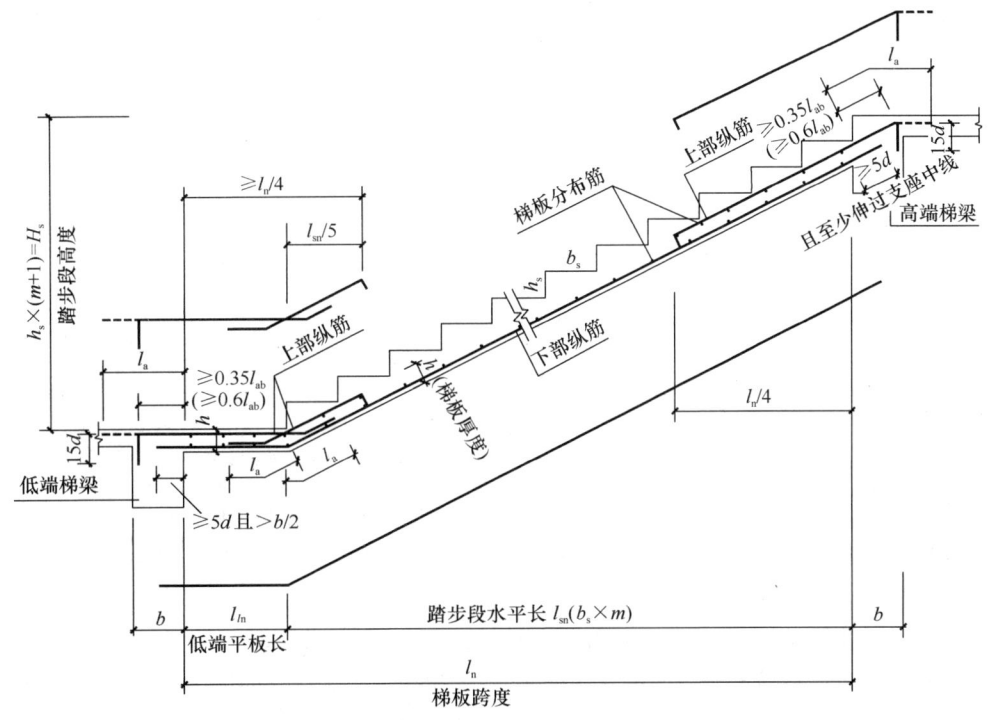

图 6-9 BT 型楼梯板配筋构造

l_n—梯板跨度;l_{sn}—踏步段水平长;h—梯板厚度;b_s—踏步宽度;h_s—踏步高度;H_s—踏步段高度;m—踏步数;b—支座宽度;d—钢筋直径;l_{ab}—受拉钢筋的基本锚固长度;l_a—受拉钢筋锚固长度;l_{ln}—低端平板长

(1) 图中上部纵筋锚固长度 $0.35l_{ab}$ 用于设计按铰接的情况,括号内数据 $0.6l_{ab}$ 用于设计考虑充分发挥钢筋抗拉强度的情况,具体工程中设计应指明采用何种情况。

(2) 上部纵筋有条件时可直接伸入平台板内锚固,从支座内边算起总锚固长度不小于 l_a, 如图 6-9 中虚线所示。

(3) 上部纵筋需伸至支座对边再向下弯折。

(4) 踏步两头高度调整见 16G101-2 图集第 50 页。

三、CT 型楼梯板配筋构造

CT 型楼梯板配筋构造如图 6-10 所示。

(1) 图中上部纵筋锚固长度 $0.35l_{ab}$ 用于设计按铰接的情况,括号内数据 $0.6l_{ab}$ 用于设计

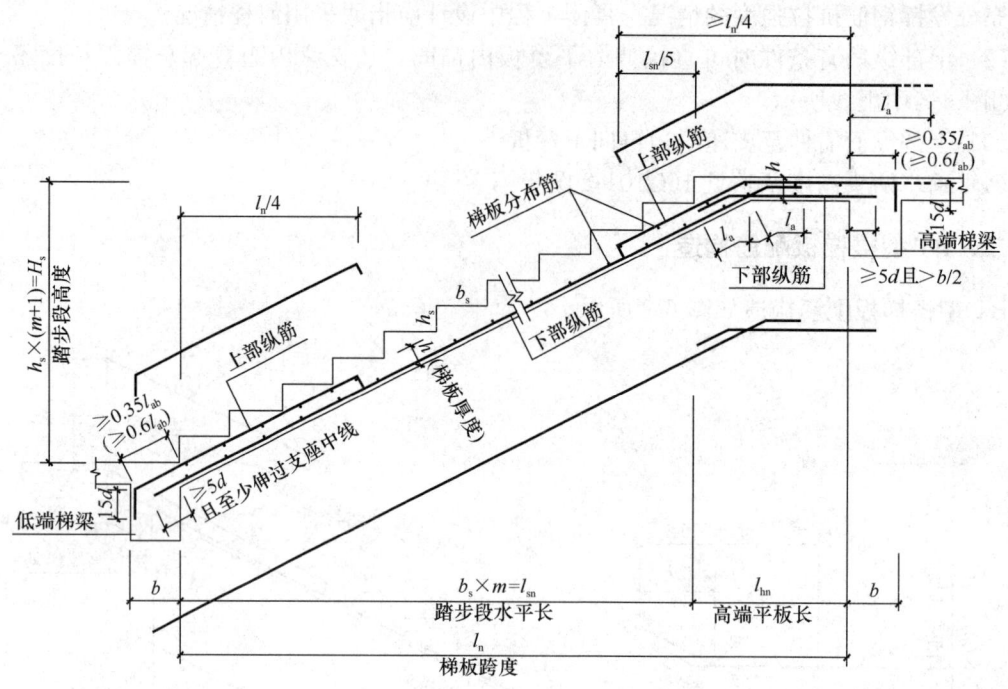

图 6-10　CT 型楼梯板配筋构造

l_n—梯板跨度；l_{sn}—踏步段水平长；h—梯板厚度；b_s—踏步宽度；h_s—踏步高度；H_s—踏步段高度；m—踏步数；b—支座宽度；d—钢筋直径；l_{ab}—受拉钢筋的基本锚固长度；l_a—受拉钢筋锚固长度；l_{hn}—高端平板长

考虑充分发挥钢筋抗拉强度的情况，具体工程中设计应指明采用何种情况。

（2）上部纵筋有条件时可直接伸入平台板内锚固，从支座内边算起总锚固长度不小于 l_a，如图 6-10 中虚线所示。

（3）上部纵筋需伸至支座对边再向下弯折。

（4）踏步两头高度调整见 16G101-2 图集第 50 页。

四、ATa 型楼梯板配筋构造

ATa 型楼梯板配筋构造如图 6-11 所示。

踏步两头高度调整见 16G101-2 图集第 50 页。

五、ATb 型楼梯板配筋构造

ATb 型楼梯板配筋构造如图 6-12 所示。

踏步两头高度调整见 16G101-2 图集第 50 页。

六、ATc 型楼梯板配筋构造

ATc 型楼梯板配筋构造如图 6-13 所示。

（1）钢筋均采用符合抗震性能要求的热轧钢筋（钢筋的抗拉强度实测值与屈服强度实测值的比值不应小于 1.25；钢筋的屈服强度实测值与屈服强度标准值的比值不应大于 1.3，且钢筋在最大拉力下的总伸长率实测值不应小于 9%）。

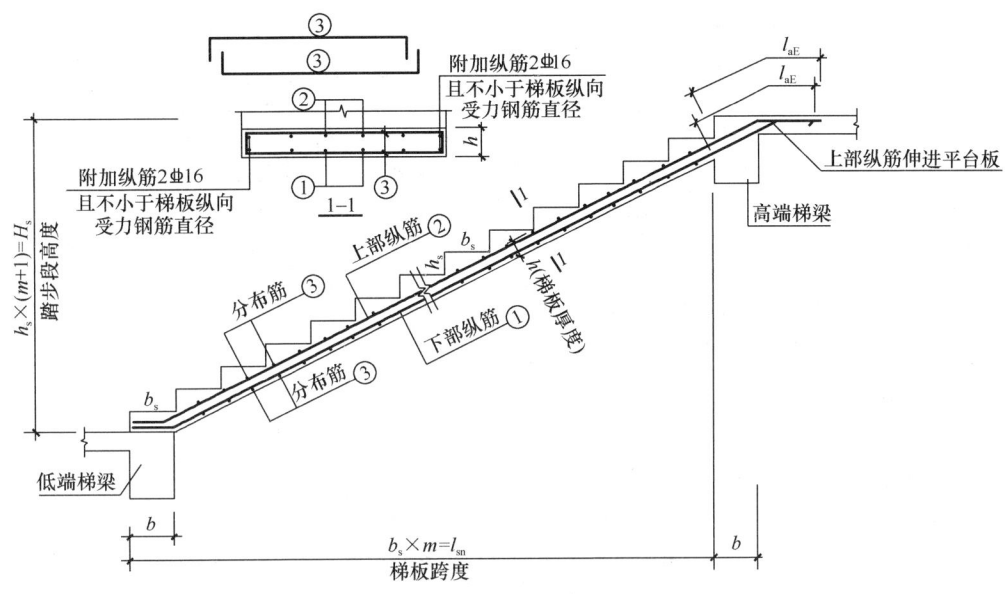

图 6-11 ATa 型楼梯板配筋构造

l_{sn}—梯板跨度；h—梯板厚度；b_s—踏步宽度；h_s—踏步高度；H_s—踏步段高度；m—踏步数；b—支座宽度；l_{aE}—受拉钢筋抗震锚固长度

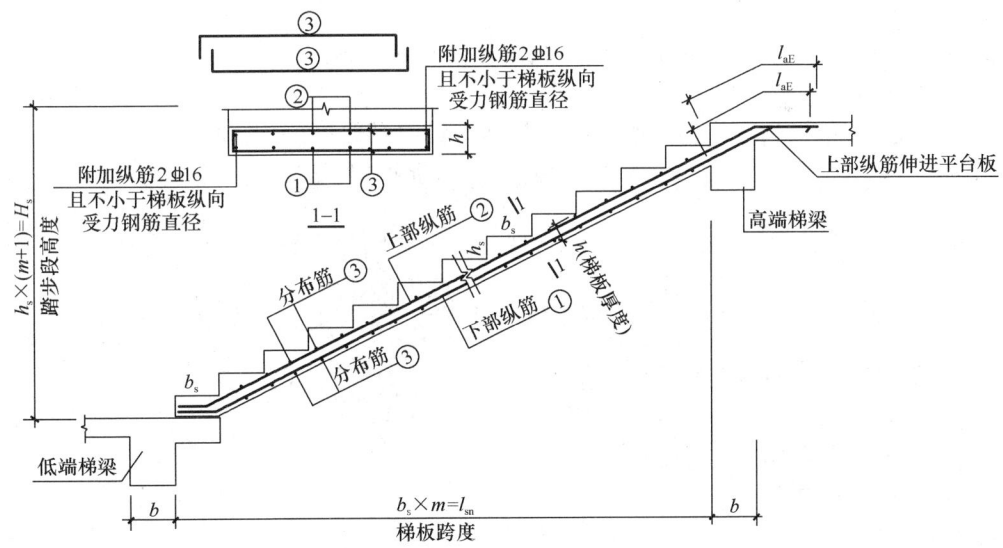

图 6-12 ATb 型楼梯板配筋构造

l_{sn}—梯板跨度；h—梯板厚度；b_s—踏步宽度；h_s—踏步高度；H_s—踏步段高度；m—踏步数；b—支座宽度；l_{aE}—受拉钢筋抗震锚固长度

（2）上部纵筋需伸至支座对边再向下弯折。

（3）踏步两头高度调整见 16G101-2 图集第 50 页。

（4）梯板拉结筋 $\phi 6$，拉结筋间距为 600mm。

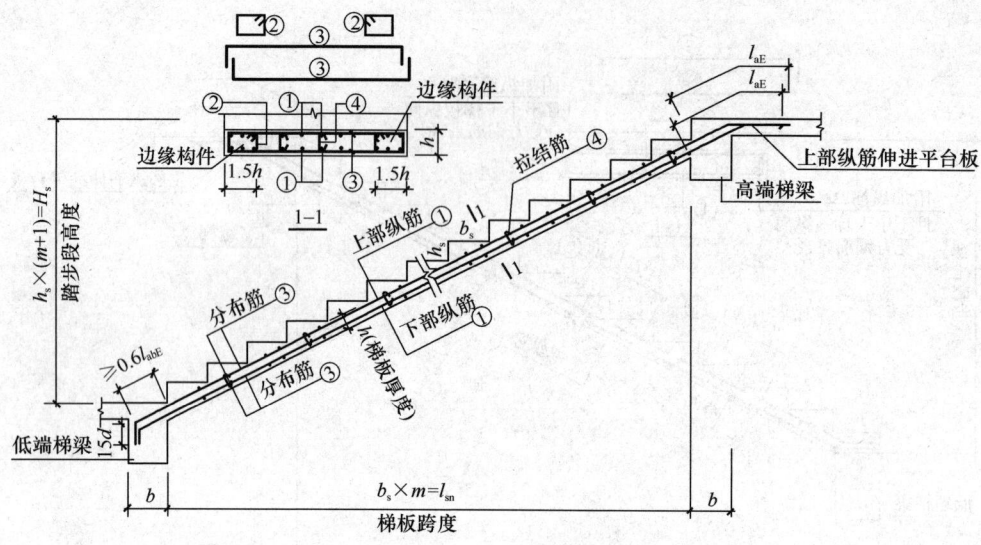

图 6-13 ATc 型楼梯板配筋构造

l_{sn}—梯板跨度；h—梯板厚度；b_s—踏步宽度；h_s—踏步高度；H_s—踏步段高度；d—钢筋直径；
m—踏步数；b—支座宽度；l_{aE}—受拉钢筋抗震锚固长度

第四节　板式楼梯钢筋计算方法与实例

以 AT 型楼梯为例说明梯段板的纵筋及其分布筋的计算。

1. 下部纵筋

$$单根长度 = 梯段水平投影长度 \times 斜坡系数 + 2 \times 锚固长度$$

$$根数 = \frac{(梯板宽度 - 2 \times 保护层)}{间距} + 1$$

$$水平投影长度 = 踏步宽度 \times 踏面个数$$

$$斜坡系数 = \frac{\sqrt{b_s^2 + h_s^2}}{b_s}$$

式中　b_s、h_s——踏步的宽度和高度。

$$锚固长度 = \max(5d, b/2)$$

式中　b——梯梁宽度。

d——钢筋直径。

对于分布筋，有

$$单根长度 = 梯板净宽 - 2 \times 保护层$$

$$根数 = \frac{(l_n \times 斜坡系数 - 间距)}{间距} + 1$$

式中　l_n——梯板跨度

2. 梯板低端上部纵筋（低端扣筋）及分布筋

对于低端扣筋，有

$$单根长度 = \left(\frac{l_n}{4} + b - 保护层\right) \times 斜坡系数 + 15d + h - 保护层$$

式中 h——梯板厚度

根数同梯板下部纵筋计算规则。

对于分布筋，单根长度同底部分布筋计算规则。

$$根数 = \frac{\left(\dfrac{l_n}{4} \times 斜坡系数 k\right)}{间距} + 1$$

3. 梯板高端上部纵筋（高端扣筋）及分布筋

与梯板低端上部纵筋类似，只是在直锚时，

$$单根长度 = \left(\frac{l_n}{4} + b - 保护层\right) \times 斜坡系数 + l_a + h - 保护层$$

式中 l_a——锚固长度。

分布筋长度和根数同低端扣筋的分布筋。

4. 梯梁、梯柱、平台板的钢筋量计算

梯梁、梯柱、平台板的钢筋量计算可参考前面关于梁、柱、板的钢筋算量规则计算。

【**实例一**】**AT 型楼梯钢筋的计算**

AT3 平面布置如图 6-14 所示。混凝土强度等级为 C30，梯梁宽度 b 为 200mm，保护层厚度 c 为 15mm，下部纵筋的分布筋起步距离为 50mm。计算 AT3 中各钢筋。

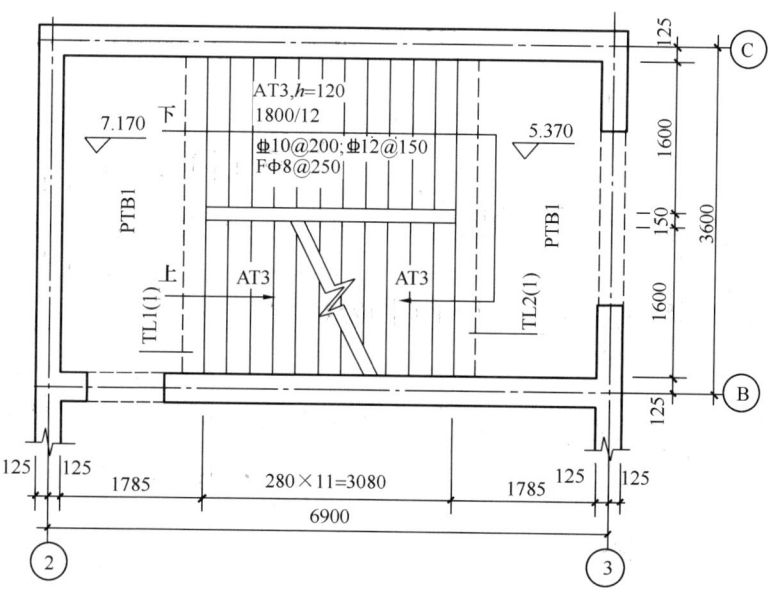

图 6-14 AT3 平面布置图

【**解**】

（1）AT 型楼梯板的基本尺寸数据

1）楼梯板净跨度 $l_n = 3080$mm

2）梯板净宽度 $b_n = 1600$mm

3）梯板厚度 $h = 120$mm

4) 踏步宽度 $b_s=280$mm

5) 踏步总高度 $H_s=1800$mm

6) 踏步高度 $h_s=1800/12=150$mm

(2) 计算步骤

1) 斜坡系数 $k=\sqrt{h_s^2+b_s^2}/b_s=\sqrt{150^2+280^2}/280=1.134$

2) 梯板下部纵筋以及分布筋

① 梯板下部纵筋

长度 $= l_n \times k + 2 \times l_a = 3080 \times 1.134 + 2 \times \max(5d, b/2)$
$= 3080 \times 1.134 + 2 \times \max(5 \times 12, 200/2) = 3693$mm

根数 $=(b_n-2\times c)/$间距$+1=(1600-2\times 15)/150+1\approx 12$ 根

② 分布筋

长度 $=b_n-2\times c=1600-2\times 15=1570$mm

根数 $=(l_n\times k-50\times 2)/$间距$+1=(3080\times 1.134-50\times 2)/250+1\approx 15$ 根

3) 梯板低端扣筋

单根长度 $l_1=\left[\dfrac{l_n}{4}+(b-c)\right]\times k+15d+h-c$

$=\left(\dfrac{3080}{4}+200-15\right)\times 1.134+15\times 10+120-15$

$=1083+150+105$

$=1338$mm

$l_2=15d=15\times 10=150$mm

$h_1=h-c=120-15=105$mm

分布筋长度 $=b_n-2\times c=1600-2\times 15=1570$mm

梯板低端扣筋的根数 $=(b_n-2\times c)/$间距$+1=(1600-2\times 15)/250+1\approx 8$ 根

分布筋的根数 $=(l_n/4\times k)/$间距$+1=(3080/4\times 1.134)/250+1\approx 5$ 根

4) 梯板高端扣筋

$h_1=h-c=120-15=105$mm

单根长度 $=\left[\dfrac{l_n}{4}+(b-c)\right]\times k+15d+h-c$

$=\left(\dfrac{3080}{4}+200-15\right)\times 1.134+15\times 10+120-15$

$=1083+150$

$=1338$mm

$l_2=15d=15\times 10=150$mm

高端扣筋的每根长度 $=105+1083+150=1338$mm

分布筋 $=b_n-2\times c=1600-2\times 15=1570$mm

梯板高端扣筋的根数 $=(b_n-2\times c)/$间距$+1=(1600-2\times 15)/150+1=12$ 根

分布筋的根数 $=(l_n/4\times k)/$间距$+1=(3080/4\times 1.134)/250+1=5$ 根

上面只计算了一跑 AT1 的钢筋，一个楼梯间有两跑 AT1，因此，应将上述数据再乘以 2。

【实例二】ATc 型楼梯钢筋的计算

ATc3 楼梯平面布置图如图 6-15 所示。混凝土强度等级为 C30，抗震等级为一级，梯梁宽度为 $b=200$mm。计算 ATc3 中各钢筋。

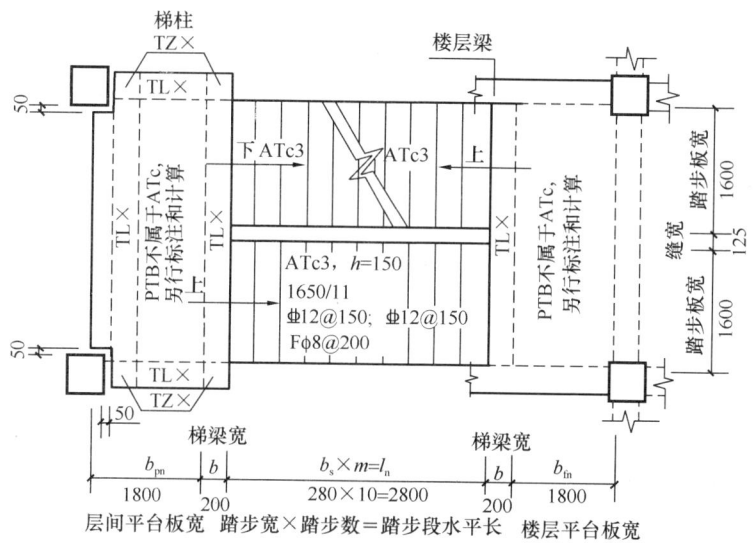

图 6-15 ATc3 型楼梯平面布置图

【解】

（1）ATc3 楼梯板的基本尺寸数据

1）楼梯板净跨度 $l_n=2800$mm

2）梯板净宽度 $b_n=1600$mm

3）梯板厚度 $h=150$mm

4）踏步宽度 $b_s=280$mm

5）踏步总高度 $H_s=1650$mm

6）踏步高度 $h_s=1650/11=150$mm

（2）计算步骤

1）斜坡系数 $k=\sqrt{h_s^2+b_s^2}/b_s=\sqrt{150^2+280^2}/280=1.134$

2）梯板下部纵筋和上部纵筋

下部纵筋长度 $=15d+(b-$ 保护层 $+l_{sn})\times k+l_{aE}$

$\qquad =15\times12+(200-15+2800)\times1.134+40\times12$

$\qquad =4045$mm

下部纵筋范围 $=b_n-2\times1.5h=1600-3\times150=1150$mm

下部纵筋根数 $=1150/150=8$ 根

本题的上部纵筋长度与下部纵筋相同

上部纵筋长度 $=4045$mm

上部纵筋范围与下部纵筋相同

上部纵筋根数＝1150/150＝8 根

3）梯板分布筋（③号钢筋）的计算：（"扣筋"形状）

分布筋的水平段长度＝b_n－2×保护层＝1600－2×15＝1570mm

分布筋的直钩长度＝h－2×保护层＝150－2×15＝120mm

分布筋每根长度＝1570＋2×120＝1790mm

分布筋根数的计算：

分布筋设置范围＝$l_{sn}×k$＝2800×1.134＝3175mm

分布筋根数＝3175/200＝16（这仅是上部纵筋的分布筋根数）

上下纵筋的分布筋总数＝2×16＝32 根

4）梯板拉结筋（④号钢筋）的计算：

根据 16G101-2 第 46 页的注 4，梯板拉结筋 φ6，间距 600mm

拉结筋长度＝h－2×保护层＋2×拉筋直径＝150－2×15＋2×6＝132mm

拉结筋根数＝3175/600＝6 根（这是一对上下纵筋的拉结筋根数）

每一对上下纵筋都应该设置拉结筋（相邻上下纵筋错开设置）

拉结筋总根数＝8×6＝48 根

5）梯板暗梁箍筋（②号钢筋）的计算：

梯板暗梁箍筋为 Φ6@200

箍筋尺寸计算：（箍筋仍按内围尺寸计算）

箍筋宽度＝1.5h－保护层－2d＝1.5×150－15－2×6＝198mm

箍筋高度＝h－2×保护层－2d＝150－2×15－2×6＝108mm

箍筋每根长度＝（198＋108）×2＋26×6＝768mm

箍筋分布范围＝$l_{sn}×k$＝2800×1.134＝3175mm

箍筋根数＝3175/200＝16 根（这是一道暗梁的箍筋根数）

两道暗梁的箍筋根数＝2×16＝32 根

6）梯板暗梁纵筋的计算：

每道暗梁纵筋根数 6 根（一、二级抗震时），暗梁纵筋直径Φ12（不小于纵向受力钢筋直径）

两道暗梁的纵筋根数＝2×6＝12 根

本题的暗梁纵筋长度同下部纵筋

暗梁纵筋长度＝4045mm

上面只计算了一跑 ATc 楼梯的钢筋，一个楼梯间有两跑 ATc 楼梯，两跑楼梯的钢筋要把上述钢筋数量再乘以 2。

【实例三】某楼梯一个梯段板的钢筋量计算

某楼梯结构平面图如图 6-16 所示，混凝土强度等级为 C30，计算一个梯段板的钢筋量。

【解】

从图 6-16 可知：本梯段属于 AT 型楼梯，梯板厚 120mm，踏步高 h_s＝1650/11＝150mm，低端和高端的上部纵筋为Φ10@150，梯板底部纵筋为Φ12@125，分布筋为 φ8@250，梯段净宽为 1600mm，梯段净长为 2800mm，踏步宽 b_s＝280mm，本题中梯梁宽没有

第六章 板式楼梯钢筋计算

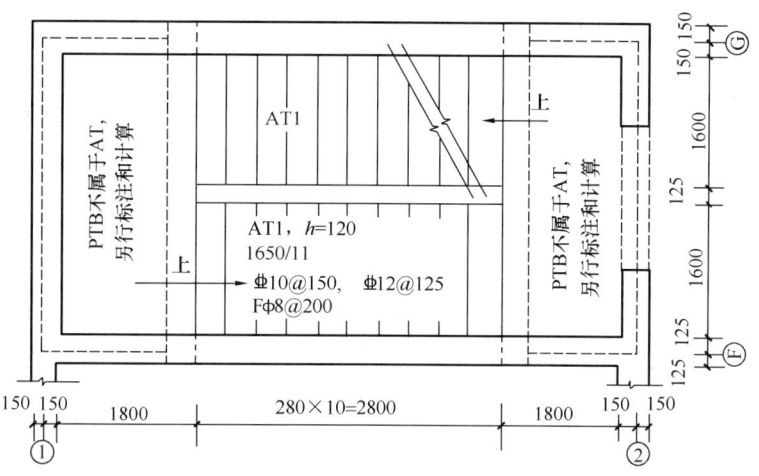

图 6-16 楼梯结构平面图

给出,此处假设梯梁宽 250mm,保护层厚 20mm。

(1) 梯段底部纵筋及分布筋

$$本楼梯的斜坡系数 = \frac{\operatorname{sqrt}(b_s^2 + h_s^2)}{b_s} = \frac{\operatorname{sqrt}(280^2 + 150^2)}{280} = 1.134$$

对于梯段底部纵筋,有

$$\begin{aligned}
单根长度 &= 梯段水平投影长度 \times 斜坡系数 + 2 \times 锚固长度 \\
&= 2800 \times 1.134 + 2 \times \max(5 \times 12, 250 2) \\
&= 3425 (\mathrm{mm}) = 3.425 (\mathrm{m})
\end{aligned}$$

$$\begin{aligned}
根数 &= \frac{(梯板宽度 - 2 \times 保护层)}{间距} + 1 \\
&= \frac{(1600 - 2 \times 20)}{125} + 1 = 14 \ 根
\end{aligned}$$

对于分布筋,有

$$\begin{aligned}
单根长度 &= 梯板净宽 - 2 \times 保护层 \\
&= 1600 - 40 \\
&= 1560 (\mathrm{mm}) = 1.560 (\mathrm{m})
\end{aligned}$$

$$\begin{aligned}
根数 &= \frac{(l_n \times 斜坡系数 \ k)}{间距} + 1 \\
&= \frac{(2800 \times 1.134 - 250)}{250} + 1 \\
&\approx 5 \ 根
\end{aligned}$$

(2) 梯板低端上部纵筋(低端扣筋)及分布筋

对于低端扣筋,有

$$\begin{aligned}
单根长度 &= \left(\frac{l_n}{4} + b - 保护层\right) \times 斜坡系数 + 15d + h - 保护层 \\
&= (2800/4 + 250 - 20) \times 1.134 + 15 \times 10 + 120 - 20 \\
&= 1305 (\mathrm{mm}) = 1.305 (\mathrm{m})
\end{aligned}$$

$$根数 = \frac{(1600 - 2 \times 20)}{150} + 1$$
$$= 11.4 \approx 12 \text{ 根}$$

对于分布筋,有

$$单根长度 = 1.560 \text{(m)}$$

$$根数 = \frac{\left(\dfrac{l_n}{4} \times 斜坡系数 - 间距/2\right)}{间距} + 1$$

$$= \frac{(2800/4 \times 1.134 - 250/2)}{250} + 1$$

$$\approx 4 \text{ 根}$$

(3) 梯板高端上部纵筋（高端扣筋）及分布筋

与梯板低端上部纵筋（低端扣筋）及分布筋计算相同。

思考题：

1. 根据 16G101-2 图集，楼梯有哪些类型？
2. AT～ET 型板式楼梯有哪些特征？
3. FT、GT 型梯板的支承方式如何？
4. 滑动支座构造有哪些要求？
5. AT 型楼梯板配筋构造有哪些？
6. BT 型楼梯板配筋构造有哪些？
7. ATa 型楼梯板配筋构造有哪些？
8. ATb 型楼梯板配筋构造有哪些？
9. 梯板低端上部纵筋及分布筋如何计算？
10. 梯板高端上部纵筋及分布筋如何计算？

第七章　独立基础钢筋计算

> **重点提示：**
> 1. 熟悉独立基础平法施工图识读的基础知识，包括独立基础编号、独立基础的平面注写方式、独立基础的截面注写方式
> 2. 了解独立基础 DJ_J、DJ_P、BJ_J、BJ_P 底板配筋构造，双柱普通独立基础底部与顶部配筋构造，设置基础梁的双柱普通独立基础配筋构造，独立基础底板配筋长度缩减10%构造
> 3. 掌握独立基础的钢筋计算方法，在实际工作中能够熟练运用

第一节　独立基础平法施工图识读

（1）独立基础平法施工图，包括平面注写与截面注写两种表达方式，设计者可根据具体工程情况选择一种，或两种方式结合进行独立基础的施工图设计。

（2）当绘制独立基础平面布置图时，应将独立基础平面与基础所支承的柱一起绘制。当设置基础联系梁时，可根据图面的疏密情况，将基础联系梁与基础平面布置图一起绘制，或将基础联系梁布置图单独绘制。

（3）在独立基础平面布置图上应标注基础定位尺寸；当独立基础的柱中心线或杯口中心线与建筑轴线不重合时，应标注其定位尺寸。编号相同且定位尺寸相同的基础，可仅选择一个进行标注。

一、独立基础编号

各种独立基础编号应符合表7-1规定。

表7-1　独立基础编号

类型	基础底板截面形状	代号	序号
普通独立基础	阶形	DJ_J	××
	坡形	DJ_P	××
杯口独立基础	阶形	BJ_J	××
	坡形	BJ_P	××

设计时应注意：当独立基础截面形状为坡形时，其坡面应采用能保证混凝土浇筑、振捣密实的较缓坡度；当采用较陡坡度时，应要求施工采用在基础顶部坡面加模板等措施，以确保独立基础的坡面浇筑成型、振捣密实。

二、独立基础的平面注写方式

（1）独立基础的平面注写方式分为集中标注和原位标注两部分内容。

（2）普通独立基础和杯口独立基础的集中标注是在基础平面图上集中引注：基础编号、截面竖向尺寸、配筋三项为必注内容，以及基础底面标高（与基础底面基准标高不同时）和必要的文字注解两项为选注内容。

素混凝土普通独立基础的集中标注，除无基础配筋内容外均与钢筋混凝土普通独立基础相同。

独立基础集中标注的具体内容，规定如下：

1）注写独立基础编号（必注内容），见表7-1。

独立基础底板的截面形状通常包括以下两种：

① 阶形截面编号加下标"J"，例如 $DJ_J××$、$BJ_J××$；

② 坡形截面编号加下标"P"，例如 $DJ_P××$、$BJ_P××$。

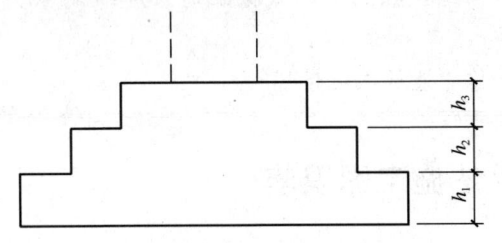

图7-1 阶形截面普通独立基础竖向尺寸

2）注写独立基础截面竖向尺寸（必注内容）。

① 普通独立基础。注写为 $h_1/h_2/\cdots\cdots$ 具体标注如下：

a. 当基础为阶形截面时如图7-1所示。

图7-1为三阶；当为更多阶时，各阶尺寸自下而上用"/"分隔顺写。

当基础为单阶时，其竖向尺寸仅为一个，并且为基础总厚度，如图7-2所示。

b. 当基础为坡形截面时，注写为 h_1/h_2，如图7-3所示。

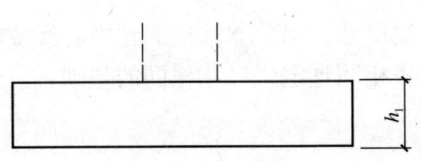

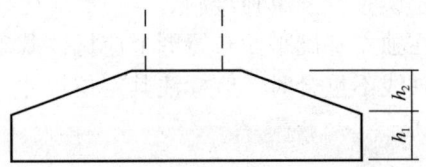

图7-2 单阶普通独立基础竖向尺寸　　图7-3 坡形截面普通独立基础竖向尺寸

② 杯口独立基础：

a. 当基础为阶形截面时，其竖向尺寸分两组，一组表达杯口内，另一组表达杯口外，两组尺寸以"，"分隔，注写为：a_0/a_1，$h_1/h_2/\cdots\cdots$ 如图7-4、图7-5所示，其中杯口深度 a_0 为柱插入杯口的尺寸加50mm。

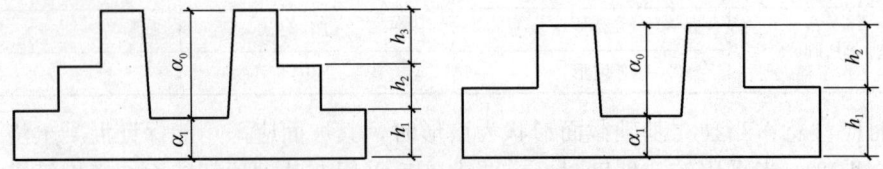

图7-4 阶形截面杯口独立基础竖向尺寸

b. 当基础为坡形截面时，注写为：a_0/a_1，$h_1/h_2/h_3\cdots\cdots$ 如图7-6和图7-7所示。

3）注写独立基础配筋（必注内容）。

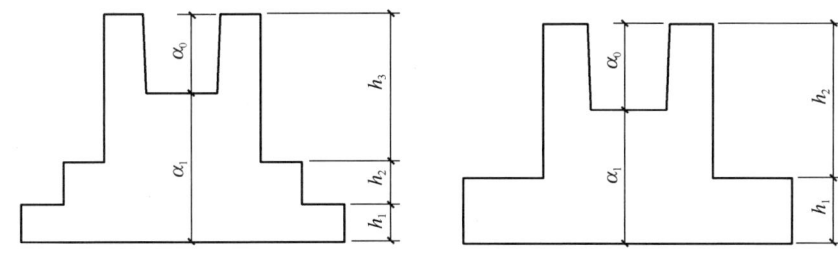

图 7-5 阶形截面高杯口独立基础竖向尺寸

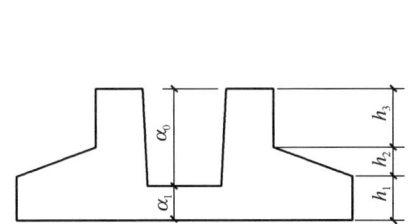

图 7-6 坡形截面杯口独立基础竖向尺寸

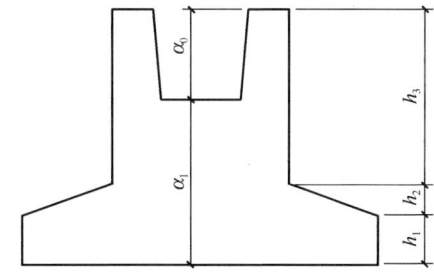

图 7-7 坡形截面高杯口独立基础竖向尺寸

① 注写独立基础底板配筋。普通独立基础和杯口独立基础的底部双向配筋注写规定如下：

a. 以 B 代表各种独立基础底板的底部配筋。

b. X 向配筋以 X 打头、Y 向配筋以 Y 打头注写；当两向配筋相同时，则以 X&Y 打头注写。

② 注写杯口独立基础顶部焊接钢筋网。以 Sn 打头引注杯口顶部焊接钢筋网的各边钢筋。

当双杯口独立基础中间杯壁厚度小于 400mm 时，在中间杯壁中配置构造钢筋见相应标准构造详图，设计不注。

③ 注写高杯口独立基础的短柱配筋（也适用于杯口独立基础杯壁有配筋的情况）。具体注写规定如下：

a. 以 O 代表短柱配筋。

b. 先注写短柱纵筋，再注写箍筋。注写为：角筋/长边中部筋/短边中部筋，箍筋（两种间距）；当短柱水平截面为正方形时，注写为：角筋/x 边中部筋/y 边中部筋，箍筋（两种间距，短柱杯口壁内箍筋间距/短柱其他部位箍筋间距）。

c. 对于双高杯口独立基础的短柱配筋，注写形式与单高杯口相同。如图 7-8 所示，本图只表示基础短柱纵筋与矩形箍筋。

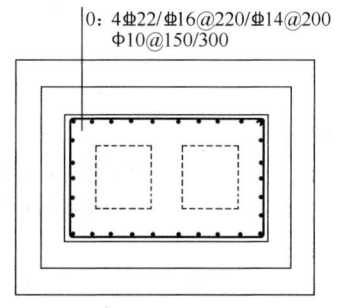

当双高杯口独立基础中间杯壁厚度小于 400mm 时，在中间杯壁中配置构造钢筋见相应标准构造详图，设计不注。

④ 注写普通独立基础短柱竖向尺寸及钢筋。当独立基础埋深较大，设置短柱时，短柱配筋应注写在独立基础中。具体注写规定如下：

a. 以 DZ 代表普通独立基础短柱。

图 7-8 双高杯口独立基础短柱配筋示意

b. 先注写短柱纵筋，再注写箍筋，最后注写短柱标高范围。注写为：角筋/长边中部筋/短边中部筋，箍筋，短柱标高范围；当短柱水平截面为正方形时，注写为：角筋/x边中部筋/y边中部筋，箍筋，短柱标高范围。

4）注写基础底面标高（选注内容）。当独立基础的底面标高与基础底面基准标高不同时，应将独立基础底面标高直接注写在"（ ）"内。

5）必要的文字注解（选注内容）。当独立基础的设计有特殊要求时，宜增加必要的文字注解。例如，基础底板配筋长度是否采用减短方式等，可在该项内注明。

(3) 钢筋混凝土和素混凝土独立基础的原位标注是在基础平面布置图上标注独立基础的平面尺寸。对相同编号的基础，可选择一个进行原位标注；当平面图形较小时，可将所选定进行原位标注的基础按比例适当放大；其他相同编号者仅注编号。

原位标注的具体内容规定如下：

1）普通独立基础。原位标注 x、y、x_c、y_c（或圆柱直径 d_c），x_i、y_i，$i=1，2，3……$ 其中，x、y 为普通独立基础两向边长，x_c、y_c 为柱截面尺寸，x_i，y_i 为阶宽或坡形平面尺寸（当设置短柱时，尚应标注短柱的截面尺寸）。

对称阶形截面普通独立基础的原位标注，如图 7-9 所示；非对称阶形截面普通独立基础的原位标注，如图 7-10 所示；设置短柱独立基础的原位标注，如图 7-11 所示。

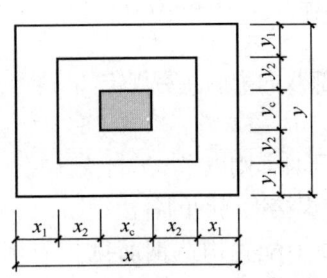 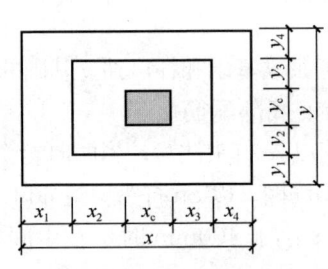 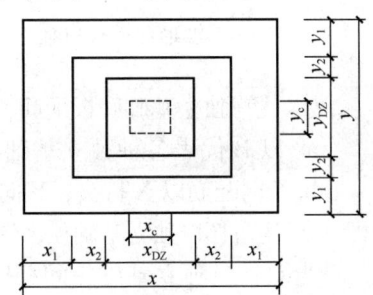

图 7-9　对称阶形截面普通　　图 7-10　非对称阶形截面普通独立　　图 7-11　设置短柱独立基础
　　　　独立基础原位标注　　　　　　　　基础原位标注　　　　　　　　　　　的原位标注

对称坡形截面普通独立基础的原位标注，如图 7-12 所示；非对称坡形截面普通独立基础的原位标注，如图 7-13 所示。

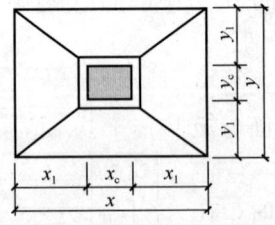 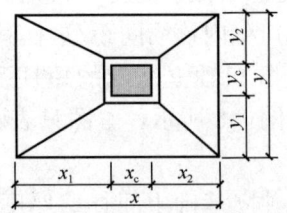

图7-12　对称坡形截面普通独立　　图 7-13　非对称坡形截面
　　　　基础原位标注　　　　　　　　　　普通独立基础原位标注

2）杯口独立基础。原位标注 x、y、x_u、y_u，t_i，x_i、y_i，$i=1，2，3……$其中，x、y 为杯口独立基础两向边长，x_u、y_u 为杯口上口尺寸，t_i 为杯壁上口厚度，下口厚度为 t_i+25，x_i、y_i 为阶宽或坡形截面尺寸。

杯口上口尺寸 x_u、y_u，按柱截面边长两侧双向各加 75mm；杯口下口尺寸按标准构造详图（为插入杯口的相应柱截面边长尺寸，每边各加 50mm），设计不注。

阶形截面杯口独立基础的原位标注，如图 7-14 和图 7-15 所示。高杯口独立基础原位标注与杯口独立基础完全相同。

坡形截面杯口独立基础的原位标注，如图 7-16 和图 7-17 所示。高杯口独立基础的原位标注与杯口独立基础完全相同。

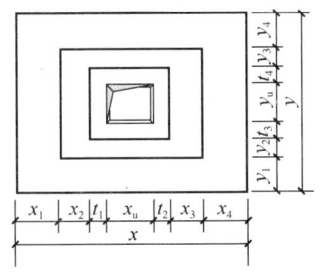 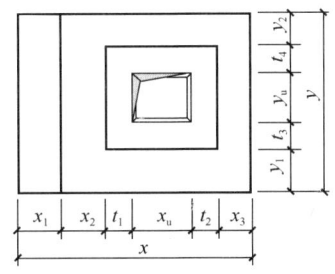 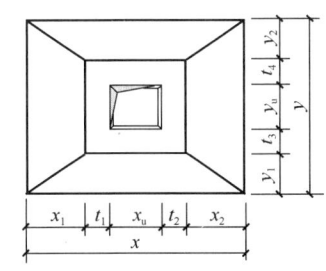

图 7-14　阶形截面杯口独立　　图 7-15　阶形截面杯口独立　　图 7-16　坡形截面杯口独立
　　　　　基础原位标注（一）　　　　　　基础原位标注（二）　　　　　　基础原位标注（一）
　　　　　　　　　　　　　　　（基础底板的一边比其他三边多一阶）

设计时应注意：当设计为非对称坡形截面独立基础并且基础底板的某边不放坡时，在原位放大绘制的基础平面图上，或在圈引出来放大绘制的基础平面图上，应按实际放坡情况绘制分坡线，如图 7-17 所示。

（4）普通独立基础采用平面注写方式的集中标注和原位标注综合设计表达示意，如图 7-18 所示。

带短柱独立基础采用平面注写方式的集中标注和原位标注综合设计表达示意，如图 7-19 所示。

（5）杯口独立基础采用平面注写方式的集中标注和原位标注综合设计表达示意，如图 7-20 所示。

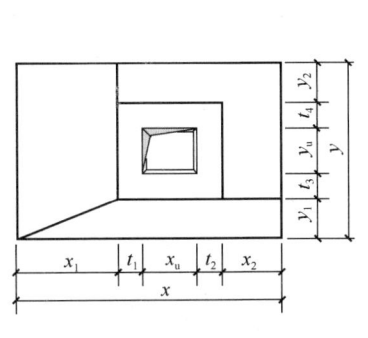 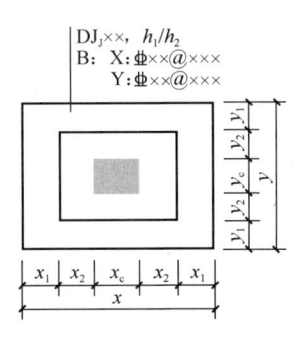 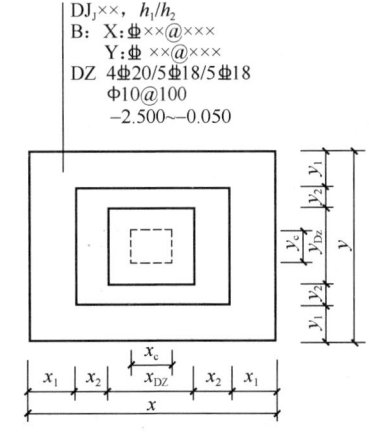

图 7-17　坡形截面杯口独立　　图 7-18　普通独立基础平面　　图 7-19　带短柱独立基础平面
　　　　　基础原位标注（二）　　　　　注写方式设计表达示意　　　　　注写方式设计表达示意
　　（基础底板有两边不放坡）

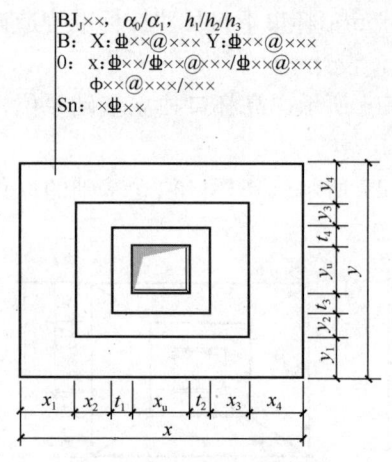

BJ_J××, α_0/α_1, $h_1/h_2/h_3$
B: X:⊕××@××× Y:⊕××@×××
O: x:⊕××/⊕××@×××/⊕××@×××
  φ××@×××/×××
Sn: ×⊕××

图 7-20 杯口独立基础平面
注写方式设计表达示意

在图 7-20 中，集中标注的第三、四行内容是表达高杯口独立基础短柱的竖向纵筋和横向箍筋；当为杯口独立基础时，集中标注通常为第一、二、五行的内容。

（6）独立基础通常为单柱独立基础，也可为多柱独立基础（双柱或四柱等）。多柱独立基础的编号、几何尺寸和配筋的标注方法与单柱独立基础相同。

当为双柱独立基础并且柱距较小时，通常仅配置基础底部钢筋；当柱距较大时，除基础底部配筋外，尚需在两柱间配置基础顶部钢筋或设置基础梁；当为四柱独立基础时，通常可设置两道平行的基础梁，需要时可在两道基础梁之间配置基础顶部钢筋。

多柱独立基础顶部配筋和基础梁的注写方法规定如下：

1) 注写双柱独立基础底板顶部配筋。双柱独立基础的顶部配筋，通常对称分布在双柱中心线两侧，以大写字母"T"打头，注写为：双柱间纵向受力钢筋/分布钢筋。当纵向受力钢筋在基础底板顶面非满布时，应注明其总根数。

2) 注写双柱独立基础的基础梁配筋。当双柱独立基础为基础底板与基础梁相结合时，注写基础梁的编号、几何尺寸和配筋。例如 JL××（1）表示该基础梁为 1 跨，两端无外伸；JL××（1A）表示该基础梁为 1 跨，一端有外伸；JL××（1B）表示该基础梁为 1 跨，两端均有外伸。

通常情况下，双柱独立基础宜采用端部有外伸的基础梁，基础底板则采用受力明确、构造简单的单向受力配筋与分布筋。基础梁宽度宜比柱截面宽出不小于 100mm（每边不小于 50mm）。

基础梁的注写规定与条形基础的基础梁注写规定相同，详见第八章第一节条形基础平法施工图识读的相关内容。注写示意图如图 7-21 所示。

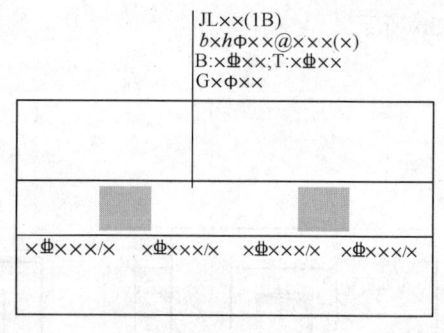

图 7-21 双柱独立基础的
基础梁配筋注写示意

3) 注写双柱独立基础的底板配筋。双柱独立基础底板配筋的注写，可以按条形基础底板的注写规定，也可以按独立基础底板的注写规定。

4) 注写配置两道基础梁的四柱独立基础底板顶部配筋。当四柱独立基础已设置两道平行的基础梁时，根据内力需要可在双梁之间以及梁的长度范围内配置基础顶部钢筋，注写为：梁间受力钢筋/分布钢筋。

平行设置两道基础梁的四柱独立基础底板配筋，也可按双梁条形基础底板配筋的注写规定。

（7）采用平面注写方式表达的独立基础设计施工图如图 7-22 所示。

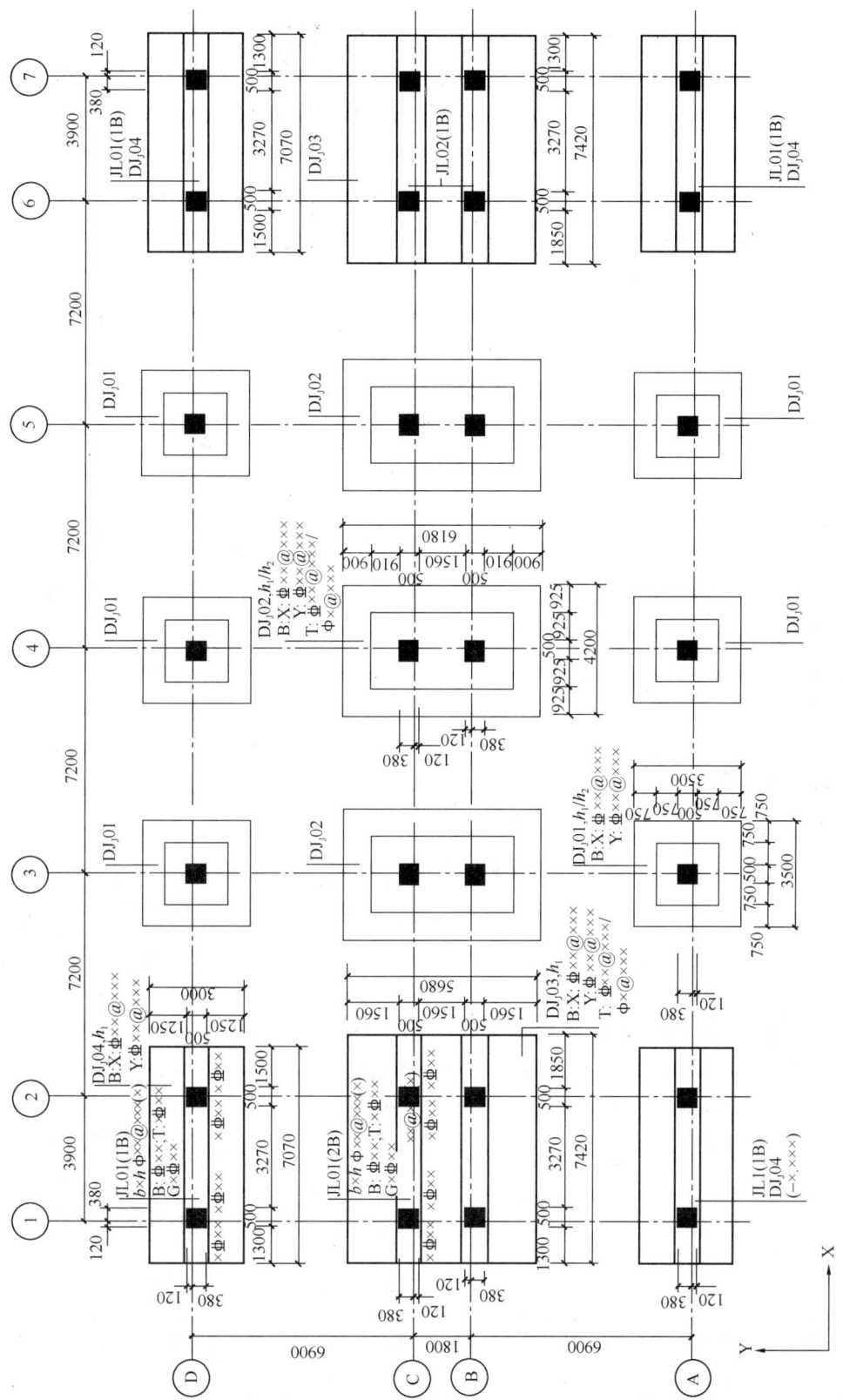

图 7-22 采用平面注写方式表达的独立基础设计施工图示意

注：1. X、Y 为图面方向；
2. ±0.000 的绝对标高（m）：×××.××××；基础底面基准标高（m）：-×.××××。

三、独立基础的截面注写方式

（1）独立基础的截面注写方式，又可分为截面标注和列表注写（结合截面示意图）两种表达方式。采用截面注写方式，应在基础平面布置图上对所有基础进行编号，见表 7-1。

（2）对单个基础进行截面标注的内容和形式，与传统"单构件正投影表示方法"基本相同。对于已在基础平面布置图上原位标注清楚的该基础的平面几何尺寸，在截面图上可不再重复表达，具体表达内容可参照 16G101-3 图集中相应的标准构造。

（3）对多个同类基础，可采用列表注写（结合截面示意图）的方式进行集中表达。表中内容为基础截面的几何数据和配筋等，在截面示意图上应标注与表中栏目相对应的代号。列表的具体内容规定如下：

1) 普通独立基础。普通独立基础列表集中注写栏目如下：

① 编号：阶形截面编号为 $DJ_J xx$，坡形截面编号为 $DJ_P xx$。

② 几何尺寸：水平尺寸 x、y、x_c、y_c（或圆柱直径 d_c），x_i、y_i，$i=1, 2, 3\cdots\cdots$；竖向尺寸 $h_1/h_2\cdots\cdots$。

③ 配筋：B：X：$\Phi\times\times@\times\times\times$，Y：$\Phi\times\times@\times\times\times$。

普通独立基础列表格式见表 7-2。

2) 杯口独立基础。杯口独立基础列表集中注写栏目为：

① 编号：阶形截面编号为 $BJ_J xx$，坡形截面编号为 $BJ_P xx$。

② 几何尺寸：水平尺寸 x、y、x_u、y_u、t_i、x_i、y_i，$i=1, 2, 3\cdots\cdots$；竖向尺寸 a_0、a_1、$h_1/h_2/h_3\cdots\cdots$。

③ 配筋：B：X：$\Phi\times\times@\times\times\times$，Y：$\Phi\times\times@\times\times\times$，Sn×$\Phi\times\times$，O：×$\Phi\times\times$/$\Phi\times\times@\times\times\times$/$\Phi\times\times@\times\times\times$，$\phi\times\times@\times\times\times$/×××。

杯口独立基础列表格式见表 7-3。

表 7-2 普通独立基础列表格式

基础编号/截面号	截面几何尺寸				底部配筋（B）	
	x、y	x_c、y_c	x_i、y_i	$h_1/h_2\cdots$	X 向	Y 向

注：表中可根据实际情况增加栏目。例如：当基础底面标高与基础底面基准标高不同时，加注基础底面标高；当为双柱独立基础时，加注基础顶部配筋或基础梁几何尺寸和配筋；当设置短柱时增加短柱尺寸及配筋等

表 7-3 杯口独立基础列表格式

基础编号/截面号	截面几何尺寸				底部配筋（B）		杯口顶部钢筋网（Sn）	短柱配筋（O）	
	x、y	x_c、y_c	x_i、y_i	a_0、a_1，$h_1/h_2/h_3\cdots$	X 向	Y 向		角筋/长边中部筋/短边中部筋	杯口壁箍筋/其他部位箍筋

注：1. 表中可根据实际情况增加栏目。如当基础底面标高与基础底面基准标高不同时，加注基础底面标高；或增加说明栏目等

2. 短柱配筋适用于高杯口独立基础，并适用于杯口独立基础杯壁有配筋的情况。

第二节 独立基础的钢筋构造

一、独立基础 DJ_J、DJ_P、BJ_J、BJ_P 底板配筋构造

独立基础 DJ_J、DJ_P、BJ_J、BJ_P 底板配筋构造如图 7-23 所示。

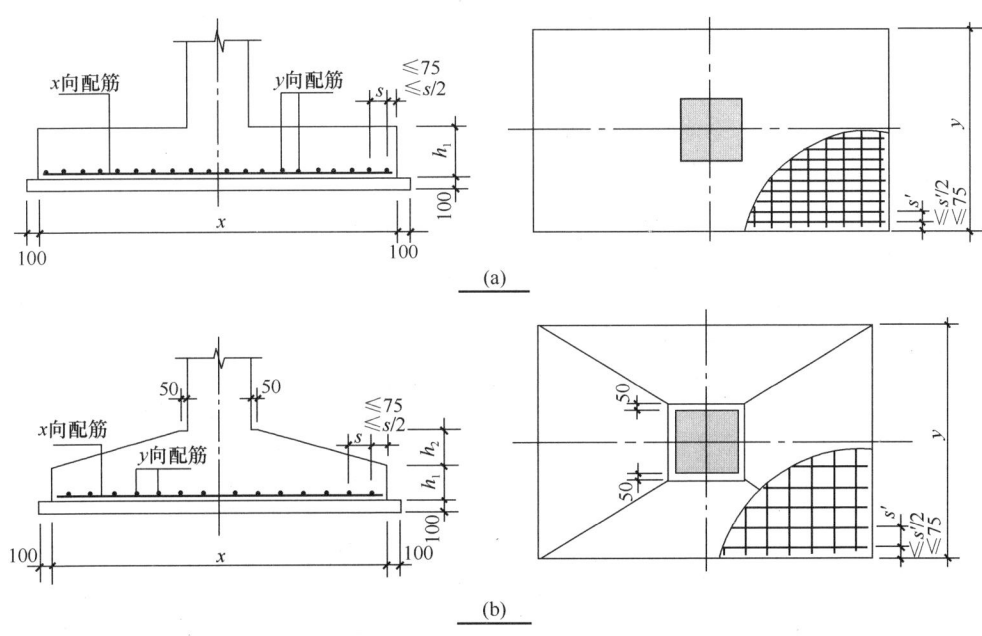

图 7-23 独立基础 DJ_J、DJ_P、BJ_J、BJ_P 底板配筋构造
(a) 阶形；(b) 坡形
s—y 向配筋间距；s'—x 向配筋间距；h_1—独立基础的竖向尺寸

(1) 独立基础底板配筋构造适用于普通独立基础和杯口独立基础。
(2) 几何尺寸和配筋根据具体结构设计和上图构造确定。
(3) 独立基础底板双向交叉钢筋长向设置在下，短向设置在上。

二、双柱普通独立基础底部与顶部配筋构造

双柱普通独立基础底部与顶部配筋构造如图 7-24 所示。
(1) 双柱普通独立基础底板的截面形状，分为阶形截面 DJ_J 和坡形截面 DJ_P。
(2) 几何尺寸和配筋根据具体结构设计和图 7-24 所示构造确定。
(3) 双柱普通独立基础底部双向交叉钢筋，按基础两个方向从柱外缘至基础外缘的伸出长度 ex 和 ey 的大小，较大者方向的钢筋设置在下，较小者方向的钢筋设置在上。

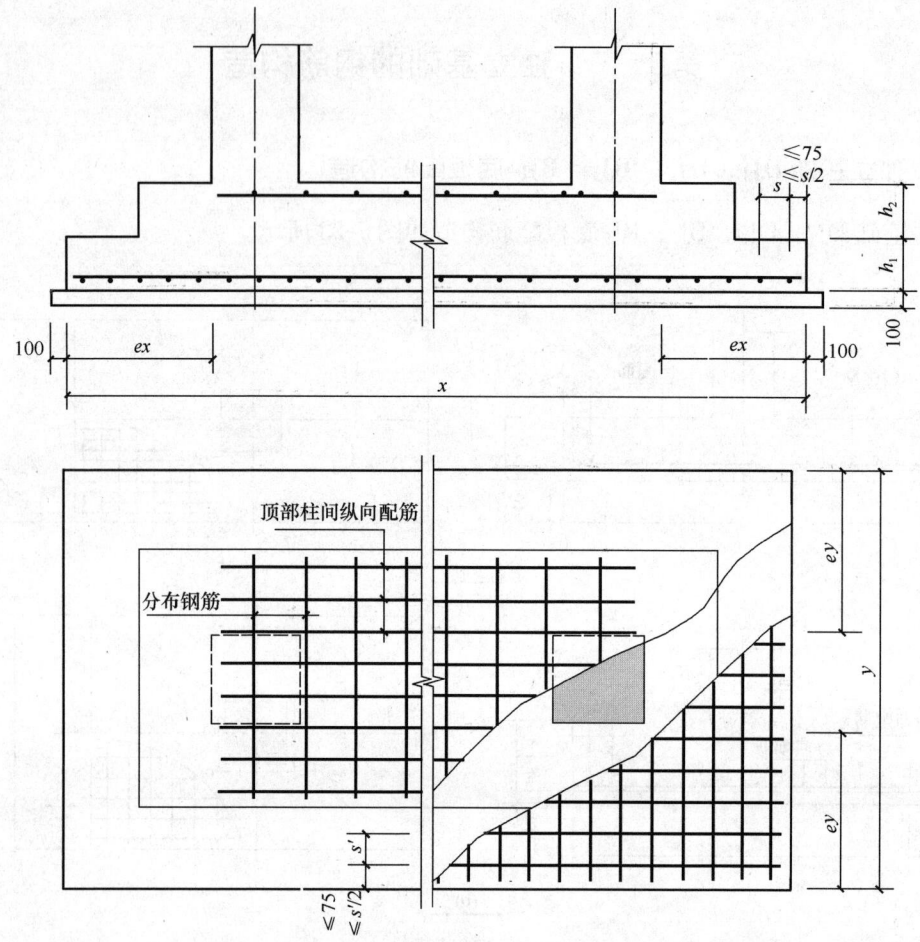

图 7-24 双柱普通独立基础配筋构造

s—y 向配筋间距；s'—x 向配筋间距；h_1、h_2—独立基础的竖向尺寸；
ex、ey—基础两个方向从柱外缘至基础外缘的伸出长度

三、设置基础梁的双柱普通独立基础配筋构造

设置基础梁的双柱普通独立基础配筋构造如表 7-25 所示。

（1）双柱独立基础底板的截面形状，分为阶形截面 DJ_J 和坡形截面 DJ_P。

（2）几何尺寸和配筋按具体结构设计和图 7-25 所示构造确定。

（3）双柱独立基础底部短向受力钢筋设置在基础梁纵筋之下，与基础梁箍筋的下水平段位于同一层面。

（4）双柱独立基础所设置的基础梁宽度，宜比柱截面宽度≥100mm（每边≥50mm）。当具体设计的基础梁宽度小于柱截面宽度时，施工时应按规定增设梁包柱侧腋。

四、独立基础底板配筋长度缩减 10% 构造

16G101-3 图集第 70 页给出了独立基础底板配筋长度缩减 10% 构造，如图 7-26 所示。当底板长度不小于 2500mm 时，长度缩减 10%，包括对称、不对称两种情况。

第七章 独立基础钢筋计算

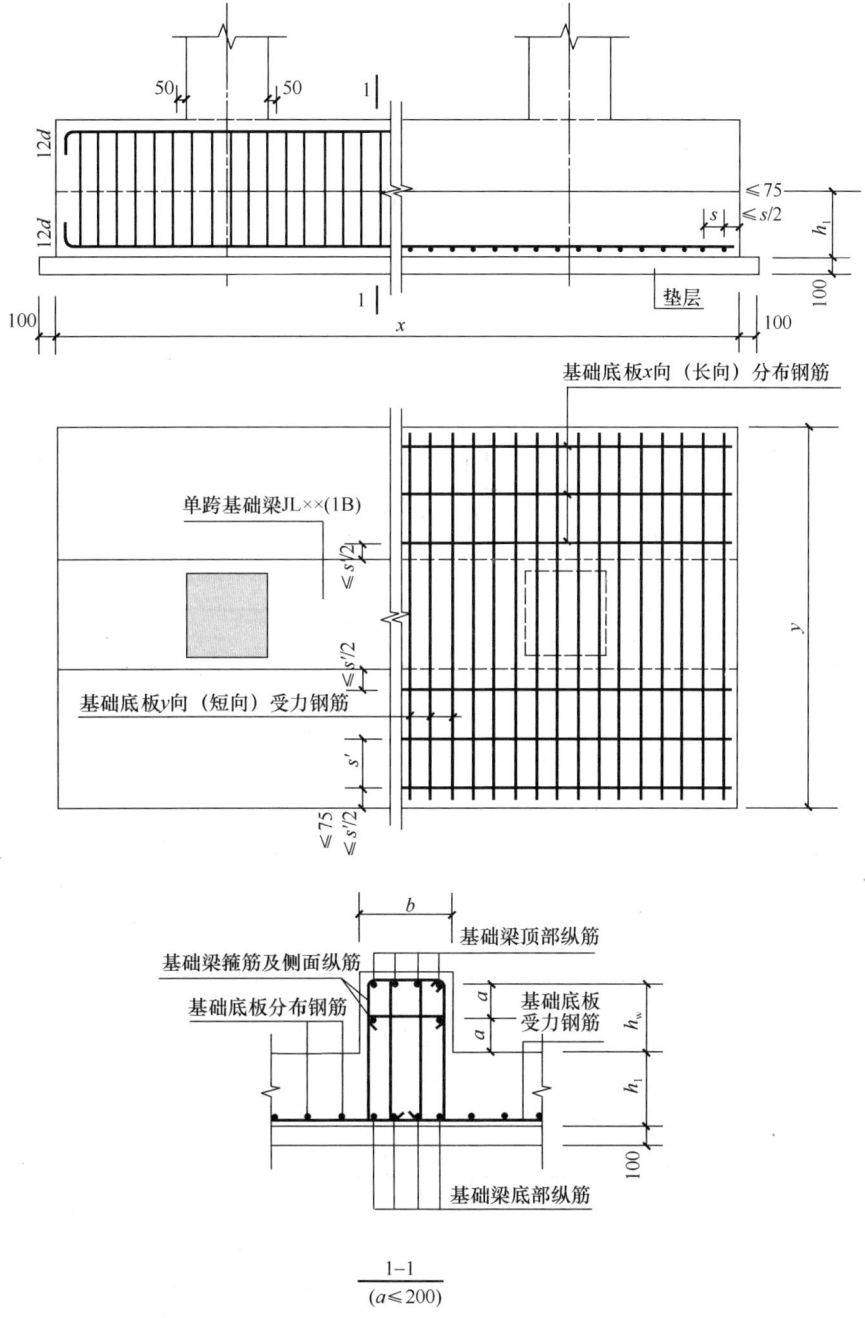

图 7-25 设置基础梁的双柱普通独立基础配筋构造

s—y 向配筋间距；h_1—独立基础的竖向尺寸；d—受拉钢筋直径；
a—钢筋间距；b—基础梁宽度；h_w—梁腹板高度

(1) 对称独立基础

1) 钢筋构造要点

对称独立基础底板底部钢筋长度缩减 10% 的构造，如图 7-27 所示，其构造要点为：
当独立基础底板长度≥2500mm 时，除各边最外侧钢筋外，两向其他钢筋可相应缩

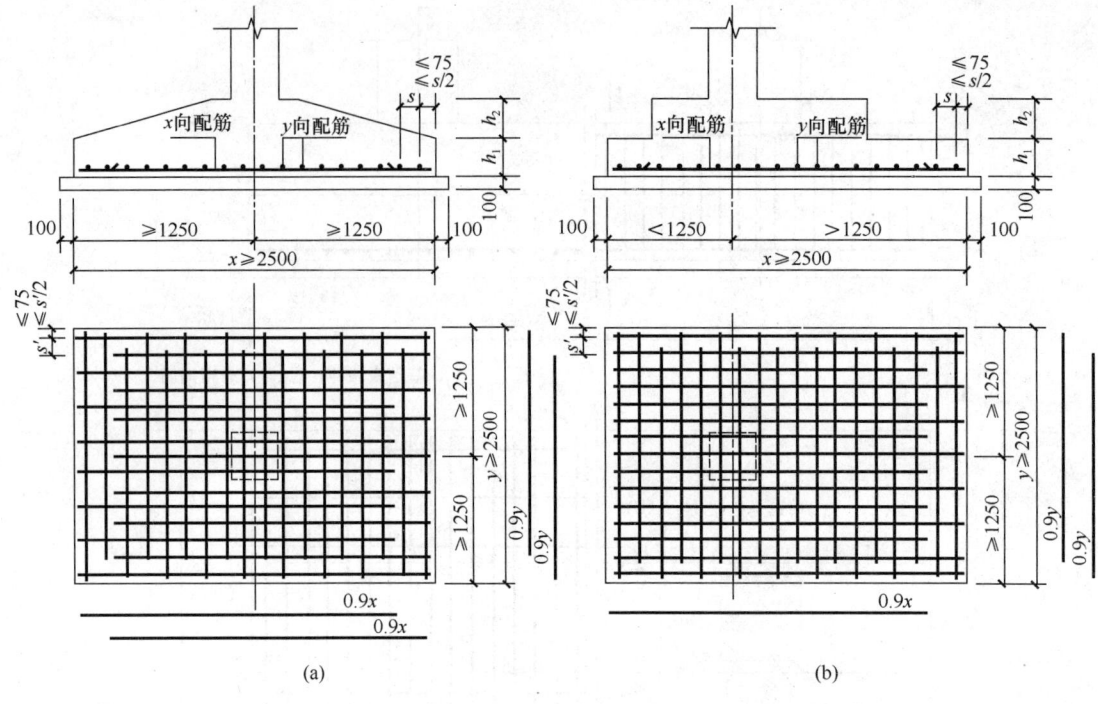

图 7-26 独立基础底板配筋长度缩减 10%构造
(a) 对称独立基础；(b) 非对称独立基础

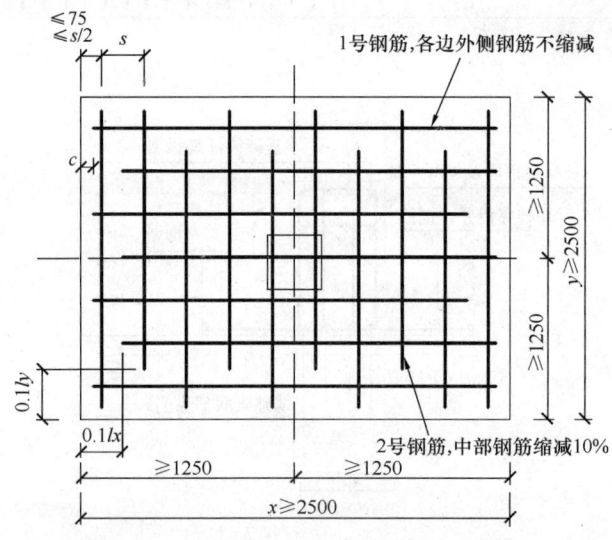

图 7-27 对称独立基础底筋缩减 10%构造

减 10%。

2) 钢筋计算公式（以 X 向钢筋为例）

① 各边外侧钢筋不缩减：1 号钢筋长度 $=x-2c$

② 两向（X，Y）其他钢筋：2 号钢筋长度 $=x-c-0.1l_x$

(2) 非对称独立基础

1) 钢筋构造要点

非对称独立基础底板底部钢筋缩减10%的构造，如图7-28所示，其构造要点为：

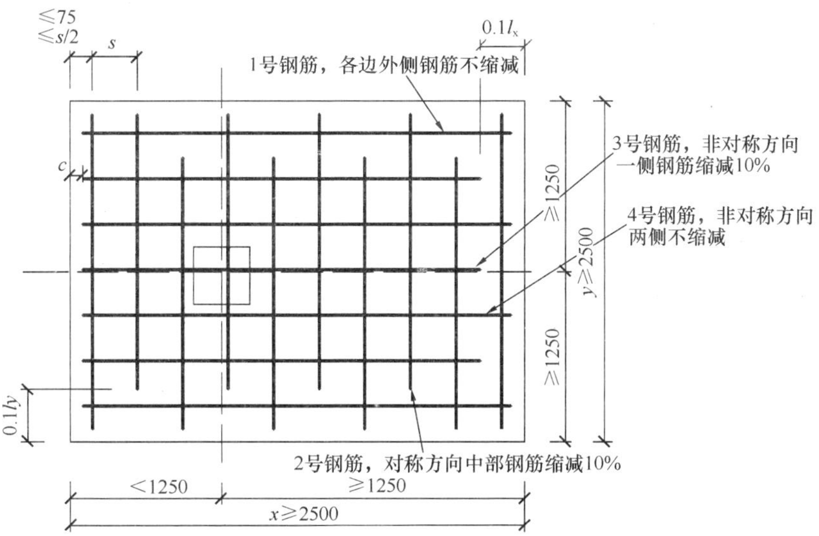

图7-28 非对称独立基础底筋缩减10%构造

当独立基础底板长度≥2500mm时，各边最外侧钢筋不缩减；对称方向（图7-27中Y向）中部钢筋长度缩减10%；非对称方向：当基础某侧从柱中心至基础底板边缘的距离<1250mm时，该侧钢筋不缩减；当基础某侧从柱中心至基础底板边缘的距离≥1250mm时，该侧钢筋隔一根缩减一根。

2）钢筋计算公式（以X向钢筋为例）

① 各边外侧钢筋（1号钢筋）不缩减：长度$=x-2c$

② 对称方向中部钢筋（2号钢筋）缩减10%：长度$=y-c-0.1l_y$

③ 非对称方向（一侧不缩减，另一侧间隔一根错开缩减）：

3号钢筋：长度$=x-c-0.1l_x$

4号钢筋：长度$=x-2c$

第三节 独立基础的钢筋计算方法与实例

【实例一】某普通矩形独立基础钢筋量的计算

独立基础DJ$_J$1平法施工图如图7-29所示，其剖面图见图7-30。试计算其钢筋量。

【解】

由图7-29和图7-30可知，这是一个普通阶形独立基础，两阶高度为200/200mm。

（1）X向钢筋

1）长度$=x-2c=3600-2\times40=3520$

2）根数$=[y-2\times\min(75,s/2)]/s+1=(3600-2\times75)/200+1=19$根

（2）Y向钢筋

1）长度$=y-2c==3600-2\times40=3520$

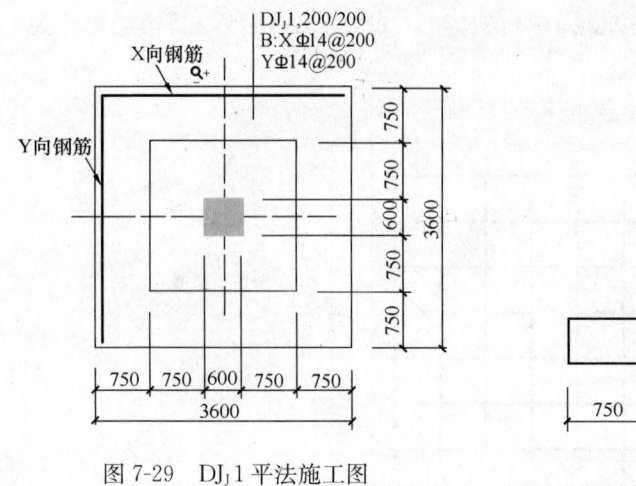
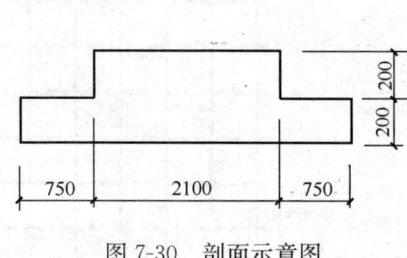

图 7-29 DJ$_J$1 平法施工图　　　　图 7-30 剖面示意图

2) 根数 = $[y-2\times\min(75,s/2)]/s+1=(3600-2\times75)/200+1=19$ 根

【实例二】独立基础长度缩减 10% 的对称配筋钢筋量的计算

独立基础 DJ$_P$2 平法施工图如图 7-31 所示，钢筋示意如图 7-32 所示。试计算其钢筋量。

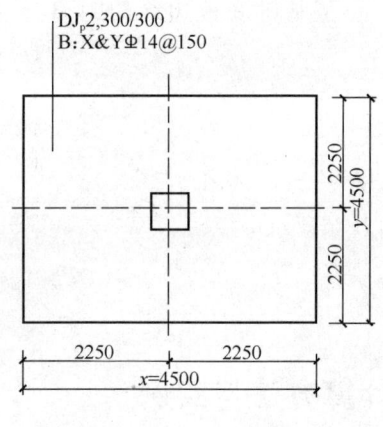
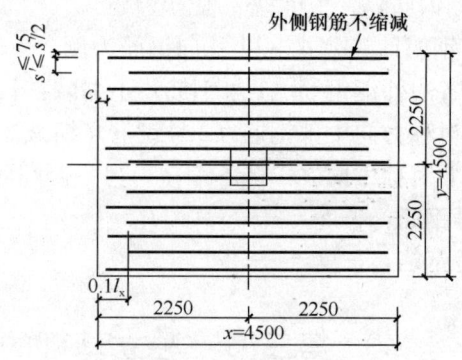

图 7-31 DJ$_P$2 平法施工图　　　　图 7-32 DJ$_P$2 钢筋示意图

【解】

DJ$_P$2 为正方形，X 向钢筋与 Y 向钢筋完全相同，这里以 X 向钢筋为例进行计算，计算过程如下。

(1) X 向外侧钢筋长度 = 基础边长 $-2c=x-2c=4500-2\times40=4420$mm

(2) X 向外侧钢筋根数 = 2 根（一侧各一根）

(3) X 向其余钢筋长度 = 基础边长 $-c-0.1\times$基础边长

$\qquad =x-c-0.1l_x=4500-40-0.1\times4500=4010$mm

(4) X 向其余钢筋根数 = $[y-\min(75,s/2)]/s-1$

$\qquad =(4500-2\times75)/150-1=28$ 根

【实例三】独立基础长度缩减 10%的非对称配筋钢筋量的计算

独立基础 DJ_P3 平法施工图如图 7-33 所示,钢筋示意图见图 7-34。试计算其钢筋量。

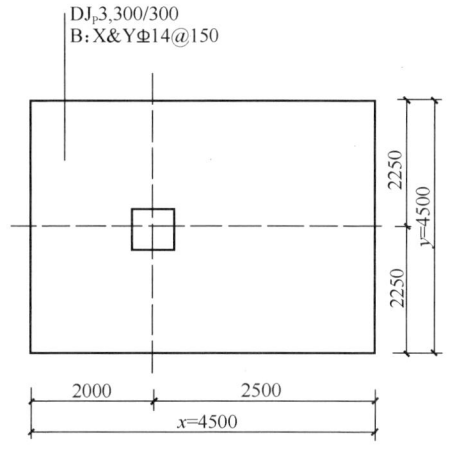

图 7-33 DJ_P3 平法施工图

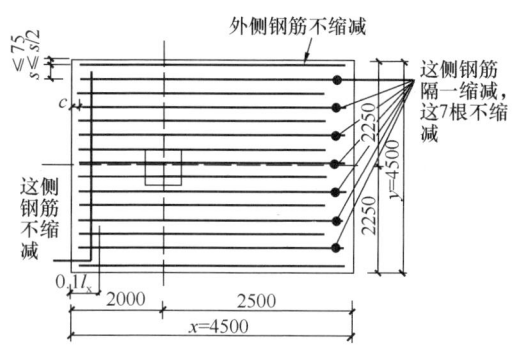

图 7-34 DJ_P3 钢筋示意图

【解】

本例 Y 向钢筋与实例二中 DJ_P2 完全相同,这里讲解 X 向钢筋的计算,计算过程如下。

(1) X 向外侧钢筋长度=基础边长$-2c=x-2c=4500-2\times40=4420$mm

(2) X 向外侧钢筋根数=2 根(一侧各一根)

(3) X 向其余钢筋(两侧均不缩减)长度(与外侧钢筋相同)$=x-2c=4500-2\times40$
$=4420$mm

(4) 根数 =(布置范围-两端起步距离)/间距+1
$= \{[y-\min(75,s/2)]/s-1\}/2 = [(4500-2\times75)/200-1]/2$
$= 11$ 根(右侧隔一缩减)

(5) X 向其余钢筋(右侧缩减的钢筋)长度=基础边长$-c-0.1\times$基础边长
$= x-c-0.1l_x$
$= 4500-40-0.1\times4500 = 4010$mm

(6) 根数$=11-1=10$ 根(因为隔一缩减,所以比另一种少一根)

【实例四】多柱独立基础底板顶部钢筋的计算

多柱独立基础 DJ_P4 平法施工图如图 7-35 所示,钢筋计算简图如图 7-36 所示,混凝土强度为 C30。试计算其横向分布筋。

【解】

DJ_P4 横向分布筋计算过程如下:

(1) 2 号筋长度
=柱内侧边起算+两端锚固 l_a
$=200+2\times30d=200+2\times30\times16=1160$mm

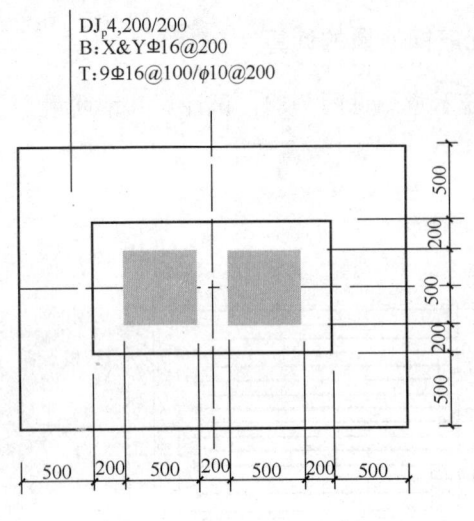

图 7-35 DJ$_P$4 平法施工图

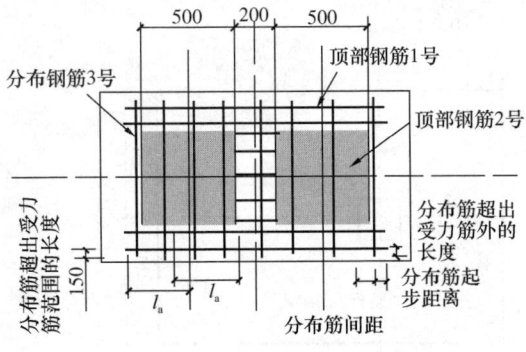

图 7-36 DJ$_P$4 钢筋计算简图

(2) 2号筋根数=(柱宽500-两侧起距离50×2)/100+1=5根

(3) 1号筋长度

=柱中心线起算+两端锚固 l_a

=250+200+250+2×30d=1660mm

(4) 1号筋根数=(总根数9-5)=4根(一侧2根)

(5) 分布筋长度（3号筋）

=纵向受力筋布置范围长度+两端超出受力筋外的长度(此值取构造长度150mm)

=(受力筋布置范围500+2×150)+两端超出受力筋外的长度2×150=1100mm

(6) 分布筋根数=(1660-2×100)/200+1=9根

【实例五】某独立基础钢筋预算量的计算

某基础平面布置图如图7-37所示，试计算图中DJ$_J$02基础钢筋预算量。

【解】

从图7-37可以看出，钢筋集中标注共有两个部分，即 B：x：Φ16@200 y：Φ14@150 和 T：φ12@200/25Φ20@100。

钢筋保护层：底筋保护层为40mm（有垫层），基础顶筋保护层为20mm。

钢筋单位理论质量：φ12钢筋0.888kg/m、φ14钢筋1.208kg/m、φ16钢筋1.578kg/m、φ20钢筋2.466kg/m。

(1) 底板钢筋（即 B：x：Φ16@200 y：Φ14@150）

B 表示底部钢筋，x：Φ16@200 表示 x 向钢筋（即横向钢筋）为Φ16@200；y：Φ14@150 表示 y 向钢筋（即竖向钢筋）为Φ14@150。基础底部 x 向尺寸4.2m，y 向尺寸6.18m；基础顶部 x 向尺寸2.35m，y 向尺寸4.38m。共有3个DJ$_J$02基础。

1) x 向钢筋（Φ16@200）

钢筋根数 = $\dfrac{6.18-0.04\times2}{0.20}+1=30.5+1=31.5\approx32$（根）

第七章 独立基础钢筋计算

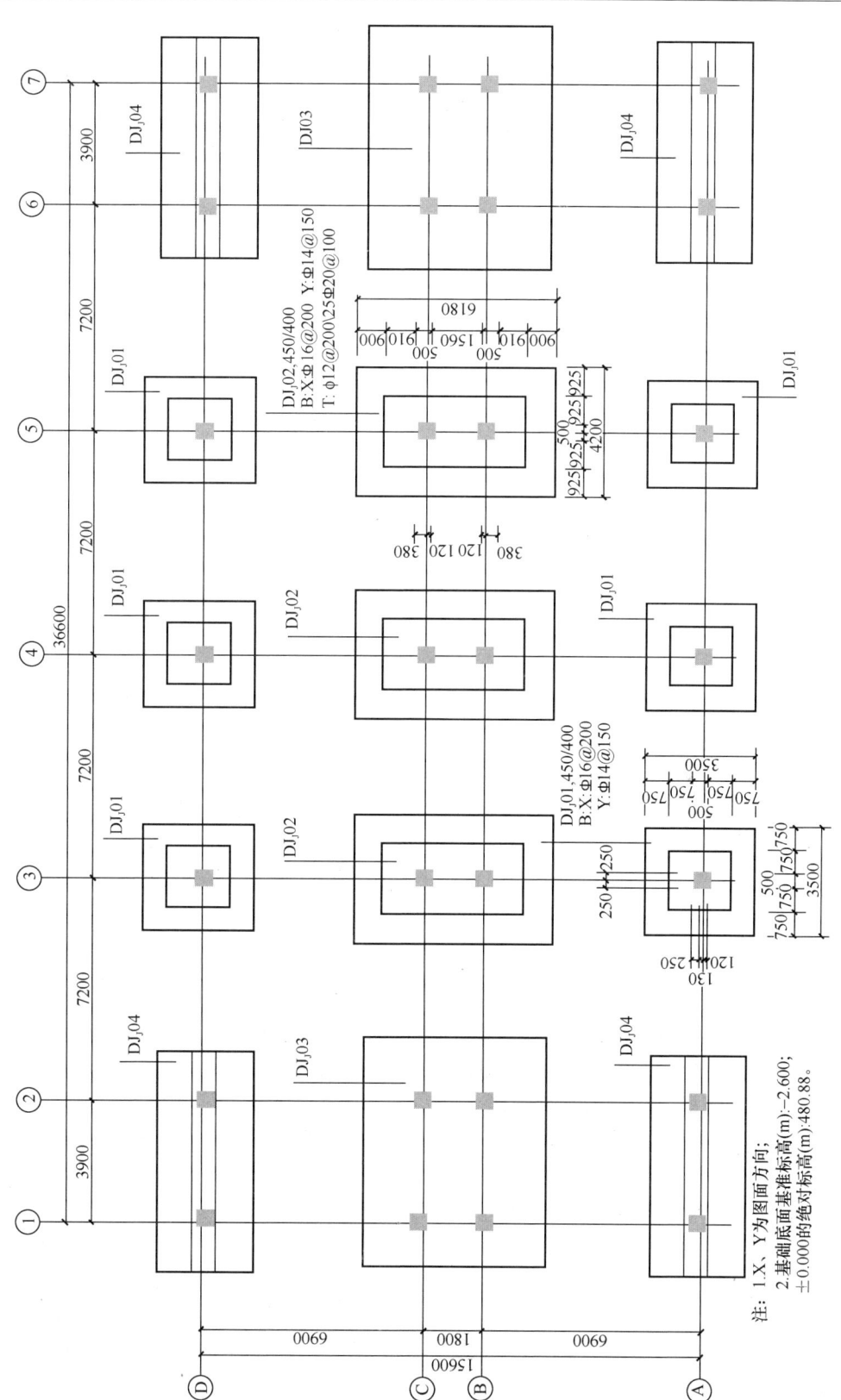

图 7-37 基础平面布置图

为保证结构的可靠性，钢筋根数按只入不舍原则计算，后同。

钢筋质量＝[(4.2－0.04×2)×2＋4.2×90％×30]×1.578×3＝575.84（kg）

根据规定，基础底部最外边 2 根钢筋的长度按 100％计算，中间 30 根钢筋的长度按基础边长的 90％计算，后同。HRB335 级钢筋两端不加弯钩。

2）y 向钢筋（Φ14@150）

钢筋根数＝$\dfrac{4.2－0.04×2}{0.15}$＋1＝27.47＋1＝28.47≈29（根）

钢筋质量＝[(6.18－0.04×2)×2＋6.18×90％×27]×1.208×3＝588.44（kg）

底板钢筋合计：575.84＋588.44＝1164.28（kg）

(2) 顶部钢筋（即 T：φ12@200/25 Φ20@100）

T 表示顶部配置，φ12@200 表示横向分布钢筋，直径为 12mm，间距 200mm；25 Φ20@100 表示纵向受力钢筋，直径为 20mm，间距 100mm，共 25 根。基础顶部的横向尺寸 2.35m，纵向尺寸 4.38m。

1）横向分布钢筋（φ12@200）

钢筋根数＝$\dfrac{4.38－0.02×2}{0.20}$＋1＝21.7＋1＝22.7≈23（根）

钢筋质量＝[1.50＋12.5×0.01(锚固)]×23×0.888×3＝99.57（kg）

2）纵向受力钢筋（25 Φ20@100）

钢筋根数＝25 根（图中标注为 25 根，按图中标注计算）

图中标注 25 根钢筋的计算：(2.35－0.02×2)÷0.10＝23.10＋1＝24.10≈25（根）

钢筋质量＝(4.38－0.02×2)×25×2.466×3＝802.68（kg）

顶部钢筋合计：99.57＋802.68＝902.25（kg）

DJ$_J$02 基础钢筋预算量＝1164.28(底板钢筋)＋902.25(顶部钢筋)＝2066.53（kg）
　　　　　　　　　　＝2.067（t）

思考题：

1. 独立基础如何编号？
2. 集中标注时，独立基础配筋如何注写？
3. 多柱独立基础顶部配筋和基础梁的注写方法有哪些规定？
4. 独立基础的截面注写方式有哪些规定？
5. 独立基础底板配筋构造有哪些要求？
6. 设置基础梁的双柱普通独立基础配筋构造有哪些要求？
7. 独立基础底板配筋长度缩减 10％构造有哪些？
8. 对称独立基础底板钢筋如何计算？
9. 非对称独立基础底板钢筋如何计算？

第八章 条形基础钢筋计算

> **重点提示：**
> 1. 熟悉条形基础平法施工图识读的基础知识，包括条形基础编号、基础梁的平面注写方式、基础梁底部非贯通纵筋的长度规定、条形基础底板的平面注写方式等
> 2. 了解基础梁JL端部与外伸部位钢筋构造，基础梁JL梁底不平和变截面部位钢筋构造，基础梁侧面构造纵筋和拉筋构造，基础梁JL竖向加腋钢筋构造，基础梁JL与柱结合部侧腋构造及条形基础底板配筋构造
> 3. 掌握条形基础的钢筋计算方法，在实际工作中能够熟练运用

第一节 条形基础平法施工图识读

（1）条形基础平法施工图，包括平面注写与截面注写两种表达方式，设计者可根据具体工程情况选择一种，或将两种方式相结合进行条形基础的施工图设计。

（2）当绘制条形基础平面布置图时，应将条形基础平面与基础所支承的上部结构的柱、墙一起绘制。当基础底面标高不同时，需注明与基础底面基准标高不同之处的范围和标高。

（3）当梁板式基础梁中心或板式条形基础板中心与建筑定位轴线不重合时，应标注其定位尺寸；对于编号相同的条形基础，可仅选择一个进行标注。

（4）条形基础整体上可分为以下两类：

1）梁板式条形基础。它适用于钢筋混凝土框架结构、框架-剪力墙结构、部分框支剪力墙结构和钢结构。平法施工图将梁板式条形基础分解为基础梁和条形基础底板分别进行表达。

2）板式条形基础。它适用于钢筋混凝土剪力墙结构和砌体结构。平法施工图仅表达条形基础底板。

一、条形基础编号

条形基础编号分为基础梁和条形基础底板编号，应符合表8-1的规定。

表8-1 条形基础梁及底板编号

类型		代号	序号	跨数及有无外伸
基础梁		JL	××	（××）端部无外伸
条形基础底板	坡形	TJB_P	××	（××A）一端有外伸
	阶形	TJB_J	××	（××B）两端有外伸

注：条形基础通常采用坡形截面或单阶形截面。

二、基础梁的平面注写方式

(1) 基础梁JL的平面注写方式,分集中标注和原位标注两部分内容。当集中标注的某项数值不适用于基础梁的某部位时,则将该项数值利用原位标注,施工时,原位标注优先。

(2) 基础梁的集中标注内容包括:基础梁编号、截面尺寸、配筋三项必注内容,以及基础梁底面标高(与基础底面基准标高不同时)和必要的文字注解两项选注内容。具体规定如下:

1) 注写基础梁编号(必注内容),见表8-1。

2) 注写基础梁截面尺寸(必注内容)。注写$b \times h$,表示梁截面宽度与高度。当为竖向加腋梁时,用$b \times h \ Yc_1 \times c_2$表示,其中$c_1$为腋长,$c_2$为腋高。

3) 注写基础梁配筋(必注内容)。

① 注写基础梁箍筋:

a. 当具体设计仅采用一种箍筋间距时,注写钢筋级别、直径、间距与肢数(箍筋肢数写在括号内,下同)。

b. 当具体设计采用两种箍筋时,用斜线"/"分隔不同箍筋,按照从基础梁两端向跨中的顺序注写。先注写第1段箍筋(在前面加注箍筋道数),在斜线后再注写第2段箍筋(不再加注箍筋道数)。

施工时应注意:两向基础梁相交的柱下区域,应有一向截面较高的基础梁按梁端箍筋贯通设置;当两向基础梁高度相同时,任选一向基础梁箍筋贯通设置。

② 注写基础梁底部、顶部及侧面纵向钢筋:

a. 以B打头,注写梁底部贯通纵筋(不应少于梁底部受力钢筋总截面面积的1/3)。当跨中所注根数少于箍筋肢数时,需要在跨中增设梁底部架立筋以固定箍筋,采用加号"+"将贯通纵筋与架立筋相连,架立筋注写在加号后的括号内。

b. 以T打头,注写梁顶部贯通纵筋。注写时用分号";"将底部与顶部贯通纵筋分隔开,如有个别跨与其不同者按下述第(3)条原位注写的规定处理。

c. 当梁底部或顶部贯通纵筋多于一排时,用斜线"/"将各排纵筋自上而下分开。

d. 以大写字母G打头注写梁两侧面对称设置的纵向构造钢筋的总配筋值(当梁腹板高度h_w不小于450mm时,根据需要配置)。

当需要配置抗扭纵向钢筋时,梁两个侧面设置的抗扭纵向钢筋以N打头。

4) 注写基础梁底面标高(选注内容)。当条形基础的底面标高与基础底面基准标高不同时,将条形基础底面标高注写在"( )"内。

5) 必要的文字注解(选注内容)。当基础梁的设计有特殊要求时,宜增加必要的文字注解。

(3) 基础梁JL的原位标注规定如下:

1) 基础梁支座的底部纵筋,是指包含贯通纵筋与非贯通纵筋在内的所有纵筋:

① 当底部纵筋多于一排时,用斜线"/"将各排纵筋自上而下分开。

② 当同排纵筋有两种直径时,用加号"+"将两种直径的纵筋相连。

③ 当梁支座两边的底部纵筋配置不同时,需在支座两边分别标注;当梁支座两边的底部纵筋相同时,可仅在支座的一边标注。

④ 当梁支座底部全部纵筋与集中注写过的底部贯通纵筋相同时,可不再重复做原位标注。

⑤ 竖向加腋梁加腋部位钢筋,需在设置加腋的支座处以Y打头注写在括号内。

设计时应注意:对于底部一平的梁支座两边配筋值不同的底部非贯通纵筋("底部一平"为"梁底部在同一个平面上"的缩略词),应先按较小一边的配筋值选配相同直径的纵筋贯穿支座,再将较大一边的配筋差值选配适当直径的钢筋锚入支座,避免造成支座两边大部分钢筋直径不相同的不合理配置结果。

施工及预算方面应注意:当底部贯通纵筋经原位注写修正,出现两种不同配置的底部贯通纵筋时,应在两毗邻跨中配置较小一跨的跨中连接区域进行连接(即配置较大一跨的底部贯通纵筋需伸出至毗邻跨的跨中连接区域)。

2) 原位注写基础梁的附加箍筋或(反扣)吊筋。当两向基础梁十字交叉,但是交叉位置无柱时,应根据需要设置附加箍筋或(反扣)吊筋。

将附加箍筋或(反扣)吊筋直接画在平面图中条形基础主梁上,原位直接引注总配筋值(附加箍筋的肢数注写在括号内)。当多数附加箍筋或(反扣)吊筋相同时,可在条形基础平法施工图上统一注明。少数与统一注明值不同时,再原位直接引注。

施工时应注意:附加箍筋或(反扣)吊筋的几何尺寸应按照标准构造详图,结合其所在位置的主梁和次梁的截面尺寸确定。

3) 原位注写基础梁外伸部位的变截面高度尺寸。当基础梁外伸部位采用变截面高度时,在该部位原位注写 $b \times h_1/h_2$,h_1 为根部截面高度,h_2 为尽端截面高度。

4) 原位注写修正内容。当在基础梁上集中标注的某项内容(例如截面尺寸、箍筋、底部与顶部贯通纵筋或架立筋、梁侧面纵向构造钢筋、梁底面标高等)不适用于某跨或某外伸部位时,将其修正内容原位标注在该跨或该外伸部位,施工时原位标注取值优先。

当在多跨基础梁的集中标注中已注明加腋,而该梁某跨根部不需要加腋时,则应在该跨原位标注无 $Yc_1 \times c_2$ 的 $b \times h$,以修正集中标注中的加腋要求。

三、基础梁底部非贯通纵筋的长度规定

(1) 为方便施工,对于基础梁柱下区域底部非贯通纵筋的伸出长度 a_0 值,当配置不多于两排时,在标准构造详图中统一取值为自柱边向跨内伸出至 $l_n/3$ 位置;当非贯通纵筋配置多于两排时,从第三排起向跨内的伸出长度值应由设计者注明。l_n 的取值规定为:边跨边支座的底部非贯通纵筋,l_n 取本边跨的净跨长度值;对于中间支座的底部非贯通纵筋,l_n 取支座两边较大一跨的净跨长度值。

(2) 基础梁外伸部位底部纵筋的伸出长度 a_0 值,在标准构造详图中统一取值为:第一排伸出至梁端头后,全部上弯 $12d$ 或 $15d$;其他排钢筋伸至梁端头后截断。

(3) 设计者在执行第(1)、(2)条底部非贯通纵筋伸出长度的统一取值规定时,应注意按《混凝土结构设计规范》(GB 50010—2010)、《建筑地基基础设计规范》(GB 50007—2011)和《高层建筑混凝土结构技术规程》(JGJ 3—2010)等相关规定进行校核,若不满足时应另行变更。

四、条形基础底板的平面注写方式

(1) 条形基础底板 TJB_P、TJB_J 的平面注写方式,分集中标注和原位标注两部分内容。

(2) 条形基础底板的集中标注内容包括：条形基础底板编号、截面竖向尺寸、配筋三项必注内容，以及条形基础底板底面标高（与基础底面基准标高不同时）、必要的文字注解两项选注内容。

素混凝土条形基础底板的集中标注，除无底板配筋内容外，与钢筋混凝土条形基础底板相同。具体规定如下：

1) 注写条形基础底板编号（必注内容），见表 8-1。条形基础底板向两侧的截面形状通常包括以下两种：

① 阶形截面，编号加下标"J"，例如 $TJB_J\times\times$（$\times\times$）；
② 坡形截面，编号加下标"P"，例如 $TJB_P\times\times$（$\times\times$）。

2) 注写条形基础底板截面竖向尺寸（必注内容）。注写 $h_1/h_2/\cdots\cdots$ 具体标注如下：

① 当条形基础底板为坡形截面时，注写为 h_1/h_2，如图 8-1 所示。
② 当条形基础底板为阶形截面时，如图 8-2 所示。

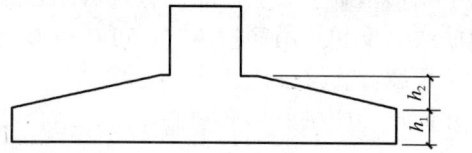

图 8-1 条形基础底板坡形截面竖向尺寸　　图 8-2 条形基础底板阶形截面竖向尺寸

图 8-2 所示为单阶，当为多阶时各阶尺寸自下而上以斜线"/"分隔顺写。

3) 注写条形基础底板底部及顶部配筋（必注内容）。

以 B 打头，注写条形基础底板底部的横向受力钢筋；以 T 打头，注写条形基础底板顶部的横向受力钢筋；注写时，用斜线"/"分隔条形基础底板的横向受力钢筋与纵向分布钢筋，如图 8-3 和图 8-4 所示。

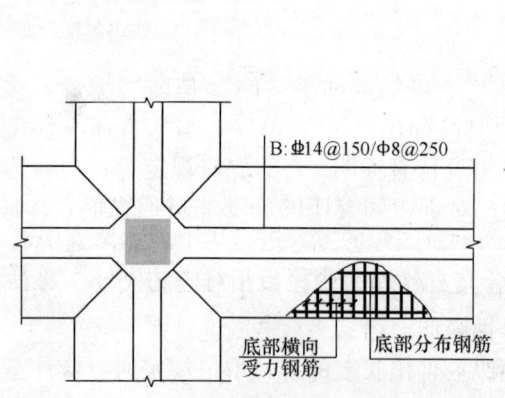
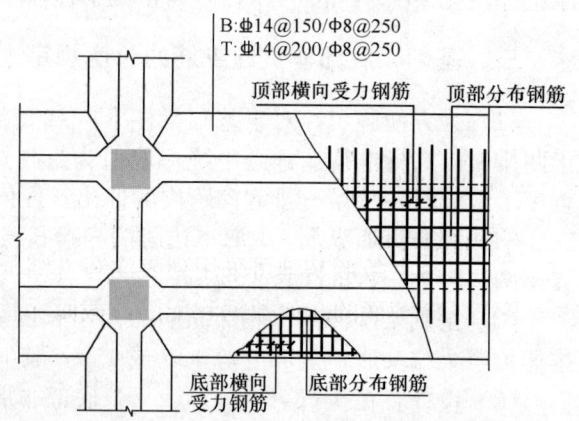

图 8-3 条形基础底板底部配筋示意　　图 8-4 双梁条形基础底板配筋示意

4) 注写条形基础底板底面标高（选注内容）。当条形基础底板的底面标高与条形基础底面基准标高不同时，应将条形基础底板底面标高注写在"（ ）"内。

5) 必要的文字注解（选注内容）。当条形基础底板有特殊要求时，应增加必要的文字注解。

(3) 条形基础底板的原位标注规定如下：

1) 原位注写条形基础底板的平面尺寸。原位标注 b、b_i，$i=1,2,\cdots\cdots$其中，b 为基础底板总宽度，b_i 为基础底板台阶的宽度。当基础底板采用对称于基础梁的坡形截面或单阶形截面时，b_i 可不注，如图 8-5 所示。

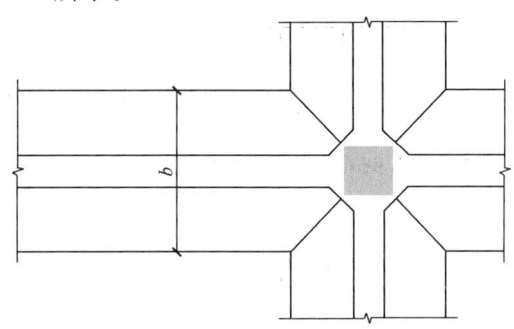

图 8-5　条形基础底板平面尺寸原位标注

素混凝土条形基础底板的原位标注与钢筋混凝土条形基础底板相同。

对于相同编号的条形基础底板，可仅选择一个进行标注。

条形基础存在双梁或双墙共用同一基础底板的情况，当为双梁或为双墙并且梁或墙荷载差别较大时，条形基础两侧可取不同的宽度，实际宽度以原位标注的基础底板两侧非对称的不同台阶宽度 b_i 进行表达。

2) 原位注写修正内容。当在条形基础底板上集中标注的某项内容，例如底板截面竖向尺寸、底板配筋、底板底面标高等，不适用于条形基础底板的某跨或某外伸部分时，可将其修正内容原位标注在该跨或该外伸部位，施工时原位标注取值优先。

(4) 采用平面注写方式表达的条形基础设计施工图如图 8-6 所示。

五、条形基础的截面注写方式

(1) 条形基础的截面注写方式，又可分为截面标注和列表注写（结合截面示意图）两种表达方式。

采用截面注写方式，应在基础平面布置图上对所有条形基础进行编号，见表 8-1。

(2) 对条形基础进行截面标注的内容和形式，与传统"单构件正投影表示方法"基本相同。对于已在基础平面布置图上原位标注清楚的该条形基础梁和条形基础底板的水平尺寸，可不在截面图上重复表达，具体表达内容可参照 16G101-3 图集中相应的标准构造。

(3) 对多个条形基础可采用列表注写（结合截面示意图）的方式进行集中表达。表中内容为条形基础截面的几何数据和配筋，截面示意图上应标注与表中栏目相对应的代号。列表的具体内容规定如下：

1) 基础梁。基础梁列表集中注写栏目如下：

① 编号：注写 JL×× (××)、JL×× (××A) 或 JL×× (××B)。

② 几何尺寸：梁截面宽度与高度 $b\times h$。当为竖向加腋梁时，注写 $b\times h$　$Yc_1\times c_2$，其中 c_1 为腋长，c_2 为腋高。

③ 配筋：注写基础梁底部贯通纵筋＋非贯通纵筋，顶部贯通纵筋，箍筋。当设计为两种箍筋时，箍筋注写为：第一种箍筋/第二种箍筋，第一种箍筋为梁端部箍筋，注写内容包括箍筋的箍数、钢筋级别、直径、间距与肢数。

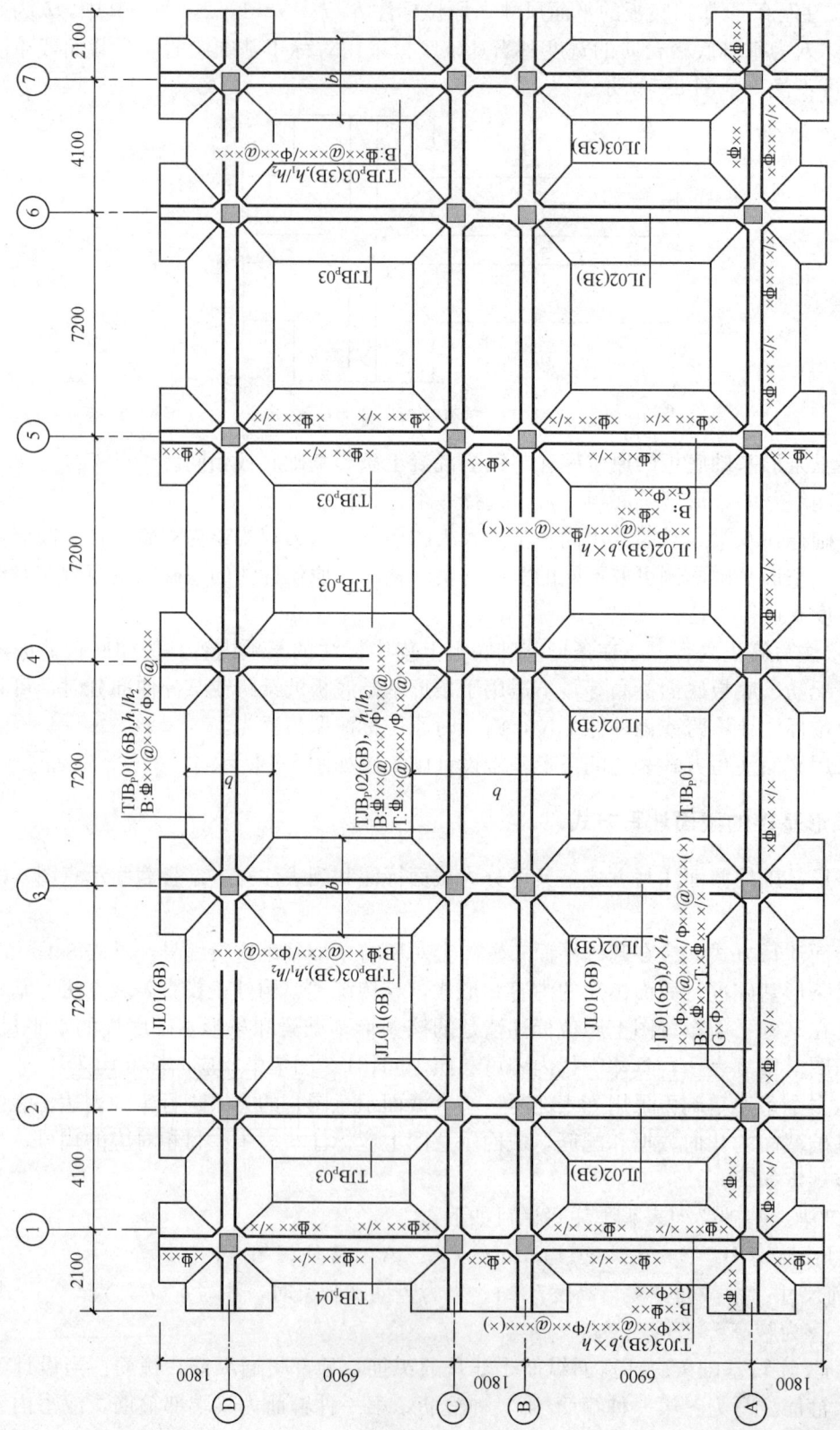

图 8-6 采用平面注写方式表达的条形基础设计施工图示意

注：±0.000 的绝对标高（m）：×××.××××；基础底面标高：-×.××××。

基础梁列表格式见表8-2。

表8-2 基础梁列表格式

基础梁编号/截面号	截面几何尺寸		配筋	
	$b×h$	竖向加腋 $c_1×c_2$	底部贯通纵筋+非贯通纵筋，顶部贯通纵筋	第一种箍筋/第二种箍筋

注：表中可根据实际情况增加栏目，例如增加基础梁底面标高等。

2）条形基础底板。条形基础底板列表集中注写栏目如下：

① 编号：坡形截面编号为 $TJB_P××(××)$、$TJB_P××(××A)$ 或 $TJB_P××(××B)$，阶形截面编号为 $TJB_J××(××)$、$TJB_J××(××A)$ 或 $TJB_J××(××B)$。

② 几何尺寸：水平尺寸 b、b_i，$i=1,2,……$；竖向尺寸 h_1/h_2。

③ 配筋：B：$\Phi××@×××/\Phi××@×××$。

条形基础底板列表格式见表8-3。

表8-3 条形基础底板列表格式

基础底板编号/截面号	截面几何尺寸			底部配筋（B）	
	b	b_i	h_1/h_2	横向受力钢筋	纵向分布钢筋

注：表中可根据实际情况增加栏目，如增加上部配筋、基础底板底面标高（与基础底板底面基准标高不一致时）等。

第二节　条形基础的钢筋构造

一、基础梁JL端部与外伸部位钢筋构造

基础梁JL端部与外伸部位钢筋构造如图8-7所示。

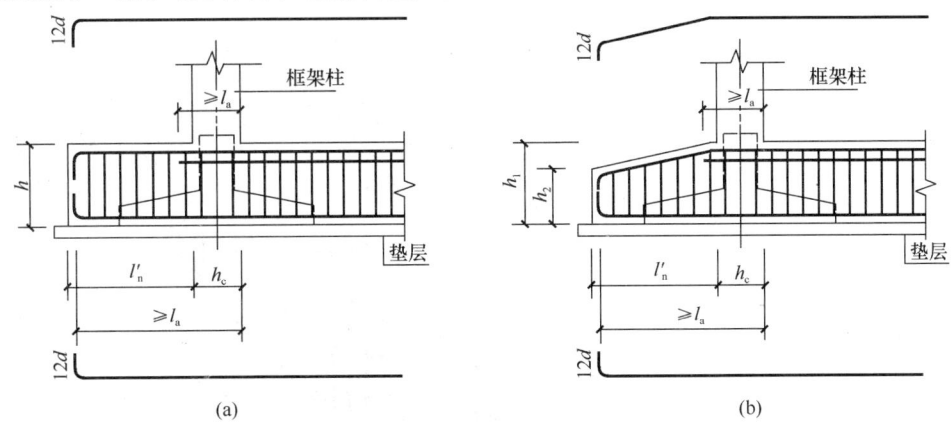

图8-7　基础梁JL端部与外伸部位钢筋构造
（a）条形基础梁端部等截面外伸构造；（b）条形基础梁端部变截面外伸构造
l_a—受拉钢筋非抗震锚固长度；l'_n—端部外伸长度；
h_c—柱截面沿基础梁方向的高度；d—受拉钢筋直径；h、h_1、h_2—基础梁竖向尺寸

端部等（变）截面外伸构造中，当从柱内边算起的梁端部外伸长度不满足直锚要求时，基础梁下部钢筋应伸至端部后弯折，且从柱内边算起水平段长度$\geq 0.6l_{ab}$，弯折长度$15d$。

二、基础梁 JL 梁底不平和变截面部位钢筋构造

基础梁 JL 梁底不平和变截面部位钢筋构造见表 8-4。

表 8-4 基础梁 JL 梁底不平和变截面部位钢筋构造

名 称	构造图示意
梁底有高差钢筋构造	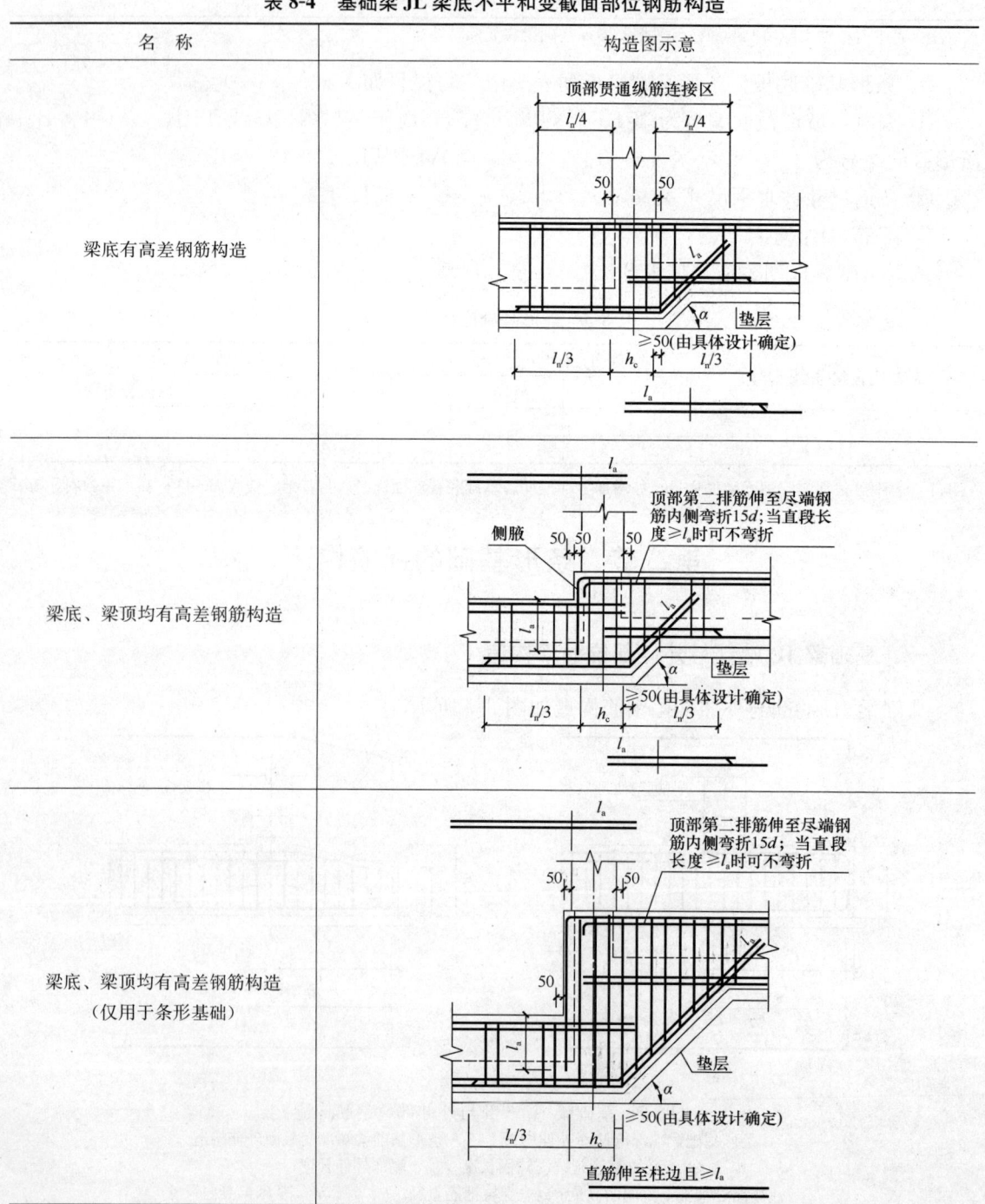
梁底、梁顶均有高差钢筋构造	
梁底、梁顶均有高差钢筋构造（仅用于条形基础）	

续表

名　称	构造图示意
梁顶有高差钢筋构造	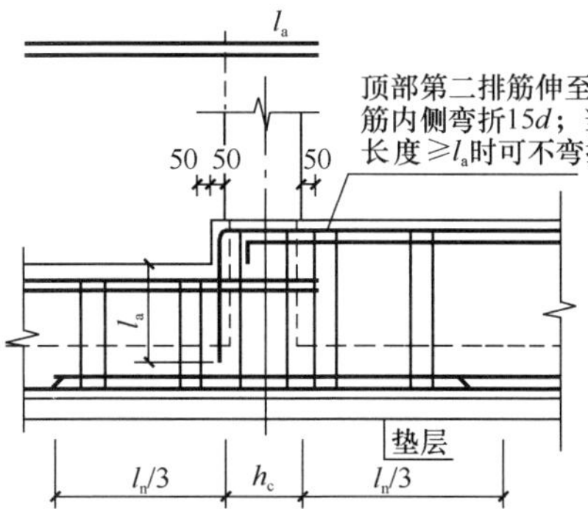
柱两边梁宽不同钢筋构造	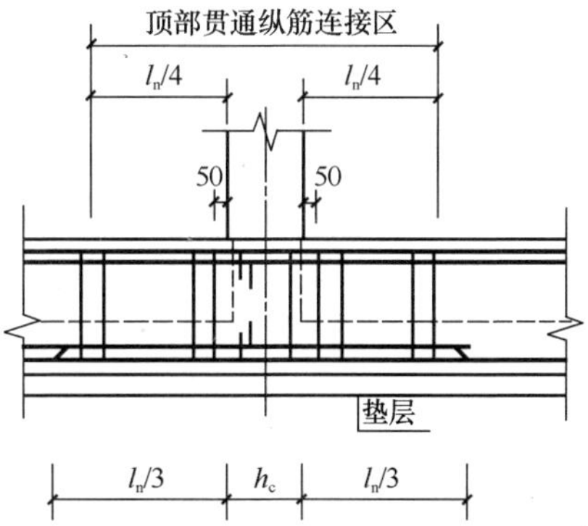
弯钩要求	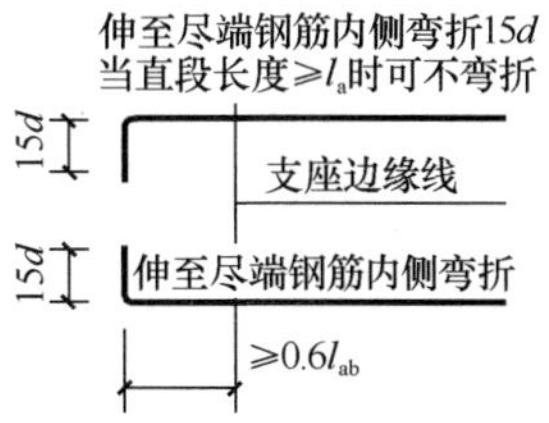

注：1. 当基础梁变标高及变截面形式与本表不同时，其构造应由设计者另行设计；如果要求施工方面参照本表的构造方式，应提供相应改动的变更说明。
2. 梁底高差坡度 α 根据场地实际情况可取 30°、45°或60°角。
3. l_n—本边跨的净跨长度值；h_c—柱截面沿基础梁方向的高度；l_a—受拉钢筋非抗震锚固长度；d—受拉钢筋直径；l_{ab}—受拉钢筋的非抗震基本锚固长度。

三、基础梁侧面构造纵筋和拉筋构造

基础梁侧面构造纵筋和拉筋构造见表 8-5。

表 8-5 基础梁侧面构造纵筋和拉筋构造

名　称	构造图示意
基础梁侧面构造纵筋和拉筋	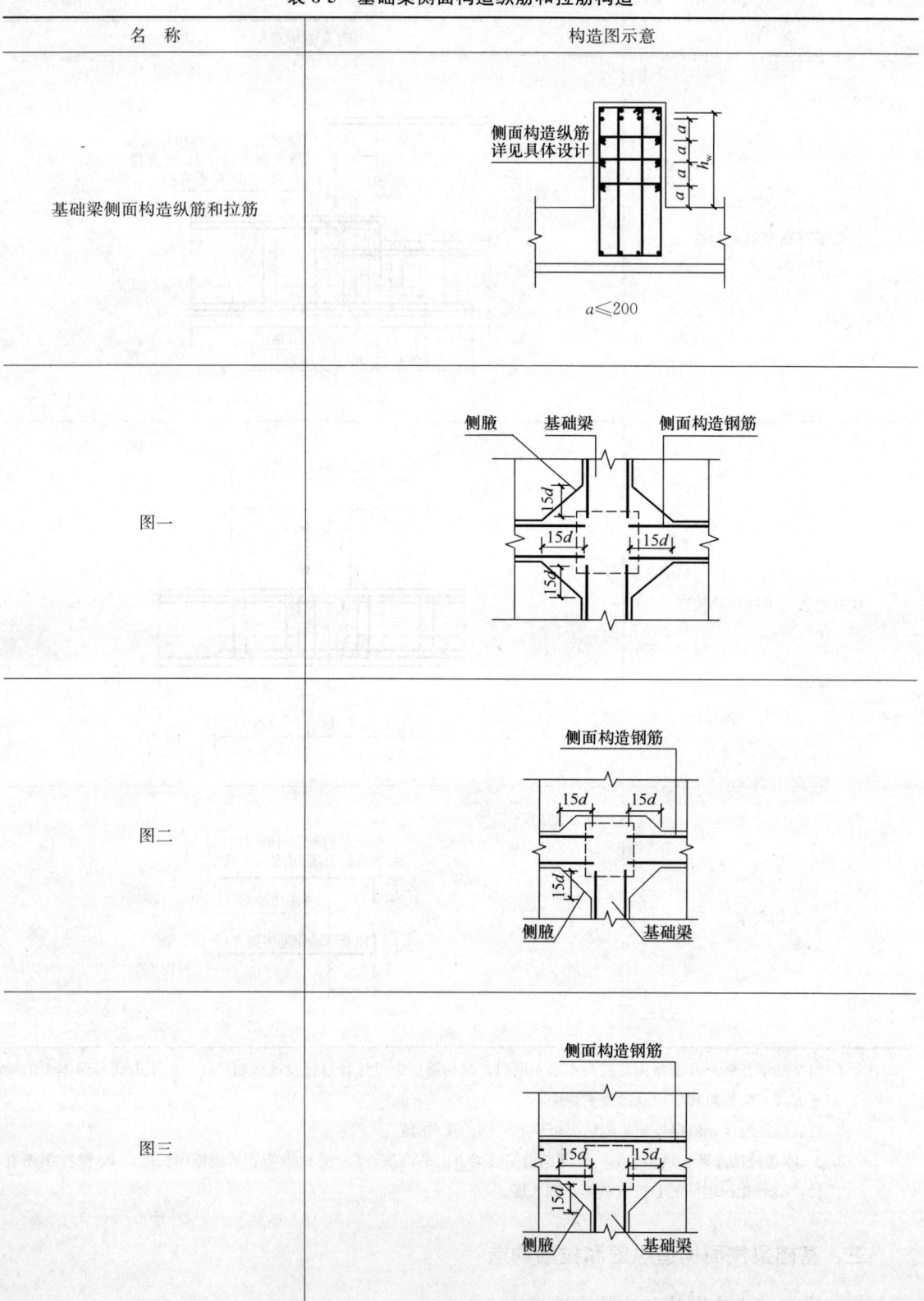
图一	
图二	
图三	

续表

名　称	构造图示意
图四	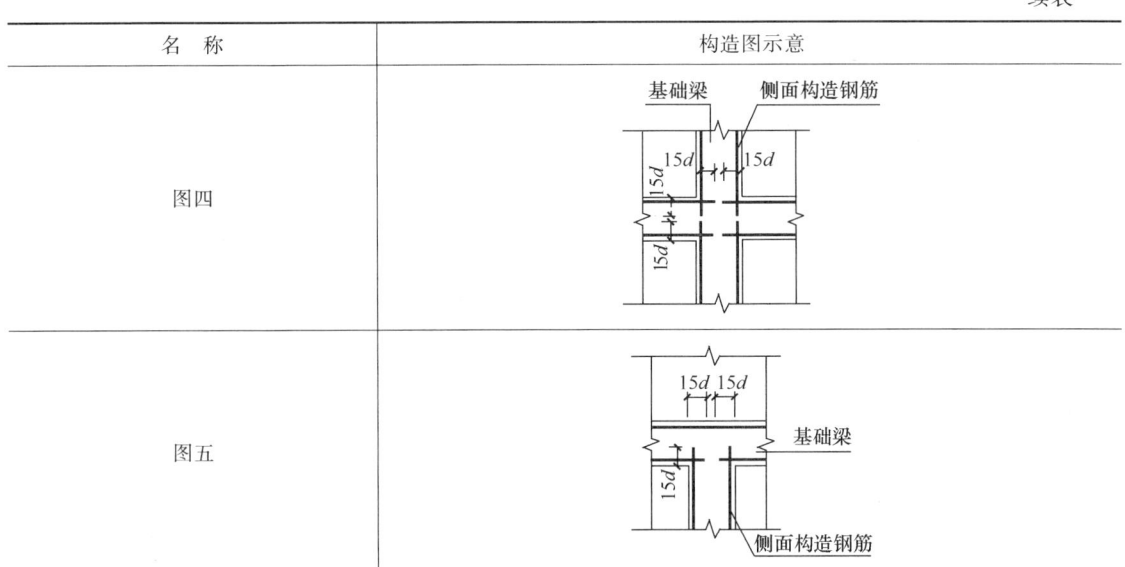
图五	

注：1. 基础梁侧面纵向构造钢筋搭接长度为15d。十字相交的基础梁，当相交位置有柱时，侧面构造纵筋锚入梁包柱侧腋内15d（见图一）；当无柱时，侧面构造纵筋锚入交叉梁内15d（见图四）。丁字相交的基础梁，当相交位置无柱时，横梁外侧的构造纵筋应贯通，横梁内侧的构造纵筋锚入交叉梁内15d（见图五）。
2. 梁侧钢筋的拉筋直径除注明者外均为8mm，间距为箍筋间距的2倍。当设有多排拉筋时，上下两排拉筋竖向错开设置。
3. 基础梁侧面受扭纵筋的搭接长度为l_l，其锚固长度为l_a，锚固方式同梁上部纵筋。

四、基础梁JL竖向加腋钢筋构造

基础梁JL竖向加腋钢筋构造如图8-8所示。

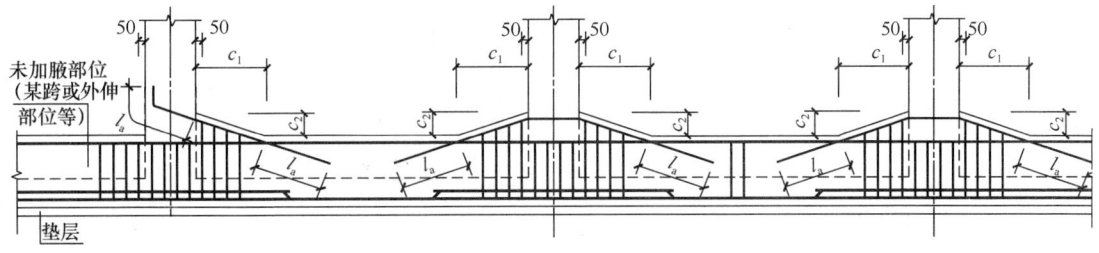

图8-8　基础梁JL竖向加腋钢筋构造
l_a—受拉钢筋非抗震锚固长度；c_1—腋长；c_2—腋高

（1）基础梁竖向加腋部位的钢筋见设计标注。加腋范围的箍筋与基础梁的箍筋配置相同，仅箍筋高度为变值。

（2）基础梁的梁柱结合部位所加侧腋顶面与基础梁非竖向加腋段顶面一平，不随梁竖向加腋的升高而变化。

五、基础梁JL与柱结合部侧腋构造

基础梁JL与柱结合部侧腋构造见表8-6。

表 8-6 基础梁 JL 与柱结合部侧腋构造

名称	构造图示意
十字交叉基础梁与柱结合部侧腋构造	
丁字交叉基础梁与柱结合部侧腋构造	
无外伸基础梁与角柱结合部侧腋构造	
基础梁中心穿柱侧腋构造	

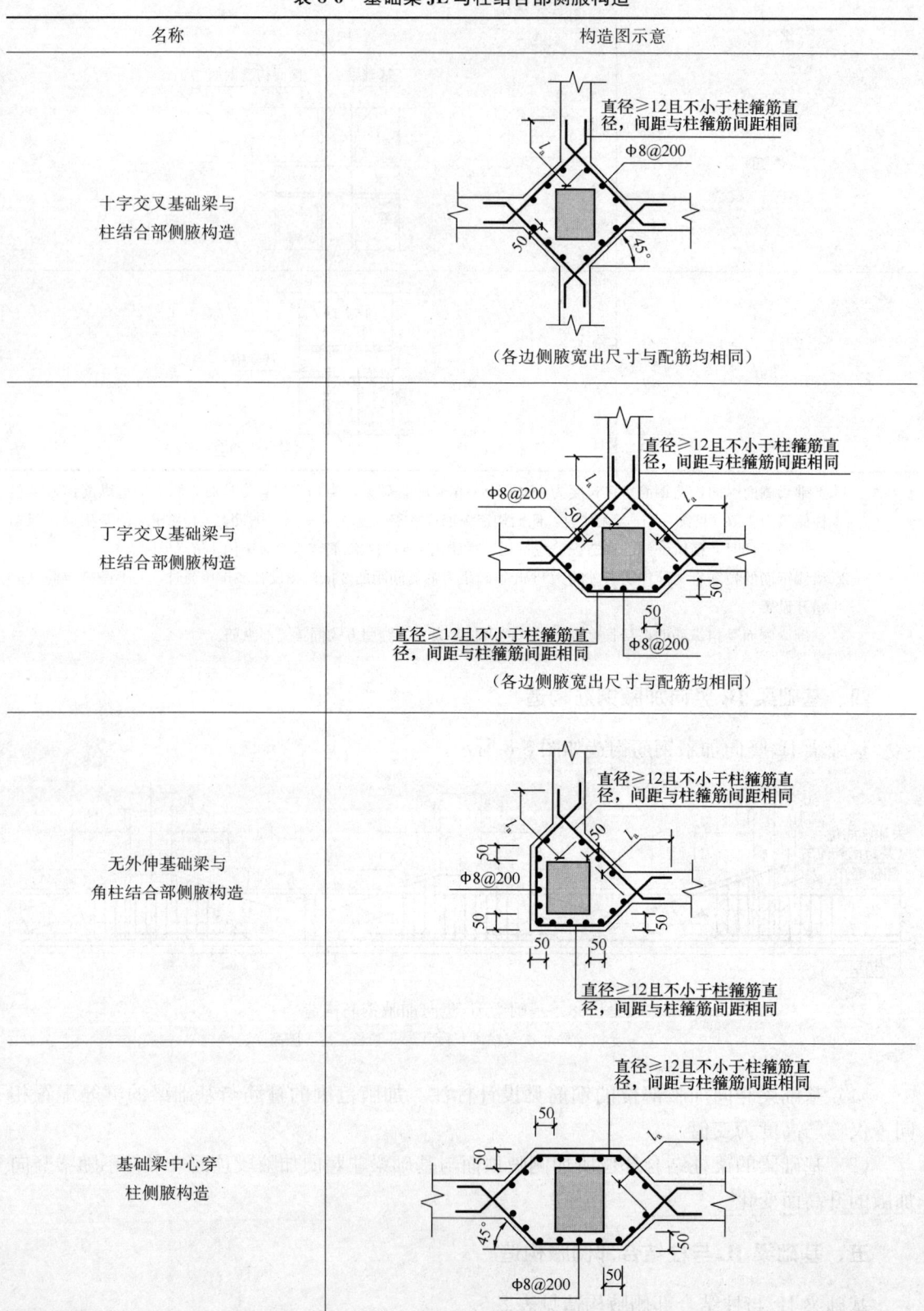

名称	构造图示意
基础梁偏心穿柱与柱结合部侧腋构造	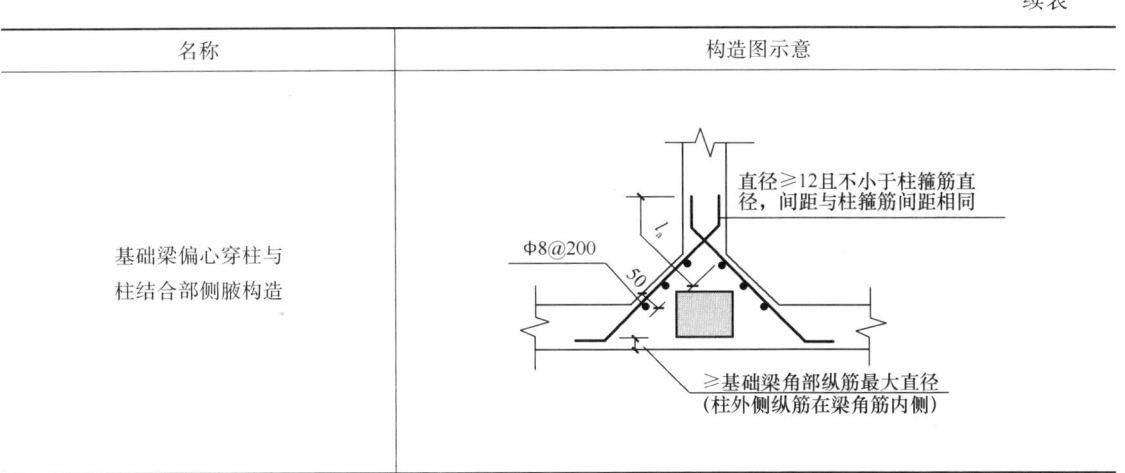

注：1. 除基础梁比柱宽且完全形成梁包柱的情况外，所有基础梁与柱结合部位均按本表加侧腋。

2. 当基础梁与柱等宽，或柱与梁的某一侧面相平时，存在因梁纵筋与柱纵筋同在一个平面内导致直通交叉遇阻情况，此时应适当调整基础梁宽度使柱纵筋直通锚固。

3. 当柱与基础梁结合部位的梁顶面高度不同时，梁包柱侧腋顶面应与较高基础梁的梁顶面一平（即在同一平面上），侧腋顶面至较低梁顶面高差内的侧腋，可参照角柱或丁字交叉基础梁包柱侧腋构造进行施工。

六、条形基础底板配筋构造

1. 条形基础底板 TJB$_P$ 和 TJB$_J$ 配筋构造

条形基础底板 TJB$_P$ 和 TJB$_J$ 配筋构造如图 8-9、图 8-10 所示。

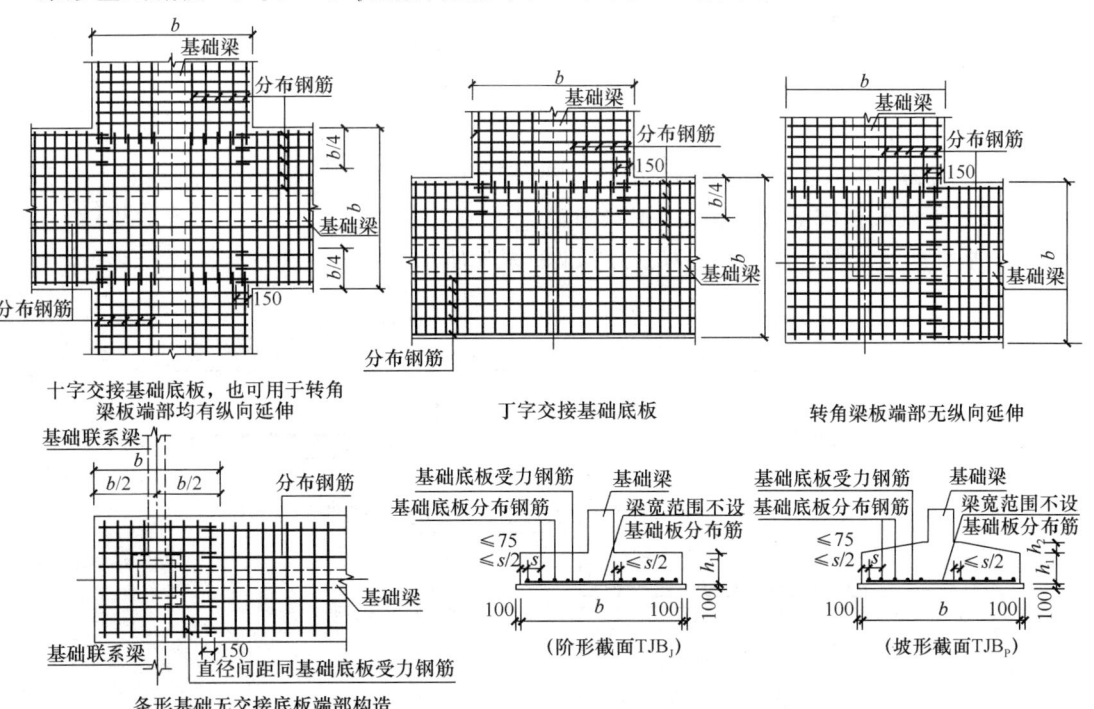

图 8-9 条形基础底板配筋构造（一）

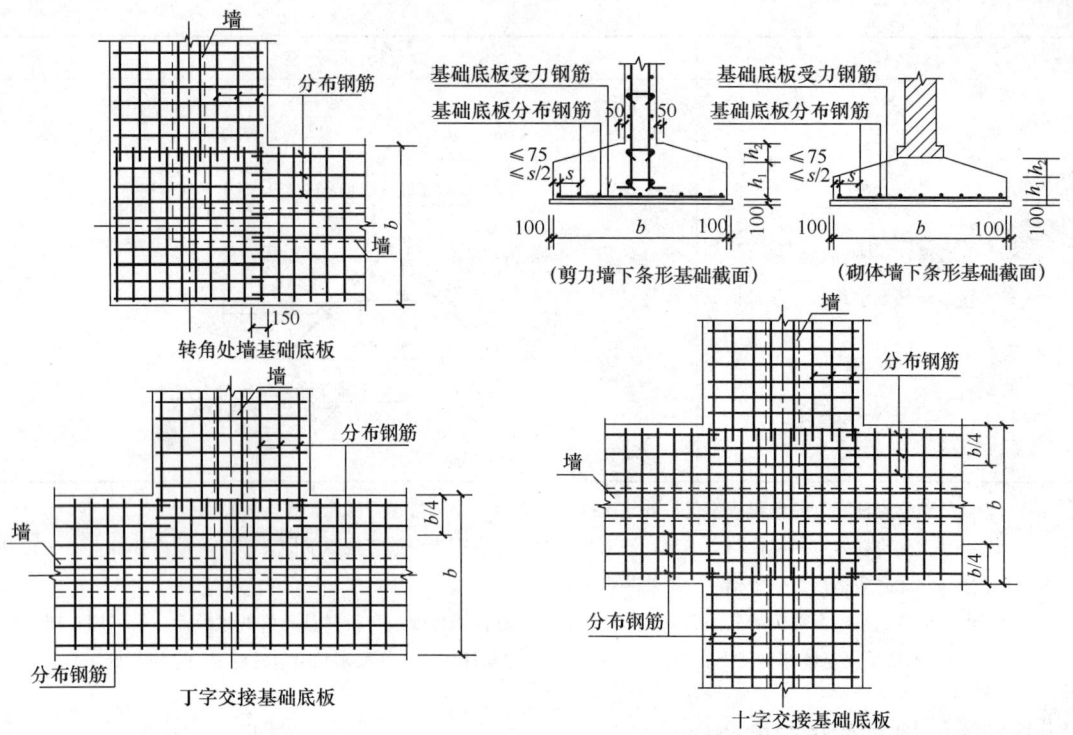

图 8-10 条形基础底板配筋构造（二）

b—条形基础底板宽度；h_1、h_2—条形基础竖向尺寸；s—分布钢筋间距

(1) 条形基础底板的分布钢筋在梁宽范围内不设置。

(2) 在两向受力钢筋交接处的网状部位，分布钢筋与同向受力钢筋的构造搭接长度为150mm。

2. 条形基础底板板底不平构造

条形基础底板板底不平构造如图 8-11、图 8-12 和图 8-13 所示。

3. 条形基础底板配筋长度减短 10% 构造

条形基础底板配筋长度减短 10% 构造如图 8-14 所示。

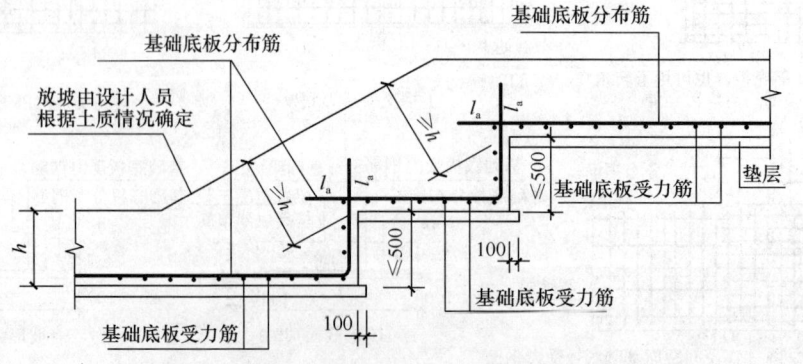

图 8-11 墙下条形基础底板板底不平构造（一）

第八章 条形基础钢筋计算

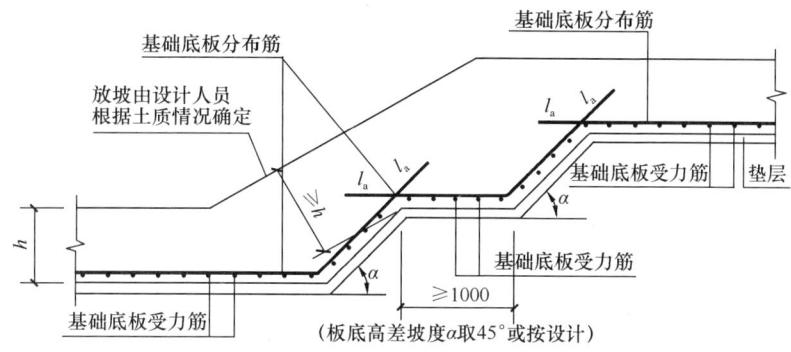

图 8-12 墙下条形基础底板板底不平构造（二）

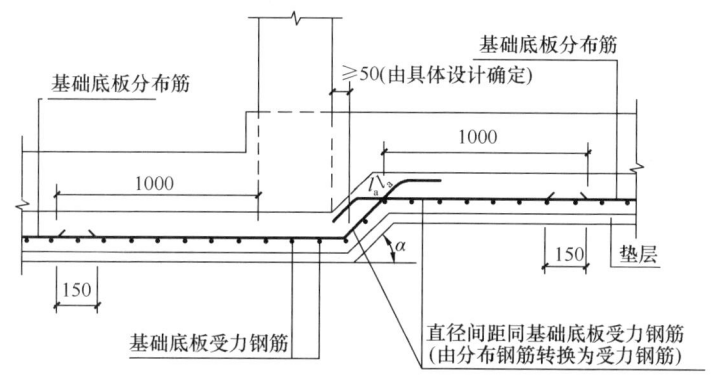

图 8-13 柱下条形基础底板板底不平构造

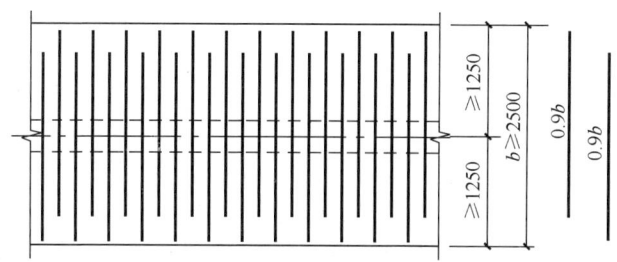

图 8-14 条形基础底板配筋长度减短 10% 构造
b—条形基础底板宽度

第三节 条形基础的钢筋计算方法与实例

【实例一】基础梁 JL 钢筋——JL01（普通基础梁）计算

基础梁 JL01 平法施工图如图 8-15 所示，试计算其钢筋量。
【解】
本例中不计算加腋筋

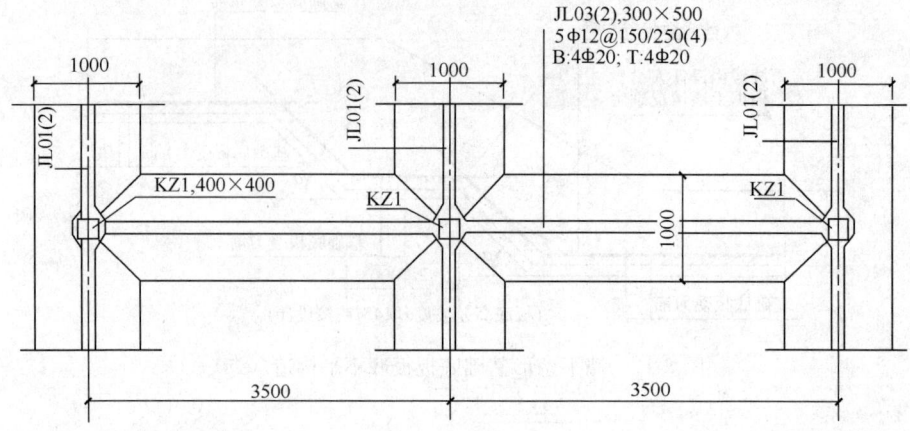

图 8-15 JL01 平法施工图

(1) 计算参数

1) 保护层厚度 $c=30$mm

2) $l_a=30d$

3) 梁包柱侧腋＝50mm

4) 双肢箍长度计算公式：$(b-2c+d)\times 2+(h-2c+d)\times 2+(1.9d+10d)\times 2$

(2) 计算过程

1) 底部贯通纵筋 4Φ20

长度＝梁长（含梁包柱侧腋）$-c+$弯折 $15d$

＝$(3500\times 2+200\times 2+50\times 2)-2\times 30+2\times 15\times 20=8040$mm

2) 顶部贯通纵筋 4Φ20

长度＝梁长（含梁包柱侧腋）$-c+$弯折 $12d$

＝$(3500\times 2+200\times 2+50\times 2)-2\times 30+2\times 12\times 20=7920$mm

3) 箍筋

双肢箍长度计算公式＝$(b-2c+d)\times 2+(H-2c+d)\times 2+(1.9d+10d)\times 2$

外大箍长度＝$(300-2\times 30+12)\times 2+(500-2\times 30+12)\times 2+2\times 11.9\times 12=1694$mm

内小箍筋长度＝$[(300-2\times 30-20)/3+20+12]\times 2+(500-2\times 30+12)\times 2+2\times 11.9\times 12=951$mm

箍筋根数：

第一跨：

两端各 5ϕ12；

中间箍筋根数＝$(3500-200\times 2-50\times 2-150\times 5\times 2)/250-1=5$ 根

（注：因两端有箍筋，故中间箍筋根数-1）

第一跨箍筋根数＝$5\times 2+5=15$ 根

第二跨箍筋根数同第一跨，为 15 根

节点内箍筋根数＝$400/150=3$ 根（注：节点内箍筋与梁端箍筋连接，计算根数不扣减）

JL01 箍筋总根数为：

外大箍筋根数＝$15\times 2+3\times 3=39$ 根

内小箍筋根数＝39 根

注意：JL 箍筋是从柱边起布置，而不是从梁边。

【实例二】基础梁 JL 钢筋——JL02（底部非贯通筋、架立筋、侧部构造筋）计算

基础梁 JL02 平法施工图如图 8-16 所示，试计算其钢筋量。

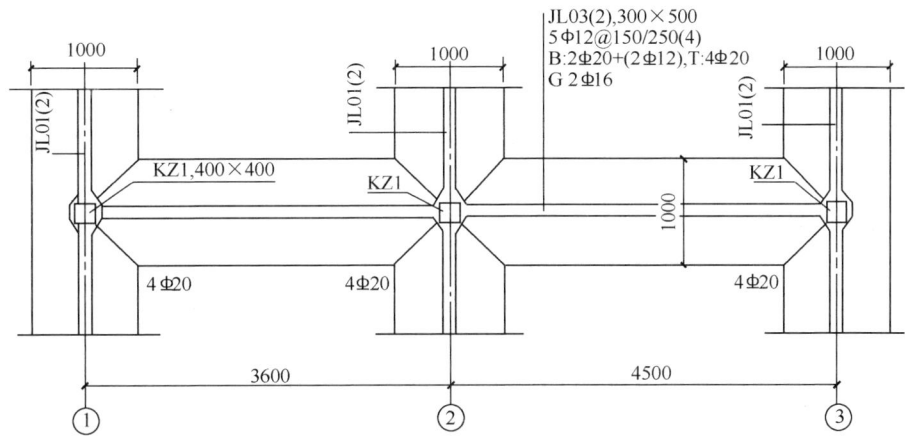

图 8-16 JL02 平法施工图

【解】

本例中不计算加腋筋

（1）计算参数

1）保护层厚度 $c=30$mm

2）$l_a=30d$

3）梁包柱侧腋＝50mm

4）双肢箍长度计算公式：$(b-2c+d)\times 2+(h-2c+d)\times 2+(1.9d+10d)\times 2$

（2）钢筋计算过程

1）底部贯通纵筋 2Φ20

长度＝$(3600+4500+200\times 2+50\times 2)-2\times 30+2\times 15\times 20=9140$mm

2）顶部贯通纵筋 4Φ20

长度＝$(3600+4500+200\times 2+50\times 2)-2\times 30+2\times 12\times 20=9020$mm

3）箍筋

外大箍筋长度＝$(300-2\times 30+12)\times 2+(500-2\times 30+12)\times 2+2\times 11.9\times 12$
＝1694mm

内小箍筋长度＝$[(300-2\times 30-20)/3+20+12]\times 2+(500-2\times 30+12)\times 2+2\times 11.9\times 12=1329$mm

箍筋根数：

第一跨：$5\times 2+6=16$ 根

两端各 5ϕ12；

中间箍筋根数＝$(3600-200\times 2-50\times 2-150\times 5\times 2)/250-1=6$ 根

第二跨：5×2+9=19 根

两端各 5ϕ12；

中间箍筋根数=(4500−200×2−50×2−150×5×2)/250−1=9 根

节点内箍筋根数=400/150≈3 根

JL02 箍筋总根数为：

外大箍筋根数=15+19+3×3=43 根

内小箍筋根数=43 根

4）底部端部非贯通筋 2 Φ 20

长度=延伸长度 $l_0/3$+伸至端部并弯折 $15d$

　　=4500/3+200+50−30+15×20=2020mm

5）底部中间柱下区域非贯通筋 2 Φ 20

长度=$2×l_0/3=2×4500/3=3000$mm

6）底部架立筋 2 Φ 12

计算公式=轴线尺寸−$2×l_0/3+2×150$

第一跨底部架立筋长度=3600−2×（4500/3）+2×150=900mm

第二跨底部架立筋长度=4500−2×（4500/3）+2×150=1800mm

7）侧部构造筋 2 Φ 16

计算公式=净长+$15d$

第一跨侧部构造钢筋长度=3600−2×(200+50)=3100mm

第一跨侧部构造钢筋长度=4500−2×(200+50)=4000mm

拉筋（ϕ8）间距为最大箍筋间距的 2 倍

第一跨拉筋根数=[3600−2×(200+50)]/500+1=8 根

第二跨拉筋根数=[4500−2×(200+50)]/500+1=9 根

【实例三】基础梁 JL 钢筋——JL03（双排钢筋、有外伸）计算

基础梁 JL03 平法施工图如图 8-17 所示，试计算其钢筋量。

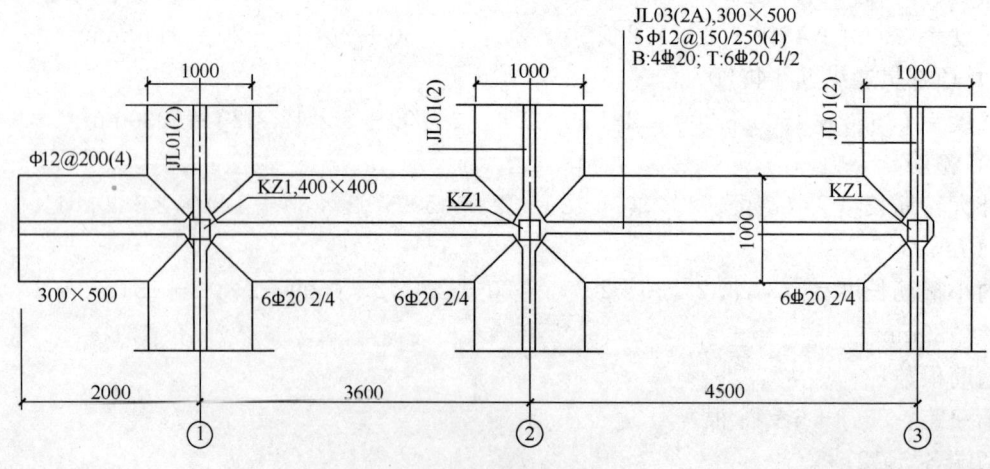

图 8-17　JL03 平法施工图

第八章 条形基础钢筋计算

【解】
本例中不计算加腋筋
(1) 计算参数
1) 保护层厚度 $c=30$mm
2) $l_a=30d$
3) 梁包柱侧腋=50mm
4) 双肢箍长度计算公式：$(b-2c+d)\times 2+(h-2c+d)\times 2+(1.9d+10d)\times 2$

(2) 钢筋计算过程
1) 底部贯通纵筋 4Φ20
长度=$(3600+4500+2000+200+50)-2\times 30+2\times 15\times 20=10890$mm
2) 顶部贯通纵筋上排 4Φ20
长度=$(3600+4500+2000+200+50)-2\times 30+2\times 12\times 20=10770$mm
3) 顶部贯通纵筋下排 2Φ20
长度=$3600+4500+(200+50-30+12d)-200+30d$
=$3600+4500+(200+50-30+12\times 20)-200+30\times 20=8960$mm
4) 箍筋
外大箍筋长度=$(300-2\times 30+12)\times 2+(500-2\times 30+12)\times 2+2\times 11.9\times 12$
=1694mm
内小箍筋长度=$[(300-2\times 30-20)/3+20+12]\times 2+(500-2\times 30+12)\times 2$
$+2\times 11.9\times 12=1401$mm

箍筋根数：
第一跨：$5\times 2+6=16$ 根
两端各 5ϕ12；
中间箍筋根数=$(3600-200\times 2-50\times 2-150\times 5\times 2)/250-1=6$ 根
第二跨：$5\times 2+9=19$ 根
两端各 5ϕ12；
中间箍筋根数=$(4500-200\times 2-50\times 2-150\times 5\times 2)/250-1=9$ 根
节点内箍筋根数=$400/150\approx 3$ 根
外伸部位箍筋根数=$(2000-200-2\times 50)/250+1=8$ 根
JL03 箍筋总根数为：
外大箍筋根数=$16+19+3\times 3+8=52$ 根
内小箍筋根数=52 根

5) 底部外伸端非贯通筋 2Φ20（位于上排）
长度=延伸长度 $l_0/3$+伸至端部=$4500/3+2000-30=3470$mm
6) 底部中间柱下区域非贯通筋 2Φ20（位于上排）
长度=$2\times l_0/3=2\times 4500/3=3000$mm
7) 底部右端（非外伸端）非贯通筋 2Φ20
长度=延伸长度 $l_0/3$+伸至端部
=$4500/3+200+50-30+15d=4500/3+200+50-30+15\times 20=2020$mm

【实例四】基础梁 JL 钢筋——JL04（有高差）计算

基础梁 JL04 平法施工图如图 8-18 所示，试计算其钢筋量。

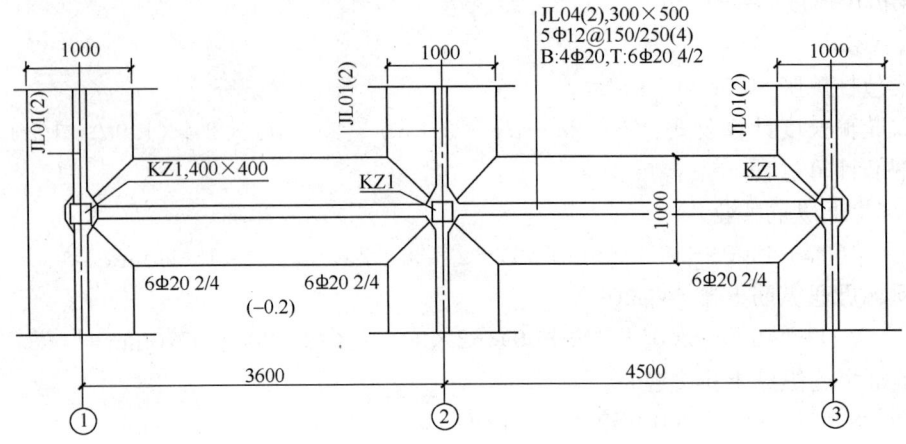

图 8-18 JL04 平法施工图

【解】

本例中不计算加腋筋

（1）计算参数

1）保护层厚度 $c=30\text{mm}$

2）$l_a=30d$

3）梁包柱侧腋=50mm

4）双肢箍长度计算公式：$(b-2c+d)\times 2+(h-2c+d)\times 2+(1.9d+10d)\times 2$

（2）钢筋计算过程

1）第一跨底部贯通纵筋 4 Φ 20

长度 $=3600+(200+50-30+15d)+(200-30+\sqrt{200^2+200^2}+30d)$

$=3600+(200+50-30+15\times 20)+(200-30+\sqrt{200^2+200^2}+30\times 20)$

$=5173\text{mm}$

2）第二跨底部贯通纵筋 4 Φ 20

长度 $=4500-200+30d+200+50-30+15d=4500-200+30\times 20+200+50-30+15\times 20=5420\text{mm}$

3）第一跨左端底部非贯通纵筋 2 Φ 20

长度 $=4500/3+200+50-30+15d=4500/3+200+50-30+15\times 20=2020\text{mm}$

4）第一跨右端底部非贯通纵筋 2 Φ 20

长度 $=4500/3+200+\sqrt{200^2+200^2}+30d=4500/3+200+\sqrt{200^2+200^2}+30\times 20$

$=2583\text{mm}$

5）第二跨左端底部非贯通纵筋 2 Φ 20

长度 $=4500/3+(30d-200)=4500/3+(30\times 20-200)=1900\text{mm}$

6）第二跨右端底部非贯通纵筋 2 Φ 20

长度=4500/3+200+50−30+15d=4500/3+200+50−30+15×20=2020mm

7) 第一跨顶部贯通筋 6 ⏀ 20 4/2

长度=3600+200+50−30+12d−200+30d=3600+200+50−30+12×20−200+30×20=4460mm

8) 第二跨顶部第一排贯通筋 4 ⏀ 20

长度=4500+(200+50−30+12d)+200−30+200(高差)+30d
　　=4500+(200+50−30+12×20)+(200−30+200+30×20)=5930mm

9) 第二跨顶部第二排贯通筋 2 ⏀ 20

长度=4500+200+50−30+12d−200+30d=4500+200+50−30+12×20−200+30×20=5360mm

10) 箍筋

外大箍筋长度=(300−2×30+12)×2+(500−2×30+12)×2+2×11.9×12=1694mm

内小箍筋长度=[(300−2×30−20)/3+20+12]×2+(500−2×30+12)×2+2×11.9×12=1401m

箍筋根数：

① 第一跨：5×2+6=16 根

两端各 5ϕ12；

中间箍筋根数=(3600−200×2−50×2−150×5×2)/250−1=6 根

节点内箍筋根数=400/150=3 根

② 第二跨：5×2+9=19（其中位于斜坡上的 2 根长度不同）

a. 左端 5ϕ12，斜坡水平长度为 200，故有 2 根位于斜坡上，这 2 根箍筋高度取 700 和 500 的平均值计算：

外大箍筋长度=(300−2×30+12)×2+(600−2×30+12)×2+2×11.9×12=1894mm

内小箍筋长度=[(300−2×30−20)/3+20+12]×2+(600−2×30+12)×2+2×11.9×12=1601mm

b. 右端 5ϕ12；

中间箍筋根数=(4500−200×2−50×2−150×5×2)/250−1=9 根

③ JL04 箍筋总根数为：

外大箍筋根数=16+19+3×3=44 根（其中位于斜坡上的 2 根长度不同）

内小箍筋根数=44 根（其中位于斜坡上的 2 根长度不同）

【实例五】基础梁 JL 钢筋——JL05（侧腋筋）计算

基础梁 JL05 平法施工图如图 8-19 所示，试计算其钢筋量。

【解】

本例以①轴线加腋筋为例，②、③轴位置加腋筋同理

(1) 计算参数

保护层厚度 $c=30$mm

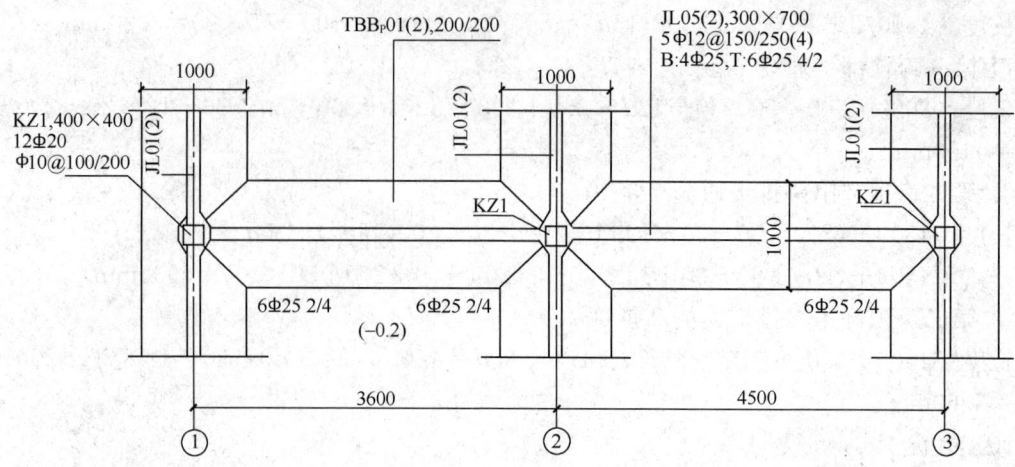

图 8-19 JL05 平法施工图

$l_a = 29d$ mm

梁包柱侧腋 = 50mm

(2) 钢筋计算过程

1) 轴加腋筋计算简图如图 8-20 所示。

2) 计算加腋斜边长

$a = \sqrt{50^2 + 50^2} = 71$mm

$b = a + 50 = 121$mm

1 号筋加腋斜边长 = $2b = 2 \times 121 = 242$mm

3) 1 号加腋筋 φ12 见图 8-21（本例中，1 号加腋筋对称，只计算一侧）。

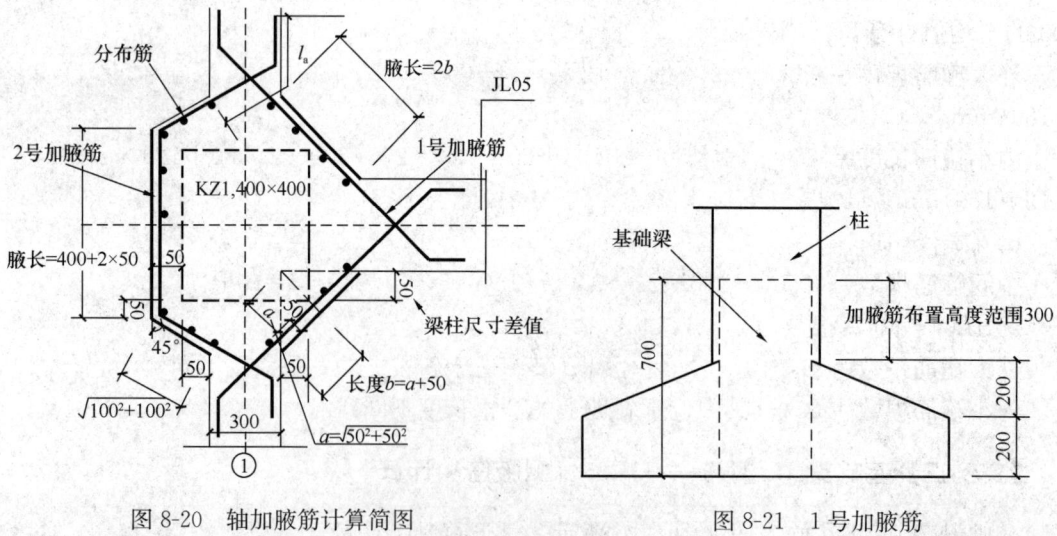

图 8-20 轴加腋筋计算简图　　　图 8-21 1 号加腋筋

1 号加腋筋长度 = 加腋斜边长 + $2 \times l_a$ = $242 + 2 \times 29 \times 12 = 950$mm

根数 = $300/100 + 1 = 4$ 根（间距同柱箍筋间距 100）

分布筋（φ8@200）

长度 = $300 - 30 = 270$mm

根数＝242/200+1＝3 根

4）2 号加腋筋 $\phi12$

加腋斜边长＝$400+2\times50+2\times\sqrt{100^2+100^2}$＝783mm

2 号加腋筋长度＝$783+2\times29d$＝$783+2\times29\times12$＝1490mm

根数＝300/100+1＝4 根（间距同柱箍筋间距 100）

分布筋（$\phi8@200$）

长度＝300−30＝270mm

根数＝782/200+1＝5 根

【实例六】条形基础底板钢筋——底部钢筋（直转角）的计算

条形基础 TJB_P01 平法施工图如图 8-22 所示，试计算其钢筋量。

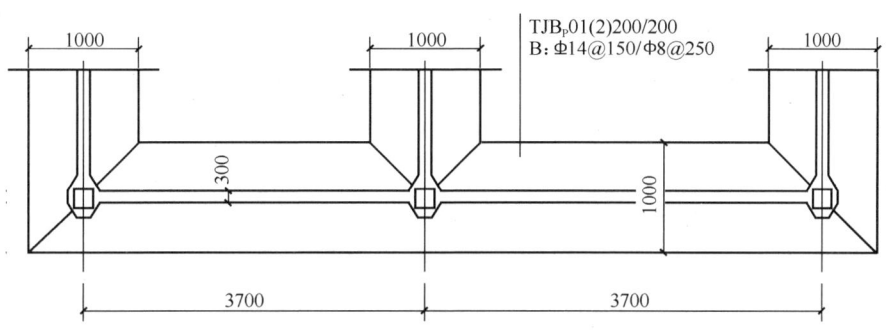

图 8-22 TJB_P01 平法施工图

【解】

（1）计算参数

端部混凝土保护层厚度 c＝30 mm

l_a＝$29d$ mm

分布筋与同向受力筋搭接长度＝150mm

起步距离＝$\max(s'/2, 75)$mm

（2）钢筋计算过程

1）计算简图（图 8-23）

2）受力筋Φ 14@150

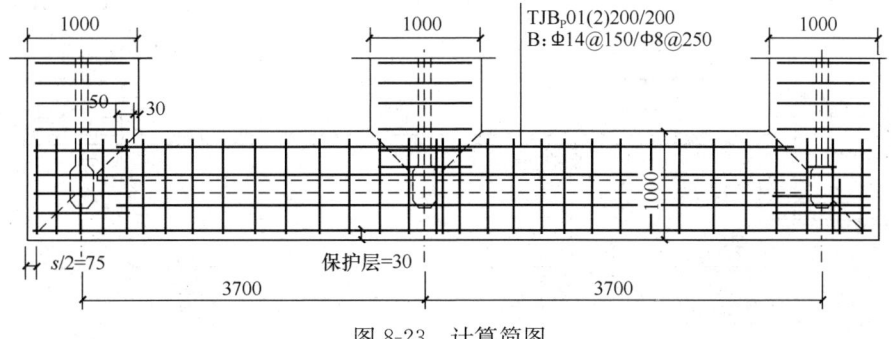

图 8-23 计算简图

长度＝条形基础底板宽度－2c＝1000－2×30＝940mm

根数＝(3700×2＋2×500－2×75)/150＋1＝56根

3) 分布筋 φ8@250

长度＝3700×2－2×500＋2×30＋2×150＋2×6.25×8＝6860mm

单侧根数＝(500－150－125)/250＋1＝2根

【实例七】 条形基础底板钢筋——底部钢筋（丁字交接）的计算

条形基础 TJB_P02 平法施工图如图 8-24 所示，试计算其钢筋量。

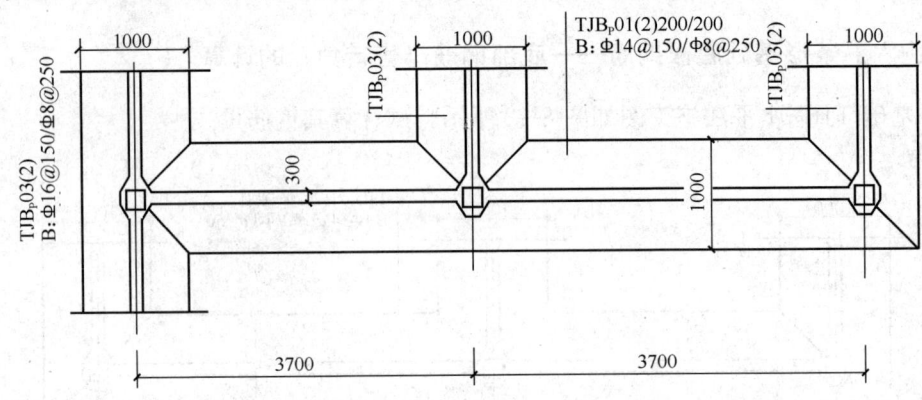

图 8-24　TJB_P02 平法施工图

【解】

(1) 计算参数

端部混凝土保护层厚度 c＝30mm

l_a＝29d（按 C30 混凝土查表）mm

分布筋与同向受力筋搭接长度＝150mm

起步距离＝$\max(s'/2, 75)$mm

丁字交接处，一向受力筋贯通，另一向受力筋伸入布置的范围＝$b/4$mm

(2) 钢筋计算过程

1) 计算简图（图 8-25）

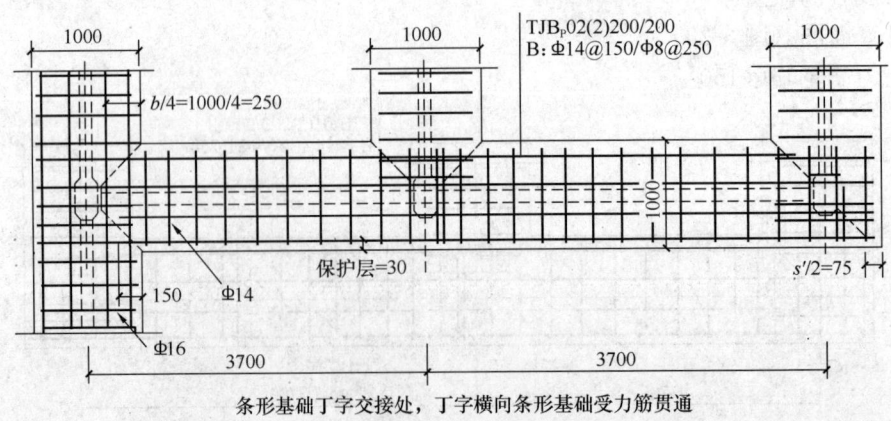

条形基础丁字交接处，丁字横向条形基础受力筋贯通

图 8-25　计算简图

2) 受力筋 Φ14@150

长度＝条形基础底板宽度－2c＝1000－2×30＝940mm

根数＝(3700×2+500－75－500+1000/4)/150+1＝52 根

3) 分布筋 φ8@250

长度＝3700×2－2×500+2×30+2×150+2×6.25×8＝6860mm

单侧根数＝(500－150－125)/250+1＝2 根

【实例八】条形基础底板钢筋——底部钢筋（十字交接）的计算

条形基础 TJB_P03 平法施工图如图 8-26 所示，试计算其钢筋量。

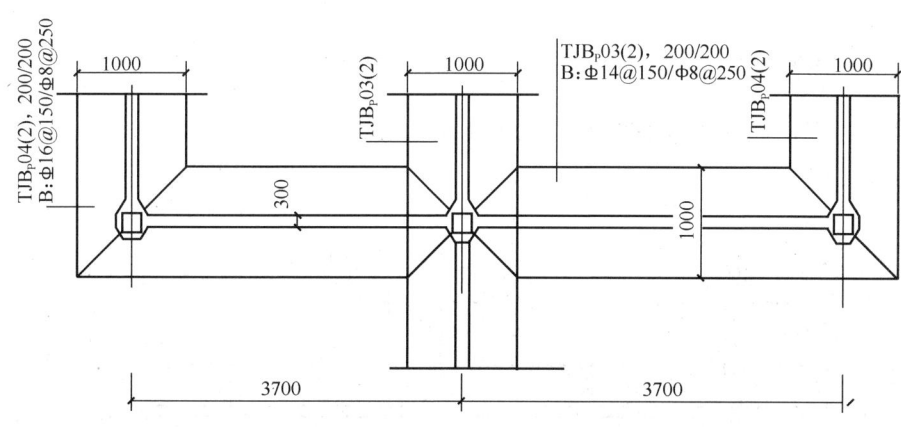

图 8-26　TJB_P03 平法施工图

【解】

(1) 计算参数

端部混凝土保护层厚度 c＝30mm

l_a＝29d（按 C30 混凝土查表）mm

分布筋与同向受力筋搭接长度＝150mm

起步距离＝$\max(s'/2, 75)$mm

十字交接处，一向受力筋贯通，另一向受力筋伸入布置的范围＝$b/4$mm

(2) 钢筋计算过程

1) 计算简图（图 8-27）

2) 受力筋 Φ14@150

长度＝条形基础底板宽度－2c＝1000－2×30＝940mm

根数＝26×2＝52 根

第 1 跨＝(3700+500－75－500+1000/4)/150+1＝27 根

第 2 跨＝(3700+500－75－500+1000/4)/150+1＝27 根

3) 分布筋 φ8@250

长度＝3700×2－2×500+2×30+2×150+2×6.25×8＝6860mm

单侧根数＝(500－150－125)/250+1＝2 根

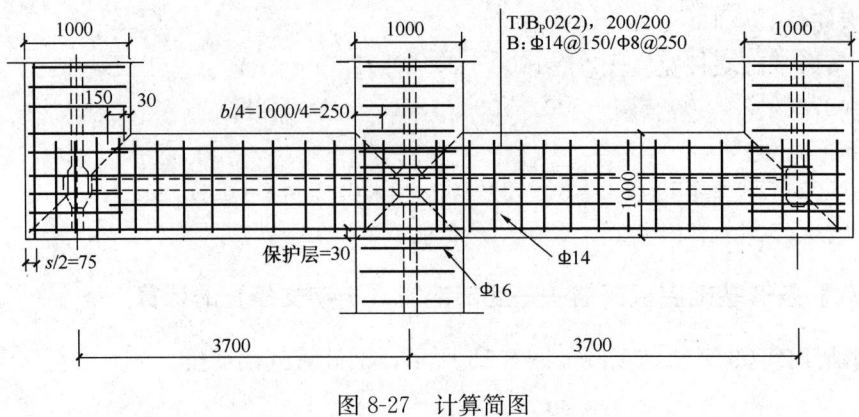

图 8-27 计算简图

【实例九】 条形基础底板钢筋——底部钢筋（直转角外伸）的计算

条形基础 TJB_P04 平法施工图如图 8-28 所示，试计算其钢筋量。

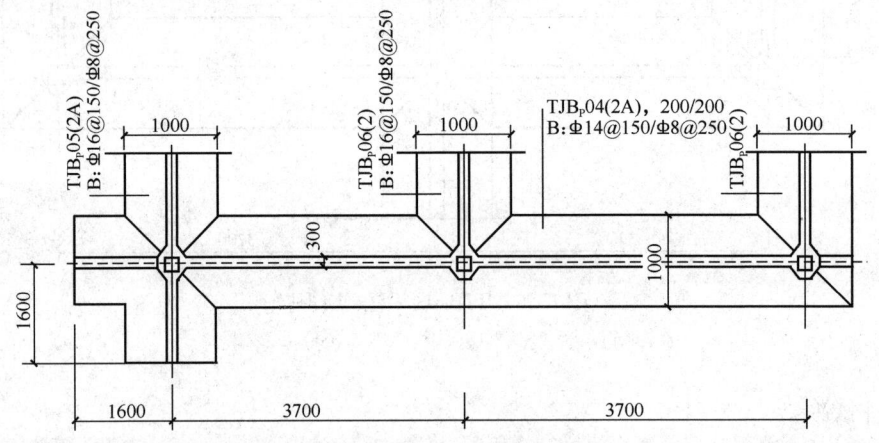

图 8-28 TJB_P04 平法施工图

【解】

（1）计算参数

端部混凝土保护层厚度 $c=30$mm

$l_a=29d$（按 C30 混凝土查表）mm

分布筋与同向受力筋搭接长度 $=150$mm

起步距离 $= \max(s'/2, 75)$mm

十字交接处，一向受力筋贯通，另一向受力筋伸入布置的范围 $= b/4$ mm

（2）钢筋计算过程

1）计算简图（图 8-29）

2）受力筋 $\Phi 14@150$

长度 $=$ 条形基础底板宽度 $-2c=1000-2\times30=940$mm

根数 $=52+10=62$ 根

非外伸段根数 $=(3700\times2+500-75-500+1000/4)/150+1=52$ 根

外伸段根数 $=(1600-500-75+1000/4)/150+1=10$ 根

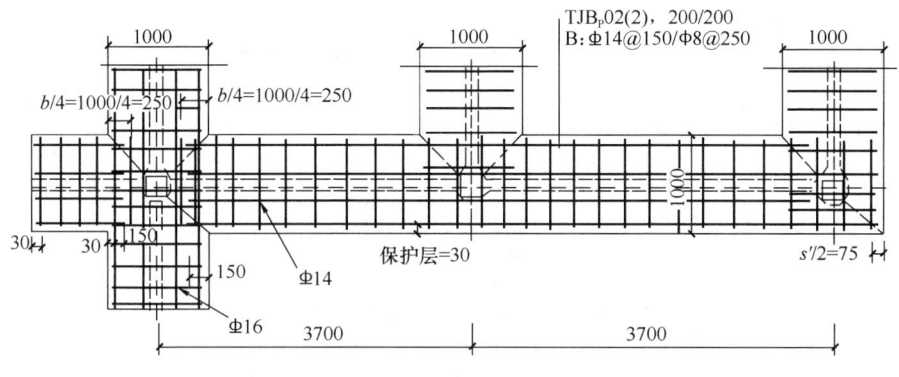

图 8-29 计算简图

3) 分布筋 φ8@250

非外伸段长度=3700×2−2×500+2×30+2×150+2×6.25×8=6860mm

外伸段长度=1600−500−30+30+150+2×6.25×8=1350mm

单侧根数=(500−150−125)/250+1=2 根

【实例十】条形基础底板钢筋——端部无交接底板的计算

条形基础 TJB$_P$05 平法施工图如图 8-30 所示，试计算其钢筋量。

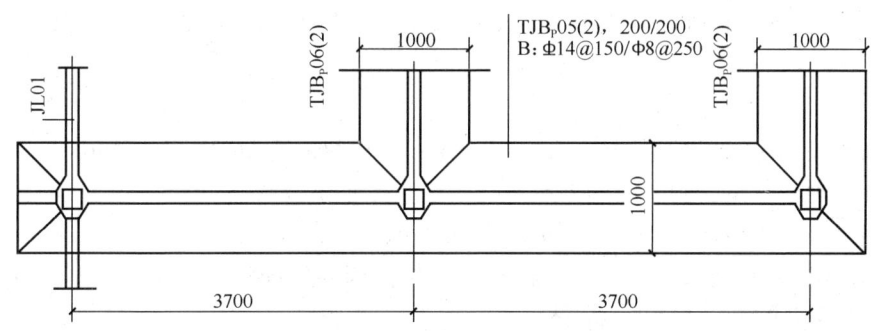

图 8-30 TJB$_P$05 平法施工图

【解】

(1) 计算参数

端部混凝土保护层厚度 c=30mm

$$l_a = 29d（按 C30 混凝土查表）mm$$

分布筋与同向受力筋搭接长度=150mm

起步距离=$\max(s'/2, 75)$mm

(2) 钢筋计算过程

1) 计算简图（图 8-31）

2) 受力筋 φ14@150

长度=条形基础底板宽度−2c=1000−2×30=940mm

左端另一向交接钢筋长度=1000−30=970mm

根数=56+8=64 根

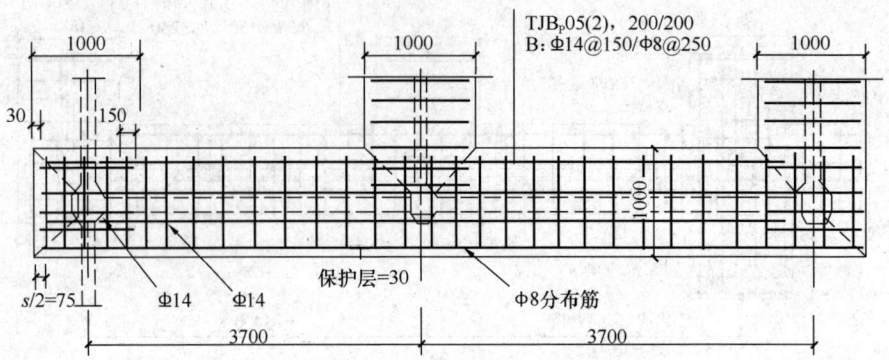

图 8-31 计算简图

$(3700×2+500×2-2×75)/150+1=56$ 根

左端另一向交接钢筋根数 $=(1000-75)/150+1=8$ 根

3) 分布筋 $\Phi 8@250$

长度 $=3700×2-2×500+2×30+2×150+2×6.25×8=6860$ mm

单侧根数 $=(500-150-125)/250+1=2$ 根

【实例十一】某条形基础钢筋预算量的计算

计算图 8-32 条形基础图中 $TJB_P01(6B)$、$TJB_P02(6B)$、$TJB_P03(3B)$、$TJB_P04(3B)$ 的钢筋预算量。

【解】

钢筋保护层：底筋保护层为 40mm（有垫层），基础顶筋保护层为 20mm。

钢筋单位理论质量：$\phi 10$ 钢筋 0.617kg/m，$\phi 14$ 钢筋 1.208kg/m、$\Phi 16$ 钢筋 1.578kg/m、$\Phi 18$ 钢筋 1.998kg/m、$\Phi 20$ 钢筋 2.466kg/m。

(1) $TJB_P01(6B)$ 钢筋预算量（Ⓐ轴线、Ⓓ轴线基础底板钢筋 B：$\Phi 20@150/\Phi 14@200$）

1) $\Phi 20$ 受力钢筋（间距 150mm）

根数 $=(40.80-0.04×2)÷0.15+1=273$ 根（钢筋根数按只入不舍原则计算，后同）

质量 $=(2.10-0.04×2)×273×2×2.466=2719.80$ (kg)

2) $\phi 14$ 构造钢筋（间距 200mm）

根数 $=(2.10-0.04×2)÷0.20+1=12$（根）

质量 $=(40.80-0.04×2+12.5×0.012)×12×2×1.208=1184.90$ (kg)

(2) TJB_P02 (6B) 钢筋预算量（Ⓑ轴线、Ⓒ轴线基础钢筋）

1) 基础底板底部钢筋（B：$\Phi 20@150/\Phi 14@200$）

$\Phi 20$ 受力钢筋（间距 150mm）

根数 $=(40.80-0.04×2)÷0.15+1=273$（根）

质量 $=(3.90-0.04×2)×273×2.466=2571.69$ (kg)

$\phi 14$ 构造钢筋（间距 200mm）：

根数 $=(3.90-0.04×2)÷0.20+1=21$（根）

质量 $=(40.80-0.04×2+12.5×0.012)×21×1.208=1036.79$ (kg)

第八章 条形基础钢筋计算

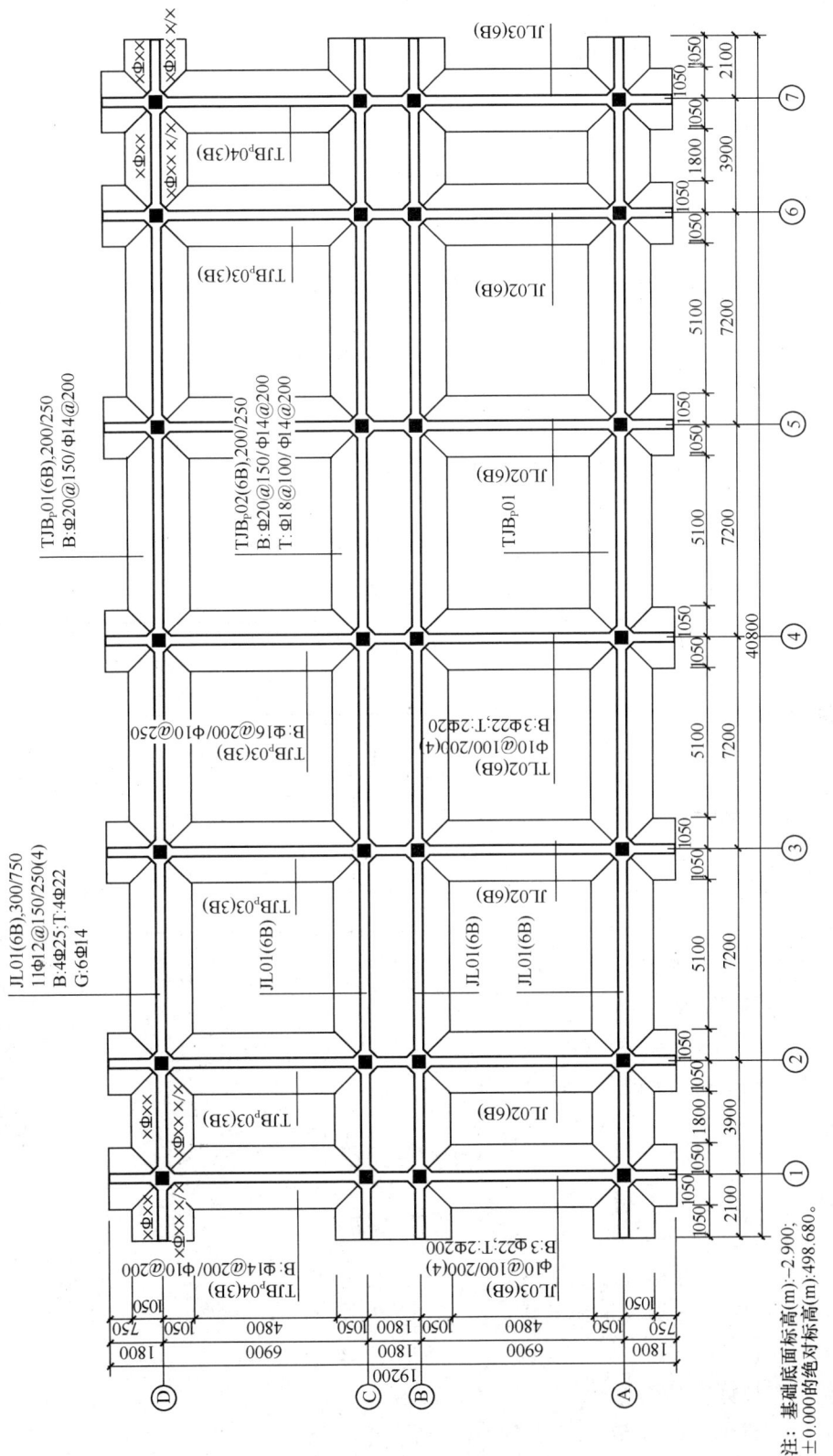

图 8-32 条形基础平面注写示意图

2) 基础底板顶部钢筋(T：Φ18@100/Φ14@200)

Φ18 受力钢筋(间距 100mm)

根数＝(40.80－0.02×2)÷0.10＋1＝409(根)

质量＝[1.8－0.15×2(梁宽)＋44×0.016×2(锚固)]×409×1.998＝2376.37(kg)

基础底板顶部钢筋保护层为 20mm；钢筋锚固长度查表 1-9 为 44d(混凝土强度等级 C20、抗震等级二级)。

φ14 构造钢筋(间距 200mm)

根数＝(1.50÷0.20－1)＋(0.40÷0.20)×2＝7＋2×2＝11(根)

注：钢筋根数必须分段计算；基础梁处不布置构造钢筋；由于受力钢筋的锚固长度＝44×0.016＝704 (mm)，704－300(基础梁宽)＝404(mm)，所以基础梁外侧按 400mm 计算。

质量＝(40.80－0.02×2＋12.5×0.012)×11×1.208＝543.61(kg)

关于钢筋根数的计算：

钢筋根数是用布筋距离除以钢筋间距加 1 或减 1 或不加不减计算，计算公式如下：

钢筋根数＝布筋距离÷钢筋间距±1(0)

在上述计算式中是否加 1、减 1 或不加不减，要根据计算的先后顺序决定，见表 8-7。

表 8-7 钢筋根数计算分析表

项目	钢筋布置			合计
钢筋布置简图	@150（左跨）	@200（中跨）	@150（右跨）	
布筋距离/mm	450	1200	600	2250
间距/mm	150	200	150	
等分数/个	3	6	4	13
钢筋根数/根	—	—	—	14

在表 8-7 中，

若先算左右两端再算中间，则：

左端：450÷150＋1＝4 根 （加 1）

右端：600÷150＋1＝5 根 （加 1）

中间：1200÷200－1＝5 根 （减 1）

合计： 14 根

若先算中间再算左右两端，则：

中间：1200÷200＋1＝7 根 （加 1）

左端：450÷150＝3 根 （不加不减）

右端：600÷150＝4 根 （不加不减）

合计： 14 根

若从左至右计算，则：

左端：450÷150＋1＝4 根 （加 1）

中端：1200÷200＝6 根 （不加不减）

右端：600÷150＝4 根（不加不减）
合计： 14 根

钢筋根数计算，是否加 1、减 1 或不加不减，要看计算的先后顺序，具体情况具体分析，才能正确计算。总之，若两头不布置钢筋就用等分数减 1，若两头要布置钢筋就用等分数加 1，若仅一头已经计算了钢筋就不加不减。

(3) TJB_P03 (3B) 钢筋预算量（②～⑥轴线基础钢筋 B：Φ16@200/φ10@250）

1) Φ16 受力钢筋（间距 200mm）：

根数＝[(0.75－0.04＋0.04＋2.10÷4)÷0.20＋1]×2＋[(4.80＋2.10÷4＋3.90÷4)÷0.20＋1]×2＝8×2＋33×2＝82(根)

质量＝(2.10－0.04×2)×82×5×1.578＝1306.90(kg)

2) φ10 构造钢筋（间距 250mm）：

根数＝(1.05－0.15－0.04)÷0.25×2＝8(根)

质量＝[(0.75－0.04＋0.04＋0.15)×2＋(4.80＋0.04×2＋0.15×2)×2]×8×5×0.617＝300.11(kg)

(4) TJB_P04 (3B) 钢筋预算量（①轴线、⑦轴线基础钢筋 B：φ14@200/φ10@200）

1) φ14 受力钢筋（间距 200mm）：

根数＝同 TJB_P03(3B)钢筋根数＝82 根

质量＝(2.10－0.04×2)×82×2×1.208＝400.19（kg）

2) φ10 构造钢筋（间距 200mm）：

根数＝(1.05－0.15－0.04)÷0.20×2＝10（根）

质量＝[(0.75－0.04＋0.04＋0.15)×2＋(4.80＋0.04×2＋0.15×2)×2]×10×2×0.617＝150.05(kg)

钢筋统计汇总：

Φ20 钢筋质量：2719.80＋2571.69＝5291.49(kg)＝5.291(t)
Φ18 钢筋质量：2376.37kg＝2.376t
Φ16 钢筋质量：1306.90kg＝1.307t
φ14 钢筋质量：1184.90＋1036.79＋543.61＋400.19＝3165.49(kg)＝3.165(t)
φ10 钢筋质量：300.11＋150.05＝450.16(kg)＝0.450(t)
总计：5.291＋2.376＋1.307＋3.165＋0.450＝12.589(t)

思考题：

1. 基础梁 JL 的原位标注有哪些规定？
2. 基础梁底部非贯通纵筋的长度有何规定？
3. 条形基础底板的集中标注包括哪些内容？
4. 条形基础的截面注写方式包括哪些内容？
5. 条形基础梁 JL 端部与外伸部位钢筋构造有哪些？
6. 基础梁侧面构造纵筋和拉筋构造有哪些？
7. 基础梁 JL 竖向加腋钢筋构造有哪些？
8. 条形基础底板板底不平构造有哪些？

第九章　筏形基础钢筋计算

> **重点提示：**
> 1. 熟悉梁板式筏形基础和平板式筏形基础两种筏形基础的平法施工图识读的基础知识
> 2. 了解基础主梁与基础次梁的纵向钢筋构造、基础主梁与基础次梁的箍筋构造、基础次梁的竖向加腋钢筋构造、基础主梁加侧腋的构造、基础次梁 JCL 梁底不平和变截面部位钢筋构造、基础次梁 JCL 外伸部位钢筋构造及梁板式筏形基础平板 LPB 钢筋构造等
> 3. 掌握筏形基础的钢筋计算方法，在实际工作中能够熟练运用

第一节　筏形基础平法施工图识读

一、梁板式筏形基础平法施工图识读

1. 梁板式筏形基础平法施工图的表示方法

（1）梁板式筏形基础平法施工图是在基础平面布置图上采用平面注写方式进行表达。

（2）当绘制基础平面布置图时，应将梁板式筏形基础与其所支承的柱、墙一起绘制。梁板式筏形基础以多数相同的基础平板底面标高作为基础底面基准标高。当基础底面标高不同时，需注明与基础底面基准标高不同之处的范围和标高。

（3）通过选注基础梁底面与基础平板底面的标高高差来表达两者间的位置关系，可以明确其"高板位"（梁顶与板顶一平）、"低板位"（梁底与板底一平）以及"中板位"（板在梁的中部）三种不同位置组合的筏形基础，方便设计表达。

（4）对于轴线未居中的基础梁，应标注其定位尺寸。

2. 梁板式筏形基础构件的类型与编号

梁板式筏形基础由基础主梁，基础次梁，基础平板等构成，编号应符合表 9-1 的规定。

表 9-1　梁板式筏形基础构件编号

构件类型	代号	序号	跨数及有无外伸
基础主梁（柱下）	JL	××	(××) 或 (××A) 或 (××B)
基础次梁	JCL	××	(××) 或 (××A) 或 (××B)
梁板筏形基础平板	LPB	××	—

注：1. (××A) 为一端有外伸，(××B) 为两端有外伸，外伸不计入跨数。
　　2. 梁板式筏形基础平板跨数及是否有外伸分别在 X、Y 两向的贯通纵筋之后表达。图面从左至右为 X 向，从下至上为 Y 向。
　　3. 梁板式筏形基础主梁和条形基础梁编号与标准构造详图一致。

3. 基础主梁与基础次梁的平面注写方式

(1) 基础主梁 JL 与基础次梁 JCL 的平面注写，分集中标注与原位标注两部分内容。当集中标注中的某项数值不适用于梁的某部位时，则将该项数值采用原位标注，施工时，原位标注优先。

(2) 基础主梁 JL 与基础次梁 JCL 的集中标注内容包括：基础梁编号、截面尺寸、配筋三项必注内容，以及基础梁底面标高高差（相对于筏形基础平板底面标高）一项选注内容。具体规定如下：

1) 注写基础梁的编号（必注内容），见表 9-1。

2) 注写基础梁的截面尺寸（必注内容）。以 $b \times h$ 表示梁截面宽度与高度；当为竖向加腋梁时，用 $b \times h\, Yc_1 \times c_2$ 表示，其中 c_1 为腋长，c_2 为腋高。

3) 注写基础梁的配筋（必注内容）。

① 注写基础梁箍筋

a. 当采用一种箍筋间距时，注写钢筋级别、直径、间距与肢数（写在括号内）。

b. 当采用两种箍筋时，用"/"分隔不同箍筋，按照从基础梁两端向跨中的顺序注写。先注写第 1 段箍筋（在前面加注箍数），在斜线后再注写第 2 段箍筋（不再加注箍数）。

施工时应注意：两向基础主梁相交的柱下区域，应有一向截面较高的基础主梁箍筋贯通设置；当两向基础主梁高度相同时，任选一向基础主梁箍筋贯通设置。

② 注写基础梁的底部、顶部及侧面纵向钢筋。

a. 以 B 打头，先注写梁底部贯通纵筋（不应少于底部受力钢筋总截面面积的 1/3）。当跨中所注根数少于箍筋肢数时，需要在跨中加设架立筋以固定箍筋，注写时，用加号"+"将贯通纵筋与架立筋相连，架立筋注写在加号后面的括号内。

b. 以 T 打头，注写梁顶部贯通纵筋值。注写时用分号"；"将底部与顶部纵筋分隔开，若有个别跨与其不同，按下述第（3）条原位注写的规定处理。

c. 当梁底部或顶部贯通纵筋多于一排时，用斜线"/"将各排纵筋自上而下分开。

d. 以大写字母 G 打头注写基础梁两侧面对称设置的纵向构造钢筋的总配筋值（当梁腹板高度 h_w 不小于 450mm 时，根据需要配置）。

当需要配置抗扭纵向钢筋时，梁两个侧面设置的抗扭纵向钢筋以 N 打头。

4) 注写基础梁底面标高高差（是指相对于筏形基础平板底面标高的高差值），该项为选注内容。有高差时需将高差写入括号内（例如"高板位"与"中板位"基础梁的底面与基础平板底面标高的高差值），无高差时不注（例如"低板位"筏形基础的基础梁）。

(3) 基础主梁与基础次梁的原位标注规定如下：

1) 梁支座的底部纵筋，是指包含贯通纵筋与非贯通纵筋在内的所有纵筋：

① 当底部纵筋多于一排时，用斜线"/"将各排纵筋自上而下分开。

② 当同排纵筋有两种直径时，用加号"+"将两种直径的纵筋相连。

③ 当梁中间支座两边的底部纵筋配置不同时，需在支座两边分别标注；当梁中间支座两边的底部纵筋相同时，可仅在支座的一边标注配筋值。

④ 当梁端（支座）区域的底部全部纵筋与集中注写过的贯通纵筋相同时，可不再重复做原位标注。

⑤ 竖向加腋梁加腋部位钢筋，需在设置加腋的支座处以 Y 打头注写在括号内。

设计时应注意：当对底部一平的梁支座两边的底部非贯通纵筋采用不同配筋值时，应先按较小一边的配筋值选配相同直径的纵筋贯穿支座，再将较大一边的配筋差值选配适当直径的钢筋锚入支座，避免造成两边大部分钢筋直径不相同的不合理配置结果。

施工及预算方面应注意：当底部贯通纵筋经原位修正注写后，两种不同配置的底部贯通纵筋应在两毗邻跨中配置较小一跨的跨中连接区域连接（即配置较大一跨的底部贯通纵筋需越过其跨数终点或起点伸至毗邻跨的跨中连接区域）。

2）注写基础梁的附加箍筋或（反扣）吊筋。将其直接画在平面图中的主梁上，用线引注总配筋值（附加箍筋的肢数注写在括号内），当多数附加箍筋或（反扣）吊筋相同时，可在基础梁平法施工图上统一注明，少数与统一注明值不同时，再原位引注。

施工时应注意：附加箍筋或（反扣）吊筋的几何尺寸应按照标准构造详图，结合其所在位置的主梁和次梁的截面尺寸确定。

3）当基础梁外伸部位为变截面高度时，在该部位原位注写 $b \times h_1/h_2$，h_1 为根部截面高度，h_2 为尽端截面高度。

4）注写修正内容。当在基础梁上集中标注的某项内容（如梁截面尺寸、箍筋、底部与顶部贯通纵筋或架立筋、梁侧面纵向构造钢筋、梁底面标高高差等）不适用于某跨或某外伸部分时，则将其修正内容原位标注在该跨或该外伸部位，施工时原位标注取值优先。

当在多跨基础梁的集中标注中已注明竖向加腋，而该梁某跨根部不需要竖向加腋时，则应在该跨原位标注等截面的 $b \times h$，以修正集中标注中的加腋信息。

（4）按以上各项规定的组合表达方式，详见16G101-3图集第36页基础主梁与基础次梁标注图示。

4. 基础梁底部非贯通纵筋的长度规定

（1）为方便施工，凡基础主梁柱下区域和基础次梁支座区域底部非贯通纵筋的伸出长度 a_0 值，当配置不多于两排时，在标准构造详图中统一取值为自支座边向跨内伸出至 $l_n/3$ 位置；当非贯通纵筋配置多于两排时，从第三排起向跨内的伸出长度值应由设计者注明。l_n 的取值规定为：边跨边支座的底部非贯通纵筋，l_n 取本边跨的净跨长度值；中间支座的底部非贯通纵筋，l_n 取支座两边较大一跨的净跨长度值。

（2）基础主梁与基础次梁外伸部位底部纵筋的伸出长度 a_0 值，在标准构造详图中统一取值为：第一排伸出至梁端头后，全部上弯 $12d$ 或 $15d$，其他排伸至梁端头后截断。

（3）设计者在执行第（1）、（2）条基础梁底部非贯通纵筋伸出长度的统一取值规定时，应注意按《混凝土结构设计规范》（GB 50010—2010）、《建筑地基基础设计规范》（GB 50007—2011）和《高层建筑混凝土结构技术规程》（JGJ 3—2010）等相关规定进行校核，若不满足时应另行变更。

5. 梁板式筏形基础平板的平面注写方式

（1）梁板式筏形基础平板 LPB 的平面注写，分集中标注与原位标注两部分内容。

（2）梁板式筏形基础平板 LPB 贯通纵筋的集中标注，应在所表达的板区双向均为第一跨（X 与 Y 双向首跨）的板上引出（图面从左至右为 X 向，从下至上为 Y 向）。

板区划分条件：板厚相同、基础平板底部与顶部贯通纵筋配置相同的区域为同一板区。

集中标注的内容规定如下：

1）注写基础平板的编号，见表9-1。

2) 注写基础平板的截面尺寸。注写 $h=\times\times\times$ 表示板厚。

3) 注写基础平板的底部与顶部贯通纵筋及其跨数及外伸情况。先注写 X 向底部（B 打头）贯通纵筋与顶部（T 打头）贯通纵筋及纵向长度范围；再注写 Y 向底部（B 打头）贯通纵筋与顶部（T 打头）贯通纵筋及其跨数及外伸情况（图面从左至右为 X 向，从下至上为 Y 向）。

贯通纵筋的跨数及外伸情况注写在括号中，注写方式为"跨数及有无外伸"，其表达形式为：（××）（无外伸）、（××A）（一端有外伸）或（××B）（两端有外伸）。

注：基础平板的跨数以构成柱网的主轴线为准；两主轴线之间无论有几道辅助轴线（例如框筒结构中混凝土内筒中的多道墙体），均可按一跨考虑。

当贯通筋采用两种规格钢筋"隔一布一"方式时，表达为Φ xx/yy@×××，表示直径 xx 的钢筋和直径 yy 的钢筋之间的间距为×××，直径为 xx 的钢筋、直径为 yy 的钢筋间距分别为×××的 2 倍。

施工及预算方面应注意：当基础平板分板区进行集中标注，并且相邻板区板底一平时，两种不同配置的底部贯通纵筋应在两毗邻板跨中配筋较小板跨的跨中连接区域连接（即配置较大板跨的底部贯通纵筋需越过板区分界线伸至毗邻板跨的跨中连接区域）。

(3) 梁板式筏形基础平板 LPB 的原位标注，主要表达板底部附加非贯通纵筋。

1) 原位注写位置及内容。板底部原位标注的附加非贯通纵筋，应在配置相同跨的第一跨表达（当在基础梁悬挑部位单独配置时则在原位表达）。在配置相同跨的第一跨（或基础梁外伸部位），垂直于基础梁绘制一段中粗虚线（当该筋通长设置在外伸部位或短跨板下部时，应画至对边或贯通短跨），在虚线上注写编号（例如①、②等）、配筋值、横向布置的跨数及是否布置到外伸部位。

注：（××）为横向布置的跨数，（××A）为横向布置的跨数及一端基础梁的外伸部位，（××B）为横向布置的跨数及两端基础梁外伸部位。

板底部附加非贯通纵筋自支座中线向两边跨内的伸出长度值注写在线段的下方位置。当该筋向两侧对称伸出时，可仅在一侧标注，另一侧不注；当布置在边梁下时，向基础平板外伸部位一侧的伸出长度与方式按标准构造，设计不注。底部附加非贯通筋相同者，可仅注写一处，其他只注写编号。

横向连续布置的跨数及是否布置到外伸部位，不受集中标注贯通纵筋的板区限制。

原位注写的底部附加非贯通纵筋与集中标注的底部贯通钢筋，宜采用"隔一布一"的方式布置，即基础平板（X 向或 Y 向）底部附加非贯通纵筋与贯通纵筋间隔布置，其标注间距与底部贯通纵筋相同（两者实际组合后的间距为各自标注间距的 1/2）。

2) 注写修正内容。当集中标注的某些内容不适用于梁板式筏形基础平板某板区的某一板跨时，应由设计者在该板跨内注明，施工时应按注明内容取用。

3) 当若干基础梁下基础平板的底部附加非贯通纵筋配置相同时（其底部、顶部的贯通纵筋可以不同），可仅在一根基础梁下做原位注写，并在其他梁上注明"该梁下基础平板底部附加非贯通纵筋同××基础梁"。

(4) 梁板式筏形基础平板 LPB 的平面注写规定，同样适用于钢筋混凝土墙下的基础平板。

按以上主要分项规定的组合表达方式，详见 16G101-3 图集第 37 页"梁板式筏形基础平板 LPB 标注图示"。

6. 其他

(1) 与梁板式筏形基础相关的后浇带、下柱墩、基坑（沟）等构造的平法施工图设计，详见 16G101-3 图集第 7 章的相关规定。

(2) 应在图中注明的其他内容：

1) 当在基础平板周边沿侧面设置纵向构造钢筋时，应在图中注明。

2) 应注明基础平板外伸部位的封边方式，当采用 U 形钢筋封边时应注明其规格、直径及间距。

3) 当基础平板外伸部位为变截面高度时，应注明外伸部位的 h_1/h_2，h_1 为板根部截面高度，h_2 为板尽端截面高度。

4) 当基础平板厚度大于 2m 时，应注明具体构造要求。

5) 当在基础平板外伸阳角部位设置放射筋时，应注明放射筋的强度等级、直径、根数以及设置方式等。

6) 板的上、下部纵筋之间设置拉筋时，应注明拉筋的强度等级、直径、双向间距等。

7) 应注明混凝土垫层厚度与强度等级。

8) 结合基础主梁交叉纵筋的上下关系，当基础平板同一层面的纵筋交叉时，应注明哪个方向纵筋在下，哪个方向纵筋在上。

9) 设计需注明的其他内容。

二、平板式筏形基础平法施工图识读

1. 平板式筏形基础平法施工图的表示方法

(1) 平板式筏形基础平法施工图是在基础平面布置图上采用平面注写方式表达。

(2) 当绘制基础平面布置图时，应将平板式筏形基础与其所支承的柱、墙一起绘制。当基础底面标高不同时，需注明与基础底面基准标高不同之处的范围和标高。

2. 平板式筏形基础构件的类型与编号

平板式筏形基础可划分为柱下板带和跨中板带；也可不分板带，按基础平板进行表达。平板式筏形基础构件编号应符合表 9-2 的规定。

表 9-2 平板式筏形基础构件编号

构件类型	代号	序号	跨数及有无外伸
柱下板带	ZXB	××	(××) 或 (××A) 或 (××B)
跨中板带	KZB	××	(××) 或 (××A) 或 (××B)
平板式筏形基础平板	BPB	××	—

注：1. (××A) 为一端有外伸，(××B) 为两端有外伸，外伸不计入跨数。
  2. 平板式筏形基础平板，其跨数及是否有外伸分别在 X、Y 两向的贯通纵筋之后表达。图面从左至右为 X 向，从下至上为 Y 向。

3. 柱下板带、跨中板带的平面注写方式

(1) 柱下板带 ZXB（视其为无箍筋的宽扁梁）与跨中板带 KZB 的平面注写，分集中标注与原位标注两部分内容。

(2) 柱下板带与跨中板带的集中标注，应在第一跨（X 向为左端跨，Y 向为下端跨）引出。具体规定如下：

1) 注写编号，见表 9-2。

2) 注写截面尺寸，注写 $b=××××$ 表示板带宽度（在图注中注明基础平板厚度）。确定柱下板带宽度应根据规范要求与结构实际受力需要。当柱下板带宽度确定后，跨中板带宽度亦随之确定（即相邻两平行柱下板带之间的距离）。当柱下板带中心线偏离柱中心线时，应在平面图上标注其定位尺寸。

3) 注写底部与顶部贯通纵筋。注写底部贯通纵筋（B 打头）与顶部贯通纵筋（T 打头）的规格与间距，用分号"；"将其分隔开。柱下板带的柱下区域，通常在其底部贯通纵筋的间隔内插空设有（原位注写的）底部附加非贯通纵筋。

施工及预算方面应注意：当柱下板带的底部贯通纵筋配置从某跨开始改变时，两种不同配置的底部贯通纵筋应在两毗邻跨中配置较小跨的跨中连接区域连接（即配置较大跨的底部贯通纵筋需越过其跨数终点或起点伸至毗邻跨的跨中连接区域）。

(3) 柱下板带与跨中板带原位标注的内容，主要为底部附加非贯通纵筋。具体规定如下：

1) 注写内容：以一段与板带同向的中粗虚线代表附加非贯通纵筋；柱下板带：贯穿其柱下区域绘制；跨中板带：横贯柱中线绘制。在虚线上注写底部附加非贯通纵筋的编号（例如①、②等）、钢筋级别、直径、间距，以及自柱中线分别向两侧跨内的伸出长度值。当向两侧对称伸出时，长度值可仅在一侧标注，另一侧不注。外伸部位的伸出长度与方式按标准构造，设计不注。对同一板带中底部附加非贯通筋相同者，可仅在一根钢筋上注写，其他可仅在中粗虚线上注写编号。

原位标注的底部附加非贯通纵筋与集中标注的底部贯通纵筋，宜采用"隔一布一"的方式布置，即柱下板带或跨中板带底部附加非贯通纵筋与贯通纵筋交错插空布置，其标注间距与底部贯通纵筋相同（两者实际组合后的间距为各自标注间距的 1/2）。

当跨中板带在轴线区域不设置底部附加非贯通纵筋时，则不做原位标注。

2) 注写修正内容。当在柱下板带、跨中板带上集中标注的某些内容（例如截面尺寸、底部与顶部贯通纵筋等）不适用于某跨或某外伸部位时，则将修正的数值原位标注在该跨或该外伸部位，施工时原位标注取值优先。

设计时应注意：对于支座两边不同配筋值的（经注写修正的）底部贯通纵筋，应按较小一边的配筋值选配相同直径的纵筋贯穿支座，较大一边的配筋差值选配适当直径的钢筋锚入支座，避免造成两边大部分钢筋直径不相同的不合理配置结果。

(4) 柱下板带 ZXB 与跨中板带 KZB 的注写规定，同样适用于平板式筏形基础上局部有剪力墙的情况。

(5) 按以上各项规定的组合表达方式，详见 16G101-3 图集第 42 页"柱下板带 ZXB 与跨中板带 KZB 标注图示"。

4. 平板式筏形基础平板 BPB 的平面注写方式

(1) 平板式筏形基础平板 BPB 的平面注写，分集中标注与原位标注两部分内容。

基础平板 BPB 的平面注写与柱下板带 ZXB、跨中板带 KZB 的平面注写为不同的表达方式，但是可以表达同样的内容。当整片板式筏形基础配筋比较规律时，宜采用 BPB 表达方式。

(2) 平板式筏形基础平板 BPB 的集中标注，除按表 9-2 注写编号外，所有规定均与本节"一、梁板式筏形基础平法施工图识读"中第 5 条第 (2) 项相同。

当某向底部贯通纵筋或顶部贯通纵筋的配置，在跨内有两种不同间距时，先注写跨内两端的第一种间距，并在前面加注纵筋根数（以表示其分布的范围）；再注写跨中部的第二种间距（不需加注根数）；两者用斜线"/"分隔。

(3) 平板式筏形基础平板 BPB 的原位标注，主要表达横跨柱中心线下的底部附加非贯通纵筋。注写规定如下：

1) 原位标注位置及内容。在配置相同的若干跨的第一跨下，垂直于柱中线绘制一段中粗虚线代表底部附加非贯通纵筋，在虚线上的注写内容与本节"一、梁板式筏形基础平法施工图识读"中第 5 条第 (3) 项第 1) 款相同。

当柱中心线下的底部附加非贯通纵筋（与柱中心线正交）沿柱中心线连续若干跨配置相同时，则在该连续跨的第一跨下原位标注，且将同规格配筋连续布置的跨数注写在括号内；当有些跨配置不同时，则应分别原位标注。外伸部位的底部附加非贯通纵筋应单独注写（当与跨内某筋相同时仅注写钢筋编号）。

当底部附加非贯通纵筋横向布置在跨内有两种不同间距的底部贯通纵筋区域时，其间距应分别对应为两种，其注写形式应与贯通纵筋保持一致，即先注写跨内两端的第一种间距，并在前面加注纵筋根数；再注写跨中部的第二种间距（不需加注根数）；两者用斜线"/"分隔。

2) 当某些柱中心线下的基础平板底部附加非贯通纵筋横向配置相同时（其底部、顶部的贯通纵筋可以不同），可仅在一条中心线下做原位标注，并在其他柱中心线上注明"该柱中心线下基础平板底部附加非贯通纵筋同××柱中心线"。

(4) 平板式筏形基础平板 BPB 的平面注写规定，同样适用于平板式筏形基础上局部有剪力墙的情况。

按以上各项规定的组合表达方式，详见 16G101-3 图集第 43 页"平板式筏形基础平板 BPB 标注图示"。

5. 其他

(1) 与平板式筏形基础相关的后浇带、上柱墩、下柱墩、基坑（沟）等构造的平法施工图设计，详见 16G101-3 图集第 7 章的相关规定。

(2) 平板式筏形基础应在图中注明的其他内容如下：

1) 注明板厚。当整片平板式筏形基础有不同板厚时，应分别注明各板厚值及其各自的分布范围。

2) 当在基础平板周边沿侧面设置纵向构造钢筋时，应在图注中注明。

3) 应注明基础平板外伸部位的封边方式，当采用 U 形钢筋封边时，应注明其规格、直径及间距。

4) 当基础平板厚度大于 2m 时，应注明设置在基础平板中部的水平构造钢筋网。

5) 当在基础平板外伸阳角部位设置放射筋时，应注明放射筋的强度等级、直径、根数以及设置方式等。

6) 板的上、下部纵筋之间设置拉筋时，应注明拉筋的强度等级、直径、双向间距等。

7）应注明混凝土垫层厚度与强度等级。

8）当基础平板同一层面的纵筋交叉时，应注明哪个方向纵筋在下，哪个方向纵筋在上。

9）设计需注明的其他内容。

第二节 筏形基础的钢筋构造

一、基础主梁与基础次梁的纵向钢筋构造

（1）基础主梁JL纵向钢筋与箍筋构造、附加箍筋构造、附加（反扣）吊筋构造如图9-1～图9-3所示。

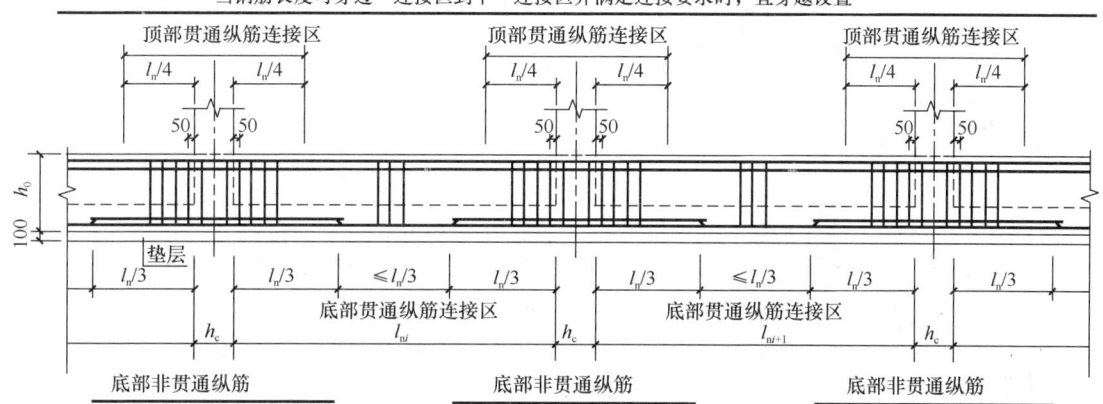

图 9-1 基础主梁JL纵向钢筋与箍筋构造

l_{ni}—左跨净跨值；l_{ni+1}—右跨净跨值；l_n—左跨 l_{ni} 和右跨 l_{ni+1} 之较大值；
h_c—柱截面沿基础梁方向的高度

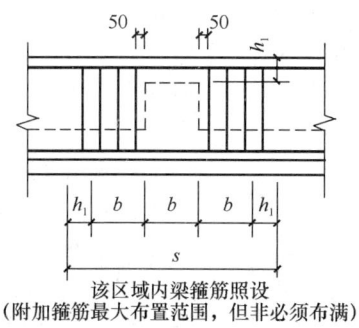

图 9-2 附加箍筋构造
b—次梁宽；h_1—主次梁高差；
s—附加箍筋的布置范围

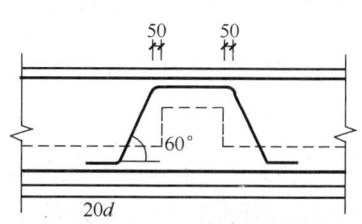

图 9-3 附加（反扣）吊筋构造

1)节点区内箍筋按梁端箍筋设置。梁相互交叉宽度内的箍筋按截面高度较大的基础梁设置。同跨箍筋有两种时,各自设置范围按具体设计注写。

2)当两毗邻跨的底部贯通纵筋配置不同时,应将配置较大一跨的底部贯通纵筋越过其标注的跨数终点或起点,伸至配置较小的毗邻跨的跨中连接区进行连接。

3)钢筋连接要求详见16G101-3图集第60页。

4)梁端部与外伸部位钢筋构造详见16G101-3图集第81页。

5)当底部纵筋多于两排时,从第三排起非贯通纵筋向跨内的伸出长度值应由设计者注明。

6)基础梁相交处位于同一层面的交叉纵筋,哪根梁纵筋在下,哪根梁纵筋在上,应按具体设计说明。

7)纵向受力钢筋绑扎搭接区内箍筋设置要求详见16G101-3图集第60页。

(2)基础次梁JCL纵向钢筋与箍筋构造如图9-4所示。

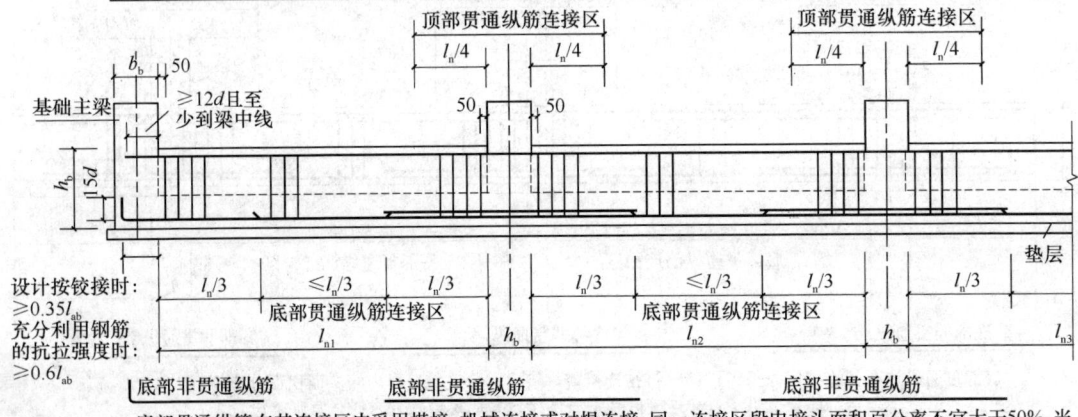

图9-4 基础次梁JCL纵向钢筋与箍筋构造

l_n—左跨和右跨之较大值;l_{n1}、l_{n2}、l_{n3}—水平跨的净跨值

b_b—基础主梁的截面宽度;h_b—基础次梁的截面高度

1)同跨箍筋有两种时,各自设置范围按具体设计注写。

2)节点区内箍筋按梁端箍筋设置。梁相互交叉宽度内的箍筋按截面高度较大的基础梁设置。

3)当底部纵筋多于两排时,从第三排起非贯通纵筋向跨内的伸出长度值应由设计者注明。

4)图中"设计按铰接时"、"充分利用钢筋的抗拉强度时"由设计指定。

二、基础主梁与基础次梁的箍筋构造

参见16G101-3图集第80、86页的基础主梁与基础次梁配置两种箍筋构造。

(1)基础主梁的箍筋设置(图9-5)

1)每跨梁的箍筋布置从框架柱边沿50mm处开始计算,依次布置第一种加密箍筋、第二种加密箍筋、非加密区的箍筋。其中：

第一种加密箍筋按箍筋标注的根数和间距进行布置

    第一种箍筋加密区长度＝箍筋间距×（箍筋根数－1）

第二种加密箍筋按箍筋标注的根数和间距进行布置

    第二种箍筋加密区长度＝箍筋间距×箍筋根数

非加密区的长度＝梁净跨长度－50×2－第一种箍筋加密区长度－第二种箍筋加密区长度

2）基础主梁在柱下区域按梁端箍筋的规格、间距贯通设置

    柱下区域的长度＝框架柱宽度＋50×2

在整个柱下区域内，按"第一种加密箍筋的规格和间距"进行布筋。

3）当梁只标注一种箍筋的规格和间距时，则整道基础主梁（包括柱下区域）都按照这种箍筋的规格和间距进行配筋。

4）两向基础主梁相交的柱下区域，应有一向截面较高的基础主梁按梁端箍筋全面贯通设置；另一向的基础主梁的箍筋从框架柱边沿50mm处开始布置。

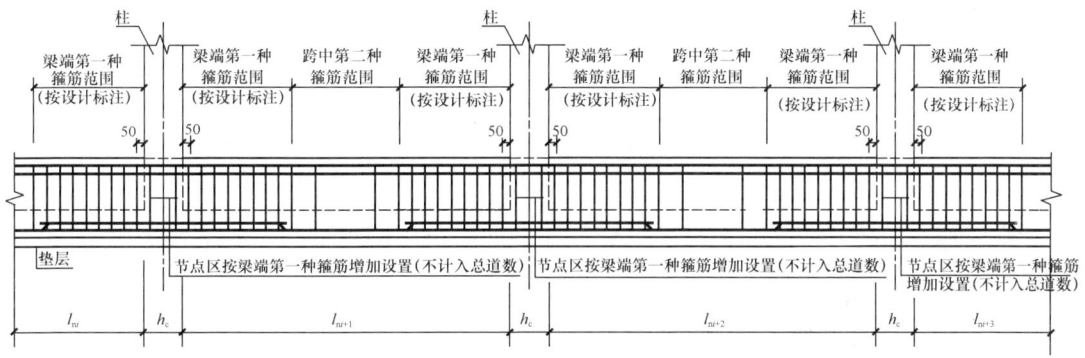

图 9-5 基础主梁配置两种箍筋构造

（2）基础次梁的箍筋设置（图 9-6）

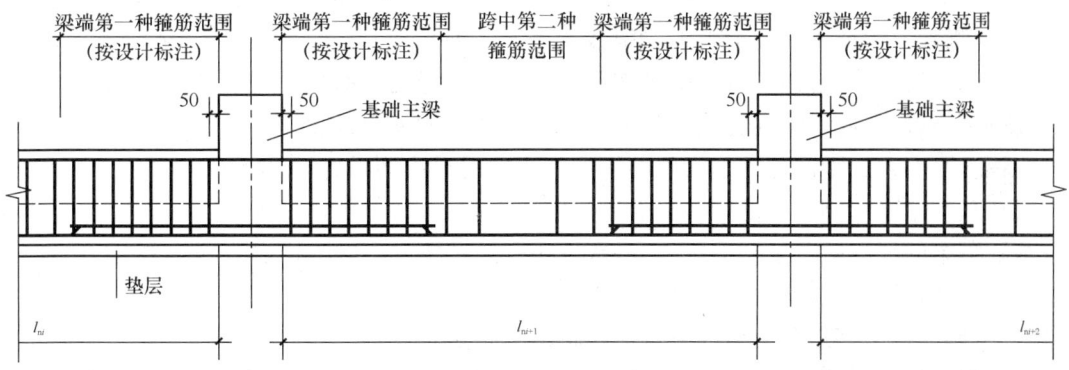

图 9-6 基础次梁配置两种箍筋构造

1）每跨梁的箍筋布置从基础主梁边沿50mm处开始计算，依次布置第一种加密箍筋、第二种加密箍筋、非加密区的箍筋。其中：

第一种加密箍筋按箍筋标注的根数和间距进行布置

第一种箍筋加密区长度＝箍筋间距×(箍筋根数－1)
第二种加密箍筋按箍筋标注的根数和间距进行布置
第二种箍筋加密区长度＝箍筋间距×箍筋根数
非加密区的长度＝梁净跨长度－50×2－第一种箍筋加密区长度－第二种箍筋加密区长度

2）当梁只标注一种箍筋的规格和间距时，则整跨基础次梁都按照这种箍筋的规格和间距进行配筋。

三、基础次梁的竖向加腋钢筋构造

基础次梁JCL竖向加腋钢筋构造如图9-7所示。

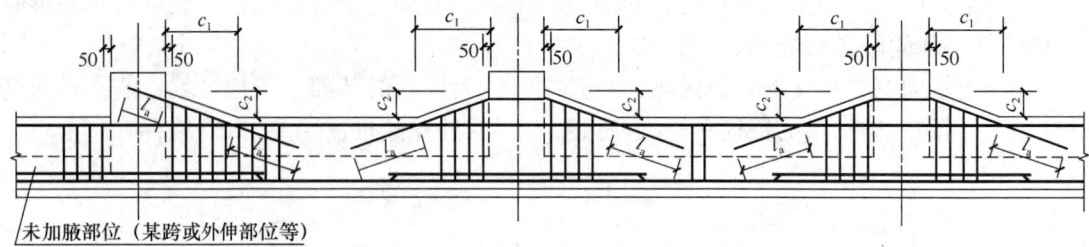

图9-7 基础次梁JCL竖向加腋钢筋构造
c_1—腋长；c_2—腋高；l_a—纵向受拉钢筋非抗震锚固长度

基础次梁竖向加腋部位的钢筋见设计标注。加腋范围的箍筋与基础次梁的箍筋配置相同，仅箍筋高度为变值。

四、基础主梁加侧腋的构造

16G101-3图集第84页给出了基础主梁加侧腋的构造。这是基础主梁侧腋的基本构造。
基础主梁侧腋构造的技术要点：

（1）当基础主梁比柱宽，而且完全形成梁包柱的情况时，就不要执行"侧腋"构造。

（2）"侧腋"构造由于柱节点上梁根数的不同，而形成"一字形"、"L形"、"丁字形"、"十字形"等各种构造形式，其加腋的做法各不相同，详见16G101-3图集第74页。

"侧腋"构造几何尺寸的特点：加腋斜边与水平边的夹角为45°。

侧腋的厚度：加腋部分的边沿线与框架柱之间的最小距离为50mm。

（3）基础主梁"侧腋"的钢筋构造

基础主梁的"侧腋"是构造配筋。16G101-3图集规定，侧腋钢筋直径≥12且不小于柱箍筋直径，间距同柱箍筋；分布筋Φ8@200。

"一字形"、"丁字形"节点的直梁侧腋钢筋弯折点距柱边沿50mm。

侧腋钢筋从"侧腋拐点"向梁内弯锚l_a（含钢筋端部弯折长度）；当直锚部分长度满足l_a时，钢筋端部不弯折（即为直形钢筋）。

五、基础次梁JCL梁底不平和变截面部位钢筋构造

基础次梁JCL梁底不平和变截面部位钢筋构造见表9-3。

表 9-3 基础次梁 JCL 梁底不平和变截面部位钢筋构造

名　称	构造图示意
梁顶有高差钢筋构造	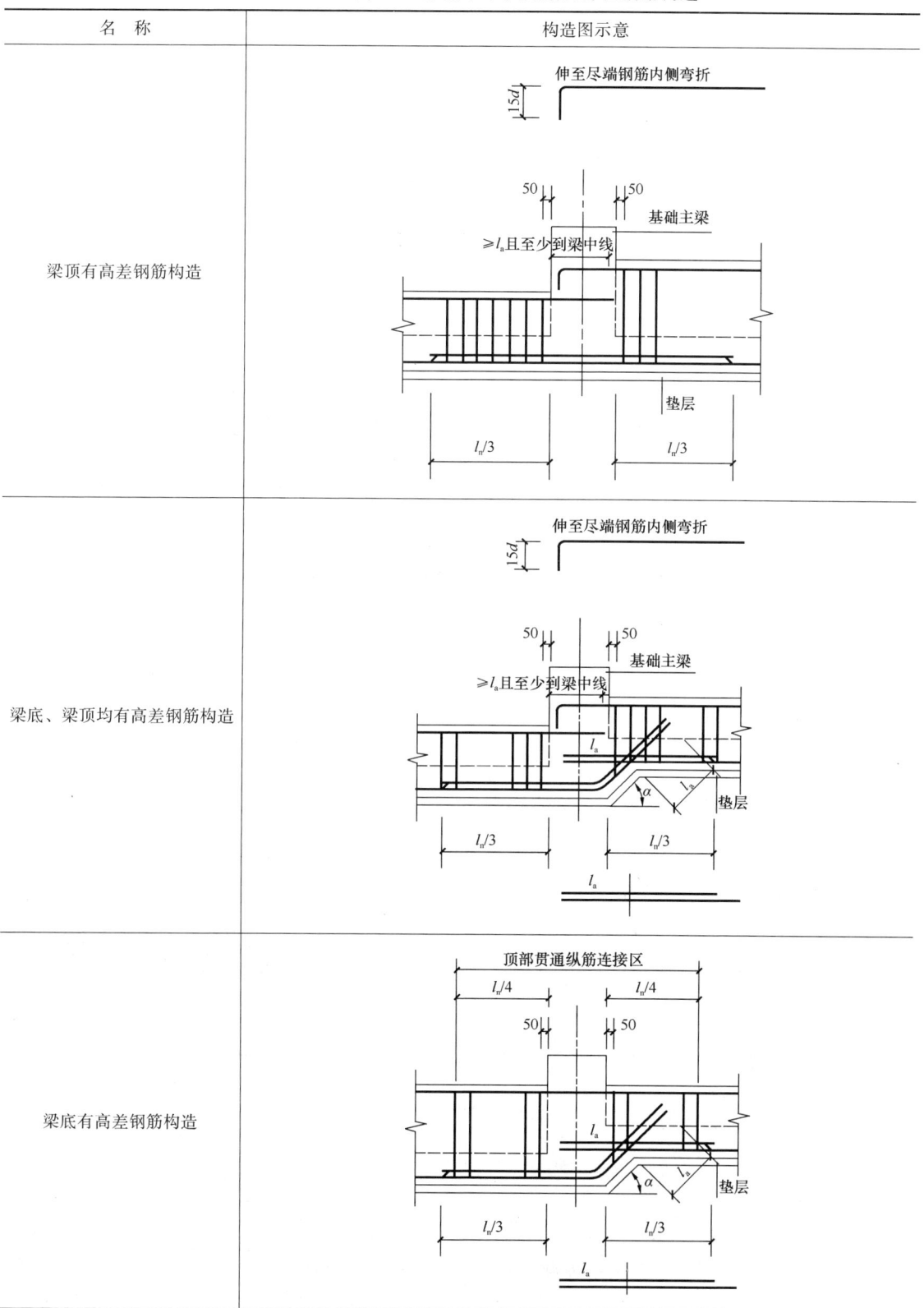
梁底、梁顶均有高差钢筋构造	
梁底有高差钢筋构造	

续表

名 称	构造图示意
支座两边梁宽不同钢筋构造	
弯钩要求	

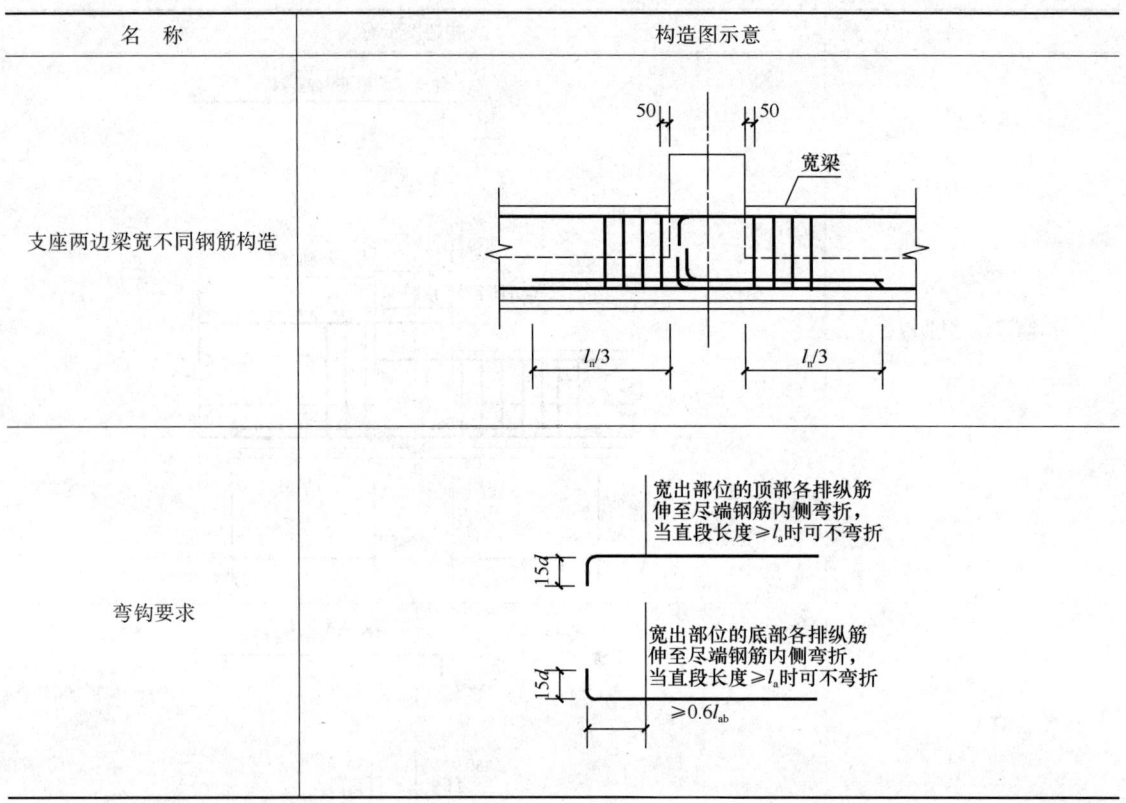

注：1. 当基础次梁变标高及变截面形式与本表不同时，其构造应由设计者另行设计；当要求施工方参照本表构造方式时，应提供相应改动的变更说明。
2. 基础次梁底高差坡度 α 可取 45°或 60°角。

六、基础次梁 JCL 外伸部位钢筋构造

16G101-3 图集第 85 页提供了基础次梁 JCL 的外伸部位钢筋构造。

（1）"外伸部位"的截面形状分为：端部等截面外伸、端部变截面外伸。纵筋形状据此决定（图 9-8）。

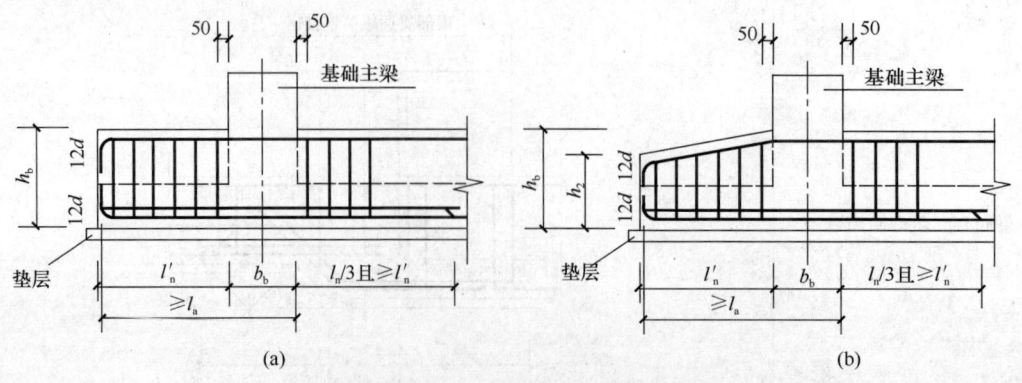

图 9-8　基础次梁 JCL 端部外伸部位钢筋构造
（a）端部等截面外伸构造；（b）端部变截面外伸构造

(2) 基础次梁 JCL 外伸部位纵筋构造特点：

1) 基础次梁顶部纵筋端部伸至尽端钢筋内侧，弯直钩 12d。
2) 基础次梁底部第一排纵筋端部伸至尽端钢筋内侧，弯直钩 12d。
3) 边跨端部底部纵筋直锚长度≥l_a时，可不设弯钩。
4) 基础次梁底部第二排纵筋端部伸至尽端钢筋内侧，不弯直钩。

七、梁板式筏形基础梁 JL 端部与外伸部位钢筋构造

梁板式筏形基础梁 JL 端部与外伸部位钢筋构造如图 9-9 所示。

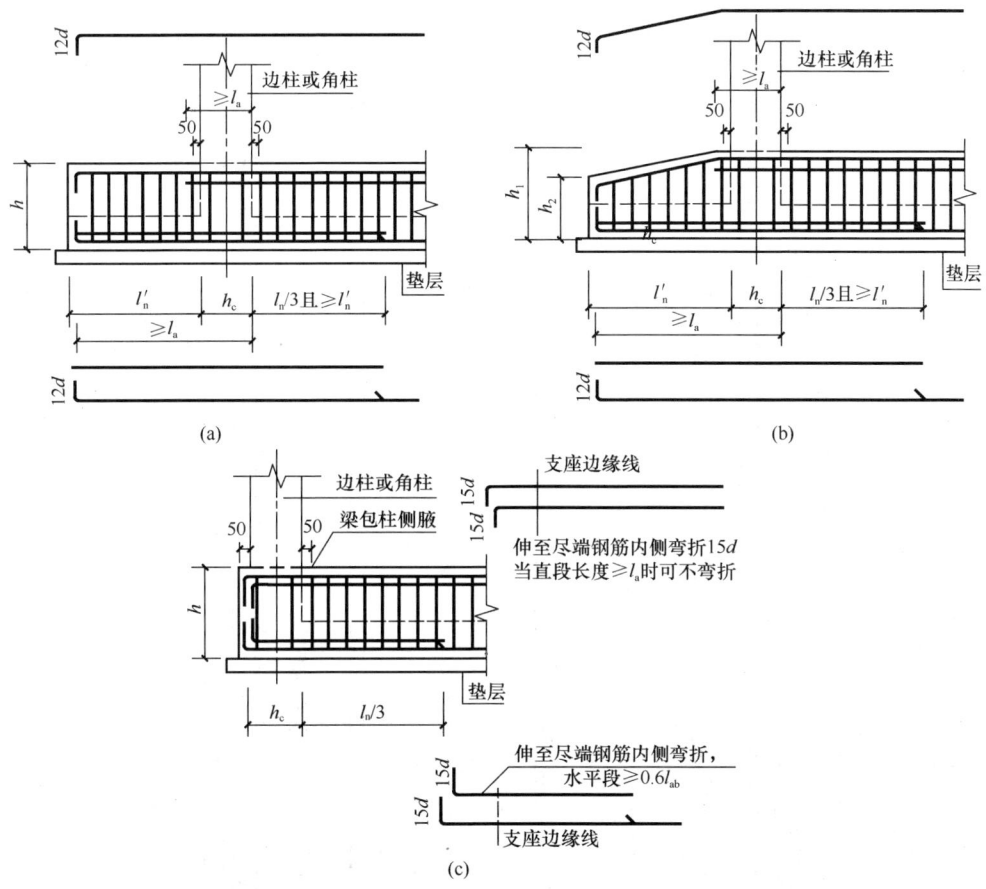

图 9-9 梁板式筏形基础梁 JL 端部与外伸部位钢筋构造
(a) 端部等截面外伸构造；(b) 端部变截面外伸构造；(c) 端部无外伸构造
l_a—受拉钢筋非抗震锚固长度；l_{ab}—受拉钢筋的非抗震基本锚固长度；
l_n—本边跨的净跨长度值；l'_n—端部外伸长度；h_c—柱截面沿基础梁方向的高度；
d—受拉钢筋直径；h、h_1、h_2—基础梁竖向尺寸

端部等（变）截面外伸构造中，当从柱内边算起的梁端部外伸长度不满足直锚要求时，基础梁下部钢筋应伸至端部后弯折，且从柱内边算起水平段长度≥$0.6l_{ab}$，弯折长度 15d。

八、梁板式筏形基础平板 LPB 钢筋构造

梁板式筏形基础平板 LPB 钢筋构造如图 9-10 所示。

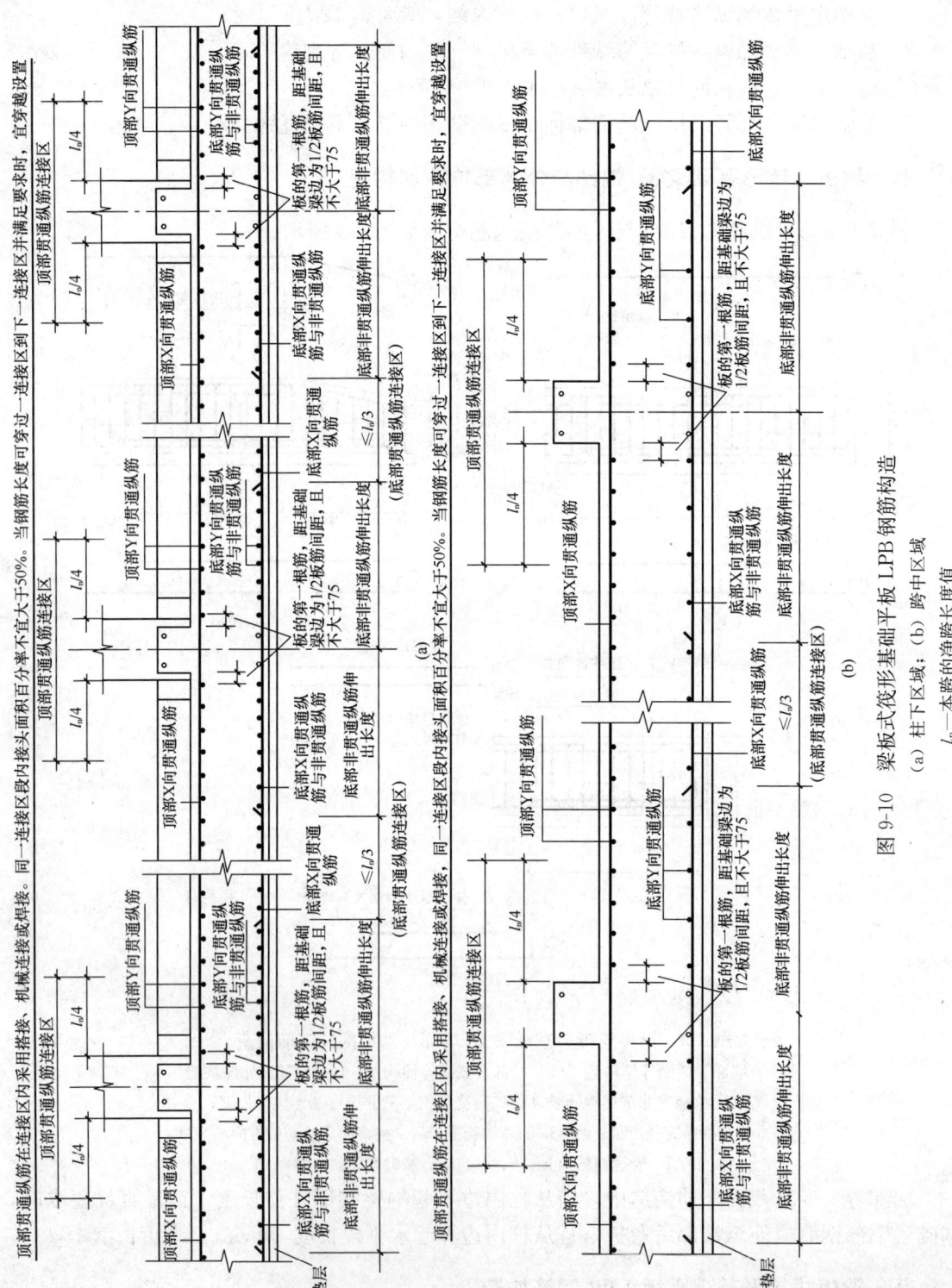

图 9-10 梁板式筏形基础平板 LPB 钢筋构造
(a) 柱下区域；(b) 跨中区域
l_n—本跨的净跨长度值

梁板式筏形基础平板LPB钢筋构造包括"柱下区域"、"跨中区域"两种部位的构造。但就基础平板LPB的钢筋构造来看，这两个区域的顶部贯通纵筋、底部贯通纵筋和非贯通纵筋的构造是一样的（当然跨中区域的底部纵筋稀疏一些，因为只存在底部贯通纵筋）。

（1）底部非贯通纵筋构造

1）底部非贯通纵筋的延伸长度，根据基础平板LPB原位标注的底部非贯通纵筋的延伸长度值进行计算。

2）在16G101-3图集第88页的图中，有这样一个信息：底部非贯通纵筋自梁中心线到跨内的延伸长度$\geqslant l_n/3$（l_n是基础平板LPB的净跨长度）。这是因为基础平板LPB的底部贯通纵筋连接区长度在图上的标注为"$\leqslant l_n/3$"，而这个"连接区"的两个端点又是底部非贯通纵筋的端点。

（2）底部贯通纵筋构造

1）底部贯通纵筋在基础平板LPB内按贯通布置。由于钢筋定尺长度的影响，底部贯通纵筋可以在跨中的"底部贯通纵筋连接区"进行连接。16G101-3图集第88页规定底部贯通纵筋连接区的长度$\leqslant l_n/3$（l_n是基础平板LPB的净跨长度）。

底部贯通纵筋连接区长度＝跨度－左侧延伸长度－右侧延伸长度

（其中"左、右侧延伸长度"即左、右侧的底部非贯通纵筋延伸长度。）

2）当底部贯通纵筋直径不一致，某跨底部贯通纵筋直径大于邻跨时，如果相邻板区板底一平，则应在两毗邻跨中配置较小一跨的跨中连接区内进行连接（即配置较大板跨的底部贯通纵筋须越过板区分界线伸至毗邻板跨的跨中连接区域）。基础梁的底部贯通纵筋也有类似的做法。

3）底部贯通纵筋的根数。16G101-3图集第88页规定，梁板式筏形基础平板LPB的底部贯通纵筋在距基础梁边1/2板筋间距（且不大于75mm）处开始布置。

这样，底部贯通纵筋的根数算法为：以梁边为起点或终点计算布筋范围，然后根据间距计算布筋的间隔个数，间隔个数就是钢筋的根数（因为可以把钢筋放在每个间隔的中心）。

（3）顶部贯通纵筋构造

1）顶部贯通纵筋按跨布置

本跨钢筋的端部伸进梁内$\geqslant 12d$且至少到梁中心线，由此可以计算出每跨顶部贯通纵筋的钢筋长度。

2）顶部贯通纵筋的根数计算

顶部贯通纵筋根数的计算方法与底部贯通纵筋相同。

基础平板同一层面的交叉纵筋，哪个方向纵筋在下，哪个方向纵筋在上，应按具体设计说明（图集第88页的"注"，它同时适用于基础平板的底部纵筋和顶部纵筋）。

九、梁板式筏形基础平板LPB端部与外伸部位钢筋构造

梁板式筏形基础平板LPB端部与外伸部位钢筋构造如图9-11所示。

（1）基础平板同一层面的交叉纵筋，哪个方向纵筋在下，哪个方向纵筋在上，应按具体设计说明。

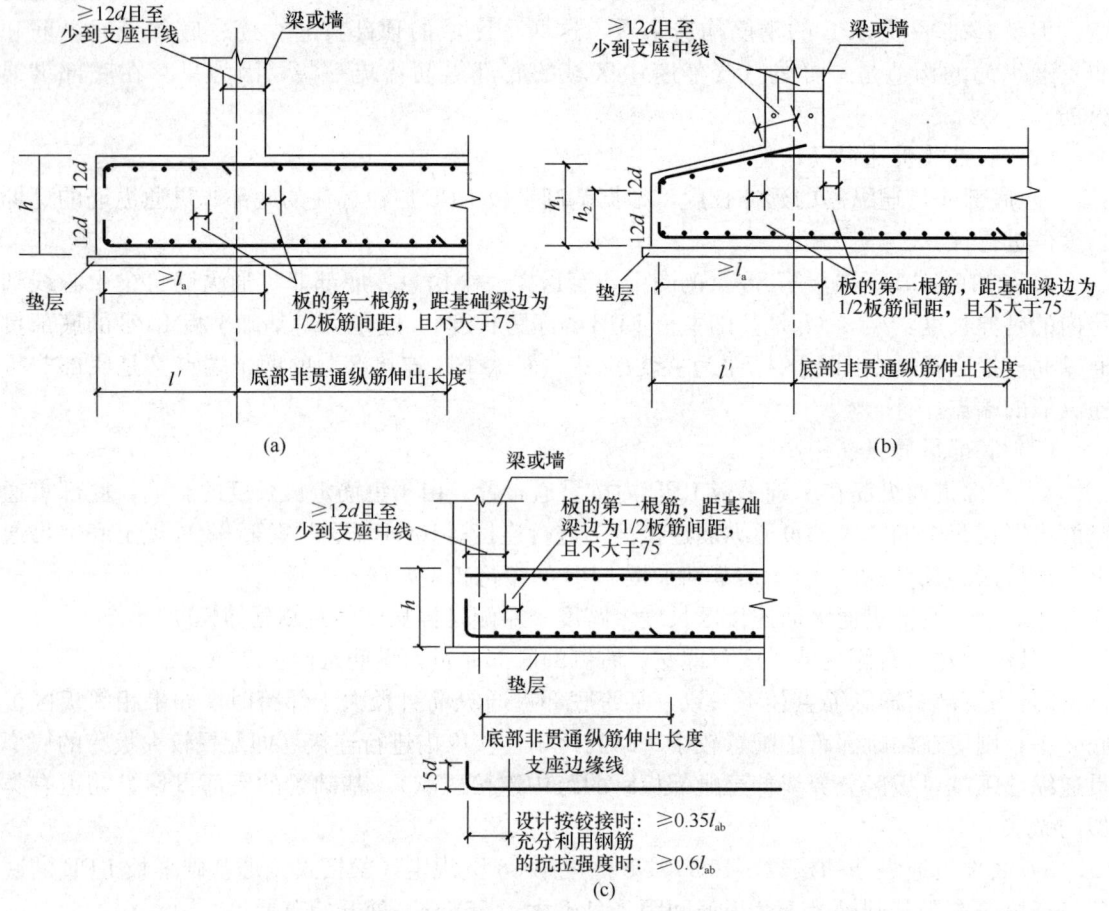

图 9-11 梁板式筏形基础平板 LPB 端部与外伸部位钢筋构造
(a) 端部等截面外伸构造；(b) 端部变截面外伸构造；(c) 端部无外伸构造
h—板的截面高度；h_1—根部截面高度；h_2—尽端截面高度；
d—受拉钢筋直径；l_{ab}—受拉钢筋的非抗震基本锚固长度

（2）当梁板式筏形基础平板的变截面形式与图 9-11 不同时，其构造应由设计者设计；当要求施工方参照图 9-11 构造方式时，应提供相应改动的变更说明。

（3）端部等（变）截面外伸构造中，当从基础主梁（墙）内边算起的外伸长度不满足直锚要求时，基础平板下部钢筋应伸至端部后弯折 $15d$；且从梁（墙）内边算起水平段长度应 $\geqslant 0.6 l_{ab}$。

十、平板式筏形基础平板 BPB 钢筋构造

平板式筏形基础平板 BPB 钢筋构造如图 9-12 所示。

比较 16G101-3 图集第 91 页与第 90 页可以发现，平板式筏形基础平板 BPB 柱下区域的钢筋构造与柱下板带 ZXB 的纵向钢筋构造是基本一致的，而平板式筏形基础平板 BPB 跨中区域的钢筋构造与跨中板带 KZB 的纵向钢筋构造是基本一致的。当然它们也有一些小的区别，平板式筏形基础平板 BPB 的图中在柱下区域的底部贯通纵筋连接区上多了"$\leqslant l_n/3$"的

第九章 筏形基础钢筋计算

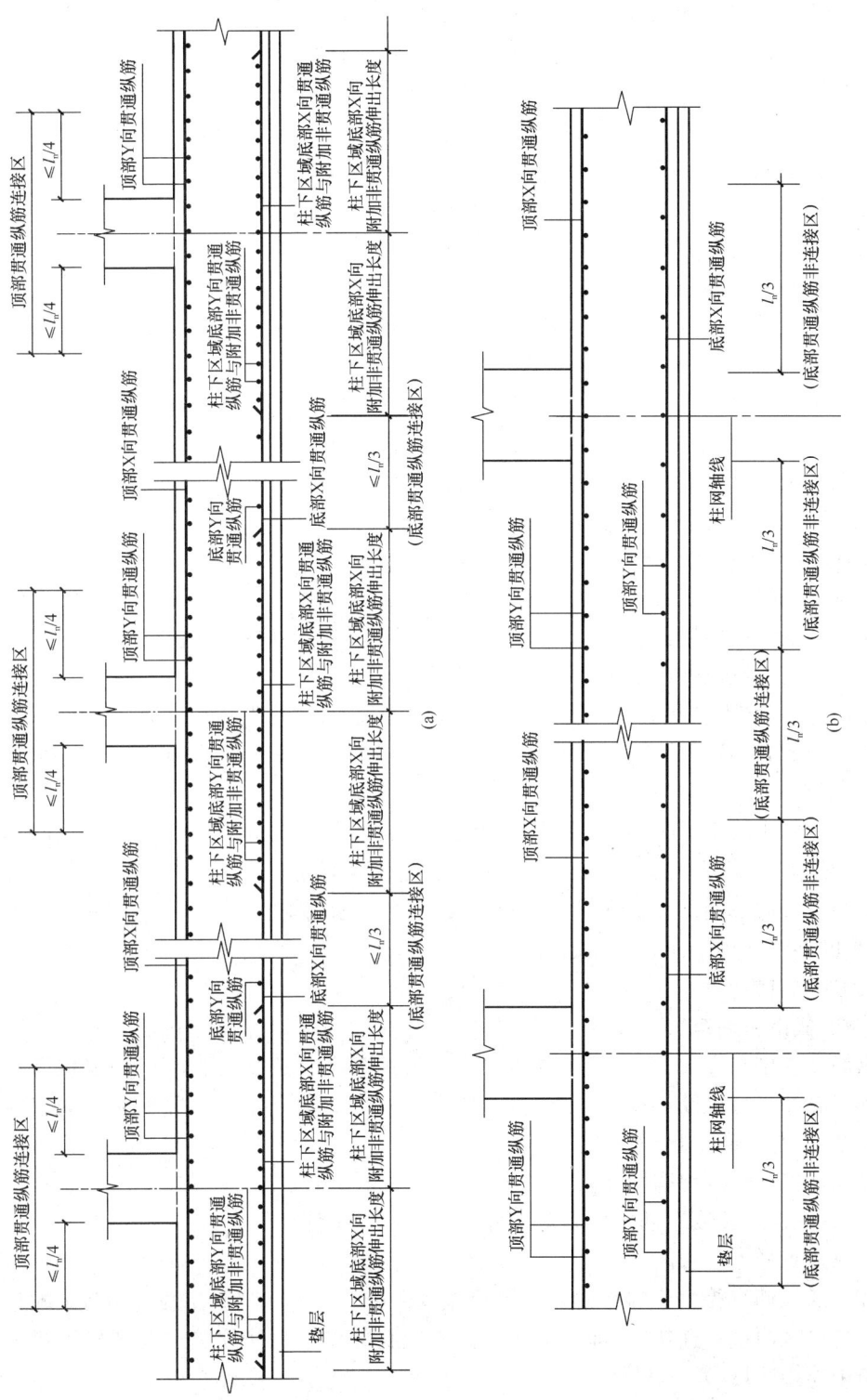

图 9-12 平板式筏形基础平板 BPB 钢筋构造
(a) 柱下区域；(b) 跨中区域（顶部贯通纵筋连接区同柱下区域）
l_n—本跨的净跨长度

注：1. 基础平板同一层面的交叉纵筋，哪个方向纵筋在下、哪个方向纵筋在上，应按具体设计说明。
2. 端部与外伸部位钢筋构造见表 9-4。

283

尺寸注写，在跨中区域的底部贯通纵筋连接区上多了"$l_n/3$"的尺寸注写。谈及此，会觉得图集第 91 页与第 88 页有更多的共同之处，因为基础平板 LPB 图中的柱下区域和跨中区域的底部贯通纵筋连接区都有"$\leqslant l_n/3$"的尺寸注写。其实，平板式筏形基础平板 BPB 的钢筋构造与梁板式筏形基础平板 LPB 的钢筋构造还是略有不同。从图集第 88 页的梁板式筏形基础平板 LPB 钢筋构造来看，"柱下区域"和"跨中区域"的顶部贯通纵筋、底部贯通纵筋和非贯通纵筋的构造是完全一样的。但是，图集第 91 页的平板式筏形基础平板 BPB 钢筋构造显示，柱下区域的底部贯通纵筋构造与跨中区域还是不完全一样的。

(1) 底部非贯通纵筋构造

1) 柱下区域的底部附加非贯通纵筋的延伸长度

底部非贯通纵筋的延伸长度，根据基础平板 BPB 原位标注的底部附加非贯通纵筋的延伸长度值进行计算。

BPB 的底部附加非贯通纵筋延伸长度是设计师给出的，而柱下区域的底部附加非贯通纵筋自梁边线到跨内的延伸长度应该$\geqslant l_n/3$（l_n 是基础平板 BPB 的净跨长度）。

这是因为基础平板 BPB 的底部贯通纵筋连接区长度在图上的标注为"$\leqslant l_n/3$"，而这个"连接区"的两个端点又是底部附加非贯通纵筋的端点。

2) 跨中区域的底部附加非贯通纵筋的延伸长度

对于跨中区域，16G101-3 图集第 91 页的跨中区域给出的是"没有底部附加非贯通纵筋"的情况，在柱网轴线的两侧只给出了两个"长度等于 $l_n/3$"的底部贯通纵筋非连接区，但没有标出"底部非贯通纵筋伸出长度"。

16G101-3 图集有一个基本思想，就是可以使用基础平板 BPB 的平法标注来表达柱下板带 ZXB、跨中板带 KZB 同样的内容。尤其是当整片板式筏形基础配筋比较规律时，宜采用 BPB 方式。

按照这个想法，由于跨中板带 KZB 在柱网轴线上设置底部附加非贯通纵筋，而且底部附加非贯通纵筋的端点就是跨中的底部附加非贯通纵筋连接区的起点，所以，基础平板的跨中区域应该有可能设置底部附加非贯通纵筋。只有在不设置底部附加非贯通纵筋的时候，才执行图集第 91 页的 BPB 跨中区域钢筋构造。

(2) 底部贯通纵筋构造

1) 柱下区域的底部贯通纵筋连接区

底部贯通纵筋在基础平板 BPB 内按贯通布置。由于钢筋定尺长度的影响，底部贯通纵筋可以在跨中的"底部贯通纵筋连接区"进行连接。图集第 91 页规定"底部贯通纵筋连接区"的长度$\leqslant l_n/3$（l_n 是基础平板 BPB 的净跨长度）。

底部贯通纵筋连接区长度＝跨度－左侧伸出长度－右侧伸出长度

（其中"左、右侧伸出长度"即左、右侧的底部非贯通纵筋伸出长度。）

当底部贯通纵筋直径不一致时：

当某跨底部贯通纵筋直径大于邻跨时，如果相邻板区板底一平，则应在两毗邻跨中配置较小一跨的跨中连接区内进行连接。（即配置较大板跨的底部贯通纵筋须越过板区分界线伸至毗邻板跨的跨中连接区域。）

2) 跨中区域的底部贯通纵筋连接区

16G101-3 图集第 91 页的下方给出了基础平板 BPB"跨中区域不设底部附加非贯通纵

筋"时的连接构造,即柱网轴线两侧各"长度等于 $l_n/3$"的范围为底部贯通纵筋非连接区,这样,跨中底部贯通纵筋连接区的长度就刚好等于 $l_n/3$。

当出现基础平板 BPB"跨中区域设置底部附加非贯通纵筋"的情况时,执行图集第 91 页跨中板带 KZB 纵向钢筋构造,此时基础平板 BPB 在柱网轴线下设置底部附加非贯通纵筋,而跨中底部贯通纵筋连接区的起点和终点就是底部附加非贯通纵筋的端点。

(3) 顶部贯通纵筋构造

1) 柱下区域的顶部贯通纵筋构造

基础平板 BPB 柱下区域的顶部贯通纵筋构造与梁板式筏形基础平板 LPB 不同,与柱下板带 ZXB 也不同。

梁板式筏形基础平板 LPB 的顶部贯通纵筋按跨布置,锚入基础梁 $\geqslant 12d$ 且至少到梁中心线;但由于基础平板 BPB 没有基础梁,不存在锚入基础梁的情形,因此基础平板 BPB 的顶部贯通纵筋是按全长贯通设置的。

柱下板带 ZXB 的顶部贯通纵筋虽然也是全长贯通设置,但是由于存在"柱下板带",所以顶部贯通纵筋连接区的长度就是正交方向的柱下板带宽度;而基础平板 BPB 顶部贯通纵筋连接区的长度规定为柱网轴线左右各 $l_n/4$ 的范围。

然而,不论基础平板 BPB,还是柱下板带 ZXB 或梁板式筏形基础平板 LPB,其跨中部位都是顶部贯通纵筋的非连接区。

2) 跨中区域的顶部贯通纵筋构造

跨中区域的顶部贯通纵筋构造与柱下区域一样,顶部贯通纵筋按全长贯通设置,顶部贯通纵筋连接区的长度规定为柱网轴线左右各 $l_n/4$ 的范围。

基础平板同一层面的交叉纵筋,哪个方向纵筋在下、哪个方向纵筋在上,应按具体设计说明。

十一、平板式筏形基础平板(ZXB、KZB、BPB)变截面部位钢筋构造

平板式筏形基础平板(ZXB、KZB、BPB)变截面部位钢筋构造如表 9-4 所示。

表 9-4 平板式筏形基础平板(ZXB、KZB、BPB)变截面部位钢筋构造

名 称		构造图示意
变截面部位钢筋构造	板顶有高差	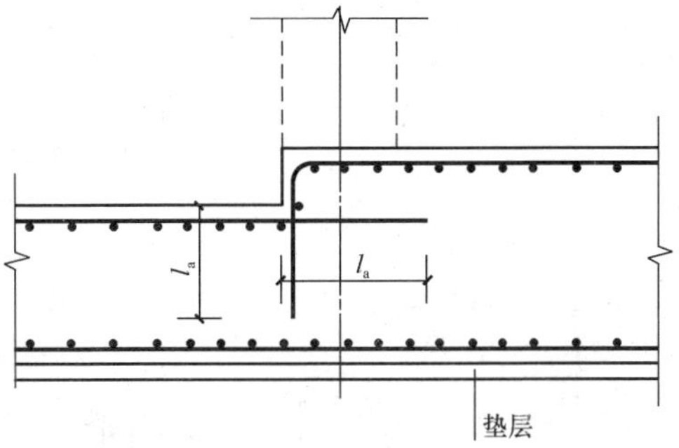

续表

名　称	构造图示意
变截面部位钢筋构造 — 板顶、板底均有高差	
变截面部位钢筋构造 — 板底有高差	
变截面部位中层钢筋构造 — 板顶有高差	
变截面部位中层钢筋构造 — 板顶、板底均有高差	

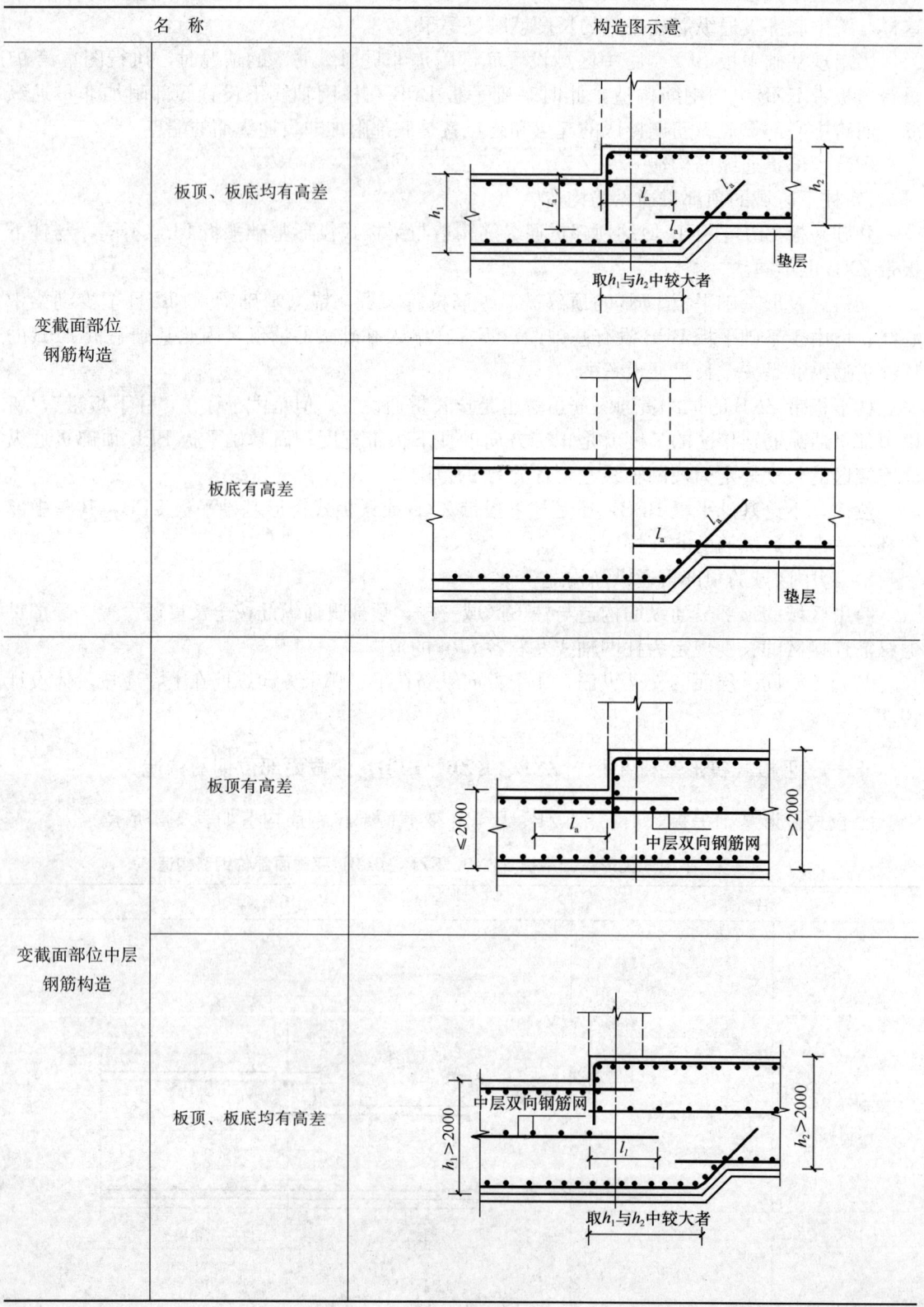

续表

名　　称		构造图示意
变截面部位中层钢筋构造	板底有高差	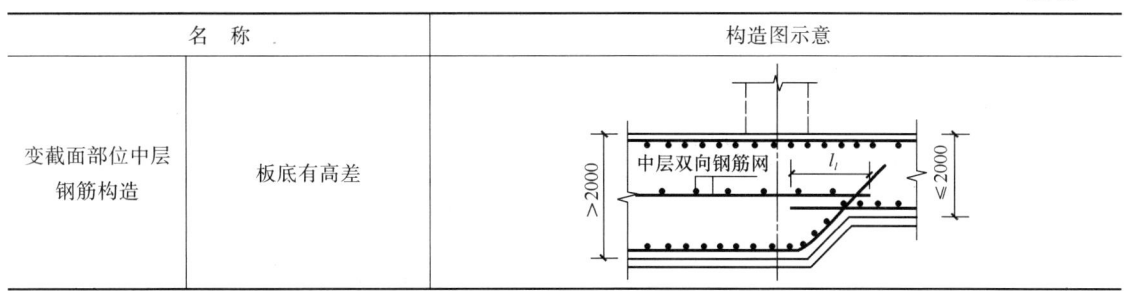

注：1. 本表图构造规定适用于设置或未设置柱下板带和跨中板带的板式筏形基础的变截面部位的钢筋构造；
2. 当板式筏形基础平板的变截面形式与本表不同时，其构造应由设计者指定；当要求施工方参照本表构造方式时，应提供相应改动的变更说明；
3. 板底高差坡度可为 45°或 60°角；
4. 中层双向钢筋网直径不宜小于 12mm，间距不宜大于 300mm；
5. l_a—受拉钢筋非抗震锚固长度；l_l—受拉钢筋非抗震绑扎搭接长度；h_1—基础平板左边截面高度；h_2—基础平板右边截面高度。

十二、平板式筏形基础平板（ZXB、KZB、BPB）端部和外伸部位钢筋构造

平板式筏形基础平板（ZXB、KZB、BPB）端部和外伸部位钢筋构造如表 9-5 所示。

表 9-5　平板式筏形基础平板（ZXB、KZB、BPB）端部和外伸部位钢筋构造

名　　称		构造图示意
端部无外伸构造	（一）	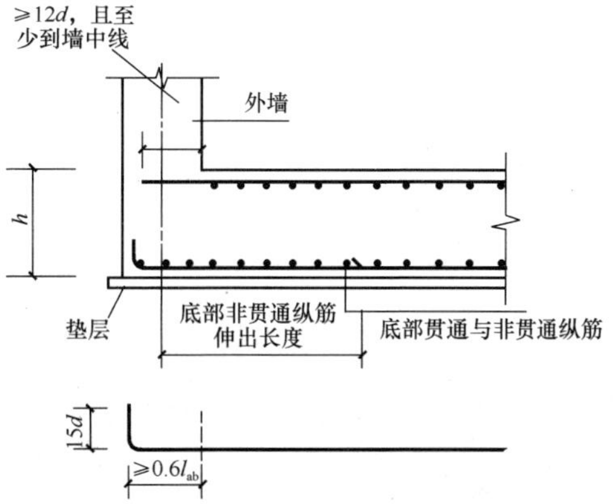
	（二）	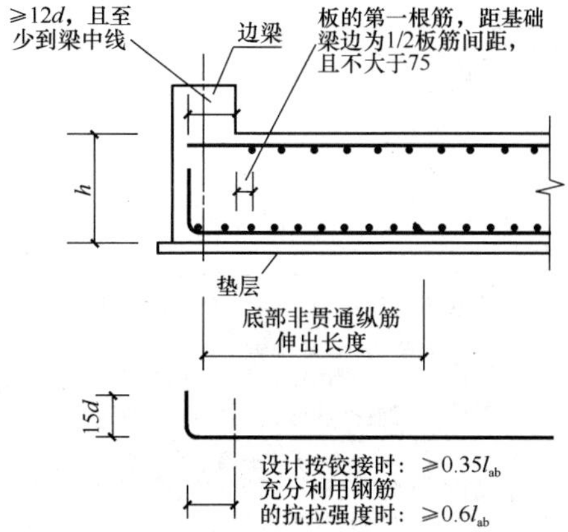

续表

名　称	构造图示意
端部等截面外伸构造	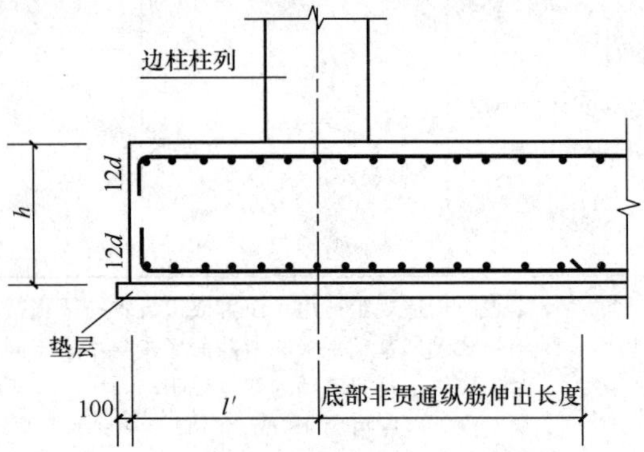
板边缘侧面封边构造（外伸部位变截面时侧面构造相同） U形筋构造封边方式	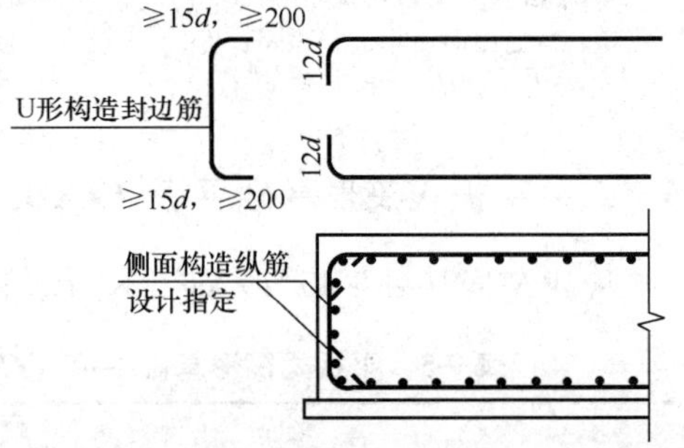
板边缘侧面封边构造（外伸部位变截面时侧面构造相同） 纵筋弯钩交错封边方式	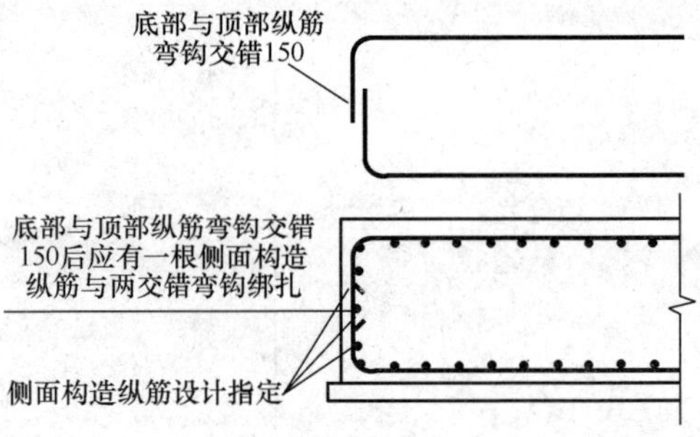
中层筋端头构造	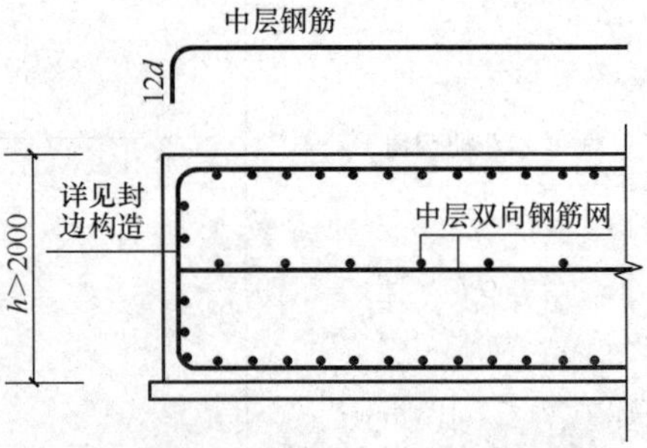

注：1. 端部无外伸构造（一）中，当设计指定采用墙外侧纵筋与底板纵筋搭接的做法时，基础底板下部钢筋弯折段应伸至基础顶面标高处；
2. 板边缘侧面封边构造同样适用于梁板或筏形基础部位，采用何种做法由设计者指定，当设计者未指定时，施工单位可根据实际情况自选一种做法；
3. l_{ab}—受拉钢筋的非抗震基本锚固长度；h—板的截面高度；d—受拉钢筋直径。
4. 筏板底部非贯通纵筋伸出长度 l' 应由具体工程设计确定。
5. 筏板中层钢筋的连接要求与受力钢筋相同。

第三节 筏形基础的钢筋计算方法与实例

【实例一】基础梁箍筋的计算

某工程平面图是轴线 5000mm 的正方形，四角为 KZ1（500×500）轴线正中，基础梁 JZL1 截面尺寸为 600mm×900mm，混凝土强度等级为 C30，如图 9-13 所示。

基础梁纵筋：底部和顶部贯通纵筋均为 7Φ25，侧面构造钢筋 G8φ12。

基础梁箍筋：11φ10@100/200（4）

试计算该工程的基础梁箍筋。

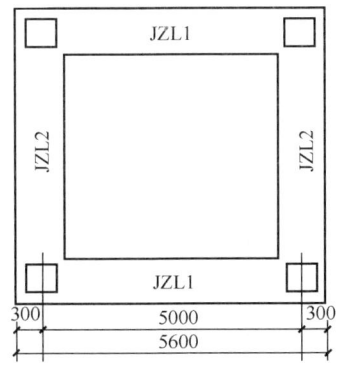

图 9-13 基础梁

【解】

基础主梁的长度计算到相交的基础主梁的外皮：

$$5000+300\times2=5600mm$$

这样，基础主梁纵筋长度＝5600－30×2＝5540mm

这也是基础主梁配置箍筋的范围。

基础主梁的箍筋布置可分为跨内部分和柱下区域部分。

（1）跨内部分的箍筋布置按基础主梁的箍筋标注 11φ10@100/200（4）执行。

每跨梁的箍筋布置从框架柱边沿 50mm 处开始计算，依次布置第一种加密箍筋、第二种加密箍筋、非加密区箍筋（现在只有第一种加密箍筋）。

第一种加密箍筋按箍筋标注的根数（11 根）和间距进行布置：

$$第一种箍筋加密区长度＝100\times(11-1)=1000mm$$
$$梁净跨长度＝5000-250\times2=4500mm$$

这样，非加密区的长度＝梁净跨长度－50×2－第一种箍筋加密区长度×2

$$=4500-50\times2-1000\times2$$
$$=2400mm$$

所以，非加密区的箍筋根数＝2400/200－1＝11 根

（2）柱下区域部分的箍筋布置

在这个柱下区域内，按"第一种加密箍筋的规格和间距"进行布筋。

柱下区域长度的计算公式：

柱下区域的长度＝框架柱宽度＋50×2

但该公式只适用于"中间支座"，而现在的情况是"端支座"。端支座的柱下区域长度计算公式应该是：

柱下区域的长度＝框架柱宽度＋50＋柱外侧的梁端布筋长度

$$=500+50+(300-250-30)$$
$$=570mm$$

所以，柱下区域的箍筋根数＝570/100≈6 根

（验算上述算法的正确性：各段配箍范围的总和＝570×2＋1000×2＋2400＝5540mm，

正好等于基础主梁的纵筋长度 5540，说明上述算法正确。）

（3）基础梁 JZL 的箍筋总根数（按四肢箍）

$$\text{箍筋总根数} = 6 \times 2 + 11 \times 2 + 11 = 45 \text{ 根}$$

（4）箍筋长度的计算

基础梁的箍筋采用"大箍套小箍"。

1）外箍的计算：

根据 16G101-3 图集第 57 页的表格查阅，梁箍筋保护层为 20，则纵筋保护层为 30，于是，外箍的宽度 $= 600 - 30 \times 2 = 540$ mm

$$\text{外箍的高度} = 900 - 30 \times 2 = 840 \text{mm}$$

所以，外箍的每根长度 $= 540 \times 2 + 840 \times 2 + 26 \times 10 = 3020$ mm

2）内箍的计算：

内箍宽度的计算同框架梁的箍筋计算。

设纵筋的净距为 a，钢筋直径为 d，则 $6a + 7d = 540$ mm

解得 $a = (540 - 7d)/6 = (540 - 7 \times 25)/6 = 60$ mm

于是，内箍的宽度 $= 2a + 3d = 2 \times 60 + 3 \times 25 = 195$ mm

内箍的高度 $= 900 - 30 \times 2 = 840$ mm

所以内箍的每根长度 $= 195 \times 2 + 840 \times 2 + 26 \times 10 = 2330$ mm

【实例二】基础主梁 JL01（一般情况）钢筋的计算

基础主梁 JL01 平法施工图如图 9-14 所示，计算其钢筋量。

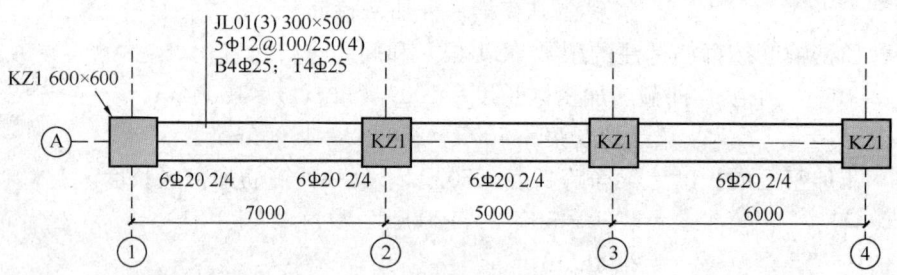

图 9-14　JL01 平法施工图

【解】

（1）计算参数

1）保护层厚度 $c = 30$ mm；

2）$l_a = 30d$；

3）双肢箍长度计算公式：$(b - 2c + d) \times 2 + (h - 2c + d) \times 2 + (1.9d + 10d) \times 2$；

4）箍筋起步距离 $= 50$ mm。

（2）钢筋计算过程

1）底部及顶部贯通纵筋成对连通设置 4 Φ 25：

长度 $= 2 \times$（梁长 $-$ 保护层）$+ 2 \times$（梁高 $-$ 保护层）

$= 2 \times (7000 + 5000 + 6000 + 600 - 60) + 2 \times (500 - 60)$

=37960mm

接头个数=37960/9000−1=4个

2) 支座1、4底部非贯通纵筋2Φ25

总长度=自柱中心线向跨内的延伸长度+柱中心线外支座宽度+15d
       =$\max(l_0/3, 1.2l_a+h_b+0.5h_c)+0.5h_c-c+15d$
       =$\max(7000/3, 1.2×30×25+500+300)+300-30+15×25$
       =2978mm

3) 支座2、3底部非贯通筋2Φ25

长度=两端延伸=$2×\max[\max(l_0/3, 1.2l_a+h_b+0.5h_c)]$
    =$2×\max(7000/3, 1.2×30×25+500+300)=2×2333=4666$mm

4) 箍筋长度

双肢箍长度计算公式=$(b-2c+d)×2+(H-2c+d)×2+(1.9d+10d)×2$

外大箍长度=$(300-2×30+12)×2+(500-2×30+12)×2+2×11.9×12=1551$mm

内小箍筋长度=$[(300-2×30-25)/3+25+12]×2+(500-2×30+12)×2+2×11.9×12=1407$mm

5) 第1、3净跨箍筋根数

每边5根间距100的箍筋,两端共10根

跨中箍筋根数=(7000−600−550×2)/200−1=26根

总根数=10+26=36根

6) 第2净跨箍筋根数

每边5根间距100的箍筋,两端共10根

跨中箍筋根数=(5000−600−550×2)/200−1=16根

总根数=10+16=26根

7) 支座1、2、3、4内箍筋(节点内按跨端第一种箍筋规格布置)

根数=(600−100)/100+1=6根

四个支座共计:4×6=24根

8) 整梁总箍筋根数=36×2+26+24=122根

注:计算中出现的"550"是指梁端5根箍筋共500mm宽,再加50mm的起步距离。

【实例三】基础主梁JL02(底部与顶部贯通纵筋根数不同)钢筋的计算

基础主梁JL02平法施工图如图9-15所示,计算其钢筋量。

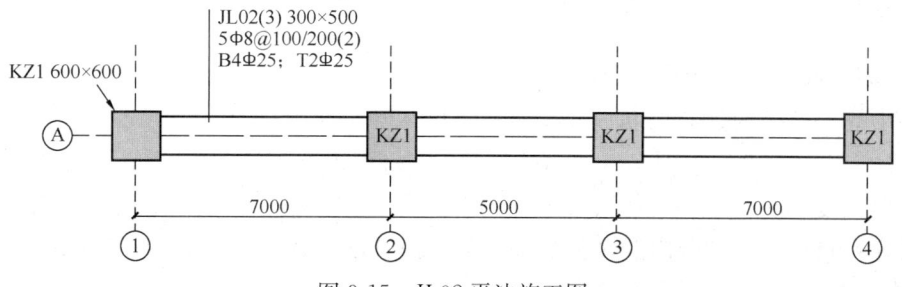

图9-15 JL02平法施工图

【解】

本例只计算底部多出的 2 根贯通纵筋。

(1) 计算参数

1) 保护层厚度 $c=30$ mm；

2) $l_a=30d$；

(2) 钢筋计算过程

底部多出的贯通纵筋 2 Φ 25：

长度＝梁总长－$2c+2\times15d=7000\times2+5000-2\times30+2\times15\times25=19390$ mm

焊接接头个数＝19390/9000－1＝2 个

注：只计算接头个数，不考虑实际连接位置，小数点后数值均向上进位

【实例四】基础主梁 JL03（有外伸）钢筋的计算

基础主梁 JL03 平法施工图如图 9-16 所示，计算其钢筋量。

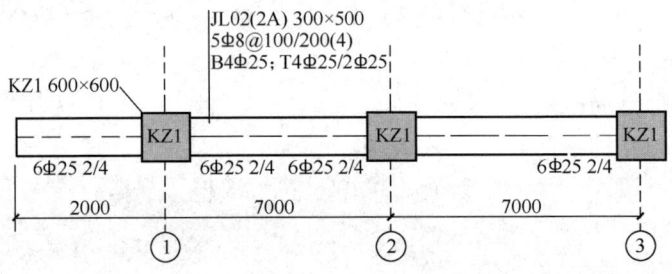

图 9-16　JL03 平法施工图

【解】

(1) 计算参数

1) 保护层厚度 $c=30$ mm；

2) $l_a=30d$；

3) 双肢箍长度计算公式：$(b-2c+d)\times2+(h-2c+d)\times2+(1.9d+10d)\times2$；

4) 箍筋起步距离＝50mm。

(2) 钢筋计算过程

1) 底部和顶部第一排贯通纵筋 4 Φ 25

长度＝2×（梁长－保护层）＋（梁高－保护层）＋$2\times12d$

　　＝2×(7000×2+300+2000－60)＋(500－60)＋2×12×25＝33520mm

接头个数＝33520/9000－1＝3 个

2) 支座 1 底部非贯通纵筋 2 Φ 25

自柱中线向跨内的延伸长度＝$\max(l_0/3,\ 1.2l_a+h_b+0.5h_c)$

　　　　　　　　　　　　＝max(7000/3,　1.2×30×25+500+300)＝2333mm

外伸段长度＝2000－30＝1970mm

总长度＝自柱中线向跨内的延伸长度＋外伸段长度＝1970＋2333＝4303mm

3) 支座 2、3 底部非贯通筋 2 Φ 25

长度＝两端延伸长度＝$2\times\max(l_0/3,1.2l_a+h_b+0.5h_c)$
　　　＝$2\times\max(7000/3,1.2\times30\times25+500+300)=2\times2333=4666$mm

4）支座 4 底部非贯通筋与上部下排贯通筋连通布置 2Φ25

自柱中心线向跨内的延伸长度＝$\max(l_0/3,1.2l_a+h_b+0.5h_c)$
　　　　　　　　　　　　＝$\max(7000/3,1.2\times30\times25+500+300)$
　　　　　　　　　　　　＝2333mm

轴线外支座宽度$-c=300-30=270$mm

梁高$-c=500-60=440$mm

上部下排贯通筋长度＝$7000\times2+(300-30)+(300-30+12d)$
　　　　　　　　＝$7000\times2+(300-30)+(300-30+12\times25)=14840$mm

总长＝自柱中心线向跨内的延伸长度＋（柱中心线外支座宽度$-c$）＋（梁高$-c$）＋上部下排贯通筋长度
　　＝$2333+270+440+14840=17883$mm

接头个数＝$17883/9000-1=1$个

5）箍筋

参见 JL01 计算实例。

【实例五】基础主梁 JL04（变截面高差）钢筋的计算

基础主梁 JL04 平法施工图如图 9-17 所示，计算其钢筋量。

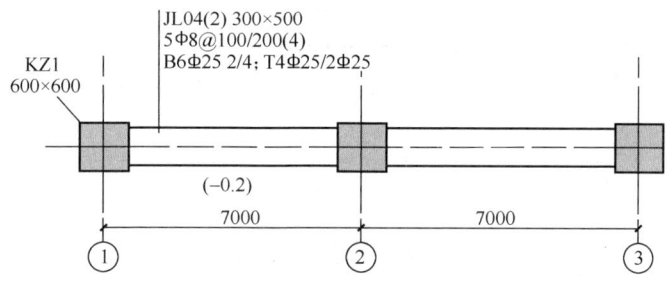

图 9-17　基础主梁 JL04 平法施工图

【解】

本例中不计算加腋筋

（1）计算参数

1）保护层厚度 $c=30$mm；

2）$l_a=30d$；

3）双肢箍长度计算公式：$(b-2c+d)\times2+(h-2c+d)\times2+(1.9d+10d)\times2$；

4）箍筋起步距离＝50mm。

（2）钢筋计算过程

1）1 号筋（第 1 跨底部及顶部第一排贯通纵筋）4Φ25

计算简图如图 9-18 所示。

计算过程如下：

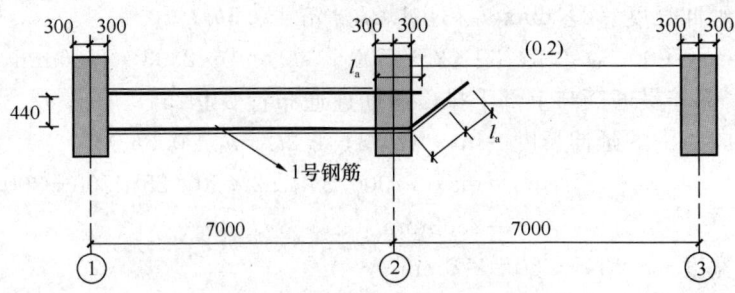

图 9-18　1号筋计算简图

上段＝$7000-300+l_a+300-c=7000-300+30\times25+300-30=7720$mm

侧段＝$500-60=440$mm

下段＝$7000+2\times300-2c+\sqrt{200^2+200^2}+l_a$
　　＝$7000+2\times300-2\times30+\sqrt{200^2+200^2}+30\times25=8573$mm

总长＝$7720+440+8573=16733$mm

接头个数＝1个

2) 2号筋 2Φ25（第1跨底部及顶部第二排贯通纵筋）

计算简图如图9-19所示。

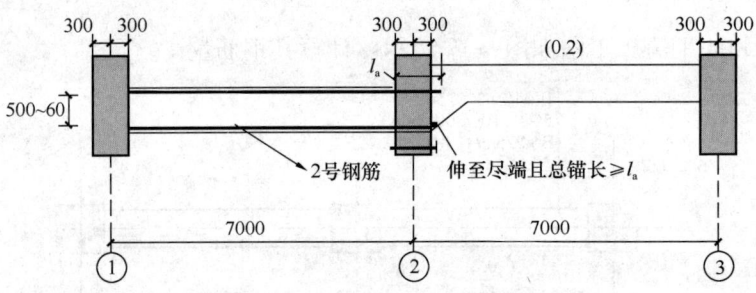

图 9-19　2号筋计算简图

计算过程如下：

上段＝$7000-300+l_a+300-c=7000-300+30\times25+300-30=7720$mm

侧段＝$500-60=440$mm

下段＝$7000-c+\max(l_a,h_c)=7000-30+30\times25=7720$mm

总长＝$7720+440+7720=15880$mm

接头个数＝1个

3) 3号筋 4Φ25（第2跨底部及顶部第一排贯通纵筋）

计算简图如图9-20所示。

计算过程如下：

上段＝$7000+600-2\times c+200+l_a=7000+600-60+200+30\times25=8490$mm

侧段＝$500-60=440$mm

下段＝$7000-c+l_a=7000-30+30\times25=7720$mm

总长＝$8490+440+7720=16650$mm

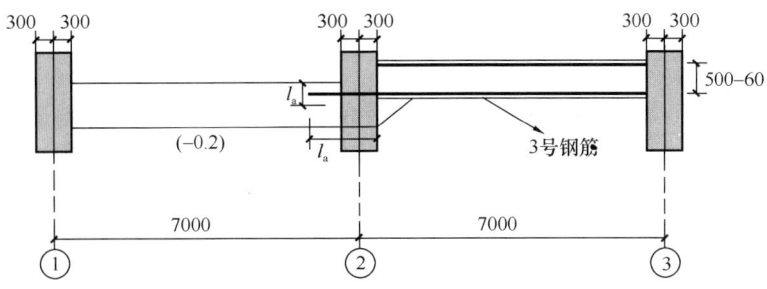

图 9-20 3 号筋计算简图

接头个数＝1 个

4）4 号筋 2Φ25（第 2 跨底部及顶部第二排贯通纵筋）

计算简图如图 9-21 所示。

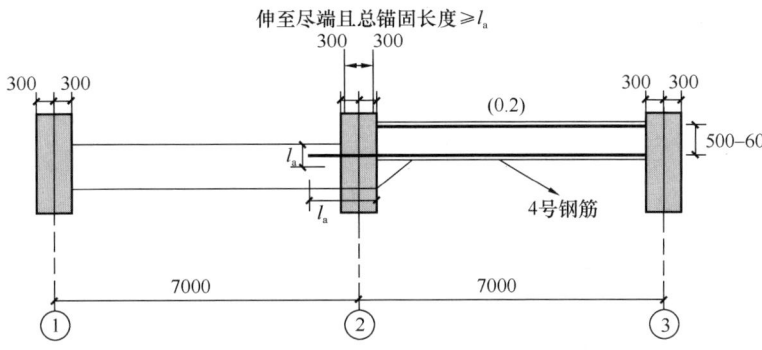

图 9-21 4 号筋计算简图

计算过程如下：

上段＝$7000-c+\max(h_c, l_a)=7000-30+30\times25=7720$mm

侧段＝$500-60=440$mm

下段＝$7000-c+l_a=7000-30+30\times25=7720$mm

总长＝$7720+440+7720=15880$mm

接头个数＝1 个

【实例六】基础主梁 JL05（变截面，梁宽度不同）钢筋的计算

基础主梁 JL05 平法施工图如图 9-22 所示，计算其钢筋量。

【解】

本例只计算第 2 跨宽出部位的底部及顶部纵向钢筋

(1) 计算参数

1) 保护层厚度 $c=30$mm；

2) $l_a=30d$；

3) 双肢箍长度计算公式：$(b-2c+d)\times2+(h-2c+d)\times2+(1.9d+10d)\times2$；

4) 箍筋起步距离＝50mm。

(2) 钢筋计算过程

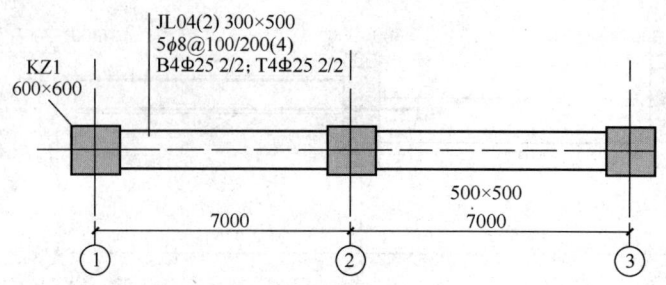

图 9-22 JL05 平法施工图

1）1 号钢筋（宽出部位底部及顶部第一排纵向钢筋）

1 号钢筋示意简图如图 9-23 所示。

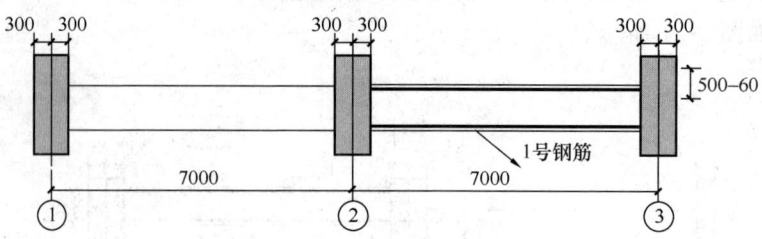

图 9-23 1 号钢筋示意简图

上段 $=7000+600-2\times c=7000+600-60=7540$ mm

侧段 $=500-60=440$ mm

下段 $=7000+600-2\times c=7000+600-60=7540$ mm

总长 $=7540+2\times 440+7540=15960$ mm

接头个数 $=1$ 个

2）2 号钢筋

上段 $=7000-c+\max(h_c,l_a)=7000-30+30\times 25=7720$ mm

侧段 $=500-60=440$ mm

下段 $=7000-c+\max(h_c,l_a)=7000-30+30\times 25=7720$ mm

总长 $=7720+440+7720=15880$ mm

接头个数 $=1$ 个

【实例七】基础次梁 JCL01（一般情况）钢筋的计算

基础次梁 JCL01 平法施工图如图 9-24 所示，计算其钢筋量。

【解】

(1) 计算参数

1）保护层厚度 $c=30$ mm；

2）$l_a=30d$；

3）双肢箍长度计算公式：$(b-2c+d)\times 2+(h-2c+d)\times 2+(1.9d+10d)\times 2$；

4）箍筋起步距离 $=50$ mm。

(2) 钢筋计算过程

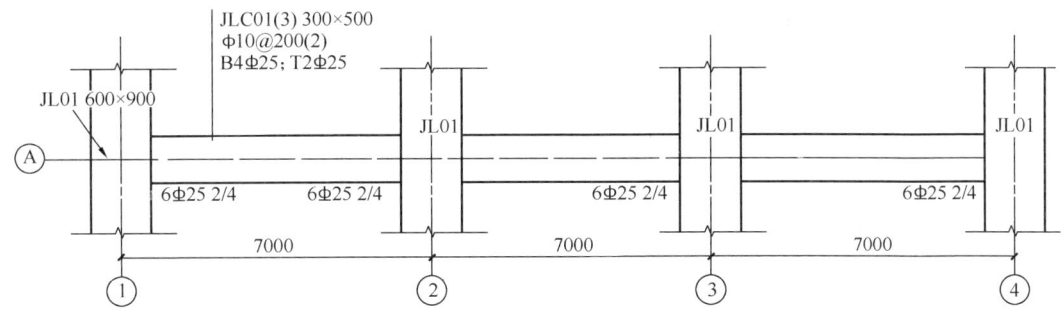

图 9-24 JCL01 平法施工图

1) 顶部贯通纵筋 2 Φ 25

锚固长度 $= \max(0.5h_c, 12d) = \max(300, 12\times25) = 300\text{mm}$

长度 = 净长 + 两端锚固 = $7000\times3 - 600 + 2\times300 = 21000\text{mm}$

接头个数 = $21000/9000 - 1 = 2$ 个

2) 底部贯通纵筋 4 Φ 25

锚固长度 $= l_a = 30\times25 = 750\text{mm}$

长度 = 净长 + 两端锚固 = $7000\times3 - 600 + 2\times750 = 21900\text{mm}$

接头个数 = $21900/9000 - 1 = 2$ 个

3) 支座 1、4 底部非贯通筋 2 Φ 25

锚固长度 $= l_a = 30\times25 = 750\text{mm}$

支座外延伸长度 $= \max(l_0/3, 1.2l_a + h_b + 0.5b_b) - 0.5b_b$

$\qquad = \max(7000/3, 1.2\times30\times25 + 500 + 300) - 300$

$\qquad = 2033\text{mm}$（b_b 为支座宽度）

长度 = 支座锚固长度 + 支座外延伸长度 = $2033 + 750 = 2783\text{mm}$

4) 支座 2、3 底部非贯通筋 2 Φ 25

计算公式 = $2\times$延伸长度 = $2\times \max(l_0/3, 1.2l_a + h_b + 0.5b_b)$

$\qquad = 2\times \max(7000/3, 1.2\times30\times25 + 500 + 300) = 4667\text{mm}$

5) 箍筋长度

长度 = $2\times[(300-60+10)+(500-60+10)] + 2\times11.9\times10 = 1638\text{mm}$

6) 箍筋根数

三跨总根数 = $3\times[(6400-100)/200+1] = 99$ 根

基础次梁箍筋只布置在净跨内，支座内不布置箍筋，《16G101-3》第 77 页

【实例八】基础次梁 JCL02（变截面有高差）钢筋的计算

基础次梁 JCL02 平法施工图如图 9-25 所示，计算其钢筋量。

【解】

(1) 计算参数

1) 保护层厚度 $c = 30\text{mm}$；

2) $l_a = 30d$；

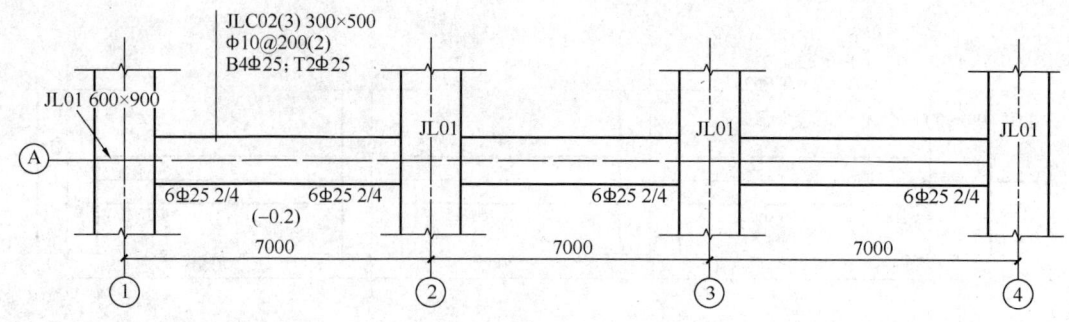

图 9-25 JCL02 平法施工图

3) 双肢箍长度计算公式：$(b-2c+d)\times 2+(h-2c+d)\times 2+(1.9d+10d)\times 2$；
4) 箍筋起步距离=50mm。

(2) 钢筋计算过程

1) 第 1 跨顶部贯通筋 2Φ25

锚固长度=$\max(0.5h_c,12d)=\max(300,12\times 25)=300$mm

长度净长+两端锚固=6400+2×300=7000mm

2) 第 2 跨顶部贯通筋 2Φ20

锚固长度=$\max(0.5h_c,12d)=\max(300,12\times 25)=300$mm

长度=净长+两端锚固=6400+2×300=7000mm

3) 下部钢筋

同基础主梁 JL 梁顶梁底有高差的情况。

【实例九】底部贯通纵筋长度的计算

梁板式筏形基础平板在 X 方向上有 7 跨，而且两端有外伸。

在 X 方向的第一跨上有集中标注：LPB1　$h=400$

　　　　　　　　　　　　　　X：BΦ14@300；TΦ14@300；(4A)

　　　　　　　　　　　　　　Y：略

在 X 方向的第五跨上有集中标注：LPB2　$h=400$

　　　　　　　　　　　　　　X：BΦ12@300；TΦ12@300；(3A)

　　　　　　　　　　　　　　Y：略

在第 1 跨标注了底部附加非贯通纵筋①Φ14@300（4A）

在第 5 跨标注了底部附加非贯通纵筋②Φ12@300（3A）

原位标注的底部附加非贯通纵筋跨内延伸长度为 1800

基础平板 LPB3 每跨的轴线跨度均为 5000，两端的延伸长度为 1000。混凝土强度等级为 C30。

【解】

(1)（第 5 跨）底部贯通纵筋连接区长度=5000-1800-1800=1400mm

但是，更为重要的是底部贯通纵筋连接区的起点就是非贯通纵筋的端点，即（第 5 跨）底部贯通纵筋连接区的起点是⑤号轴线以右 1800 处。

(2) 所以，第一跨至第 4 跨的底部贯通纵筋①Φ14 钢筋越过第 4 跨与第 5 跨的分界线

（⑤号轴线）以右1800处，伸入第5跨的跨中连接区与第5跨的底部贯通纵筋②⊕12进行搭接。

(3) 搭接长度的计算

①⊕14钢筋与②⊕12钢筋的搭接长度 $l_l = 1.4 \times l_a$（按钢筋接头面积百分率为50%计算）

$l_a = 40d$（注意：计算搭接长度时，钢筋直径按较小的钢筋计算。）

所以，搭接长度 $l_l = 1.4 \times 40 \times 12 = 672$mm

(4) 外伸部位的贯通纵筋长度 $= 1000 - 40 = 960$mm

(5) ①⊕14钢筋的长度包括：外伸部位、第1跨至第4跨、第5跨的非贯通筋伸出长度加上搭接长度。即

$$钢筋长度1 = 960 + 5000 \times 4 + 1800 + 672 = 23432\text{mm}$$

上述为"第一个搭接点位置"的计算（即50%钢筋的搭接点）。

"第二个搭接点位置"的计算：即另外的50%钢筋的搭接点，需要与第一个"搭接段"离开 $0.3l_l$ 的净距才开始第二个"搭接段"（搭接长度为 l_l）。

即第二个搭接段比第一个加长 $= 1.3l_l = 1.3 \times 672 = 874$mm

所以，钢筋长度 $2 = 23432 + 874 = 24306$mm

这两种长度的钢筋各占50%的根数。

(6) ②⊕12钢筋的长度包括：第5跨的连接区长度加上非贯通筋伸出长度、第6跨至第7跨、外伸部位。即：

$$钢筋长度1 = 1400 + 1800 + 5000 \times 2 + 960 = 14160\text{mm}$$
$$钢筋长度2 = 14160 - 874 = 13286\text{mm}$$

这两种长度的钢筋各占50%的根数。

【实例十】底部贯通纵筋根数的计算一

梁板式筏形基础平板LPB1每跨的轴线跨度为6500，该方向布置的底部贯通纵筋为⊕14@150，两端的基础梁JL1的截面尺寸为500×900，纵筋直径为25mm，基础梁的混凝土强度等级为C25。计算基础平板LPB1每跨的底部贯通纵筋根数。

【解】

梁板式筏形基础平板LPB1每跨的轴线跨度为6500，也就是说，两端的基础梁JL1的中心线之间的距离是6500。

所以，两端的基础梁JL1的净距为：

$$6500 - 250 \times 2 = 6000\text{mm}$$

所以，底部贯通纵筋根数 $= 6000/150 = 40$ 根

【实例十一】底部贯通纵筋根数的计算二

梁板式筏形基础平板LPB2每跨的轴线跨度为5000mm，该方向原位标注的基础平板底部附加非贯通纵筋为：③⊕20@300（3），而在该3跨范围内集中标注的底部贯通纵筋为B⊕20@300；两端的基础梁JL1的截面尺寸为500mm×900mm，纵筋直径为25mm，基础梁的混凝土强度等级为C25。求基础平板LPB2每跨的底部贯通纵筋和底部附加非贯通纵筋

的根数。

【解】

原位标注的基础平板底部附加非贯通纵筋为：③⌀20@300（3），而在该 3 跨范围内集中标注的底部贯通纵筋为 B⌀20@300——这样就形成了"隔一布一"的布筋方式。该 3 跨实际横向设置的底部纵筋合计为⌀20@150。

梁板式筏形基础平板 LPB2 每跨的轴线跨度为 5000mm，也就是说，两端的基础梁 JL1 的中心线之间的距离是 5000mm。

则两端的基础梁 JL1 的净距为：

$$5000-250\times2=4500mm$$

所以，底部贯通纵筋和底部附加非贯通纵筋的总根数＝4500/150＝30 根

可以这样来布置底部纵筋：

底部贯通纵筋 16 根，底部附加非贯通纵筋 15 根。

之所以这样做，是考虑到该板区的两端都必须为贯通纵筋，两根贯通纵筋中间布置一根非贯通纵筋。

【实例十二】顶部贯通纵筋长度的计算

梁板式筏形基础平板 LPB1 每跨的轴线跨度为 5000，该方向布置的顶部贯通纵筋为⌀14@150，两端的基础梁 JL1 的截面尺寸为 500mm×900mm，纵筋直径为 25mm，基础梁的混凝土强度等级为 C25。求基础平板 LPB1 顶部贯通纵筋的长度。

【解】

梁板式筏形基础平板 LPB1 每跨的轴线跨度为 5000mm，也就是说，两端的基础梁 JL1 的中心线之间的距离是 5000mm，净跨长度为 4500mm。

基础梁 JL1 的半个梁的宽度为 500/2＝250mm

而基础平板 LPB1 顶部贯通纵筋直径 d 的 12 倍：$12d=12\times14=168mm$

显然，$12d<250mm$，取定贯通纵筋的直锚长度为 250mm

所以，基础平板 LPB1 的顶部贯通纵筋按跨布置，而顶部贯通纵筋的长度＝5000mm

思考题：

1. 基础主梁与基础次梁的集中标注包括哪些内容？
2. 基础梁底部非贯通纵筋的长度有何规定？
3. 梁板式筏形基础平板 LPB 的原位标注主要表达什么内容？有何规定？
4. 平板式筏形基础构件有哪些编号？
5. 柱下板带与跨中板带的集中标注如何注写？
6. 基础主梁 JL 纵向钢筋与箍筋构造有哪些？
7. 基础次梁配置两种箍筋构造有哪些？
8. 基础次梁 JCL 梁底不平和变截面部位钢筋构造有哪些？
9. 梁板式筏形基础梁 JL 端部与外伸部位钢筋构造有哪些？
10. 梁板式筏形基础平板 LPB 端部与外伸部位钢筋构造有哪些？
11. 平板式筏形基础平板（ZXB、KZB、BPB）变截面部位钢筋构造有哪些？

参考文献

[1] 中国建筑标准设计研究院. 16G101-1 混凝土结构施工图平面整体表示方法制图规则和构造详图（现浇混凝土框架、剪力墙、梁、板）. 北京：中国计划出版社，2016.

[2] 中国建筑标准设计研究院. 16G101-2 混凝土结构施工图平面整体表示方法制图规则和构造详图（现浇混凝土板式楼梯）. 北京：中国计划出版社，2016.

[3] 中国建筑标准设计研究院. 16G101-3 混凝土结构施工图平面整体表示方法制图规则和构造详图（独立基础、条形基础、筏形基础及桩基承台）. 北京：中国计划出版社，2016.

[4] 中国建筑标准设计研究院. 12G901-1～3系列图集 混凝土结构施工钢筋排布规则与构造详图系列图集. 北京：中国计划出版社，2012.

[5] 中国建筑标准设计研究院. 12SG904－1 型钢混凝土结构施工钢筋排布规则与构造详图. 北京：中国计划出版社，2013.

[6] 混凝土结构设计规范 GB 50010—2010[S]. 北京：中国建筑工业出版社，2010.

[7] 建筑抗震设计规范 GB 50011—2010[S]. 北京：中国建筑工业出版社，2010.

[8] 上官子昌. 平法钢筋识图与计算细节详解[M]. 北京：机械工业出版社，2011.

[9] 赵荣. G101平法钢筋识图与算量[M]. 北京：中国建筑工业出版社，2010.

[10] 高竞. 平法结构钢筋图解读[M]. 北京：中国建筑工业出版社，2009.

[11] 唐才均. 平法钢筋看图、下料与施工排布一本通[M]. 北京：中国建筑工业出版社，2014.

[12] 赵治超. 16G101平法识图与钢筋算量[M]. 北京：北京理工大学出版社，2014.